Java基础入门

第3版

黑马程序员　编著

清华大学出版社
北京

内容简介

本书基于目前使用最为广泛的JDK 11进行讲解。全书共13章。第1章为Java开发入门；第2～7章讲解Java编程的基础知识，包括Java编程基础、面向对象、异常、Java API和集合等；第8～13章讲解Java编程的进阶知识，包括泛型、反射机制、I/O、JDBC、多线程、网络编程等内容。

本书通俗易懂，针对较难理解的问题，都是由浅入深地剖析案例，便于读者将所学知识融会贯通。

本书配套资源包括视频、源代码、题库、教学课件、思政阅读材料等。

本书可作为高等院校本、专科计算机相关专业的Java语言入门教材，也可作为自学编程人员的参考书。

图书在版编目(CIP)数据

Java基础入门/黑马程序员编著. —3版. —北京：清华大学出版社，2022.1(2025.6重印)
ISBN 978-7-302-59244-0

Ⅰ. ①J… Ⅱ. ①黑… Ⅲ. ①JAVA语言－程序设计 Ⅳ. ①TP312.8

中国版本图书馆CIP数据核字(2021)第191807号

责任编辑：袁勤勇　战晓雷
封面设计：常雪影
责任校对：徐俊伟
责任印制：宋　林

出版发行：清华大学出版社
网　　址：https://www.tup.com.cn，https://www.wqxuetang.com
地　　址：北京清华大学学研大厦A座　　**邮　　编**：100084
社 总 机：010-83470000　　**邮　　购**：010-62786544
投稿与读者服务：010-62776969，c-service@tup.tsinghua.edu.cn
质量反馈：010-62772015，zhiliang@tup.tsinghua.edu.cn
课件下载：https://www.tup.com.cn，010-83470236
印 装 者：三河市龙大印装有限公司
经　　销：全国新华书店
开　　本：185mm×260mm　　**印　　张**：25.5　　**字　　数**：650千字
版　　次：2014年5月第1版　2022年1月第3版　　**印　　次**：2025年6月第20次印刷
定　　价：59.90元

产品编号：093909-04

前言

Java作为静态面向对象编程语言的代表，由于具有安全性、跨平台性、性能优异等特点，自问世以来一直受到广大编程爱好者的喜爱。在当今网络环境下，Java技术应用十分广泛，从Android智能移动终端应用到企业级分布式计算，随处都能看到Java的身影。Java技术已经渗透到人们日常生活的方方面面，对于一个想从事Java开发的人员来说，学好Java尤为重要。

党的二十大报告提出："教育、科技、人才是全面建设社会主义现代化国家的基础性、战略性支撑。"本教材秉承"坚持教育优先发展、科技自立自强、人才引领驱动，加快建设教育强国、科技强国、人才强国"的思想对教材的编写进行策划，通过教材研讨会、师资培训等渠道，广泛调动教学改革经验丰富的高校教师以及具有多年开发经验的技术人员共同参与教材规划、编写与审核，让知识的难度与深度、案例的选取与设计等既满足职教特色，又满足产业发展和行业人才需求。

本书在知识编排上坚持为党育人、为国育才，全面提高人才自主培养质量，采用理论和案例相结的方式，让读者更深入地理解和掌握Java技术，为后续的企业级开发夯实基础。

为什么要学习本书

本书是对《Java基础入门》(第2版)的更新。在修订过程中，对Java基础知识体系进行了更系统的规划和编排，对每个知识点进行了更深入的分析讲解，做到了由浅入深、由易到难。

本书具有以下亮点。

(1) 对Java基础知识体系进行了重新规划，使知识模块之间的衔接更紧密。例如，将异常、泛型的内容分别单列一章，布局更加合理。

(2) Java基础知识体系涵盖内容更广泛，对每个知识点的讲解更加丰富详实。例如，增加了反射的知识。

(3) 本书删除了过时且实用性不强的知识点，使本书内容更加精炼。例如，删除了GUI的知识。

(4) 本书语言简洁精炼，通俗易懂，将难以理解的编程问题用简洁、清晰的语言描述，让读者更容易理解。对于难度较大的知识点，都配备了生动的图解，帮助读者更形象地理解有关知识。

(5) 本书选择最新的IntelliJ IDEA作为开发工具，让读者接触最新的开发环境，时刻跟紧技术前沿。

如何使用本书

本书共分13章。各章具体内容如下。

- 第1章主要介绍Java语言的特点和发展史、JDK的安装与使用、第一个Java程序、系统环境变量的配置、Java程序的运行机制，以及IntelliJ IDEA开发工具的安装与使用。
- 第2章主要介绍Java编程基础，包括Java的语法格式、常量和变量、基本数据类型、常用运算符、选择结构语句、循环结构语句、方法的定义与调用、数组的定义与相关操作等。在学习本章时，一定要做到认真、扎实，切忌走马观花。
- 第3、4章详细介绍Java面向对象的知识，包括封装、继承、抽象类和接口以及多态等。通过对这两章的学习，读者能够理解Java面向对象思想，了解类与对象的关系，掌握类的定义、对象的创建与使用、构造方法、静态方法、this关键字、抽象类与接口等的知识。
- 第5～8章主要介绍异常、Java API、集合和泛型的相关知识，这4章的内容是实际开发中最常用的基础知识，读者在学习这4章时，应做到完全理解每个知识点，并认真完成每个知识点的案例。
- 第9章主要介绍反射机制的相关知识，包括反射的概念、Class类和反射的应用。通过对本章的学习，读者能够理解反射机制，为后续更高阶的Java框架学习打好基础。
- 第10章主要介绍I/O的相关知识，包括File类、字节流、字符流、转换流等内容。通过对本章的学习，读者可以了解I/O流，并熟练掌握I/O流的相关知识。
- 第11章主要介绍JDBC的基本知识，以及如何在项目中使用JDBC实现对数据库的增删改查等。通过对本章的学习，读者可以了解JDBC，熟悉JDBC的常用API，掌握JDBC操作数据库的步骤。
- 第12章主要介绍多线程的相关知识，包括线程的创建、线程的生命周期、线程操作的相关方法及线程同步。通过对本章的学习，读者可以对多线程技术有较为深入的了解。
- 第13章介绍网络编程的相关知识，包括网络通信协议、TCP通信和UDP通信。通过对本章的学习，读者能够了解网络编程的相关知识，并掌握TCP网络程序和UDP网络程序的编写。

在学习的过程中，读者应勤思考、勤总结，并动手实践书中提供的案例。读者若不能完全理解书中的知识，可登录高校教辅平台，配合平台中的教学视频进行学习。此外，读者在学习的过程中务必勤于练习，确保真正掌握所学知识。若在学习的过程中遇到无法解决的困难，建议读者不纠结于此，继续往后学习，就会豁然开朗。

本书配套服务

为了提升您的学习或教学体验，我们精心为本书配备了丰富的数字化资源和服务，包括在线答疑、教学大纲、教学设计、教学PPT、教学视频、测试题、源代码等。通过这些配套资源和服务，我们希望让您的学习或教学变得更加高效。请扫描下方二维码获取本书配套资源和服务。

索取数字资源

致谢

本书的编写和整理工作由江苏传智播客教育科技股份有限公司完成。全体编写人员在编写过程中付出了辛勤的汗水，此外，还有很多人员参与了本书的试读工作并给出了宝贵的建议，在此向大家表示由衷的感谢。

意见反馈

尽管我们尽了最大的努力，但书中仍难免有不妥之处，欢迎各界专家和读者提出宝贵意见，我们将不胜感激。您在阅读本书时，如发现任何问题，可以通过电子邮件与我们取得联系。请发送电子邮件至 itcast_book@vip.sina.com。

黑马程序员

2024 年 12 月于北京

目录

第1章 Java开发入门

学习目标

- 了解 Java，能够简述 Java 的特点和发展史。
- 掌握 Java 开发环境(JDK)的搭建，能够独立安装 JDK。
- 掌握编写 Java 程序的基本操作，能够独立完成第一个 Java 程序的编写。
- 掌握系统环境变量的配置，能够独立完成 PATH 和 CLASSPATH 环境变量的配置。
- 了解 Java 的运行机制，能够简述 Java 的编译运行过程。
- 掌握 IntelliJ IDEA 开发工具的基本用法，能够独立安装 IntelliJ IDEA 并使用它开发与调试代码。

Java 是一门高级程序设计语言，自问世以来，Java 就受到了前所未有的关注，并成为计算机、移动电话、家用电器等领域中最受欢迎的开发语言之一。本章将针对 Java 语言的特点、发展史、开发运行环境、运行机制及 Java 程序开发工具等内容进行介绍。

1.1 Java 概述

1.1.1 什么是 Java

Java 是一种高级计算机语言，它是由 Sun 公司(已被 Oracle 公司收购)于 1995 年 5 月推出的一种可以编写跨平台应用软件、完全面向对象的程序设计语言。Java 语言简单易用、安全可靠，自问世以来，与之相关的技术和应用发展得非常快。在计算机、移动电话、家用电器等领域中，Java 技术无处不在。

针对不同的开发市场，Sun 公司将 Java 划分为 3 个技术平台，分别是 Java SE、Java EE 和 Java ME。下面对这 3 个技术平台进行介绍。

- Java SE(Java Platform Standard Edition)是标准版 Java 技术平台，它是为开发普通桌面和商务应用程序提供的解决方案。Java SE 是 3 个平台中最核心的部分，Java EE 和 Java ME 都是在 Java SE 的基础上发展而来的，Java SE 平台中包括了 Java 最核心的类库，如集合、I/O、数据库连接以及网络编程等。
- Java EE(Java Platform Enterprise Edition)是企业版 Java 技术平台，它是为开发企业级应用程序提供的解决方案。Java EE 用于开发、装配以及部署企业级应用程序，主要包括 Servlet、JSP、JavaBean、JDBC、EJB、Web Service 等技术。

- Java ME(Java Platform Micro Edition)是微型版Java技术平台,它是为开发电子消费产品和嵌入式设备提供的解决方案。Java ME主要用于微型数字电子设备软件程序的开发。例如,为家用电器增加智能化控制和联网功能,为手机增加新的游戏和通讯录管理功能。此外,Java ME还提供了HTTP等高级Internet协议,使移动电话能以C/S(Client/Server,客户/服务器)方式直接访问Internet的全部信息,提供高效率的无线交流。

1.1.2　Java的特点

Java是一门优秀的编程语言。它之所以应用广泛,受到大众的欢迎,是因为它有众多突出的特点,其中最主要的特点有以下几个。

1. 简单

Java是一种相对简单的编程语言,能够通过最基本的方法完成指定的任务。程序设计者只需理解一些基本的概念,就可以用它编写出适用于各种情况的应用程序。Java丢弃了C++中很难理解的运算符重载、多重继承等概念;特别是Java以引用代替指针,并提供了自动垃圾回收机制,使程序员不必担忧内存管理。

2. 面向对象

Java是一个纯粹的面向对象程序设计语言,它具备封装、继承、多态的特性,支持类之间的单继承和接口之间的多继承。此外,Java还支持类与接口之间的实现机制(关键字为implements)。与C++相比,Java支持全面动态绑定,而C++只对虚函数使用动态绑定。

3. 安全性

Java安全可靠。例如,Java的存储分配模型可以防御恶意代码攻击。此外,Java没有指针,因此外界不能通过伪造指针操作存储器。更重要的是,Java编译器在编译程序时不显示存储安排决策,程序员不能通过查看声明猜测出类的实际存储安排。Java程序中的存储是在程序运行时由Java解释程序决定的。

4. 跨平台性

Java通过JVM(Java Virtual Machine,Java虚拟机)以及字节码实现跨平台性。Java程序由javac编译器编译为字节码文件(.class文件),JVM中的Java解释器会将字节码文件翻译成所在平台上的机器码文件,执行对应的机器码文件就可以了。Java程序只要一次编写,就可到处运行。

5. 支持多线程

Java支持多线程。所谓多线程,可以简单理解为程序中多个任务可以并发执行。多线程可以在很大程度上提高程序的执行效率。

6. 分布性

Java 是分布式语言，既支持各种层次的网络连接，又可以通过 Socket 类支持可靠的流(stream)进行网络连接。

1.1.3 Java 的发展史

Java 是詹姆斯·高斯林(James Gosling)发明的，Java 的名字来自一种咖啡的品种名称，所以 Java 的 Logo 是一杯热气腾腾的咖啡。詹姆斯·高斯林等人于 1990 年初开发了 Java 的雏形，Java 最初被命名为 Oak。20 世纪 90 年代，随着互联网的发展，Sun 公司看到 Oak 在互联网上应用的前景，于是改进了 Oak，并于 1995 年 5 月以 Java 的名称正式发布。Java 的发展史具体如下。

- 1995 年 5 月 23 日，Java 诞生。
- 1998 年 12 月 8 日，Java 1.2 企业平台 J2EE 发布。
- 1999 年 6 月，Sun 公司发布 Java 的 3 个版本：标准版(J2SE)、企业版(J2EE)和微型版(J2ME)。
- 2001 年 9 月 24 日，J2EE 1.3 发布。
- 2002 年 2 月 26 日，J2SE 1.4 发布，自此 Java 的计算能力有了大幅提升。
- 2004 年 9 月 30 日，J2SE 1.5 的发布成为 Java 发展史上的又一里程碑。为了突出该版本的重要性，J2SE 1.5 更名为 Java SE 5.0。
- 2005 年 6 月，JavaOne 大会召开，Sun 公司发布 Java SE 6。自此，Java 的各种版本进行了更名，取消了名称中的数字 2，J2EE 更名为 Java EE，J2SE 更名为 Java SE，J2ME 更名为 Java ME。
- 2009 年 12 月，Sun 公司发布 Java EE 6。
- 2011 年 7 月，Oracle 公司发布 Java SE 7。
- 2014 年 3 月，Oracle 公司发布 Java SE 8。
- 2017 年 9 月，Oracle 公司发布 Java SE 9。
- 2018 年 3 月，Oracle 公司发布 Java SE 10。
- 2018 年 9 月，Oracle 公司发布 Java SE 11。
- 2019 年 3 月，Oracle 公司发布 Java SE 12。
- 2019 年 9 月，Oracle 公司发布 Java SE 13。
- 2020 年 3 月，Oracle 公司发布 Java SE 14。
- 2020 年 9 月，Oracle 公司发布 Java SE 15。
- 2021 年 3 月，Oracle 公司发布 Java SE 16。
- 2021 年 5 月，Oracle 公司发布 Java SE 17。

1.2 JDK 的安装与使用

Sun 公司提供了一套 Java 开发环境，简称 JDK(Java Development Kit，Java 开发工具包)。JDK 包括 Java 编译器、Java 运行工具、Java 文档生成工具、Java 打包工具等。1996

年,Sun 公司发布了最早的版本——JDK 1.0,随后相继推出了一系列更新版本,截至本书完稿时,JDK 已更新至 JDK 17。由于 JDK 11 是目前市场主流 JDK 版本,所以本书将基于 JDK 11 进行讲解。

Sun 公司除了提供 JDK 以外,还提供了 JRE(Java Runtime Environment,Java 运行时环境)工具,它是提供给普通用户使用的 Java 运行环境。与 JDK 相比,JRE 中只包含 Java 运行工具,不包含 Java 编译工具。为了方便使用,Sun 公司在 JDK 中封装了 JRE,也就是说 Java 开发环境中包含 Java 运行环境,这样一来,开发人员只需要在计算机上安装 JDK,就可以实现 Java 程序的编译和运行。

1.2.1 安装 JDK

Oracle 公司提供了针对多种操作系统的 JDK,不同操作系统的 JDK 在使用上类似,初学者可以根据自己使用的操作系统,从 Oracle 官方网站下载相应的 JDK 安装文件。下面以 64 位的 Windows 10 操作系统为例介绍 JDK 11 的安装过程。

1. 开始安装 JDK

从 Oracle 官网下载安装文件 jdk-11.0.11-windows-x64-bin.exe。下载完成之后,双击该文件,进入 JDK 11 安装界面,如图 1-1 所示。

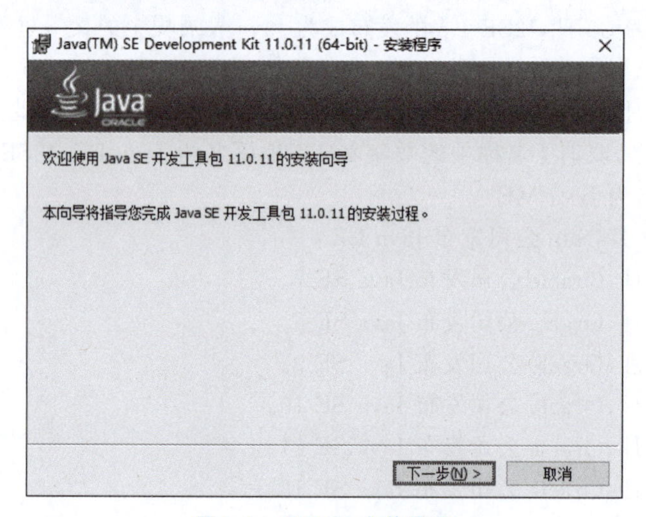

图 1-1 JDK 11 安装界面

2. 自定义安装功能和路径

在图 1-1 中,单击“下一步”按钮进入 JDK 定制安装(即自定义安装)界面,如图 1-2 所示。

在图 1-2 中,左侧有两个功能模块,具体如下:

- 开发工具。是 JDK 中的核心功能模块,包含一系列可执行程序,如 javac.exe、java.exe 等。
- 源代码。是 Java 提供的公共 API 类的源代码。

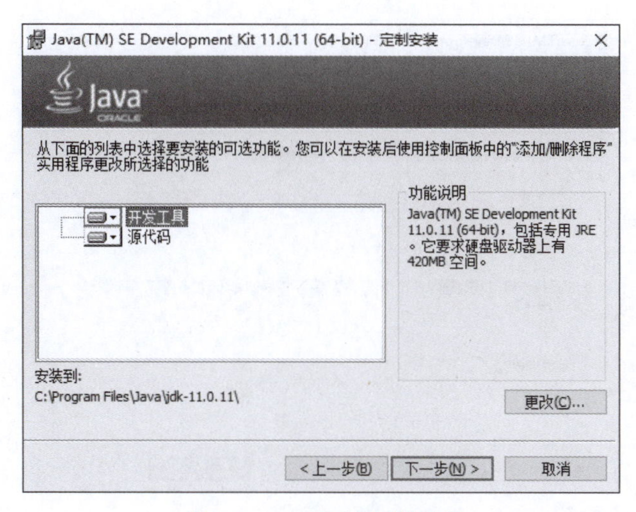

图 1-2　JDK 定制安装界面

开发人员可以根据自己的需求选择要安装的模块。本书选择“开发工具”模块。另外，在图 1-2 所示的界面右侧有一个“更改”按钮，单击该按钮可以进入更改 JDK 安装文件夹界面，如图 1-3 所示。

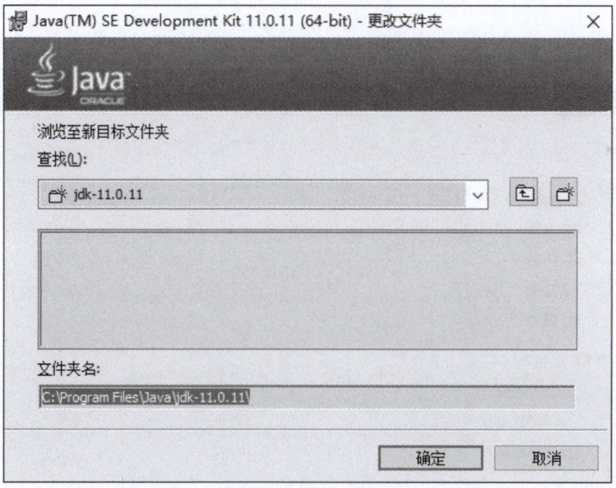

图 1-3　更改 JDK 安装文件夹界面

在图 1-3 中，可以更改 JDK 的安装文件夹。确定了安装文件夹之后，直接单击“确定”按钮即可。

3. 完成 JDK 安装

对所有的安装选项做出选择后，在图 1-2 所示的界面中，单击“下一步”按钮开始安装 JDK。安装完毕后会进入安装完成界面，如图 1-4 所示。

在图 1-4 中，单击“关闭”按钮，关闭安装程序，完成 JDK 安装。

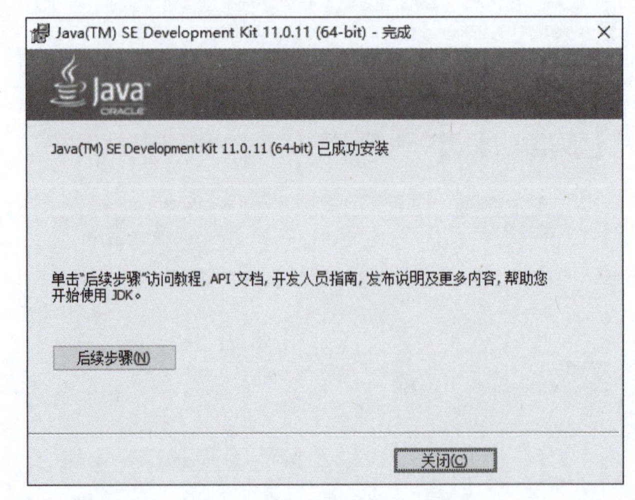

图 1-4　JDK 安装完成界面

1.2.2　JDK 目录介绍

JDK 安装完毕后,会在磁盘上生成一个文件夹,该文件夹被称为 JDK 安装文件夹,如图 1-5 所示。

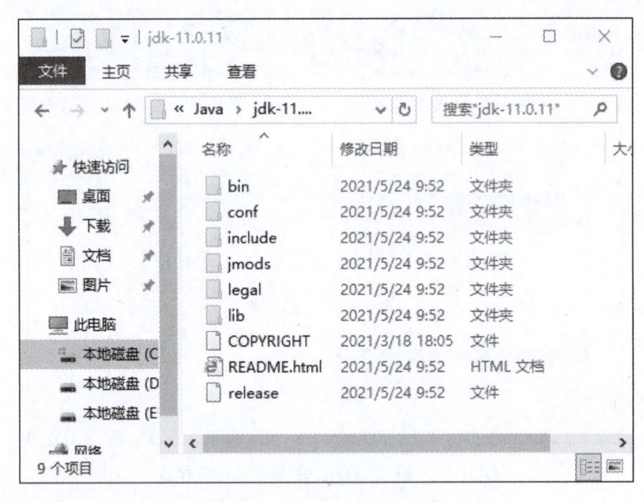

图 1-5　JDK 安装文件夹

为了更好地学习 JDK,初学者需要对 JDK 安装文件夹下各个子文件夹的意义和作用有所了解。下面分别对 JDK 安装文件夹下的子文件夹进行介绍。

(1) bin 文件夹:存放一些可执行程序,如 javac.exe(Java 编译器)、java.exe(Java 运行工具)、jar.exe(打包工具)和 javadoc.exe(文档生成工具)等。其中最重要的是 javac.exe 和 java.exe。

- javac.exe 是 Java 编译器,它可以将编写好的 Java 源文件编译成 Java 字节码文件(可执行的 Java 程序)。Java 源文件的扩展名为.java,如 HelloWorld.java。编译后生成对应的 Java 字节码文件,字节码文件的扩展名为.class,如 HelloWorld.class。

- java.exe 是 Java 运行工具，它会启动一个 Java 虚拟机(JVM)进程，Java 虚拟机相当于一个虚拟的操作系统，专门负责运行由 Java 编译器生成的字节码文件。

(2) conf 文件夹：存放 JDK 的相关配置文件，可配置 Java 访问权限和密码。

(3) include 文件夹：由于 JDK 是使用 C 语言和 C++ 开发的，因此在启动时需要引入一些 C 语言和 C++ 的头文件，该文件夹中就存放了这些头文件。

(4) jmods 文件夹：存放调试文件。

(5) legal 文件夹：存放 Java 及各类模块的软件许可。

(6) lib 文件夹：lib 是 library 的缩写，意为 Java 类库或库文件，是开发工具使用的归档包文件。

1.3　第一个 Java 程序

在 1.2 节中通过安装 JDK 已经搭建了 Java 开发环境，下面就来体验一下如何编写 Java 程序。为了让初学者更好地完成第一个 Java 程序，下面分步骤讲解 Java 程序的编写执行过程。

1. 编写 Java 源文件

在 JDK 安装文件夹的 bin 文件夹下新建文本文档，重命名为 HelloWorld.java。用记事本打开 HelloWorld.java 文件，编写一段 Java 程序，如文件 1-1 所示。

文件 1-1　HelloWorld.java

```
1  class HelloWorld {
2      public static void main(String[] args) {
3          System.out.println("hello world");
4      }
5  }
```

文件 1-1 中的代码实现了一个 Java 程序，下面对这个程序的代码进行简单介绍。

- 第 1 行代码中的 class 是一个关键字，用于定义一个类。在 Java 中，类是程序的基本单元，所有的代码都需要在类中书写。
- 第 1 行代码中的 HelloWorld 是类的名称，简称类名。class 关键字与类名之间需要用空格、制表符、换行符等任意空白字符进行分隔。类名之后要写一对大括号，它定义了这个类的作用域。
- 第 2～4 行代码定义了 main()方法，该方法是 Java 程序的执行入口，程序将从 main()方法开始执行类中的代码。
- 第 3 行代码在 main()方法中编写了一条执行语句："System.out.println("hello world");"，它的作用是打印一段文本信息并输出到控制台。执行完这条语句，控制台会输出"hello world"。

需要注意的是，在编写程序时，程序中出现的空格、括号、分号等符号必须采用英文半角格式，否则程序会出错。

2. 打开命令行窗口

JDK 中提供的大多数可执行文件都能在命令行窗口中运行,javac.exe 和 java.exe 等可执行文件也不例外。对于不同版本的 Windows 操作系统,启动命令行窗口的方式也不尽相同,这里以 Windows 10 操作系统为例进行讲解。

在桌面选择“开始”→“Windows 系统”→“运行”命令,打开“运行”对话框;或者使用快捷键 Win+R 直接打开“运行”对话框,如图 1-6 所示。

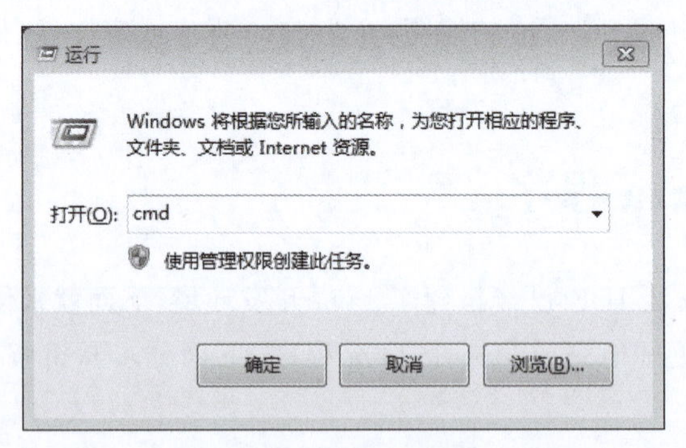

图 1-6　“运行”对话框

在“运行”对话框中输入 cmd,单击“确定”按钮打开命令行窗口,如图 1-7 所示。

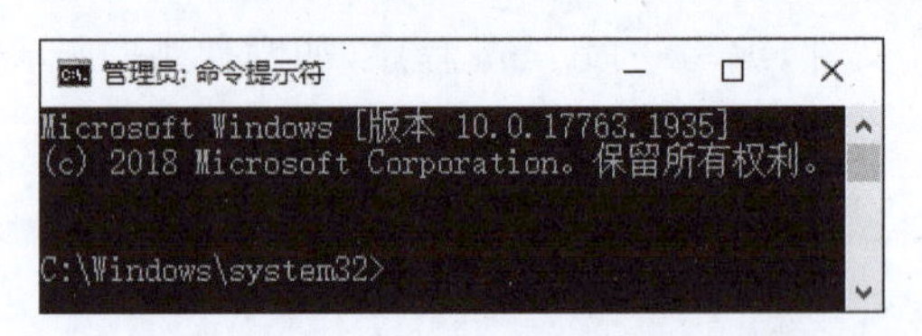

图 1-7　命令行窗口

3. 编译 Java 源文件

在运行 Java 程序之前,需要编译 Java 源文件。首先需要进入 Java 源文件所在的文件夹。例如,编译 HelloWorld.java,需要进入 JDK 安装文件夹下的 bin 文件夹。在命令行窗口输入下面的命令:

```
cd C:\Program Files\Java\jdk-11.0.11\bin
```

按 Enter 键执行上述命令,进入 bin 文件夹,如图 1-8 所示。

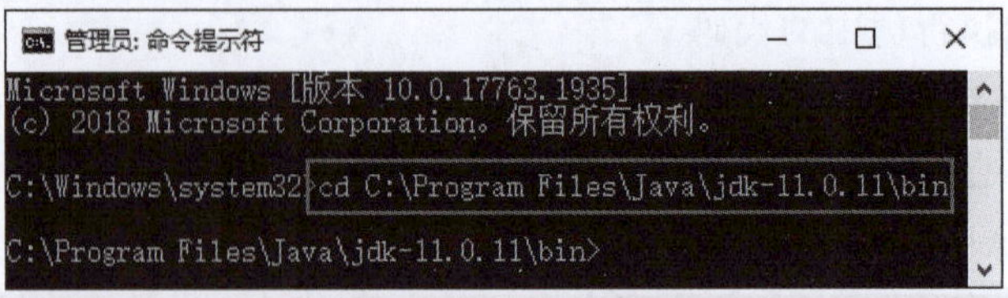

```
管理员: 命令提示符
Microsoft Windows [版本 10.0.17763.1935]
(c) 2018 Microsoft Corporation。保留所有权利。

C:\Windows\system32>cd C:\Program Files\Java\jdk-11.0.11\bin

C:\Program Files\Java\jdk-11.0.11\bin>
```

图 1-8　进入 bin 文件夹

在图 1-8 所示的命令行窗口中，输入 javac HelloWorld.java 命令，编译 HelloWorld.java 源文件，如图 1-9 所示。

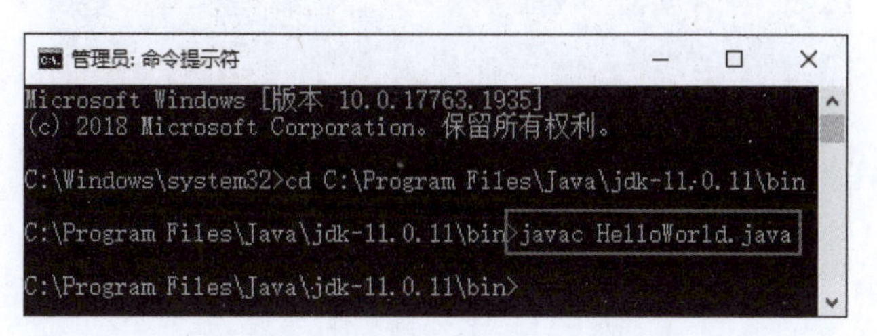

图 1-9　编译 HelloWorld.java 源文件

在图 1-9 中，javac 命令执行完毕后，会在 bin 文件夹下生成 HelloWorld.class 字节码文件。

4. 运行 Java 程序

在图 1-9 所示的命令行窗口中，输入 java HelloWorld 命令，运行编译好的字节码文件，命令及结果如图 1-10 所示。

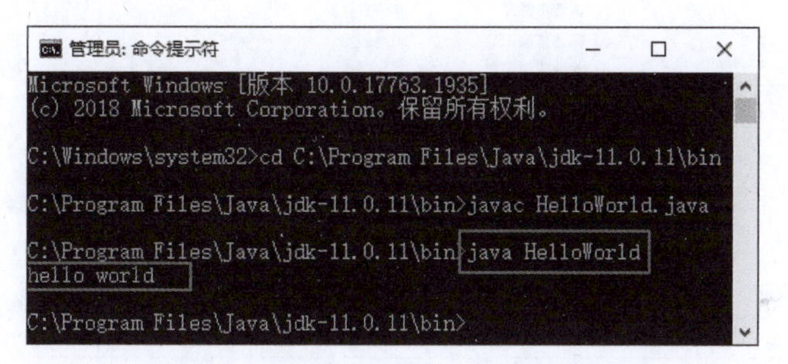

图 1-10　HelloWorld 程序运行命令及结果

上述步骤演示了一个 Java 程序编写、编译以及运行的过程，其中有两点需要注意：

(1) 在使用 javac 命令编译 Java 源程序时，需要输入完整的文件名。例如，HelloWorld.java 程序在编译时需要输入 javac HelloWorld.java。

(2) 在使用 java 命令运行程序时，需要的是字节码文件名，而非完整的文件名。例如，运行 HelloWorld.class 程序时，应该输入 java HelloWorld，后面不可加“.class”，否则会报错。

脚下留心：查看文件扩展名

在使用 javac 命令编译文件 1-1 中的源文件时，可能会出现“找不到文件”的错误，如图 1-11 所示。

在图 1-11 中，出现这样的错误，原因可能是文件的扩展名被隐藏了，虽然文本文件被重命名为 HelloWorld.java，但实际上该文件的真实文件名为 HelloWorld.java.txt，文件类型并没有得到修改。为了解决这一问题，需要让文件显示扩展名，显示文件扩展名的方法如下。

在“计算机”窗口中打开“查看”选项卡，如图 1-12 所示。

在“查看”选项卡中，在“显示/隐藏”栏中选择“文件扩展名”复选框，即可完成设置。文件显示出扩展名“.txt”后，将其重命名为 HelloWorld.java 即可。

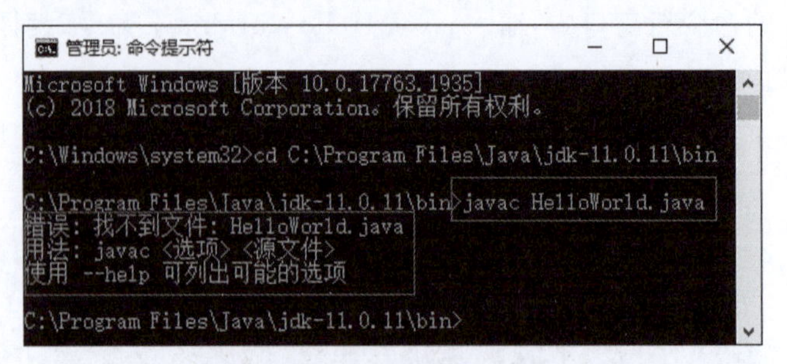

图 1-11 "找不到文件"错误

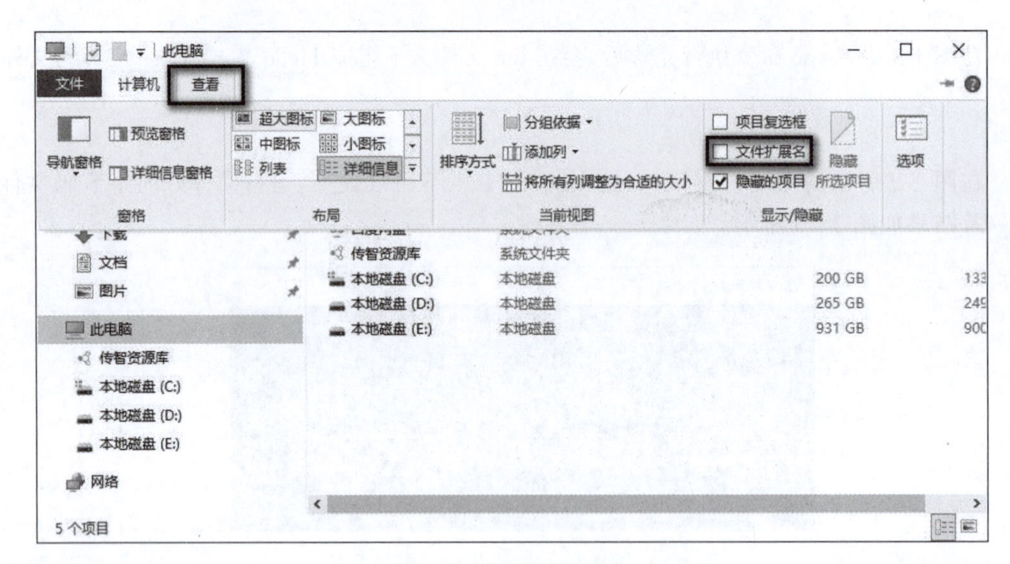

图 1-12 "查看"选项卡

1.4 系统环境变量

在计算机操作系统中可以定义一系列变量，这些变量可供操作系统上所有的应用程序使用，被称作系统环境变量。在学习 Java 的过程中，需要配置两个系统环境变量：PATH 和 CLASSPATH。本节对这两个环境变量的配置进行详细讲解。

1.4.1 PATH 环境变量

PATH 环境变量用于保存一系列命令(可执行程序)的路径，每个路径之间以分号分隔。当在命令行窗口运行一个命令时，操作系统首先会在当前文件夹下查找是否存在该命令对应的可执行文件；如果未找到，操作系统会继续在 PATH 环境变量中定义的路径下寻找这个文件；如果仍未找到，系统会报错。例如，在命令行窗口 C:\Windows\system32 文件夹下执行 javac 命令，系统提示错误，如图 1-13 所示。

从图 1-13 的错误提示可以看出，系统没有找到 javac 命令。在命令行窗口输入 set PATH 命令，查看当前系统的 PATH 环境变量值，如图 1-14 所示。

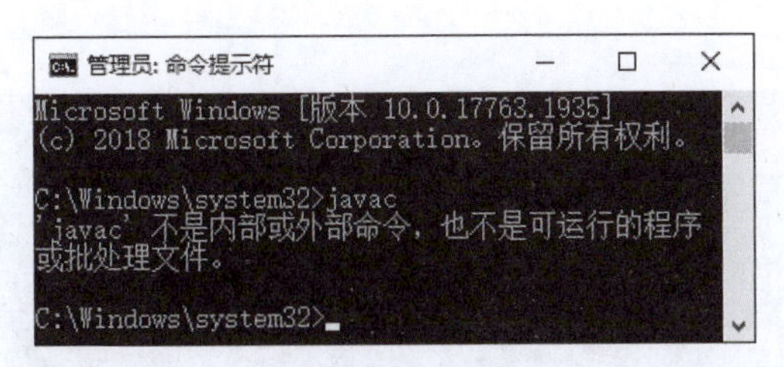

图 1-13 系统找不到 javac.exe 命令

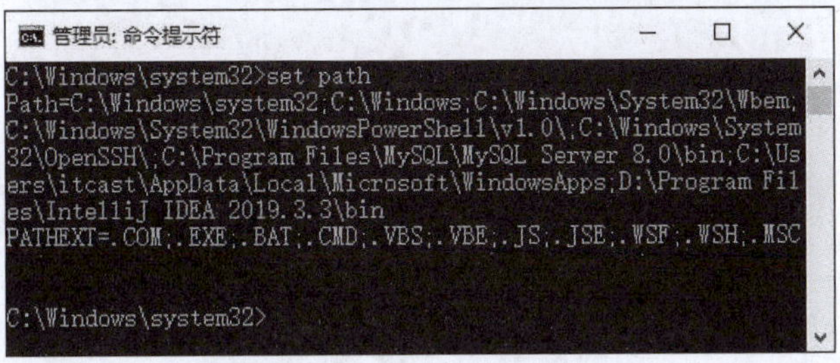

```
管理员: 命令提示符
C:\Windows\system32>set path
Path=C:\Windows\system32;C:\Windows;C:\Windows\System32\Wbem;
C:\Windows\System32\WindowsPowerShell\v1.0\;C:\Windows\System
32\OpenSSH\;C:\Program Files\MySQL\MySQL Server 8.0\bin;C:\Us
ers\itcast\AppData\Local\Microsoft\WindowsApps;D:\Program Fil
es\IntelliJ IDEA 2019.3.3\bin
PATHEXT=.COM;.EXE;.BAT;.CMD;.VBS;.VBE;.JS;.JSE;.WSF;.WSH;.MSC

C:\Windows\system32>
```

图 1-14 查看 PATH 环境变量值

从图 1-14 中列出的 PATH 环境变量值可以看出，PATH 环境变量定义的路径并没有包含 javac 命令所在的路径，因此操作系统找不到该命令。

为了解决这个问题，需要将 javac 命令所在的路径添加到 PATH 环境变量中，在图 1-14 中执行如下命令：

```
set path=%PATH%;C:\Program Files\Java\jdk-11.0.11\bin
```

在上述命令中，%PATH%表示引用原有的 PATH 环境变量；C:\Program Files\Java\jdk-11.0.11\bin 表示 javac 命令所在的路径。整行命令的作用就是在原有的 PATH 环境变量值中添加 javac 命令所在的路径。

在命令行窗口中执行上述命令，添加 javac 命令路径之后，再次输入 set path 命令查看 PATH 环境变量值，结果如图 1-15 所示。

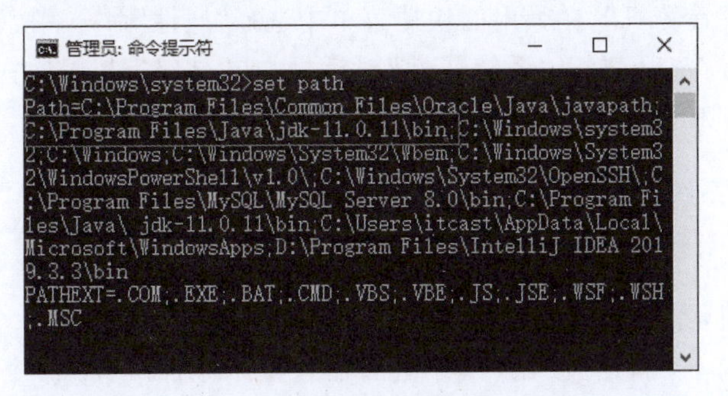

图 1-15 添加 javac 命令路径后查看 PATH 环境变量值

由图 1-15 所示的输出结果可知，javac 命令的路径已经成功添加到 PATH 环境变量中。再次执行 javac 命令，系统就会显示 javac 命令的帮助信息，如图 1-16 所示。

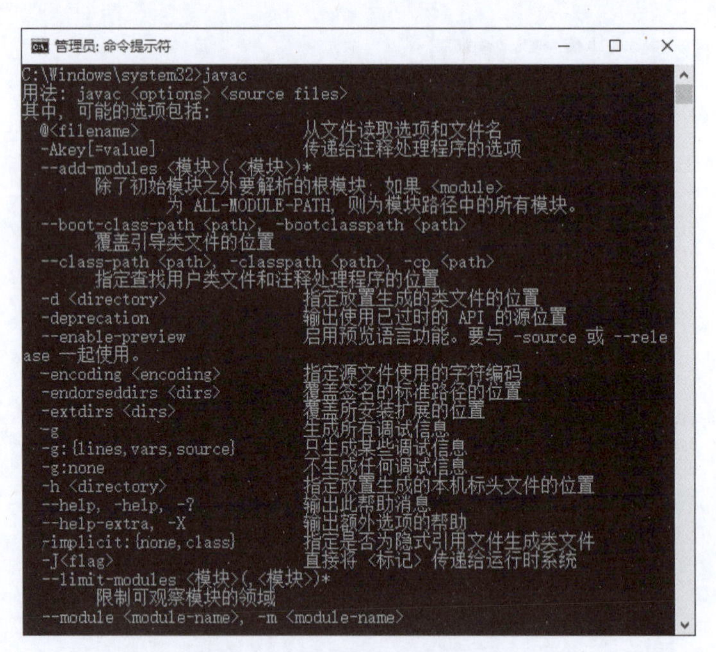

图 1-16 javac 命令的帮助信息

由于 java 命令和 javac 命令位于同一个文件夹中,因此在配置完 PATH 环境变量后,同样可以在任意路径下执行 java 命令。

配置完 PATH 环境变量之后,打开一个新的命令行窗口,再次运行 javac 命令,又会出现和图 1-13 一样的错误,使用 set path 命令查看环境变量,会发现之前的设置无效了。出现这种现象的原因在于,在命令行窗口中,对环境变量进行任何修改只对当前窗口有效;一旦关闭窗口,所有的设置都会失效。如果要让设置的环境变量永久生效,就需要在系统中对 PATH 环境变量进行配置,让 Windows 系统永久性地保存对 PATH 环境变量的配置。配置系统 PATH 环境变量的步骤如下。

1. 查看 Windows 系统属性中的环境变量

右击桌面上的“计算机”,在弹出的快捷菜单中选择“属性”命令,在弹出的系统窗口左边选择“高级系统设置”选项,弹出“系统属性”对话框,在“高级”选项卡中单击“环境变量”按钮,弹出“环境变量”对话框,如图 1-17 所示。

2. 配置 PATH 系统环境变量

在图 1-17 所示的“环境变量”对话框中,在“系统变量”区域选中名为 PATH 的系统变量,单击“编辑”按钮,弹出“编辑环境变量”对话框,如图 1-18 所示。

在图 1-18 中,单击“新建”按钮,在弹出的输入框中添加 javac 命令所在的路径,例如,C:\Program\Files\Java\jdk-11.0.11\bin,具体如图 1-19 所示。

javac 命令所在的路径添加完成后,依次单击所有打开的对话框的“确定”按钮,完成 PATH 系统环境变量的配置。

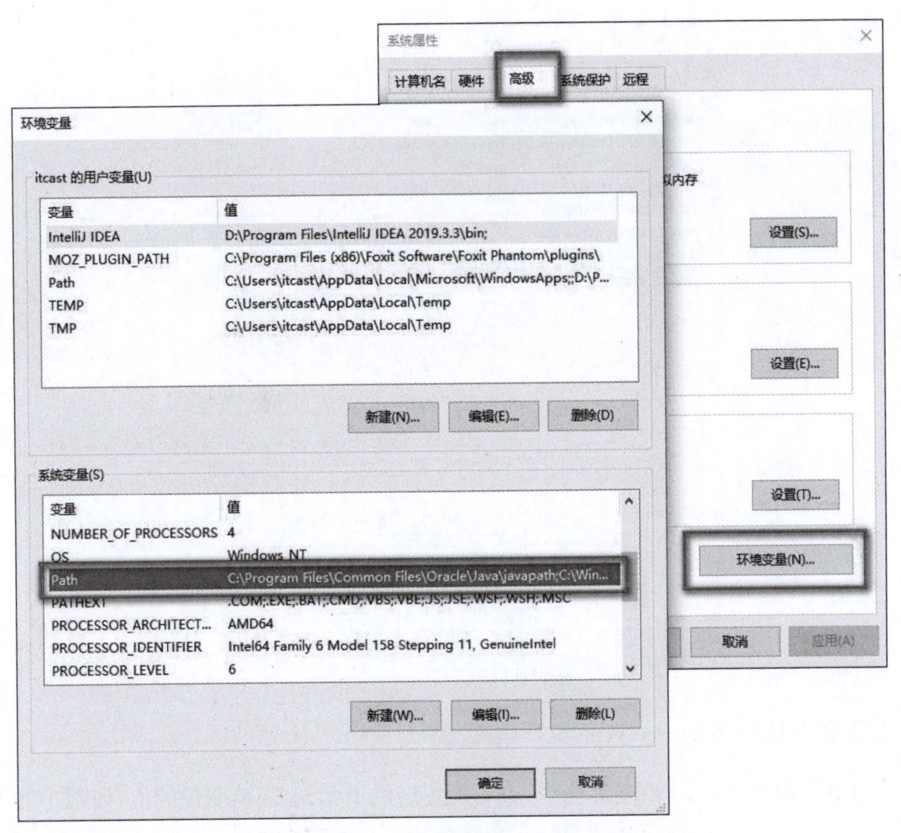

图 1-17　“环境变量”对话框

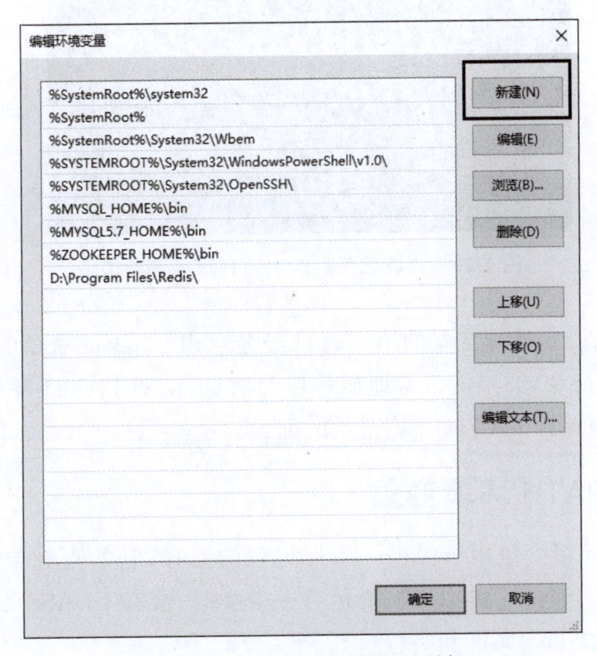

图 1-18　“编辑环境变量”对话框

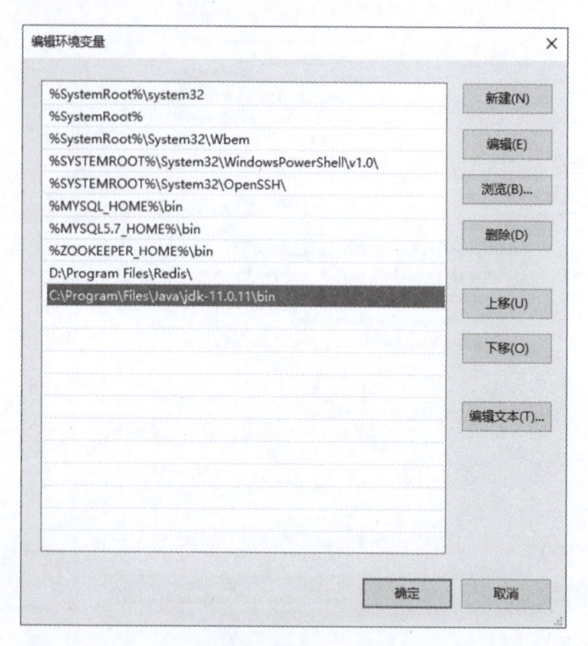

图 1-19　添加 javac 命令所在的路径

3. 查看和验证配置的 PATH 系统环境变量

打开命令行窗口,执行 set path 命令,查看配置后的 PATH 环境变量的值,如图 1-20 所示。

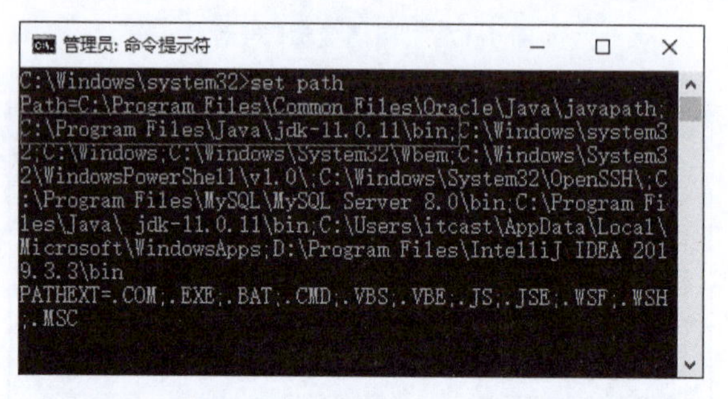

图 1-20　查看配置后的 PATH 环境变量的值

从图 1-20 可以看出,环境变量的第 2 行已经显示出了 javac 命令的路径信息。在命令行窗口中执行 javac 命令,如果能正常地显示帮助信息,说明 PATH 环境变量配置成功,这样系统就会永久性地保存 PATH 环境变量的配置。

1.4.2　CLASSPATH 环境变量

CLASSPATH 环境变量用于保存一系列类包的路径,它的查看与配置方式和 PATH 环境变量完全相同。当 Java 虚拟机需要运行一个类时,会在 CLASSPATH 环境变量定义的路径下寻找所需的.class 文件和类包。

打开命令行窗口,进入 C 盘根目录,执行 java HelloWorld 命令,运行之前编译好的 HelloWorld 程序,结果会报错,如图 1-21 所示。

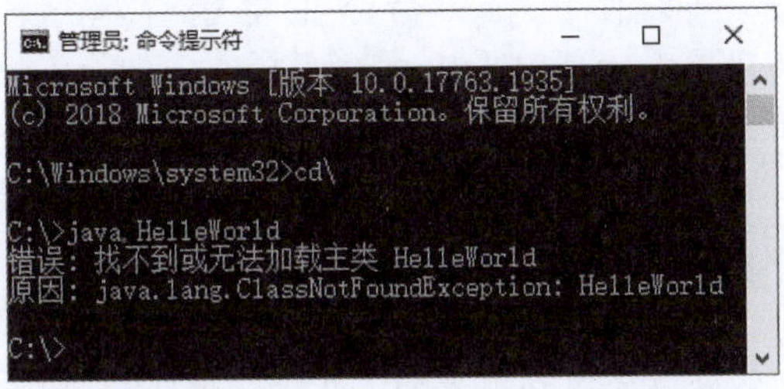

```
管理员: 命令提示符
Microsoft Windows [版本 10.0.17763.1935]
(c) 2018 Microsoft Corporation。保留所有权利。

C:\Windows\system32>cd\

C:\>java HelleWorld
错误: 找不到或无法加载主类 HelleWorld
原因: java.lang.ClassNotFoundException: HelleWorld

C:\>
```

图 1-21　java HelloWorld 命令执行报错

图 1-21 中的命令出现错误的原因在于，Java 虚拟机在运行程序时无法找到 HelloWorld.class 文件，即在 C 盘根目录下没有 HelloWorld.class 文件。为了解决这个错误，首先通过 set classpath 命令查看当前 CLASSPATH 环境变量的值，确认当前 CLASSPATH 是否保存了 HelloWorld.class 文件的路径，查看结果如图 1-22 所示。

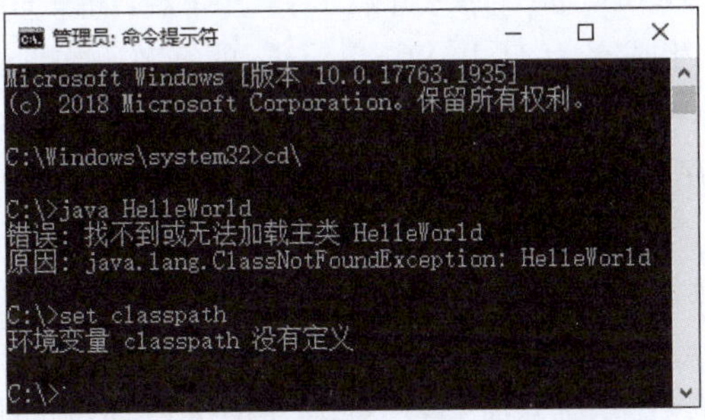

```
管理员: 命令提示符
Microsoft Windows [版本 10.0.17763.1935]
(c) 2018 Microsoft Corporation。保留所有权利。

C:\Windows\system32>cd\

C:\>java HelleWorld
错误: 找不到或无法加载主类 HelleWorld
原因: java.lang.ClassNotFoundException: HelleWorld

C:\>set classpath
环境变量 classpath 没有定义

C:\>
```

图 1-22　查看 CLASSPATH 环境变量

从图 1-22 可以看出，当前 CLASSPATH 环境变量没有设置。为了让 Java 虚拟机能找到所需的.class 文件，就需要对 CLASSPATH 环境变量进行设置，保存 HelloWorld.class 文件的路径。在命令行窗口执行下面的命令：

```
set classpath=C:\Program Files\Java\jdk-11.0.11\bin
```

执行完上述命令之后，再次执行 java HelloWorld 命令运行程序，结果如图 1-23 所示。

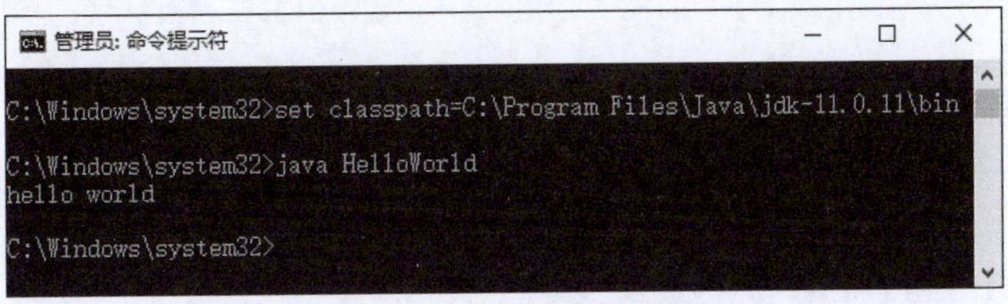

```
管理员: 命令提示符
C:\Windows\system32>set classpath=C:\Program Files\Java\jdk-11.0.11\bin

C:\Windows\system32>java HelloWorld
hello world

C:\Windows\system32>
```

图 1-23　HelloWorld 程序运行结果

从图 1-23 可以看出，java HelloWorld 命令成功运行，输出了“hello world”。在命令行窗口中设置 CLASSPATH 后，程序会根据 CLASSPATH 的设置，到指定的文件夹中寻找类文件，因此，虽然 C 盘根目录下没有 HelloWorld.class 文件，但 java HelloWorld 命令仍能正确执行。

在 1.3 节中并没有设置 CLASSPATH 环境变量，但在 C:\Program Files\Java\jdk-11.

0.11\bin 文件夹中仍然可以使用 java 命令正常运行程序，而没有出现无法找到 HelloWorld.class 文件的错误。这是因为从 JDK 5 开始，如果 CLASSPATH 环境变量没有设置，Java 虚拟机会自动将 CLASSPATH 设置为“.”，也就是当前文件夹。

1.5 Java 程序的运行机制

Java 程序运行时，必须经过编译和运行两个步骤。首先将扩展名为.java 的源文件进行编译，生成扩展名为.class 的字节码文件。然后 Java 虚拟机对字节码文件进行解释执行，并将结果显示出来。

下面以文件 1-1 为例，对 Java 程序的编译和运行过程进行详细分析。文件 1-1 从编写到运行的过程如下：

(1) 编写 HelloWorld.java 文件。

(2) 使用 javac HelloWorld.java 命令开启 Java 编译器，编译 HelloWorld.java 文件。编译结束后，编译器会自动生成名为 HelloWorld.class 的字节码文件。

(3) 使用 java HelloWorld 命令启动 Java 虚拟机运行程序，Java 虚拟机首先将编译好的字节码文件加载到内存，这个过程被称为类加载，由类加载器完成。然后 Java 虚拟机针对加载到内存中的 Java 类进行解释执行，输出运行结果。

通过上面的分析不难发现，Java 程序是由 Java 虚拟机而非操作系统负责解释执行的。这样做的好处是可以实现 Java 程序的跨平台特性。也就是说，在不同的操作系统上，可以运行相同的 Java 程序，不同的操作系统只需安装不同版本的 Java 虚拟机即可，如图 1-24 所示。

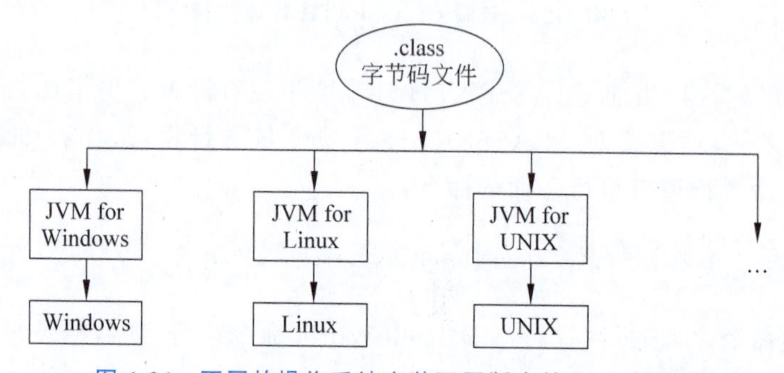

图 1-24 不同的操作系统安装不同版本的 Java 虚拟机

Java 程序的跨平台特性有效地解决了程序在不同的操作系统中编译时产生不同的机器代码的问题，大大降低了程序开发和维护的成本。

1.6 IntelliJ IDEA 开发工具

由于记事本编写代码速度慢且不易排错，为了提高程序的开发效率，可以使用集成开发工具(Integrated Development Environment，IDE)进行 Java 程序开发，如 Eclipse、IntelliJ IDEA。在众多集成开发工具中，IntelliJ IDEA(简称 IDEA)由于开发效率高、界面友好等诸多特点，成为流行的 Java 开发工具。IDEA 在智能代码助手、代码自动提示、重构、Java EE

支持、Ant、JUnit、CVS 整合、代码审查、创新的 GUI 设计等方面的功能是非常完善的。本节将针对 IDEA 工具的相关知识进行讲解。

1.6.1　IntelliJ IDEA 的安装与启动

IDEA 的安装比较简单，下面分步骤讲解 IDEA 的安装与启动。

1. 安装 IDEA 开发工具

可以登录 IDEA 官网下载 IDEA 安装包，如图 1-25 所示。

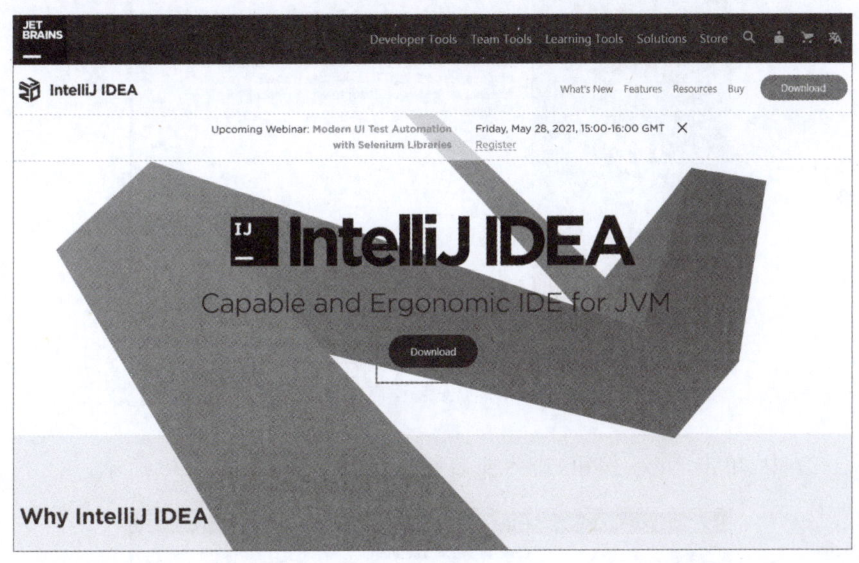

图 1-25　IDEA 官网首页

在图 1-25 中，单击 Download 按钮，进入 IDEA 下载页面，如图 1-26 所示。

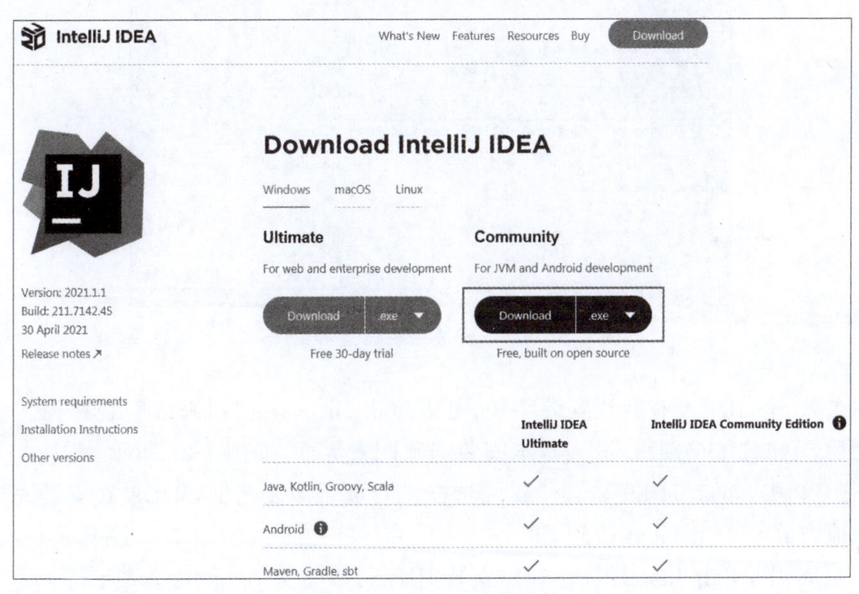

图 1-26　IDEA 下载页面

在图 1-26 中可以看到 IDEA 有两个版本,分别是 Ultimate(旗舰版)和 Community(社区版)。旗舰版比社区版的组件更全面,但是旗舰版只提供 30 天免费试用,之后就要收费,而社区版是免费软件。针对本书,社区版已经能够满足学习需要,因此本书选择安装社区版。在图 1-26 中单击社区版下面的 Download 按钮下载社区版。下载完成后,双击安装包,进入 IDEA 安装程序的欢迎界面,如图 1-27 所示。

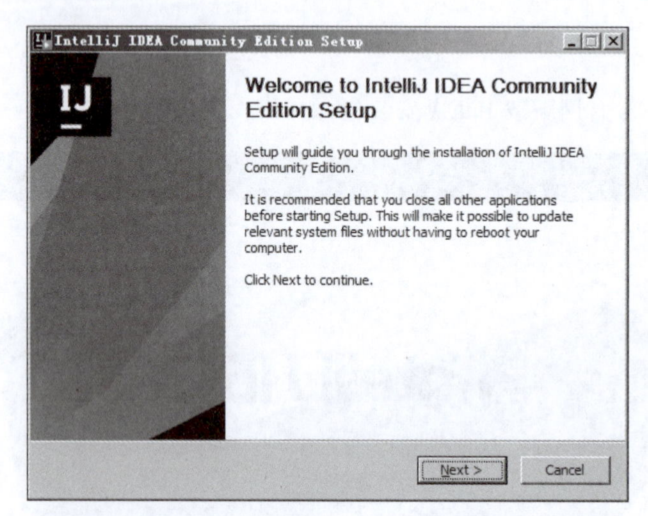

图 1-27 IDEA 安装程序的欢迎界面

在图 1-27 中,单击 Next 按钮,进入安装路径设置界面,如图 1-28 所示。

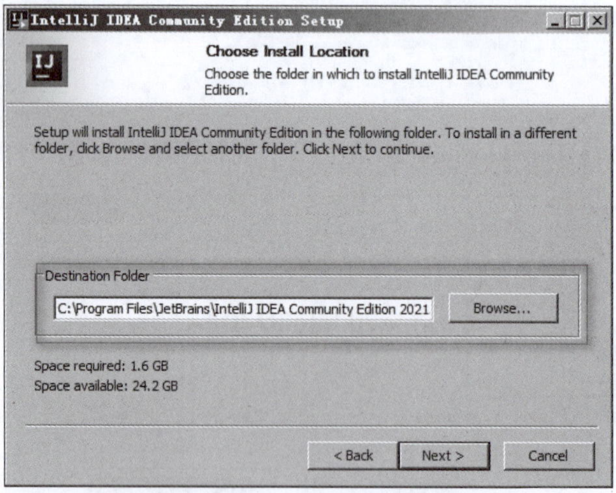

图 1-28 安装路径设置界面

在图 1-28 中,IDEA 有默认安装路径,可以单击 Browse 按钮修改安装路径。设置完安装路径之后,单击 Next 按钮,进入基本安装选项配置界面,如图 1-29 所示。

在图 1-29 中,勾选 64-bit launcher 复选框。勾选了该复选框,IDEA 在安装完成后会生成桌面快捷方式。单击 Next 按钮,进入选择开始菜单界面,如图 1-30 所示。

在图 1-30 中,单击 Install 按钮开始安装 IDEA,如图 1-31 所示。

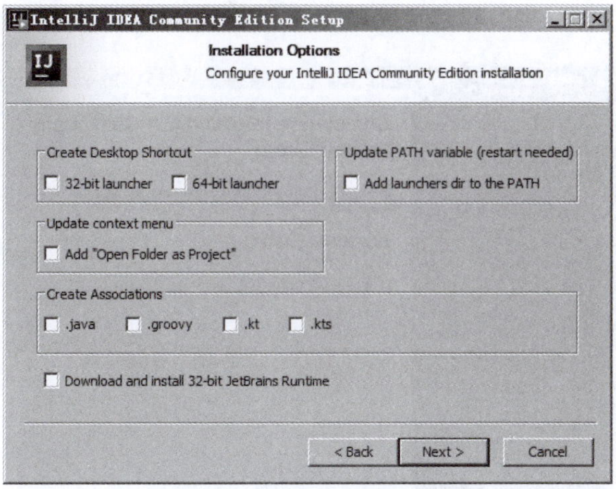

IntelliJ IDEA Community Edition Setup

Installation Options

Configure your IntelliJ IDEA Community Edition installation

Create Desktop Shortcut

32-bit launcher　64-bit launcher

Update PATH variable (restart needed)

Add launchers dir to the PATH

Update context menu

Add "Open Folder as Project"

Create Associations

.java　.groovy　.kt　.kts

Download and install 32-bit JetBrains Runtime

< Back　Next >　Cancel

图 1-29　基本安装选项配置界面

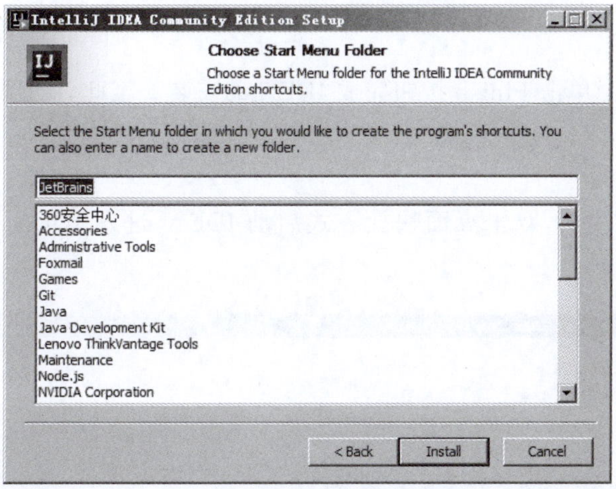

IntelliJ IDEA Community Edition Setup

Choose Start Menu Folder

Choose a Start Menu folder for the IntelliJ IDEA Community Edition shortcuts.

Select the Start Menu folder in which you would like to create the program's shortcuts. You can also enter a name to create a new folder.

JetBrains

360安全中心
Accessories
Administrative Tools
Foxmail
Games
Git
Java
Java Development Kit
Lenovo ThinkVantage Tools
Maintenance
Node.js
NVIDIA Corporation

< Back　Install　Cancel

图 1-30　选择开始菜单界面

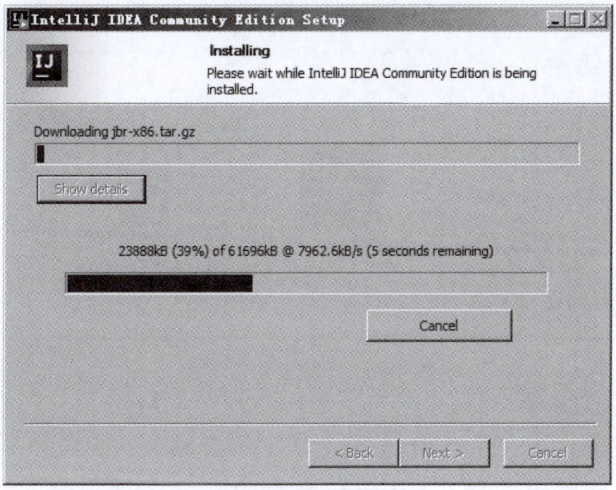

IntelliJ IDEA Community Edition Setup

Installing

Please wait while IntelliJ IDEA Community Edition is being installed.

Downloading jbr-x86.tar.gz

Show details

23888kB (39%) of 61696kB @ 7962.6kB/s (5 seconds remaining)

Cancel

< Back　Next >　Cancel

图 1-31　IDEA 安装界面

IDEA 安装完成之后,会自动进入安装完成界面,如图 1-32 所示。

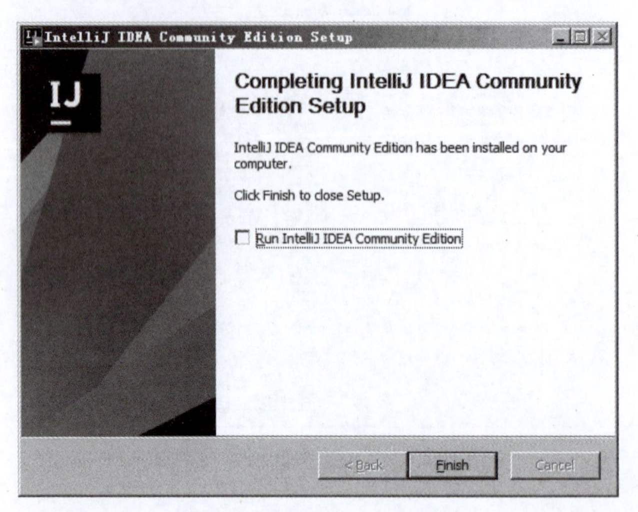

图 1-32 IDEA 安装完成界面

最后在图 1-32 中单击 Finish 按钮完成 IDEA 的安装。至此,IDEA 安装完成。

2. 启动 IDEA

IDEA 安装完成之后,双击桌面快捷方式启动 IDEA,进入 IDEA 欢迎界面,如图 1-33 所示。

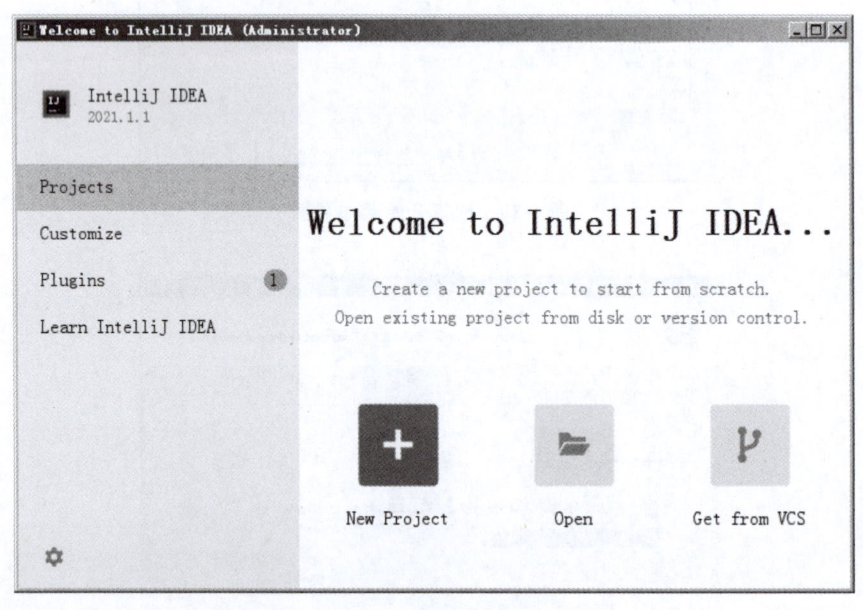

图 1-33 IDEA 欢迎界面

在图 1-33 中,左侧栏有 4 个选项,分别为 Projects、Customize、Plugins 和 Learn IntelliJ IDEA。单击这 4 个选项中的任意一个,在界面的右侧区域都会显示对应的功能设置。IDEA 启动时默认选择 Projects 选项,此时右侧区域显示了 3 个和工程相关的选项按钮,分别为 New Project、Open 和 Get from VCS，这 3 个选项按钮的作用分别是创建一个新的工程、打开一个已经存在的工程和从版本控制库中加载一个工程。

到此，IDEA 已经成功启动。

1.6.2　使用 IntelliJ IDEA 进行开发

1.6.1 节完成了 IDEA 的安装与启动。下面使用 IDEA 创建一个 Java 程序，实现在控制台上打印 HelloWorld！的功能，具体步骤如下。

1. 创建 Java 项目

在图 1-33 中单击 New Project 选项按钮创建新项目，弹出 New Project 对话框，如图 1-34 所示。

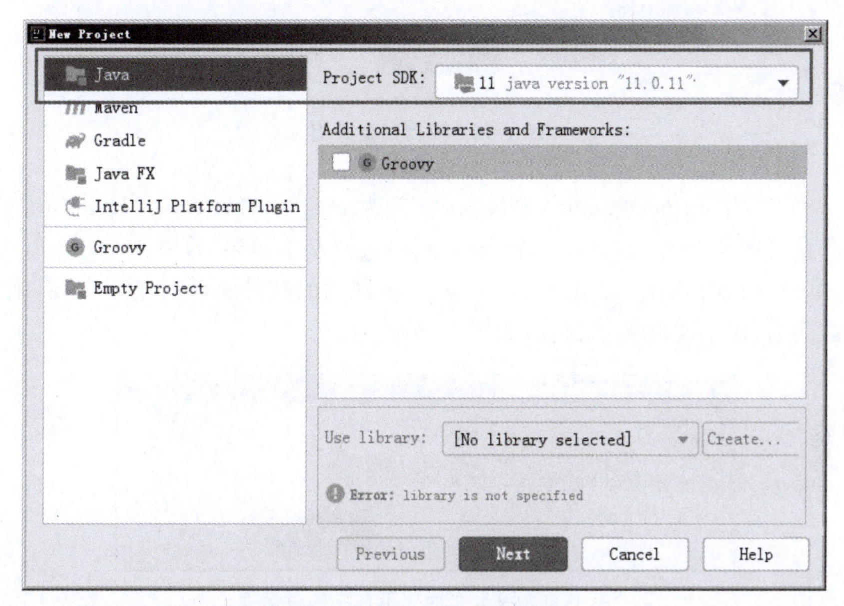

图 1-34　New Project 对话框

在图 1-34 中，需要设置 Java 程序开发所需要的 JDK。在左侧选中 Java，在右侧顶部 Project SDK 下拉列表框中选择已下载的 JDK，然后单击 Next 按钮进入选择模板创建项目界面，如图 1-35 所示。

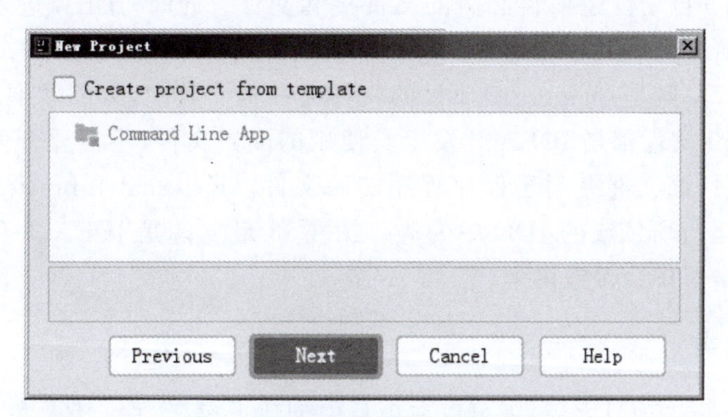

图 1-35　选择模板创建项目界面

在图 1-35 中,单击 Next 按钮进入项目设置界面,如图 1-36 所示。

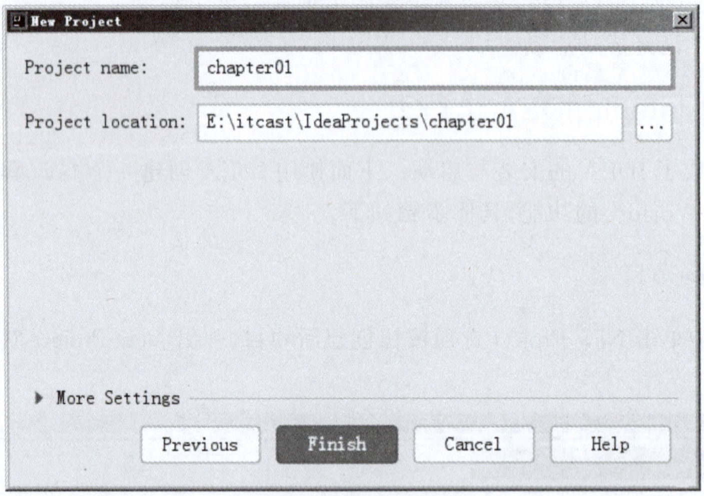

图 1-36 项目设置界面

在图 1-36 中,将 Project name(项目名)设置为 chapter01,Project location(项目路径)保持默认设置。展开 More Settings,将 Base package(基本包名)设置为 com.itheima。设置完成之后,单击 Finish 按钮,如果 Project location 填写的文件夹此时还不存在,则 IDEA 会弹出一个对话框,提示文件夹不存在,如图 1-37 所示。

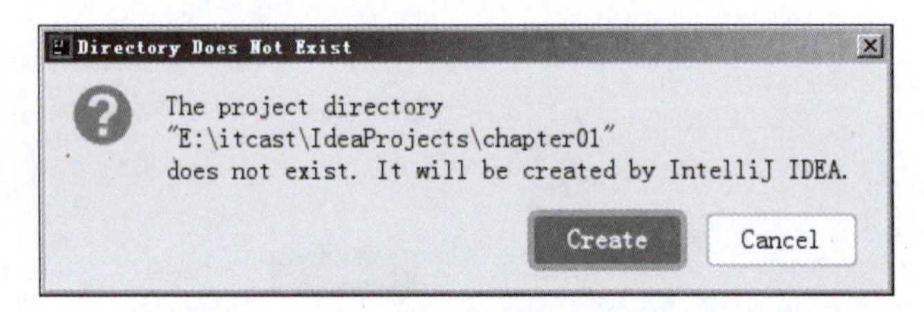

图 1-37 提示文件夹不存在的对话框

图 1-37 所示的对话框提示文件夹 E:\itcast\IdeaProjects\chapter01 还不存在,将由 IDEA 创建。单击 Create 按钮,完成对应文件夹的创建。创建文件夹其实就是创建对应的 chapter01 项目,chapter01 项目创建成功之后,IDEA 会在 E:\itcast\IdeaProjects\chapter01 文件夹下自动创建项目必需的文件夹和文件。此时,IDEA 进入项目结构界面,如图 1-38 所示。

在图 1-38 中,左侧是 chapter01 项目的文件夹结构。其中,.idea 文件夹中的所有文件以及 chapter01.iml 文件都是 IDEA 开发工具使用的配置文件,不需要开发者操作。src 是 source 单词的缩写,该文件夹用于保存程序的源文件。External Libraries 是扩展类库,即 Java 程序编写和运行所依赖的 JDK 中的类。图 1-38 最上端是 IDEA 的菜单栏,其中各菜单的作用在后续学习中会慢慢讲解。

2. 创建 Java 类

创建好 chapter01 项目之后,就可以在项目中创建 Java 类了。类是最小的 Java 程序单

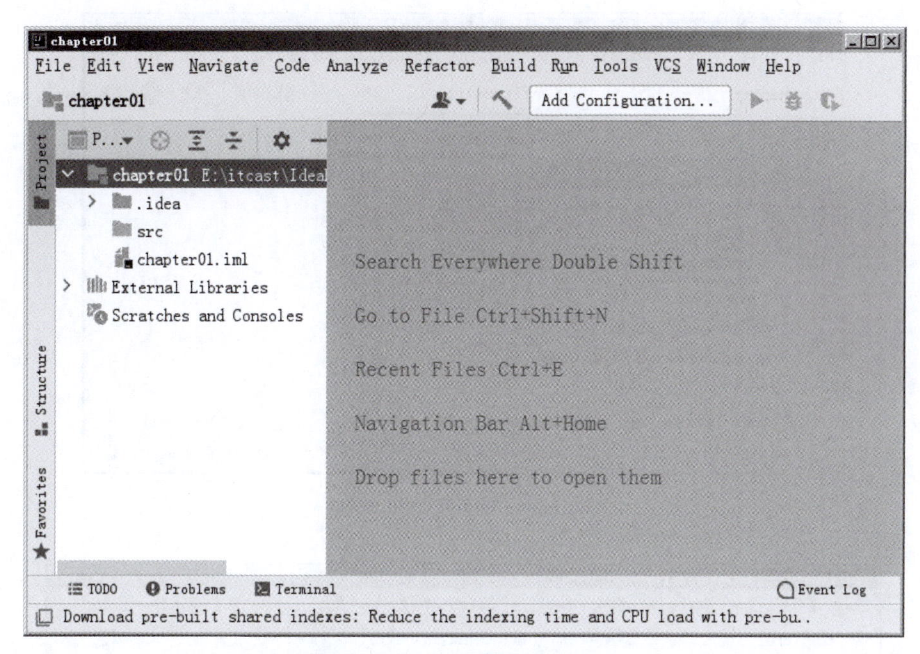

图 1-38　IDEA 项目结构界面

元，一个 Java 项目（Java 程序）至少要拥有一个类。

在图 1-38 中，右击 chapter01 项目下的 src 文件夹，在弹出的快捷菜单中选择 New→Java Class 命令，进入 New Java Class 选项界面，如图 1-39 所示。

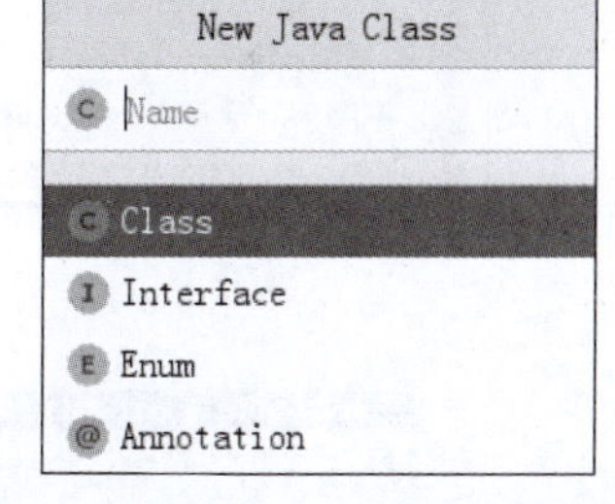

图 1-39　New Java Class 选项界面

图 1-39 中有很多可以选择的类型，本次选择 Class 选项创建一个 Java 类，并在上面的文本框中输入类名称 HelloWorld，然后按 Enter 键完成 Java 类的创建。Java 类创建完成之后，src 文件夹中会生成 HelloWorld.java 文件，该文件会自动在右侧区域打开，如图 1-40 所示。

由图 1-40 可知，HelloWorld 文件以.java 为扩展名，右侧区域显示的是 HelloWorld.java 文件创建时的默认代码。其中，HelloWorld 为类的名称；class 为定义类的关键字；public 是类的权限修饰符，表示该类是公有类，即所有 Java 程序均可访问该类；在 HelloWorld 后面的一对大括号（{}）中，可以编写类的程序代码。关于类的定义语法格式，后面会陆续讲解，这里只需要了解 Java 类的创建步骤即可。

3. 编写程序代码

Java 类创建完成之后，就可以在类中编写程序代码了。在图 1-40 所示的 HelloWorld.java 文件中编写 Java 代码，如图 1-41 所示。

4. 运行程序

在图 1-41 中，单击工具栏中的 ▶ 按钮运行程序，或者单击代码中 HelloWorld 类左侧的 ▶ 按钮运行程序，控制台显示运行结果，如图 1-42 所示。

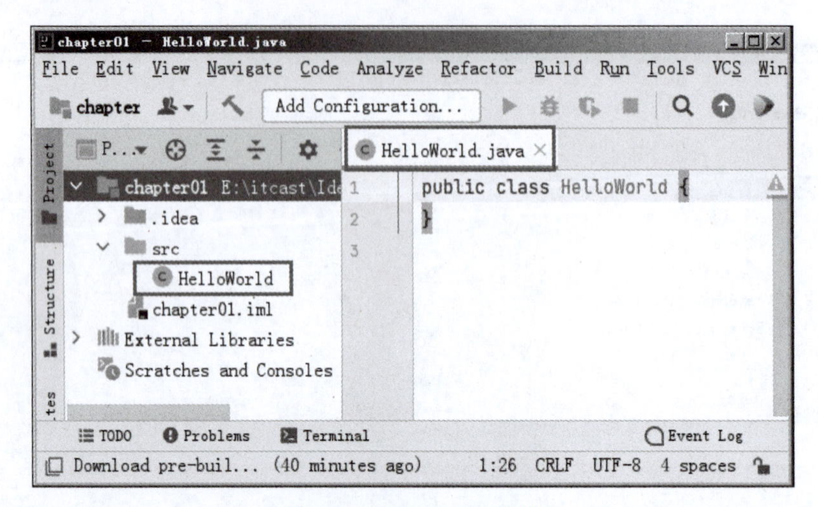

图 1-40　HelloWorld 文件

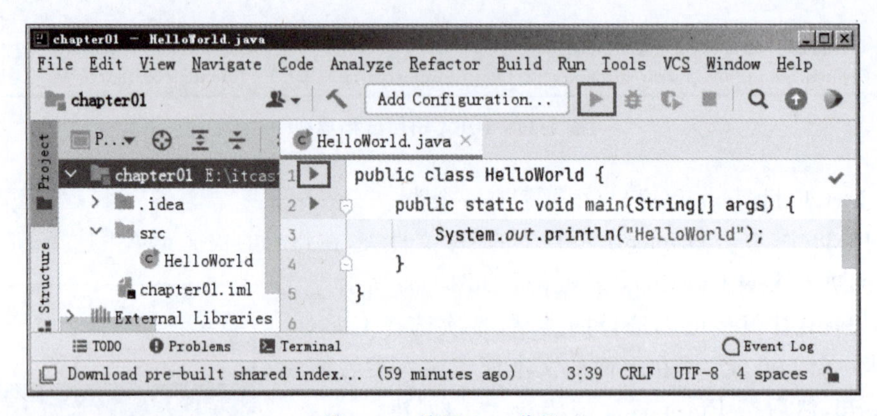

图 1-41　编写 Java 代码

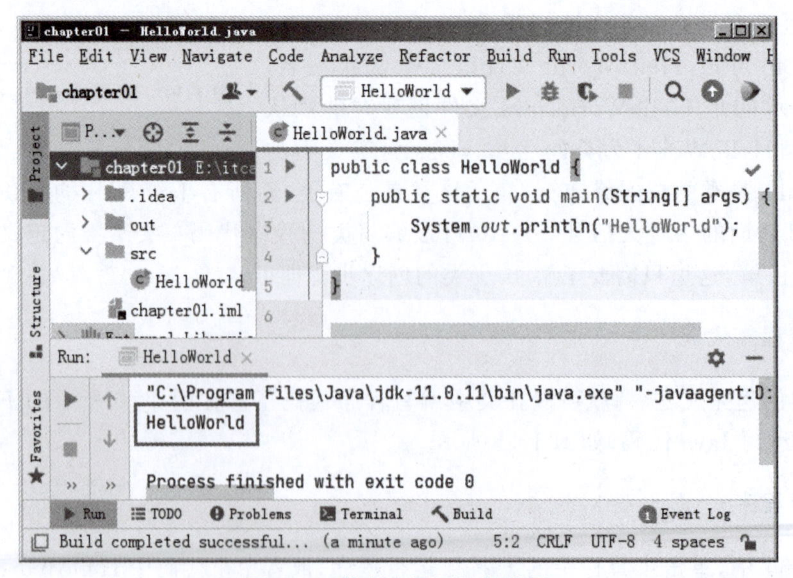

图 1-42　控制台显示运行结果

至此，使用 IDEA 工具完成了第一个 Java 程序的开发。

1.6.3　IntelliJ IDEA 调试工具

思政阅读

IDEA 自带了调试工具。下面以 1.6.2 节中的 Java 程序为例，演示 IDEA 调试工具的使用。首先在图 1-42 中的第 3 行代码处设置断点，单击行号后面的空白区域，便可插入断点。然后单击按钮进入 Debug（调试）模式，如图 1-43 所示。

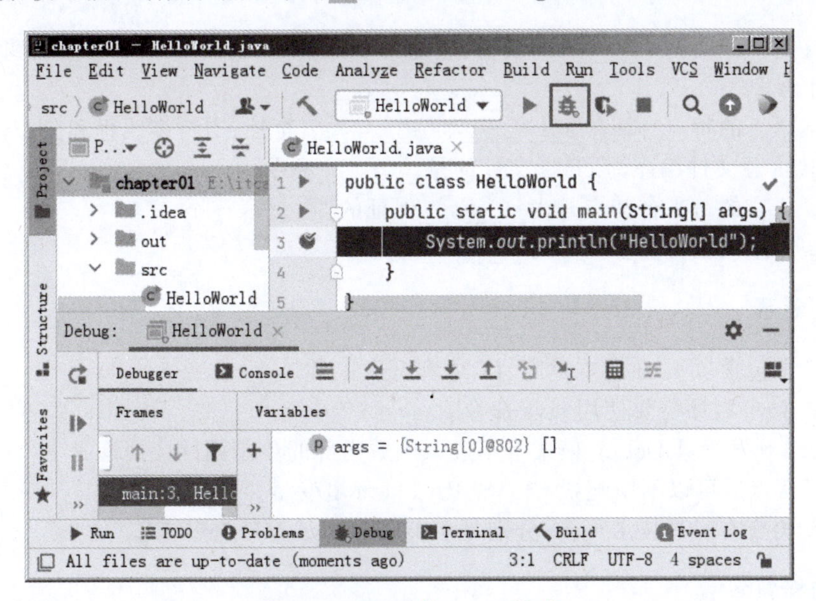

图 1-43　IDEA 的 Debug 模式

在 IDEA 中，可以使用快捷键调试程序。IDEA 常用的调试快捷键及含义如表 1-1 所示。

表 1-1　IDEA 常用的调试快捷键及含义

快　捷　键	操 作 名 称
F8	单步调试（不进入函数内部）
F7	单步调试（进入函数内部）
Shift＋F7	选择要进入的函数
Shift＋F8	跳出函数
Alt＋F9	运行到断点
Alt＋F8	执行表达式查看结果
F9	继续执行，进入下一个断点或执行完程序

1.7　本章小结

本章主要介绍 Java 开发的一些入门知识。首先介绍了 Java 的特点和发展史；其次介绍了 JDK 的概念，并在 Windows 10 系统中安装了 JDK；然后编写了一个简单的 Java 程序，并讲解了环境变量的配置和 Java 程序的运行机制；最后介绍了常用的 Java 开发工具

IDEA,包括 IDEA 的特点、下载、安装以及入门程序的编写和调试。通过本章的学习,读者能够对 Java 语言有基本的认识,为后面学习 Java 知识开启大门。

1.8　本章习题

一、填空题

1. Java 是一种面向________的语言,它是由 Sun 公司(已被 Oracle 公司收购)开发的高级程序设计语言。
2. Java 语言的特点有简单、________、________、安全性、支持多线程和分布性。
3. 将.java 源文件编译为.class 文件的是________命令。
4. Java 语言的跨平台特点是由________保证的。
5. Java 程序的运行环境简称为________。

二、判断题

1. JRE 中包含了 Java 基本类库、JVM 和开发工具。　(　)
2. 编译 Java 程序需要使用 java 命令。　(　)
3. IDEA 开发工具 Debug 模式下不进入函数内部的单步调试快捷键是 F7。　(　)
4. JDK 8 以后可以不用配置 CLASSPATH 环境变量。　(　)
5. Java 语言有三种技术平台,分别是 Java SE、Java ME、Java EE。　(　)

三、选择题

1. Java 属于(　)。
   A. 机器语言　B. 汇编语言　C. 高级语言　D. 以上都不对
2. Java 语言的特点有(　)。(多选)
   A. 简单　B. 面向对象　C. 跨平台性　D. 支持多线程
3. 在 JDK 的 bin 文件夹下有许多.exe 可执行文件,其中 java.exe 命令的作用是(　)。
   A. Java 文档制作工具　B. Java 解释器
   C. Java 编译器　D. Java 启动器
4. 以下选项中,(　)属于 JDK 工具。(多选)
   A. Java 编译器　B. Java 文档生成工具
   C. Java 运行工具　D. Java 打包工具
5. 下面 4 种类型的文件中(　)可以在 Java 虚拟机中运行。
   A. .java　B. .jre　C. .exe　D. .class

四、简答题

1. 简述 Java 语言的特点。
2. 简述 Java 的运行机制。

五、编程题

使用记事本编写一个 Hello World 程序,在命令行窗口编译和运行,并输出结果。

第 2 章

Java编程基础

学习目标

- 掌握 Java 的基本语法，能够根据基本格式要求编写 Java 程序，熟练使用 Java 中的注释、关键字和常量，熟练定义标识符。
- 掌握变量的定义和使用，能够熟练定义各种数据类型的变量，并能够独立实现变量之间的类型转换。
- 掌握运算符的使用，能够正确使用算术运算符、赋值运算符、比较运算符和逻辑运算符解决程序中的运算问题。
- 掌握选择结构语句的使用，能够熟练使用 if 条件语句、三元运算符和 switch 条件语句解决程序中的选择问题。
- 掌握循环结构语句的使用，能够熟练使用 while 循环语句、do…while 循环语句、for 循环语句和循环嵌套以及跳转语句解决程序中的循环问题。
- 掌握方法的定义与重载，能够独立完成方法的定义与调用。
- 掌握数组的定义与使用，能够熟练使用数组处理批量数据。

通过第 1 章的学习，大家对 Java 有了基本认识，但现在还无法使用 Java 编写程序。要熟练使用 Java 编写程序，必须充分掌握 Java 的编程基础。本章将针对 Java 的基本语法、变量、运算符、方法、结构语句以及数组等知识进行详细讲解。

2.1 Java 基本语法

每种编程语言都有一套自己的语法规则，Java 也不例外，编写 Java 程序也需要遵从一定的语法规则，如代码的书写、标识符的定义、关键字的使用等。本节针对 Java 的基本语法进行详细讲解。

2.1.1 Java 程序的基本格式

Java 程序代码必须放在一个类中，初学者可以简单地把一个类理解为一个 Java 程序。类使用 class 关键字定义，在 class 前面可以有类的修饰符。类的定义格式如下：

```
修饰符 class 类名{
    程序代码
}
```

在编写 Java 程序时,有以下几点需要注意。

(1) Java 程序代码可分为结构定义语句和功能执行语句,其中,结构定义语句用于声明一个类或方法,功能执行语句用于实现具体的功能。每条功能执行语句的最后必须用分号(;)结束,例如下面的语句:

```
System.out.println("这是第一个 Java 程序!");
```

在程序中不要将英文的分号(;)误写成中文的分号(；),如果写成中文的分号,编译器会报告 illegal character(非法字符)错误信息。

(2) Java 是严格区分大小写的。在定义类时,不能将 class 写成 Class,否则编译器会报错。程序中定义一个 computer 类的同时,还可以定义一个 Computer 类,computer 和 Computer 是两个完全不同的符号,在使用时务必注意。

(3) 在编写 Java 程序时,为了便于阅读,通常会使用一种良好的格式进行排版,但这并不是必需的,也可以在两个单词或符号之间插入空格、制表符、换行符等任意的空白字符。例如,下面这段代码的编排方式也是可以的:

```
public class HelloWorld {public static void
    main(String [
] args){System.out.println("这是第一个 Java 程序!");}}
```

虽然 Java 没有严格要求用什么样的格式编排程序代码,但是,出于可读性的考虑,应该让自己编写的程序代码整齐美观、层次清晰。常用的编排方式是一行只写一条语句,符号“{”与语句同行,符号“}”独占一行。示例代码如下:

```
public class HelloWorld {
    public static void main(String[] args) {
        System.out.println("这是第一个 Java 程序!");
    }
}
```

(4) Java 程序中一个连续的字符串不能分成两行书写。例如,下面这条语句在编译时会出错:

```
System.out.println("这是第一个
        Java 程序!");
```

如果为了便于阅读,需要将一个比较长的字符串分两行书写,可以先将字符串分成两个字符串,然后用加号(+)将这两个字符串连起来,在加号后面换行。例如,可以将上面的语句修改成如下形式:

```
System.out.println("这是第一个" +
        "Java 程序!");
```

2.1.2 Java 中的注释

在编写程序时,为了使代码易于理解,通常会为代码加一些注释。Java 注释就是用通俗易懂的语言对代码进行描述或解释,以达到快速、准确地理解代码的目的。注释可以是编程思路,也可以是功能描述或者程序的作用,总之就是对代码的进一步阐述。

Java 注释只在 Java 源文件中有效,在编译程序时编译器会忽略这些注释,不会将其编译到字节码文件中。Java 中的注释有以下 3 种类型。

1. 单行注释

单行注释用于对程序中的某一行代码进行解释,一般用来注释局部变量。单行注释用符号//表示,//后面为被注释的内容,具体示例如下:

```
int c = 10;                    //定义一个整型变量
```

2. 多行注释

多行注释顾名思义就是注释的内容可以为多行,它以符号/* 开头,以符号 */结尾。多行注释具体示例如下:

```
/* int c = 10;
   int x = 5; */
```

3. 文档注释

文档注释是以/**开头,并在注释内容末尾以 */结束。文档注释是对一段代码概括性的解释说明,可以使用 javadoc 命令将文档注释提取出来,生成帮助文档。文档注释具体示例如下:

```
/**
  * @author 黑马程序员
  * @version 1.0
  */
```

javadoc 提供了一些标签用于文档注释,常用的标签如表 2-1 所示。

表 2-1 javadoc 中常用的标签

标签	描述
@author	标识作者
@deprecated	标识过期的类或成员
@exception	标识抛出的异常
@param	标识方法的参数
@return	标识方法的返回值
@see	标识指定参数的内容
@serial	标识序列化属性

续表

标　签	描　述
@version	标识版本
@throws	标识引入一个特定的变化

在Java中,有的注释可以嵌套使用,有的则不可以。下面列举两种具体的情况。

(1) 多行注释中可以嵌套使用单行注释,具体示例如下:

```
/* int c = 10;                  //定义一个整型的c
   int x = 5; */
```

(2) 多行注释中不能嵌套使用多行注释,具体示例如下:

```
/*
    /* int c = 10; */
    int x=5;
*/
```

上面第2种情况的代码就无法通过编译,原因在于第一个/*会和第一个*/进行配对,而第二个*/则找不到匹配,就会编译失败。

针对嵌套注释可能出现编译异常这一问题,通常在实际开发中都会避免注释的嵌套使用,只有在特殊情况下才会在多行注释中嵌套使用单行注释。

2.1.3 Java中的标识符

在编程过程中,经常需要在程序中定义一些符号,用来标记一些名称,如包名、类名、方法名、参数名、变量名等,这些符号被称为标识符。标识符可以由字母、数字、下画线(_)和美元符号($)组成,但标识符不能以数字开头,不能是Java中的关键字。

下面的标识符都是合法的:

```
username
username123
user_name
_userName
$username
```

下面的标识符都是不合法的:

```
123username                  //不能以数字开头
Class                        //不能是关键字
98.3                         //不能以数字开头,也不能包含特殊符号"."
Hello World                  //不能包含空格等特殊字符
```

Java程序中定义的标识符必须严格遵守上面列出的规则,否则程序在编译时会报错。除了上面列出的规则,为了增强代码的可读性,建议初学者在定义标识符时还应该遵循以下规则：

(1) 包名中的所有字母一律小写，例如 cn.itcast.test。

(2) 类名和接口名中的每个单词的首字母都大写，例如 ArrayList、Iterator。

(3) 常量名中的所有字母都大写，单词之间用下画线连接，例如 DAY_OF_MONTH。

(4) 变量名和方法名的第一个单词首字母小写，从第二个单词开始每个单词首字母大写，例如 lineNumber、getLineNumber。

(5) 在程序中，应该尽量使用有意义的英文单词定义标识符，使得程序便于阅读。例如，用 userName 定义用户名，用 password 定义密码。

2.1.4　Java 中的关键字

思政阅读

关键字是编程语言里事先定义好并赋予了特殊含义的单词。和其他语言一样，Java 中预留了许多关键字，例如 class、public 等。下面列举了 Java 中所有的关键字。

abstract	continue	for	new	switch
assert	default	goto	package	synchronized
boolean	do	if	private	this
break	double	implements	protected	throw
byte	else	import	public	throws
case	enum	instanceof	return	transient
catch	extends	int	short	try
char	final	interface	static	void
class	finally	long	strictfp	volatile
const	float	native	super	while

每个关键字都有特殊的作用。例如，package 关键字用于声明包，import 关键字用于引入包，class 关键字用于声明类。

编写 Java 程序时，关键字的使用需要注意以下几点。

(1) 所有的关键字都是小写。

(2) 不能使用关键字命名标识符。

(3) const 和 goto 是保留的关键字，虽然在 Java 中还没有任何意义，但在程序中不能用来作为自定义的标识符。

(4) true、false 和 null 虽然不属于关键字，但它们具有特殊的意义，也不能作为标识符使用。

2.1.5　Java 中的常量

常量就是在程序中固定不变的值，是不能改变的数据。例如，数字 1、字符'a'、浮点数 3.2 等都是常量。在 Java 中，常量包括整型常量、浮点数常量、字符和字符串常量、布尔常量等。

1. 整型常量

整型常量是整数类型的数据,有二进制、八进制、十进制和十六进制 4 种表示形式,具体如下。

- 二进制:由数字 0 和 1 组成的数字序列。从 JDK 7 开始,允许使用字面值表示二进制数,前面要以 0b 或 0B 开头,目的是为了和十进制数区分,如 0b01101100、0B10110101。
- 八进制:以 0 开头并且其后由 0~7(包括 0 和 7)的整数组成的数字序列,如 0342。
- 十进制:由数字 0~9(包括 0 和 9)的整数组成的数字序列,如 198。
- 十六进制:以 0x 或者 0X 开头并且其后由 0~9、A~F(包括 0 和 9、A 和 F,字母不区分大小写)组成的数字序列,如 0x25AF。

需要注意的是,在程序中为了标明不同的进制,数据都有特定的标识。八进制必须以 0 开头,如 0711、0123;十六进制必须以 0x 或 0X 开头,如 0xaf3、0Xff;整数以十进制表示时,第一位不能是 0,0 本身除外。例如,十进制的 127,用二进制表示为 0b1111111 或者 0B1111111,用八进制表示为 0177,用十六进制表示为 0x7F 或者 0X7F。

2. 浮点数常量

浮点数常量就是在数学中用到的小数。Java 中的浮点数分为单精度浮点数(float)和双精度浮点数(double)两种类型。其中,单精度浮点数后面以 F 或 f 结尾,而双精度浮点数则以 D 或 d 结尾。当然,在使用浮点数时也可以在结尾处不加任何后缀,此时 JVM 会默认浮点数为 double 类型。浮点数常量还可以通过指数形式表示。

浮点数常量具体示例如下:

```
2e3f
3.6d
0f
3.84d
5.022e+23f
```

3. 字符常量

字符常量用于表示一个字符,一个字符常量要用一对英文半角格式的单引号('')括起来。字符常量可以是英文字母、数字、标点符号以及由转义序列表示的特殊字符。具体示例如下:

```
'a'
'1'
'&'
'\r'
'\u0000'
```

上面示例中,'\u0000'表示一个空白字符,即在单引号之间没有任何字符。之所以能这样表示,是因为 Java 采用的是 Unicode 字符集,Unicode 字符以\u 开头,空白字符在

Unicode 码表中对应的值为'\u0000'。

4. 字符串常量

字符串常量用于表示一串连续的字符，一个字符串常量要用一对英文半角格式的双引号(" ")括起来，具体示例如下：

```
"HelloWorld"
"123"
"Welcome \n XXX"
""
```

一个字符串可以包含一个字符或多个字符，也可以不包含任何字符，即长度为 0。

5. 布尔常量

布尔常量即布尔型的值，用于区分事物的真与假。布尔常量有 true 和 false 两个值。

6. null 常量

null 常量只有一个值 null，表示对象的引用为空。关于 null 常量将在第 3 章中详细介绍。

多学一招： 十进制数和二进制数之间的转换

通过前面的介绍可以知道，整型常量可以分别用二进制数、八进制数、十进制数和十六进制数表示，不同的进制并不影响数据本身，同一个整型常量可以在不同进制之间转换。在实际开发中，最常见的进制转换为十进制数与二进制数之间的转换，下面介绍这两种进制之间相互转换的方式。

1. 十进制数转二进制数

十进制数转换成二进制数就是一个除以 2 取余数的过程。把要转换的数除以 2，得到商和余数；将商继续除以 2，直到商为 0。最后将所有余数倒序排列，得到的数就是转换结果。

以十进制数 6 转换为二进制数为例进行说明，转换过程如图 2-1 所示。

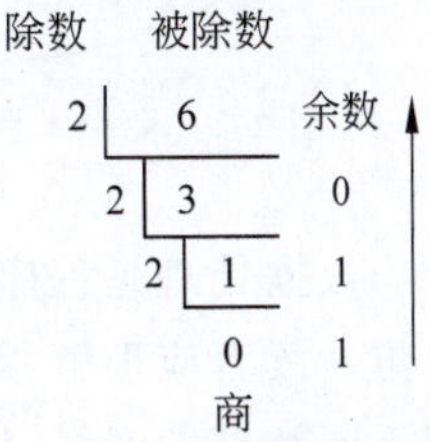

十进制数 6 共 3 次除以 2，得到的余数依次是 0、1、1，将所有余数倒序排列是 110，所以十进制数 6 转换成二进制数，结果是 110。

除数　被除数
2 | 6　余数
2 | 3　0
2 | 1　1
0　1
商

图 2-1　十进制数 6 转二进制数

2. 二进制数转十进制数

二进制数转换成十进制数要从右到左用二进制位上的每个数乘以 2 的相应次方。例如，将右起第一位的数乘以 2 的 0 次方，第二位的数乘以 2 的 1 次方……第 n 位的数乘以 2 的 $n-1$ 次方，然后把所有相乘后的结果相加，得到的结果就是转换后的十进制数。

例如，把二进制数 0110 0100 转换为十进制数，转换方式如下：

$$0\times2^0+0\times2^1+1\times2^2+0\times2^3+0\times2^4+1\times2^5+1\times2^6+0\times2^7=100$$

由于 0 乘以多少都是 0，因此上述表达式也可以简写为

$$1\times2^2+1\times2^5+1\times2^6=100$$

得到的结果100就是二进制数0110 0100转换后的十进制数。

Java程序的内存划分

2.2 Java中的变量

2.2.1 变量的定义

在程序运行期间,随时可能产生一些临时数据,应用程序会将这些数据保存在内存单元中,每个内存单元都用一个标识符标识,这些用于标识内存单元的标识符就称为变量,内存单元中存储的数据就是变量的值。

下面通过具体的代码学习变量的定义。

```
int x = 0, y;
y = x+3;
```

上面的代码中,第一行代码定义了两个变量x和y,相当于分配了两块内存单元。在定义变量x的同时为变量x分配了一个初始值0,而变量y没有分配初始值,变量x和y在内存中的状态如图2-2所示。

第二行代码的作用是为变量赋值,在执行第二行代码时,程序首先取出变量x的值,与3相加,然后将相加的结果赋值给变量y,此时变量x和y在内存中的状态发生了变化,如图2-3所示。

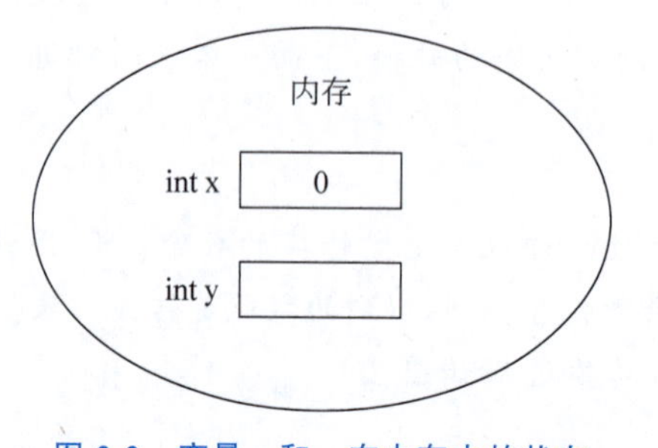

图2-2　变量x和y在内存中的状态

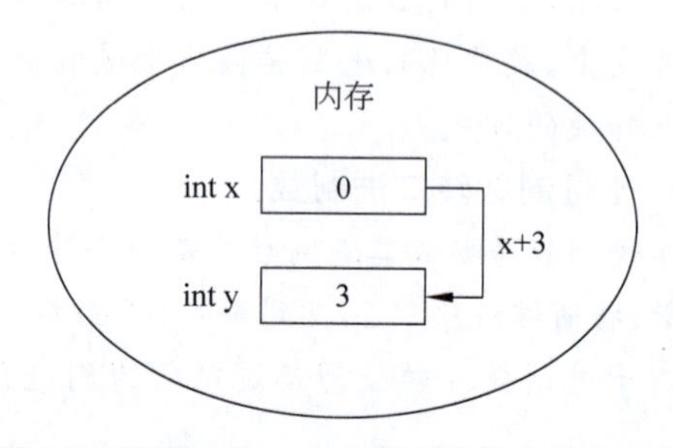

图2-3　变量x和y在内存中的状态发生变化

数据处理是程序的基本功能,变量是程序中数据的载体,因此变量在程序中占据着重要地位。读者应理解程序中变量的意义与功能,后续的学习中将会引导读者学习如何定义、使用不同类型的变量,以及如何在程序中对变量进行运算。

2.2.2 变量的数据类型

Java是一门强类型的编程语言,它对变量的数据类型有严格的限定。在定义变量时必须声明变量的类型,在为变量赋值时必须赋予和变量同一种类型的值,否则程序会报错。

在Java中,变量的数据类型分为两种,即基本数据类型和引用数据类型。Java中的所有数据类型如图2-4所示。

图2-4中的4种基本数据类型是Java内嵌的,在任何操作系统中都具有相同大小和属

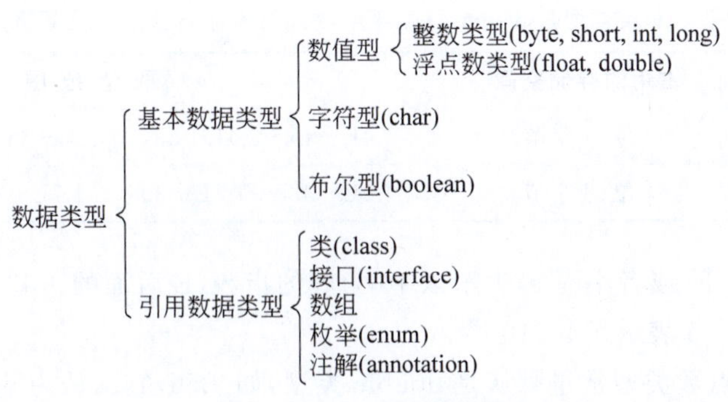

图 2-4　Java 中的所有数据类型

性;而引用数据类型是在 Java 程序中由编程人员自己定义的类型。此处重点介绍的是 Java 中的基本数据类型,引用数据类型会在后续章节中进行详细讲解。

1. 整数类型变量

整数类型变量用来存储整数值,即没有小数部分的值。在 Java 中,为了给不同取值范围的整数合理地分配存储空间,整数类型分为 4 种,分别是字节型(byte)、短整型(short)、整型(int)和长整型(long),这 4 种类型占用的存储空间以及取值范围如表 2-2 所示。

表 2-2　整数类型占用的存储空间以及取值范围

类　型	占用的存储空间	取值范围
byte	8 位(1 字节)	$-2^7 \sim 2^7-1$
short	16 位(2 字节)	$-2^{15} \sim 2^{15}-1$
int	32 位(4 字节)	$-2^{31} \sim 2^{31}-1$
long	64 位(8 字节)	$-2^{63} \sim 2^{63}-1$

占用的存储空间指的是不同类型的变量分别占用的内存大小。例如,一个 int 类型的变量会占用 4 字节大小的内存空间。取值范围是指变量存储的值不能超出的范围。例如,一个 byte 类型的变量存储的值必须是 $-2^7 \sim 2^7-1$ 的整数。

需要注意的是,在为一个 long 类型的变量赋值时,值的后面要加上字母 L(或小写 l),说明赋值为 long 类型。如果赋的值未超出 int 类型的取值范围,则可以省略字母 L(或小写 l)。具体示例如下:

```
long num1 = 2200000000L;      //所赋的值超出了 int 类型的取值范围,后面必须加上字母 L
long num2 = 198L;             //所赋的值未超出 int 类型的取值范围,后面可以加上字母 L
long num3 = 198;              //所赋的值未超出 int 类型的取值范围,后面可以省略字母 L
```

2. 浮点数类型变量

浮点数类型变量用于存储实数。double 类型表示的浮点数比 float 类型更精确,两种浮点数占用的存储空间以及取值范围如表 2-3 所示。

表 2-3 float 类型与 double 类型浮点数占用的存储空间以及取值范围

类型名	占用的存储空间	取值范围
float	32位(4字节)	1.4E−45～3.4E+38，−3.4E+38～−1.4E−45
double	64位(8字节)	4.9E−324～1.7E+308，−1.7E+308～−4.9E−324

在取值范围中，E(或者小写e)表示以10为底的指数，E后面的+和−代表正指数和负指数。例如，1.4E−45表示1.4×10^{-45}。

在Java中，浮点数类型常量默认是double类型，如2.56，它默认为double类型常量，占用8字节内存。在浮点数类型常量后面加上F或f，该数据就是float类型，如2.56f，它为float类型，占用4字节内存。在为浮点数类型变量赋值时，float类型变量值后面必须加上F或f；double类型变量值后面可以加上D或d，也可以不加。具体示例如下：

```
float f = 123.4F;             //为一个 float 类型的变量赋值,后面必须加上字母 F
double d1 = 100.1;            //为一个 double 类型的变量赋值,后面可以省略字母 D
double d2 = 199.3D;           //为一个 double 类型的变量赋值,后面可以加上字母 D
```

在程序中也可以为一个浮点数类型变量赋予一个整数数值，JVM会自动将整数数值转换为浮点数类型的值。例如，下面的写法也是可以的：

```
float f = 100;                //声明一个 float 类型的变量并赋予整数值
double d = 100;               //声明一个 double 类型的变量并赋予整数值
```

3. 字符型变量

在Java中，字符型变量用char表示，用于存储一个单一字符。Java中每个字符型的变量都会占用2字节。在给字符型的变量赋值时，需要用一对英文半角格式的单引号(' ')把字符括起来，如'a'。

在计算机的世界里，所有文字、数值都只是一连串的0和1，这些0和1是机器语言，人类难以理解，于是就产生了各种方式的编码，用一个数值代表某个字符，如常用的字符编码系统ASCII。

虽然各种编码系统有数百种之多，却没有一种包含足够的字符、标点符号及常用的专业技术符号。这些编码系统可能还会相互冲突。也就是说，不同的编码系统可能会使用相同的数值标识不同的字符，这样在数据跨平台时就会发生错误。Unicode字符码系统定义了绝大部分现存语言需要的字符，是一种通用的字符集，可以同时处理多种语言混合的情况。因此，在任何语言、平台、程序中都可以安心地使用Unicode字符码系统。Java使用的就是Unicode字符码系统，在计算时，计算机会自动将字符转化为对应的数值。例如，Unicode中的小写字母a是用97表示的，可以直接将97赋值给一个字符型变量。

定义字符型变量的具体示例如下：

```
char c = 'a';                 //为一个字符型的变量赋值为字符 a
char ch = 97;                 //为一个字符型的变量赋值为整数 97,相当于赋值为字符 a
```

4. 布尔型变量

在 Java 中，使用 boolean 定义布尔型变量，布尔型变量只有 true 和 false 两个值。定义布尔型变量的具体示例如下：

```
boolean flag = false;         //定义一个布尔型的变量 flag,初始值为 false
flag = true;                  //改变变量 flag 的值为 true
```

2.2.3 变量的类型转换

在程序中，经常需要对不同类型的数据进行运算，为了解决数据类型不一致的问题，需要对数据的类型进行转换。例如，一个浮点数和一个整数相加，必须先将两个数转换成同一类型。根据转换方式的不同，数据类型转换可分为自动类型转换和强制类型转换两种，下面分别进行讲解。

1. 自动类型转换

自动类型转换也叫隐式类型转换，指的是两种数据类型在转换的过程中不需要显式地进行声明，由编译器自动完成。自动类型转换必须同时满足以下两个条件：

(1) 两种数据类型彼此兼容。

(2) 目标类型的取值范围大于源类型的取值范围。

例如下面的代码：

```
byte b = 3;
int x = b;
```

在上面的代码中，使用 byte 类型的变量 b 为 int 类型的变量 x 赋值，由于 int 类型的取值范围大于 byte 类型的取值范围，编译器在赋值过程中不会造成数据丢失，所以编译器能够自动完成这种转换，在编译时不报告任何错误。

除了上述示例中的情况，还有很多类型之间可以进行自动类型转换。下面列出 3 种可以进行自动类型转换的情况：

(1) 整数类型之间可以实现转换。例如，byte 类型的数据可以赋值给 short、int、long 类型的变量，short、char 类型的数据可以赋值给 int、long 类型的变量，int 类型的数据可以赋值给 long 类型的变量。

(2) 整数类型转换为 float 类型。例如，byte、char、short、int 类型的数据可以赋值给 float 类型的变量。

(3) 其他类型转换为 double 类型。例如，byte、char、short、int、long、float 类型的数据可以赋值给 double 类型的变量。

2. 强制类型转换

强制类型转换也叫显式类型转换，指的是两种数据类型之间的转换需要显式地声明。当两种类型彼此不兼容，或者目标类型取值范围小于源类型时，自动类型转换无法进行，这时就需要进行强制类型转换。在学习强制类型转换之前,先来看个例子,在本例中,使用 int 类型的变量 num 为 byte 类型的变量 b 赋值,如文件 2-1 所示。

文件 2-1 Example01.java

```
1  public class Example01 {
2      public static void main(String[] args) {
3          int num = 4;
4          byte b = num;
5          System.out.println(b);
6      }
7  }
```

编译文件 2-1,程序报错,错误信息如图 2-5 所示。

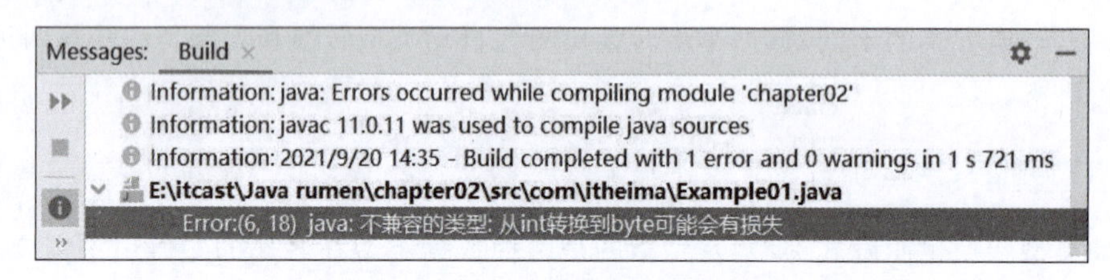

图 2-5 文件 2-1 编译报错

由图 2-5 可知,程序提示数据类型不兼容,不能将 int 类型转换成 byte 类型,原因是将一个 int 类型的值赋给 byte 类型的变量 b 时,由于 int 类型的取值范围大于 byte 类型的取值范围,这样的赋值会导致数值溢出,也就是说 1 字节的变量无法存储 4 字节的整数值。

针对上述情况,就需要进行强制类型转换,即强制将 int 类型的值赋给 byte 类型的变量。强制类型转换格式如下:

```
目标类型 变量 = (目标类型)值
```

将文件 2-1 中第 4 行代码修改为下面的代码:

```
byte b = (byte) num;
```

修改后保存源文件,再次编译运行,程序运行结果如图 2-6 所示。

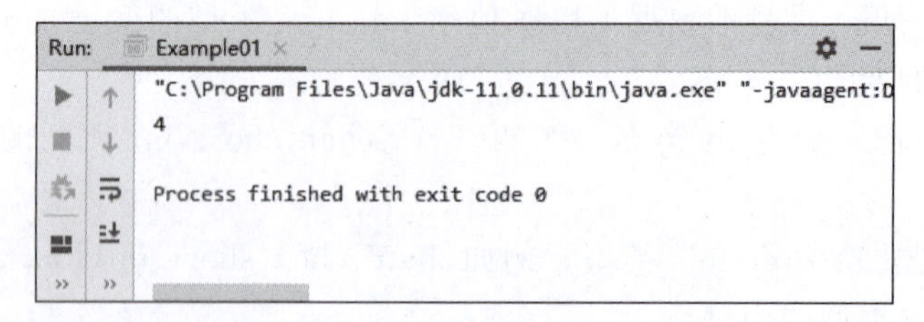

图 2-6 文件 2-1 修改后的运行结果

由图 2-6 可知,修改代码为强制类型转换之后,程序可以正确编译运行。需要注意的是,在对变量进行强制类型转换时,如果将取值范围较大的数据类型强制转换为取值范围较小的数据类型,例如将一个 int 类型的数转换为 byte 类型,极容易造成数据精度的丢失。下面通过一个案例演示数据精度丢失的情况，如文件 2-2 所示。

文件 2-2　Example02.java

```
1  public class Example02 {
2      public static void main(String[] args) {
3          byte a;                               //定义 byte 类型的变量 a
4          int b = 298;                          //定义 int 类型的变量 b
5          a = (byte) b;
6          System.out.println("b=" + b);
7          System.out.println("a=" + a);
8      }
9  }
```

在文件 2-2 中将一个 int 类型的变量 b 强制转换成 byte 类型并赋值给变量 a。

文件 2-2 的运行结果如图 2-7 所示。

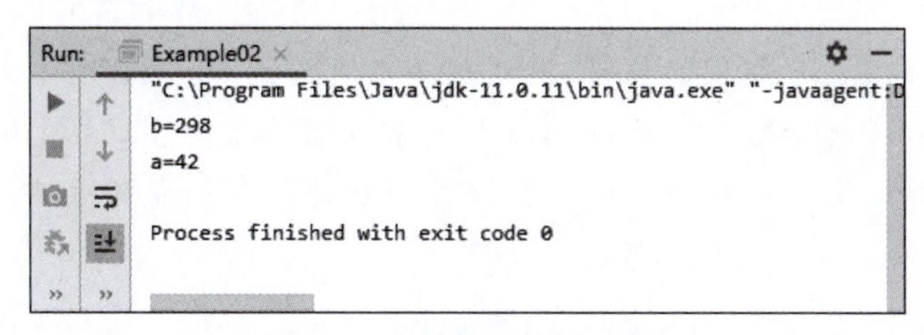

图 2-7　文件 2-2 的运行结果

从图 2-7 可以看出，变量 b 本身的值为 298，然而在赋值给变量 a 后，a 的值为 42。出现这种现象的原因是：变量 b 为 int 类型，在内存中占用 4 字节；byte 类型的数据在内存中占用 1 字节。当将变量 b 的类型强转为 byte 类型后，前面 3 个高位字节的数据丢失，数值发生改变。

int 类型转换为 byte 类型的过程如图 2-8 所示。

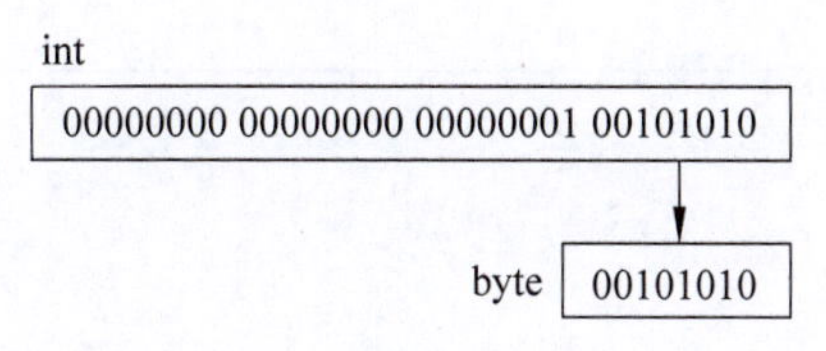

图 2-8　int 类型转换为 byte 类型的过程

多学一招：表达式类型自动提升

所谓表达式是指由变量和运算符组成的一个算式。变量在表达式中进行运算时，可能发生自动类型转换，这就是表达式数据类型的自动提升。例如，一个 byte 类型的变量在运算期间会自动提升为 int 类型。先来看个例子，如文件 2-3 所示。

文件 2-3　Example03.java

```
1  public class Example03 {
2      public static void main(String[] args) {
3          byte b1 = 3;              //定义一个 byte 类型的变量
```

```
4           byte b2 = 4;
5           byte b3 = b1 + b2;       //两个 byte 类型的变量相加,赋值给一个 byte 类型的变量
6           System.out.println("b3=" + b3);
7       }
8   }
```

编译文件 2-3,程序报错,错误信息如图 2-9 所示。

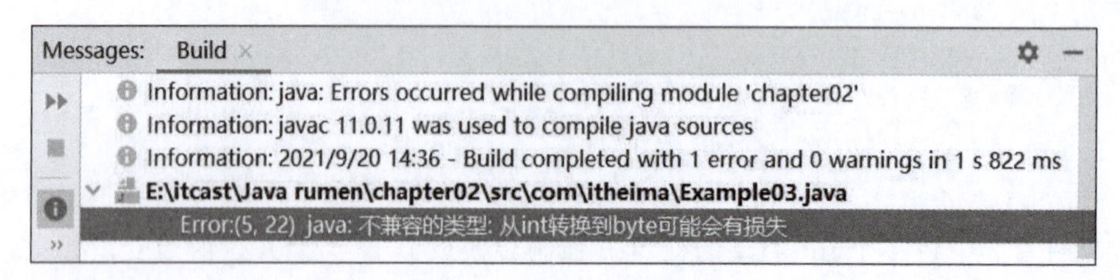

图 2-9 文件 2-3 编译报错

图 2-9 出现了和图 2-5 相同的错误,这是因为在表达式 b1+b2 运算期间,变量 b1 和 b2 都被自动提升为 int 类型,表达式的运算结果也就成了 int 类型,这时如果将该结果赋给 byte 类型的变量,编译器就会报错。解决数据类型自动提升问题的方法就是进行强制类型转换。将文件 2-3 中第 5 行的代码修改为如下代码:

```
byte b3 = (byte) (b1 + b2);
```

再次编译运行,程序不会报错,运行结果如图 2-10 所示。

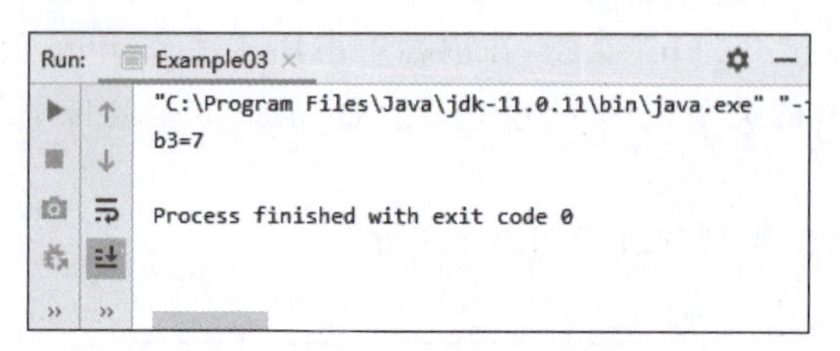

图 2-10 文件 2-3 修改后的运行结果

2.2.4 变量的作用域

在前面介绍过,变量需要先定义后使用,但这并不意味着定义的变量在后面的所有语句中都可以使用。变量需要在它的作用范围内才可以被使用,这个作用范围称为变量的作用域。在程序中,变量一定会被定义在一对大括号中,该大括号所包含的代码区域便是这个变量的作用域。

下面通过一个代码片段分析变量的作用域,如图 2-11 所示。

图 2-11 所示的代码有两层大括号。其中,外层大括号标识的代码区域就是变量 x 的作用域,内层大括号标识的代码区域就是变量 y 的作用域。

变量的作用域在编程中尤为重要,下面通过一个案例进一步熟悉变量的作用域,如文件 2-4 所示。

```
public static void main(String[] args) {
     int x=4;
      {
         int y=9;          } y的作用域
         ...                              } x的作用域
      }
         ...
}
```

图 2-11　变量的作用域

文件 2-4　Example04.java

```
1  public class Example04 {
2      public static void main(String[] args) {
3          int x = 12;                              //定义了变量 x
4          {
5              int y = 96;                          //定义了变量 y
6              System.out.println("x is " + x);     //访问变量 x
7              System.out.println("y is " + y);     //访问变量 y
8          }
9          y = x;                                   //访问变量 x,为变量 y 赋值
10         System.out.println("x is " + x);         //访问变量 x
11     }
12 }
```

编译文件 2-4,程序报错,错误信息如图 2-12 所示。

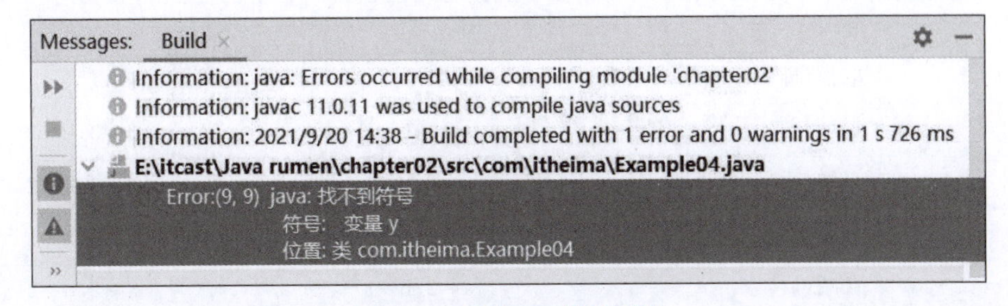

图 2-12　文件 2-4 编译报错

由图 2-12 可知,编译器提示找不到变量 y。错误原因在于,变量 y 的作用域为第 5～8 行代码,第 9 行代码在变量 y 的作用域之外为其赋值,因此编译器报错。将文件 2-4 中的第 9 行代码注释掉,保存文件之后再次编译运行,运行结果如图 2-13 所示。

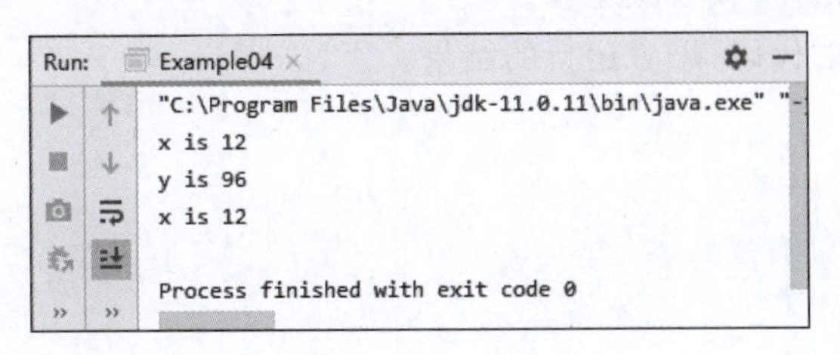

图 2-13　文件 2-4 修改后的运行结果

2.3 Java中的运算符

在程序中经常出现一些特殊符号,如+、-、*、=、>等,这些特殊符号称作运算符。运算符用于对数据进行算术运算、赋值运算、比较运算和逻辑运算等。在Java中,运算符可分为算术运算符、赋值运算符、比较运算符、逻辑运算符等。本节将针对Java中的运算符进行详细讲解。

2.3.1 算术运算符

在数学运算中最常见的就是加减乘除,被称作四则运算。Java中的算术运算符就是用来处理四则运算的符号,算术运算符是最简单、最常用的运算符号。Java中的算术运算符及用法如表2-4所示。

表2-4 Java中的算术运算符及用法

运算符	运算	范例	结果
+	正号	+3	3
-	负号	b=4;-b;	-4
+	加	5+5	10
-	减	6-4	2
*	乘	3*4	12
/	除	5/5	1
%	取模(即算术中的求余数)	7%5	2
++	自增(前)	a=2;b=++a;	a=3,b=3
++	自增(后)	a=2;b=a++;	a=3,b=2
--	自减(前)	a=2;b=--a;	a=1,b=1
--	自减(后)	a=2;b=a--;	a=1,b=2

算术运算符在实际使用时比较简单,但还有一些问题需要注意,具体如下。

(1) 在进行自增(++)和自减(--)运算时,如果运算符++或--放在操作数的前面,则先进行自增或自减运算,再进行其他运算;反之,如果运算符放在操作数的后面,则先进行其他运算,再进行自增或自减运算。

请仔细阅读下面的代码,思考运行的结果。

```
int a = 1;
int b = 2;
int x = a + b++;
System.out.println("b="+b);
System.out.println("x="+x);
```

上面的代码运行结果为b=3、x=3。在上述代码中,定义了3个int类型的变量a、b、

x,其中 a=1、b=2。当进行 a+b++运算时,由于运算符++写在变量 b 的后面,则先进行 a+b 运算,再进行变量 b 的自增,因此变量 b 在参与加法运算时其值仍然为 2,x 的值应为 3。变量 b 在参与运算之后会进行自增,因此 b 的最终值为 3。

(2) 在进行除法运算时,当除数和被除数都为整数时,得到的结果也是一个整数。如果除法运算有小数参与,得到的结果会是一个小数。例如,2510/1000 属于整数之间相除,会忽略小数部分,得到的结果是 2;而 2.5/10 的结果为 0.25。

请思考一下下面表达式的结果是多少:

```
3500/1000*1000
```

上述表达式结果为 3000。由于表达式的执行顺序是从左到右,因此先执行除法运算 3500/1000,结果为 3;3 再乘以 1000,得到的结果自然就是 3000 了。

(3) 在进行取模(%)运算时,运算结果的正负取决于被模数(%左边的数)的符号,与模数(%右边的数)的符号无关。例如,(-5)%3=-2,而 5%(-3)=2。

2.3.2 赋值运算符

赋值运算符的作用就是将常量、变量或表达式的值赋给某一个变量。Java 中的赋值运算符及用法如表 2-5 所示。

表 2-5 Java 中的赋值运算符及用法

运 算 符	运 算	范 例	结 果
=	赋值	a=3;b=2;	a=3,b=2
+=	加等于	a=3;b=2;a+=b;	a=5,b=2
-=	减等于	a=3;b=2;a-=b;	a=1,b=2
*=	乘等于	a=3;b=2;a*=b;	a=6,b=2
/=	除等于	a=3;b=2;a/=b;	a=1,b=2
%=	模等于	a=3;b=2;a%=b;	a=1,b=2

在赋值过程中,运算顺序从右往左,将右边表达式的结果赋给左边的变量。在赋值运算符的使用中,需要注意以下几个问题。

(1) 在 Java 中可以通过一条赋值语句对多个变量进行赋值,具体示例如下:

```
int  x, y, z;
x = y = z = 5;                    //为 3 个变量同时赋值
```

在上述代码中,一条赋值语句将变量 x、y、z 同时赋值为 5。需要注意的是,下面的这种写法在 Java 中是不可以的:

```
int  x = y = z = 5;               //这样写是错误的
```

(2) 在表 2-5 中,除了=,其他的都是特殊的赋值运算符,以+=为例,x+=3 就相当于

x=x+3,表达式首先会进行加法运算 x+3,再将运算结果赋值给变量 x。-=、*=、/=、%=赋值运算符与之类似。

多学一招:强制类型转换

在 2.2.3 节中介绍过,在为变量赋值时,当两种类型彼此不兼容,或者目标类型取值范围小于源类型时,需要进行强制类型转换。例如,将一个 int 类型的值赋给一个 short 类型的变量时,需要进行强制类型转换。然而在使用+=、-=、*=、/=、%=运算符进行赋值时,强制类型转换会自动完成,程序不需要做任何显式声明,如文件 2-5 所示。

文件 2-5　Example05.java

```
1   public class Example05 {
2       public static void main(String[] args) {
3           short s = 3;
4           int i = 5;
5           s += i;
6           System.out.println("s = " + s);
7       }
8   }
```

文件 2-5 中,第 5 行代码为赋值运算,虽然变量 s 和 i 相加的运算结果为 int 类型,但通过运算符+=将结果赋值给 short 类型的变量 s 时,Java 虚拟机会自动完成类型转换,从而得到 s=8。

文件 2-5 的运行结果如图 2-14 所示。

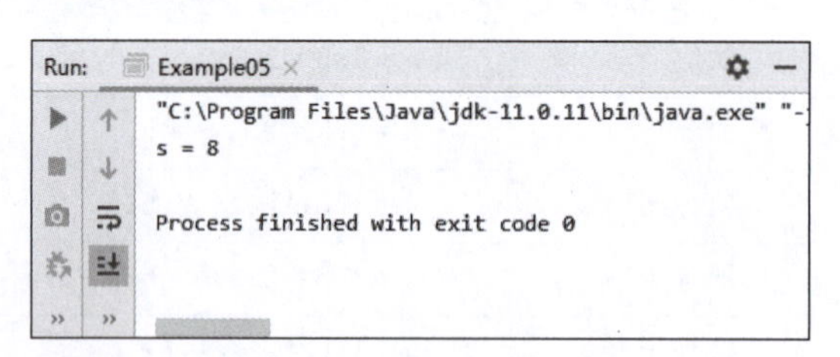

图 2-14　文件 2-5 的运行结果

2.3.3　比较运算符

比较运算符用于对两个数值或变量进行比较,比较运算结果是一个布尔值,即 true 或 false。Java 中的比较运算符及用法如表 2-6 所示。

表 2-6　Java 中的比较运算符及用法

运算符	运算	范例	结果
==	等于	4 == 3	false
!=	不等于	4 != 3	true
<	小于	4 < 3	false
>	大于	4 > 3	true

续表

运　算　符	运　　算	范　　例	结　　果
<=	小于或等于	4 <= 3	false
>=	大于或等于	4 >= 3	true

需要注意的是，在比较运算中，不能将比较运算符==误写成赋值运算符=。

2.3.4　逻辑运算符

逻辑运算符用于对布尔型的数据进行操作，其结果仍是一个布尔值。Java 中的逻辑运算符及用法如表 2-7 所示。

表 2-7　Java 中的逻辑运算符及用法

运　算　符	运　　算	范　　例	结　　果
&	与	true & true	true
		true & false	false
		false & false	false
		false &true	false
|	或	true | true	true
		true | false	true
		false | false	false
		false | true	true
^	异或	true^ true	false
		true^ false	true
		false^ false	false
		false^ true	true
!	非	! true	false
		! false	true
&&	短路与	true && true	true
		true && false	false
		false && false	false
		false && true	false
||	短路或	true || true	true
		true || false	true
		false || false	false
		false || true	true

在使用逻辑运算符的过程中，需要注意以下几个细节。

(1) 逻辑运算符可以针对结果为布尔值的表达式进行运算。例如，x > 3 && y != 0。

(2) 运算符 & 和 && 都表示与操作，当且仅当运算符两边的操作数都为 true 时，其结果才为 true，否则结果为 false。虽然运算符 & 和 && 都表示与操作，但两者在使用上有一定的区别。在使用 & 进行运算时，不论左边为 true 还是 false，右边的表达式都会进行运算；在使用 && 进行运算时，当左边为 false 时，右边的表达式就不再进行运算，因此 && 被称作短路与。

下面通过一个案例深入了解 & 和 && 的区别，如文件 2-6 所示。

文件 2-6　Example06.java

```
1  public class Example06 {
2      public static void main(String[] args) {
3          int x = 0;                              //定义变量 x,初始值为 0
4          int y = 0;                              //定义变量 y,初始值为 0
5          int z = 0;                              //定义变量 z,初始值为 0
6          boolean a, b;                           //定义布尔型变量 a 和 b
7          a = x > 0 & y++ > 1;                    //逻辑运算符 & 对表达式进行运算
8          System.out.println(a);
9          System.out.println("y = " + y);
10         b = x > 0 && z++ > 1;                   //逻辑运算符 && 对表达式进行运算
11         System.out.println(b);
12         System.out.println("z = " + z);
13     }
14 }
```

在文件 2-6 中，第 3～5 行代码定义了 3 个整型变量 x、y、z，初始值都为 0。第 6 行代码定义了两个布尔类型的变量 a 和 b。第 7 行代码使用 & 运算符对两个表达式进行逻辑运算，左边表达式 x>0 的结果为 false，这时无论右边表达式 y++>1 的比较结果是什么，整个表达式 x > 0 & y++ > 1 的结果都是 false。由于使用的是运算符 &，运算符两边的表达式都会进行运算，因此变量 y 会自增，整个表达式运算结束之后，y 的值为 1。第 10 行代码是逻辑短路与运算，运算结果和第 7 行代码一样为 false。两者的区别在于，第 10 行代码使用了短路与运算符 &&，当左边为 false 时，右边的表达式不进行运算，因此变量 z 的值仍为 0。

文件 2-6 的运行结果如图 2-15 所示。

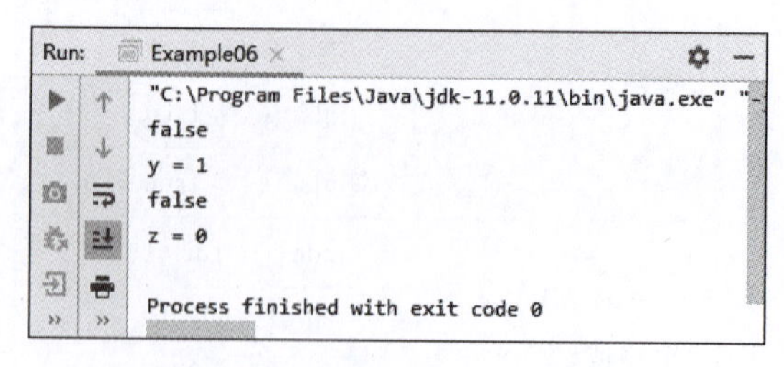

图 2-15　文件 2-6 的运行结果

(3) 运算符|和||都表示或操作。当运算符两边的任一表达式值为 true 时，其结果均为

true;只有两边表达式的值都为 false 时,其结果才为 false。与逻辑与操作类似,||运算符为短路或,当运算符||的左边为 true 时,右边的表达式不再进行运算,具体示例如下:

```
int x = 0;
int y = 0;
boolean b = x==0 || y++>0;
```

上面的代码块执行完毕后,b 的值为 true,y 的值仍为 0。原因是运算符||左边的表达式 x==0 结果为 true,那么右边的表达式将不进行运算,y 的值不发生任何变化。

(4) 运算符^表示异或操作。当运算符两边表达式的布尔值相同时(都为 true 或都为 false),其结果为 false;当两边表达式的布尔值不同时,其结果为 true。

2.3.5 运算符的优先级

在对一些比较复杂的表达式进行运算时,要明确表达式中所有运算符参与运算的先后顺序,通常把这种顺序称作运算符的优先级。Java 中运算符的优先级如表 2-8 所示。

表 2-8 Java 中运算符的优先级

优 先 级	运 算 符
1	. [] ()
2	++ -- ~ ! (数据类型)
3	* / %
4	+ -
5	<< >> >>>
6	< > <= >=
7	== !=
8	&
9	^
10	|
11	&&
12	||
13	?:
14	= *= /= %= += -= <<= >>= >>>= &= ^= |=

在表 2-8 中,数字越小优先级越高。根据表 2-8 所示的运算符优先级,分析下面代码的运行结果:

```
int a =2;
int b = a + 3 * a;
System.out.println(b);
```

上述代码运行结果为8。由于运算符 * 的优先级高于运算符+,因此先运算 3 * a,得到的结果是6;再将6与a相加,得到最后的结果8。

```
int a =2;
int b = (a+3) * a;
System.out.println(b);
```

上述代码运行结果为10。由于运算符()的优先级最高,因此先运算括号内的a+3,得到的结果是5;再将5与a相乘,得到最后的结果10。

在学习过程中,读者没有必要刻意记忆运算符的优先级。编写程序时,尽量使用括号实现想要的运算顺序,以免产生歧义。

2.4 选择结构语句

在实际生活中经常需要做出一些判断。例如开车来到一个十字路口,就需要对红绿灯进行判断:如果前面是红灯,就停车等候;如果是绿灯,就通行。Java中有一种特殊的语句叫作选择语句,它也需要对一些条件做出判断,从而决定执行哪一段代码。选择语句分为if条件语句和switch条件语句。本节将针对选择语句进行详细讲解。

2.4.1 if条件语句

if条件语句分为3种语法格式,每种格式都有其自身的特点,下面分别进行介绍。

1. if语句

if语句是指如果满足某种条件,就进行某种处理。例如,小明妈妈跟小明说:"如果你考试得了100分,星期天就带你去游乐场玩。"这句话可以通过下面的一段伪代码来描述:

```
如果小明考试得了100分
    妈妈星期天带小明去游乐场
```

在上面的伪代码中,"如果"相当于Java中的关键字if,"小明考试得了100分"是判断条件,需要用()括起来,"妈妈星期天带小明去游乐场"是执行语句,需要放在{}中。修改后的伪代码如下:

```
if (小明考试得了100分) {
    妈妈星期天带小明去游乐场
}
```

上面的例子描述了if语句的用法,在Java中,if语句的具体语法格式如下:

```
if (判断条件)
{
    执行语句
}
```

上述格式中，判断条件是一个布尔值，当判断条件为 true 时，{}中的执行语句才会执行。if 语句的执行流程如图 2-16 所示。

下面通过一个案例学习 if 语句的具体用法，如文件 2-7 所示。

文件 2-7　Example07.java

```
1  public class Example07 {
2      public static void main(String[] args) {
3          int x = 5;
4          if (x < 10) {
5              x++;
6          }
7          System.out.println("x=" + x);
8      }
9  }
```

在文件 2-7 中，第 3 行代码定义了一个变量 x，初始值为 5。第 4～6 行代码在 if 语句中判断 x 的值是否小于 10，如果 x 小于 10，就执行 x++。由于 x 的值为 5，x<10 条件成立，{}中的语句会被执行，变量 x 的值自增。

文件 2-7 的运行结果如图 2-17 所示。

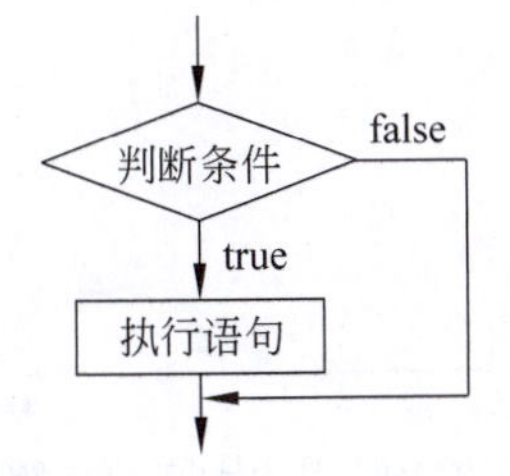

图 2-16　if 语句的执行流程

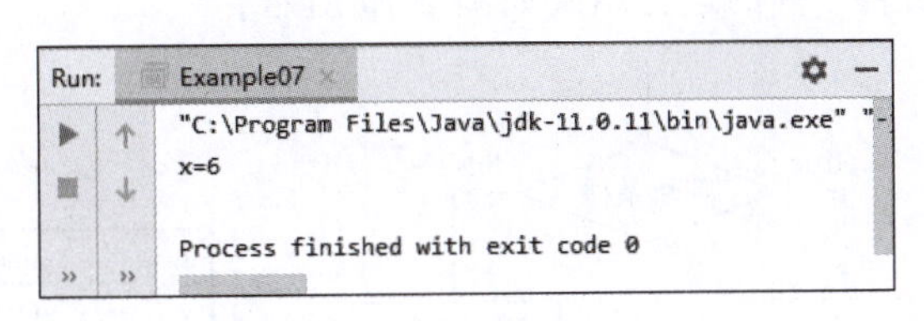

图 2-17　文件 2-7 的运行结果

从图 2-17 可以看出，x 的值已由原来的 5 变成了 6。

2. if…else 语句

if…else 语句是指如果满足某种条件，就进行某种处理，否则就进行另一种处理。例如，要判断一个正整数的奇偶，如果该数能被 2 整除则是一个偶数，否则该数就是一个奇数。if…else 语句的具体语法格式如下：

```
if (判断条件)
{
    执行语句 1
}
else
{
    执行语句 2
}
```

上述格式中，判断条件是一个布尔值。当判断条件为 true 时，if 后面{}中的执行语句 1

会执行;当判断条件为 false 时,else 后面{}中的执行语句 2 会执行。if…else 语句的执行流程如图 2-18 所示。

下面给出实现判断奇偶数的程序,如文件 2-8 所示。

文件 2-8 Example08.java

```
1  public class Example08 {
2      public static void main(String[] args) {
3          int num = 19;
4          if (num % 2 == 0) {
5              //判断条件成立,num 被 2 整除
6              System.out.println("num 是一个偶数");
7          } else {
8              System.out.println("num 是一个奇数");
9          }
10     }
11 }
```

在文件 2-9 中,第 3 行代码定义了变量 num,num 的初始值为 19。第 4~9 行代码判断 num%2 的值是否为 0,如果为 0 则输出"num 是一个偶数",否则输出"num 是一个奇数"。由于 num 的值为 19,与 2 取模的结果为 1,不等于 0,判断条件不成立,因此程序执行 else 后面{}中的语句,打印"num 是一个奇数"。

文件 2-8 的运行结果如图 2-19 所示。

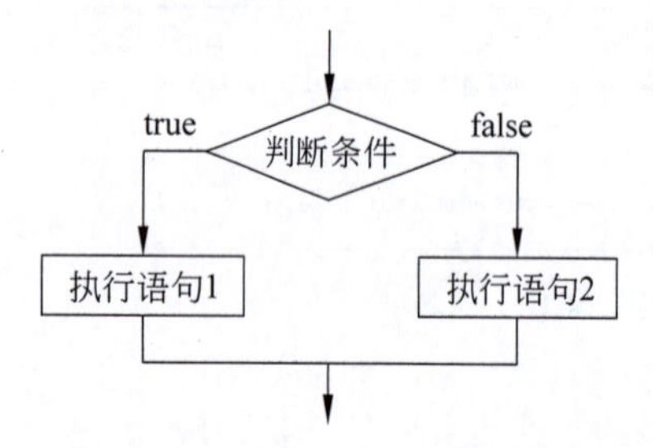

图 2-18 if…else 语句的执行流程

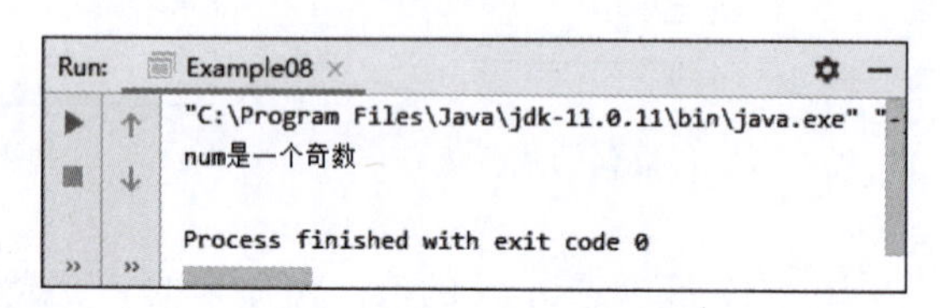

图 2-19 文件 2-8 的运行结果

3. if…else if…else 语句

if…else if…else 语句用于对多个判断条件进行判断,进行多种不同的处理。例如,对一个学生的考试成绩进行等级划分:如果分数高于 80 分,则等级为优;如果分数高于 70 分,则等级为良;如果分数高于 60 分,则等级为中;如果分数不高于 60 分,则等级为差。

if…else if…else 语句具体语法格式如下:

```
if (判断条件 1)
{
    执行语句 1
}
else if (判断条件 2)
{
    执行语句 2
```

```
}
…
else if (判断条件 n)
{
    执行语句 n
}
else
{
    执行语句 n+1
}
```

上述格式中,各判断条件都是布尔值。当判断条件 1 为 true 时,if 后面{}中的执行语句 1 会执行;当判断条件 1 为 false 时,会继续求判断条件 2 的值,如果判断条件 2 为 true,则执行语句 2……以此类推,如果所有的判断条件都为 false,则意味着所有条件均不满足,else 后面{}中的执行语句 $n+1$ 会执行。if…else if…else 语句的执行流程如图 2-20 所示。

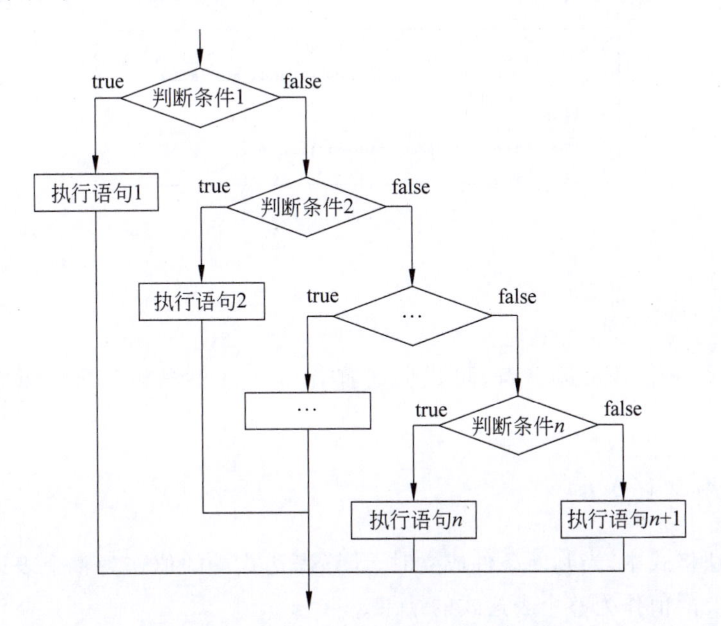

图 2-20　if…else if…else 语句的执行流程

下面通过一个案例演示 if…else if…else 语句的用法,该案例是对学生考试成绩进行等级划分的程序,如文件 2-9 所示。

文件 2-9　Example09.java

```
1   public class Example09 {
2       public static void main(String[] args) {
3           int grade = 75;                              //定义学生成绩
4           if (grade > 80) {
5               //满足条件 grade > 80
6               System.out.println("该成绩的等级为优");
7           } else if (grade > 70) {
8               //不满足条件 grade > 80, 但满足条件 grade > 70
```

```
9                 System.out.println("该成绩的等级为良");
10            } else if (grade > 60) {
11                //不满足条件 grade > 70, 但满足条件 grade > 60
12                System.out.println("该成绩的等级为中");
13            } else {
14                //不满足条件 grade > 60
15                System.out.println("该成绩的等级为差");
16            }
17        }
18    }
```

在文件2-9中，第3行代码定义了学生成绩grade为75。grade＝75不满足第一个判断条件grade＞80，会执行第二个判断条件grade＞70，条件成立，因此会打印“该成绩的等级为良”。

文件2-9的运行结果如图2-21所示。

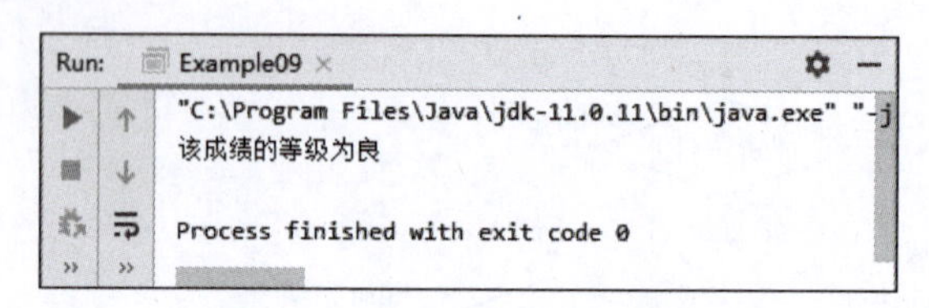

图2-21　文件2-9的运行结果

2.4.2　三元运算符

Java提供了一个三元运算符，可以同时操作3个表达式。三元运算符的语法格式如下：

```
判断条件 ? 表达式1 : 表达式2
```

在上述语法格式中，当判断条件成立时，计算表达式1的值作为整个表达式的结果，否则计算表达式2的值作为整个表达式的结果。

三元运算符功能与if…else语法相同，但是使用三元运算符可以简化代码。例如，求两个数x、y中的较大者，如果用if…else语句来实现，具体代码如下：

```
int x = 0;
int y = 1;
int max;
if (x > y) {
    max = x;
} else {
    max = y;
}
System.out.println(max);
```

用三元运算方法的具体代码如下：

```
int x = 0;
int y = 1;
int max = x > y? x : y;
System.out.println(max);
```

两段代码的运行结果都会得到 max = 1。

使用三元运算符时需要注意以下几点：

(1) 条件运算符“?”和“:”是一对运算符,不能分开单独使用。

(2) 条件运算符的优先级低于关系运算符与算术运算符,但高于赋值运算符。

(3) 条件运算符可以进行嵌套,结合方向自右向左。例如,a>b?a:c>d?c:d 应该理解为 a>b?a:(c>d?c:d),这也是条件运算符的嵌套情形,即三元表达式中的表达式 2 又是一个三元表达式。

2.4.3　switch 条件语句

switch 条件语句也是一种很常用的选择语句,和 if 条件语句不同,它只能针对某个表达式的值做出判断,从而决定程序执行哪一段代码。例如,在程序中使用数字 1～7 表示星期一到星期天,如果想根据输入的数字输出对应的中文格式星期值,可以通过下面的一段伪代码来描述：

```
用于表示星期的数字
    如果等于 1,则输出星期一
    如果等于 2,则输出星期二
    如果等于 3,则输出星期三
    如果等于 4,则输出星期四
    如果等于 5,则输出星期五
    如果等于 6,则输出星期六
    如果等于 7,则输出星期天
```

对于上面一段伪代码的描述,大家可能会立刻想到用刚学过的 if…else if…else 语句实现,但是由于 if…else if…else 语句判断条件比较多,实现起来代码过长,不便于阅读。为此,Java 提供了 switch 语句实现这种需求,switch 语句使用 switch 关键字描述一个表达式,使用 case 关键字描述和表达式结果比较的目标值,当表达式的值和某个目标值匹配时,就执行对应 case 下的语句。

switch 语句的基本语法格式如下：

```
switch (表达式){
    case 目标值 1:
        执行语句 1
        break;
    case 目标值 2:
        执行语句 2
        break;
    …
    case 目标值 n:
```

```
        执行语句 n
        break;
    default:
        执行语句 n+1
        break;
}
```

在上面的格式中,switch 语句将表达式的值与每个 case 中的目标值进行匹配。如果找到了匹配的值,则执行对应 case 下的语句;如果没找到任何匹配的值,则执行 default 后的语句。switch 语句中的 break 关键字将在 2.5.5 节中做具体介绍,此处只需要知道 break 的作用是跳出 switch 语句即可。

下面通过一个案例演示 switch 语句的用法,在该案例中,使用 switch 语句根据给出的数值输出对应的中文格式星期值,如文件 2-10 所示。

文件 2-10　Example10.java

```
1  public class Example10{
2      public static void main(String[] args) {
3          int week = 5;
4          switch (week) {
5          case 1:
6              System.out.println("星期一");
7              break;
8          case 2:
9              System.out.println("星期二");
10             break;
11         case 3:
12             System.out.println("星期三");
13             break;
14         case 4:
15             System.out.println("星期四");
16             break;
17         case 5:
18             System.out.println("星期五");
19             break;
20         case 6:
21             System.out.println("星期六");
22             break;
23         case 7:
24             System.out.println("星期天");
25             break;
26         default:
27             System.out.println("输入的数字不正确...");
28             break;
29         }
30     }
31 }
```

在文件 2-10 中,第 3 行代码定义了变量 week 并初始化为 5。第 4～29 行代码通过

switch 语句判断 week 的值并输出对应的中文格式星期值。由于变量 week 的值为 5，switch 语句判断的结果满足第 17 行代码的条件，因此输出“星期五”。

文件 2-10 的运行结果如图 2-22 所示。

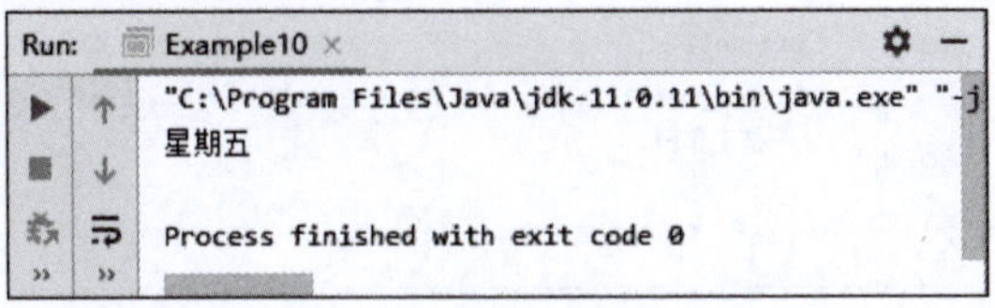

```
Run: Example10
"C:\Program Files\Java\jdk-11.0.11\bin\java.exe" "-j
星期五

Process finished with exit code 0
```

图 2-22 文件 2-10 的运行结果

第 26 行代码中的 default 语句用于处理和前面的 case 项都不匹配的值。如果将第 3 行代码替换为 int week = 8，再次运行程序，则输出结果如图 2-23 所示。

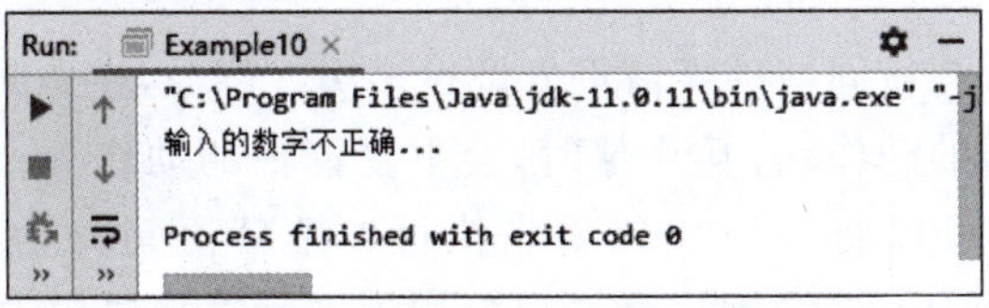

```
Run: Example10
"C:\Program Files\Java\jdk-11.0.11\bin\java.exe" "-j
输入的数字不正确...

Process finished with exit code 0
```

图 2-23 文件 2-10 修改后的运行结果

在使用 switch 语句时，如果多个 case 下的执行语句是一样的，则执行语句只需书写一次即可。例如，要判断一周中的某一天是否为工作日，同样使用数字 1～7 表示星期一到星期天，当输入的数字为 1、2、3、4、5 时就视为工作日，否则就视为休息日。下面通过案例实现上面描述的情况，如文件 2-11 所示。

文件 2-11 Example11.java

```
1   public class Example11 {
2       public static void main(String[] args) {
3           int week = 2;
4           switch (week) {
5               case 1:
6               case 2:
7               case 3:
8               case 4:
9               case 5:
10                  //当 week 值为 1、2、3、4、5 中任意一个时，处理方式相同
11                  System.out.println("今天是工作日");
12                  break;
13              case 6:
14              case 7:
15                  //当 week 值为 6、7 中任意一个时，处理方式相同
16                  System.out.println("今天是休息日");
17                  break;
18          }
19      }
20  }
```

在文件2-11中,当变量week值为1、2、3、4、5中任意一个时,处理方式相同,都会输出“今天是工作日”;当变量week值为6、7中任意一个时,都会输出“今天是休息日”。

文件2-11的运行结果如图2-24所示。

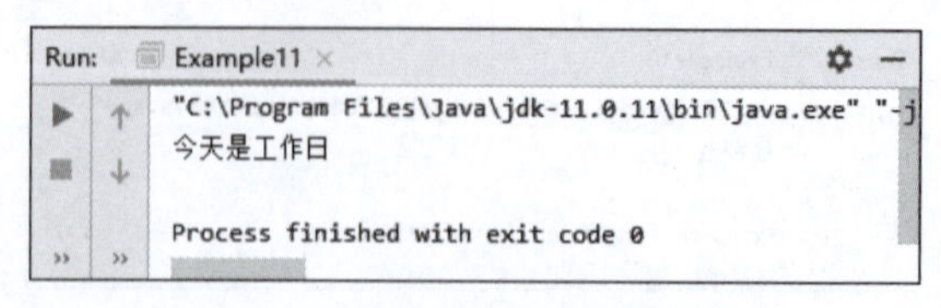

图2-24　文件2-11的运行结果

2.5　循环结构语句

在实际生活中经常会将同一件事情重复做很多次。例如,在做眼保健操的第四节“轮刮眼眶”时,会重复刮眼眶的动作;打乒乓球时,会重复挥拍的动作等。在Java中有一种特殊的语句叫作循环语句,可以将一段代码重复执行。循环语句分为while循环语句、do…while循环语句和for循环语句3种。本节将针对这3种循环语句进行详细讲解。

2.5.1　while 循环语句

while循环语句和2.4节讲到的选择结构语句类似,都是根据条件决定是否执行大括号内的执行语句。区别在于,while循环语句会反复地进行循环条件判断,只要循环条件成立,{}内的执行语句就会执行,直到循环条件不成立,while循环结束。

while循环语句的语法结构如下:

```
while(循环条件){
    执行语句
}
```

在上面的语法结构中,{}中的执行语句被称作循环体,循环体是否执行取决于循环条件。当循环条件为true时,循环体就会执行。循环体执行完毕,程序继续判断循环条件,如果条件仍为true则继续执行循环体,直到循环条件为false时,整个循环过程才会结束。

while循环的执行流程如图2-25所示。

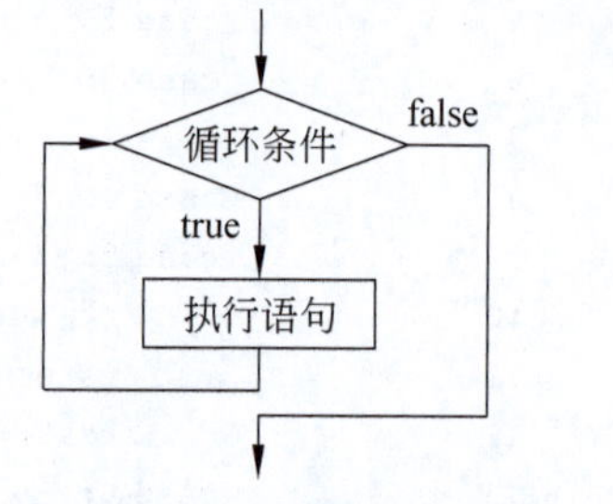

图2-25　while循环的执行流程

下面通过打印1～4的自然数演示while循环语句的用法,如文件2-12所示。

文件2-12　Example12.java

```
1   public class Example12 {
2       public static void main(String[] args) {
3           int x = 1;                              //定义变量x,初始值为1
4           while (x <= 4) {                        //循环条件
```

```
5            System.out.println("x = " + x);         //条件成立,打印 x 的值
6            x++;                                    //x 自增
7        }
8    }
9 }
```

在文件 2-12 中,第 3 行代码定义了变量 x,初始值为 1。在满足循环条件 x <= 4 的情况下,循环体会重复执行,打印 x 的值并让 x 自增。

文件 2-12 的运行结果如图 2-26 所示。

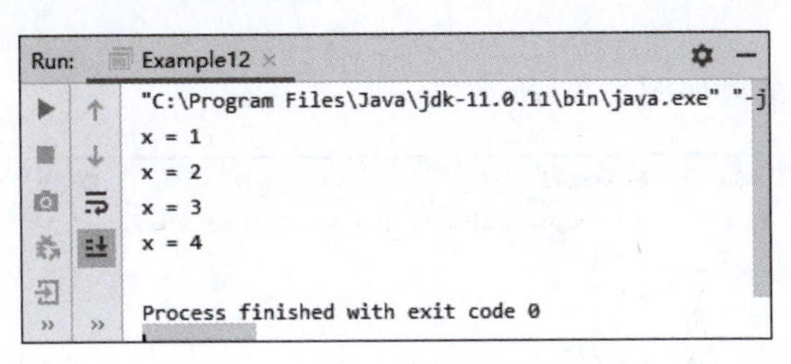

图 2-26　文件 2-12 的运行结果

由图 2-26 可知,打印结果中 x 的值分别为 1、2、3、4。需要注意的是,文件中第 6 行代码在每次循环时改变变量 x 的值,从而达到最终改变循环条件的目的。如果没有这行代码,x 的值一直为 1,整个循环会进入无限循环的状态,永远不会结束。

2.5.2　do…while 循环语句

do…while 循环语句和 while 循环语句功能类似,语法结构如下:

```
do {
    执行语句
} while(循环条件);
```

在上面的语法结构中,关键字 do 后面{}中的执行语句是循环体。do…while 循环语句将循环条件放在循环体的后面。这也就意味着,循环体会无条件执行一次,然后再根据循环条件决定是否继续执行。

do…while 循环的执行流程如图 2-27 所示。

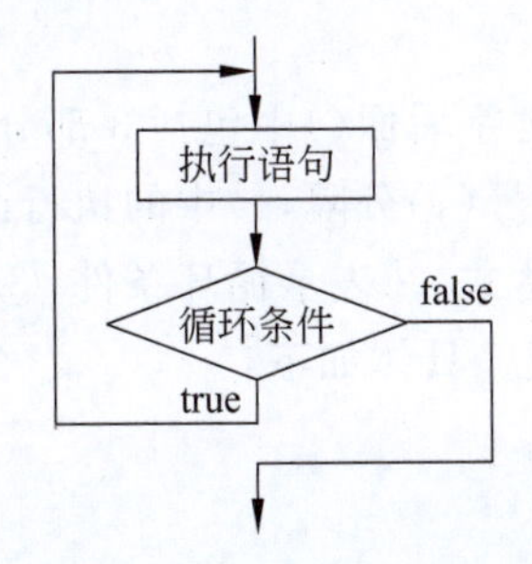

图 2-27　do…while 循环的执行流程

下面修改文件 2-12,使用 do…while 循环语句输出 1～4 的自然数,如文件 2-13 所示。

文件 2-13 Example13.java

```
1  public class Example13 {
2      public static void main(String[] args) {
3          int x = 1;                              //定义变量 x,初始值为 1
4          do {
5              System.out.println("x = " + x);     //打印 x 的值
6              x++;                                //将 x 的值自增
7          } while (x <= 4);                       //循环条件
8      }
9  }
```

文件 2-13 的运行结果如图 2-28 所示。

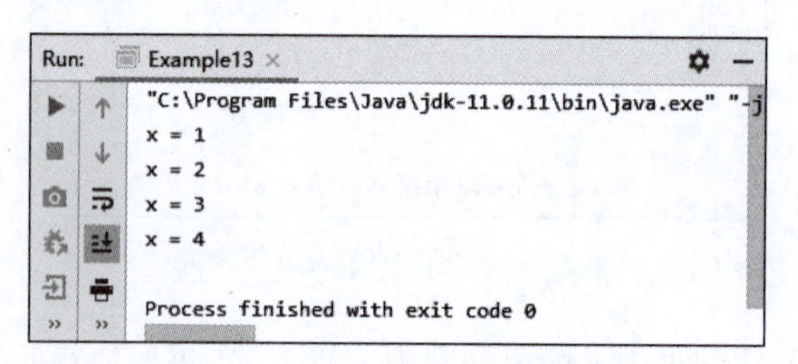

图 2-28 文件 2-13 的运行结果

文件 2-12 和文件 2-13 运行结果一致,说明 do…while 循环和 while 循环能实现同样的功能。但是在程序运行过程中,这两种语句还是有差别的。如果循环条件在循环语句开始时就不成立,那么 while 循环的循环体一次都不会执行,而 do…while 循环的循环体会执行一次。例如,将文件中的循环条件 x<=4 改为 x < 1,文件 2-13 会输出 x=1,而文件 2-12 什么也不会输出。

2.5.3 for 循环语句

for 循环语句是最常用的循环语句,一般用在循环次数已知的情况下。for 循环语句的语法格式如下:

```
for(初始化表达式; 循环条件; 操作表达式){
    执行语句
}
```

在上面的语法格式中,for 关键字后面()中包括 3 部分内容,分别是初始化表达式、循环条件和操作表达式,它们之间用分号(;)分隔,{}中的执行语句为循环体。

下面分别用①表示初始化表达式,②表示循环条件,③表示操作表达式,④表示循环体,通过序号分析 for 循环的执行流程。具体如下:

```
for(① ; ② ; ③){
    ④
}
```

第一步,执行①。

第二步，执行②。如果判断结果为 true，执行第三步；如果判断结果为 false，执行第五步。

第三步，执行④。

第四步，执行③，然后重复执行第二步。

第五步，退出循环。

下面通过对自然数 1～4 求和演示 for 循环的使用，如文件 2-14 所示。

文件 2-14　Example14.java

```
1  public class Example14 {
2      public static void main(String[] args) {
3          int sum = 0;                                //定义变量 sum,用于存储累加的和
4          for (int i = 1; i <= 4; i++) {              //i 的值会从 1 变到 5
5              sum += i;                               //实现 sum 与 i 的累加
6          }
7          System.out.println("sum = " + sum);         //打印累加的和
8      }
9  }
```

在文件 2-14 的 for 循环中，变量 i 的初始值为 1，在判断条件 i<＝4 结果为 true 的情况下，执行循环体 sum＋＝i；执行完毕后，执行操作表达式 i＋＋，i 的值变为 2，然后继续进行条件判断，开始下一次循环。直到 i＝5 时，判断条件 i<＝4 结果为 false，循环结束，执行 for 循环后面的代码，打印“sum ＝ 10”。

文件 2-14 的运行结果如图 2-29 所示。

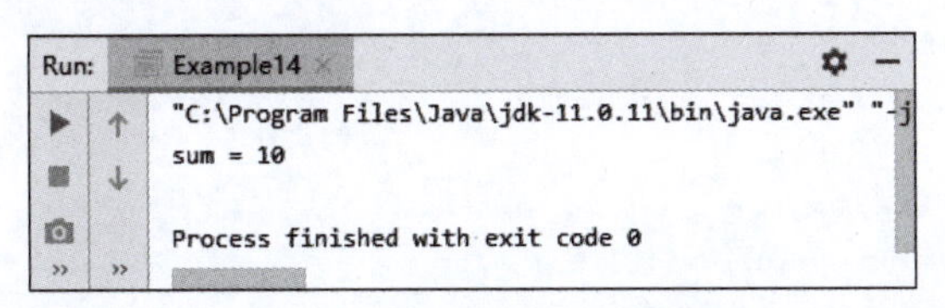

图 2-29　文件 2-14 的运行结果

为了让初学者能熟悉整个 for 循环的执行过程，现将文件 2-14 运行期间每次循环中变量 sum 和 i 的值通过表 2-9 列出来。

表 2-9　循环中 sum 和 i 的值

循环次数	i	sum
第一次	1	1
第二次	2	3
第三次	3	6
第四次	4	10

多学一招：while、do…while 和 for 循环的区别

while、do…while 和 for 这 3 种循环有很多相同点，同时也有很多差异。相同点是，这 3

种循环都遵循循环四要素,即初始化循环变量、循环条件、循环体、更新循环变量。这3种循环之间的不同主要有以下两点:

- while和do…while适用于循环次数不确定的场景;for适用于循环次数确定的场景。
- while和for先判断循环条件,再执行循环体;do…while先执行循环体,再判断循环条件。

下面分别使用while、do…while和for循环输出10以内的所有奇数,具体实现如文件2-15所示。

文件2-15 Test.java

```
1  public class Test {
2      public static void main(String[] args) {
3          //while 循环
4          int num=0;
5          while (num<=10) {
6              if (num%2!=0) {
7                  System.out.print(num+",");
8              }
9              num++;
10         }
11         System.out.println("");
12         //do…while 循环
13         int num2=0;
14         do {
15             if(num2%2!=0) {
16                 System.out.print(num2+",");
17             }
18             num2++;
19         }while (num2<=10);
20         System.out.println("");
21         //for 循环
22         for (int i=1;i<=10;i++) {
23             if (i%2!=0) {
24                 System.out.print(i+",");
25             }
26         }
27     }
28 }
```

文件2-15的运行结果如图2-30所示。

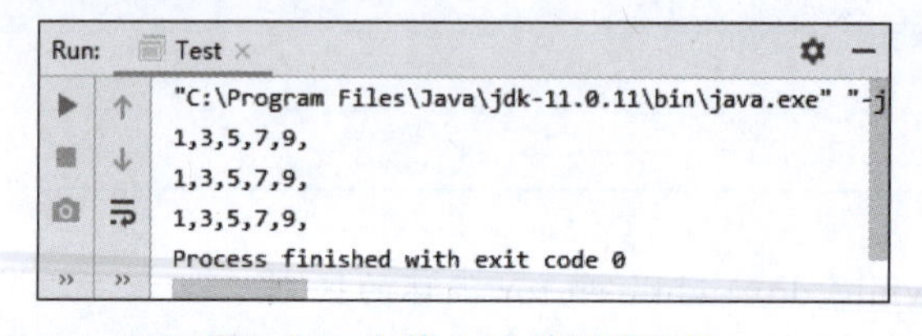

图2-30 文件2-15的运行结果

2.5.4　循环嵌套

循环嵌套是指在一个循环语句的循环体中再定义一个循环语句的语法结构。while、do…while、for 循环语句都可以嵌套，并且它们之间也可以互相嵌套，其中最常见的是在 for 循环中嵌套 for 循环的情况，for 循环嵌套格式如下：

```
for(初始化表达式; 循环条件; 操作表达式) {
    …
    for(初始化表达式; 循环条件; 操作表达式) {
        执行语句
        …
    }
    …
}
```

下面通过使用 * 打印直角三角形演示 for 循环嵌套的使用，如文件 2-16 所示。

文件 2-16　Example15.java

```
1  public class Example15 {
2      public static void main(String[] args) {
3          int i, j;                                  //定义两个循环变量
4          for (i = 1; i <= 9; i++) {                 //外层循环
5              for (j = 1; j <= i; j++) {             //内层循环
6                  System.out.print("*");             //打印 *
7              }
8              System.out.print("\n");                //换行
9          }
10     }
11 }
```

在文件 2-16 中定义了两层 for 循环，分别为外层循环和内层循环，外层循环用于控制打印的行数，内层循环用于控制每行的列数，每行的 * 都比上一行增加一个，构成一个直角三角形。

文件 2-16 的运行结果如图 2-31 所示。

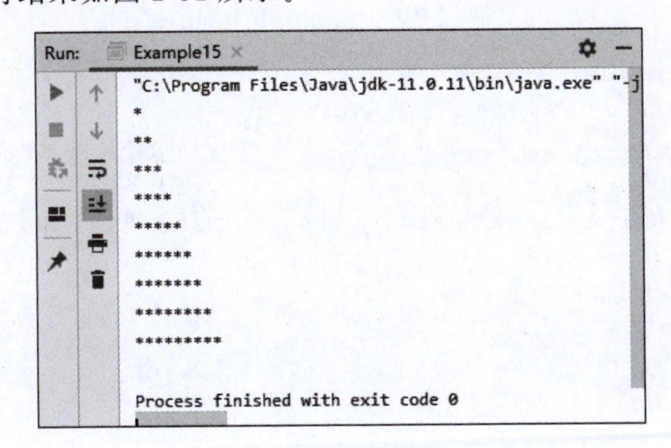

图 2-31　文件 2-16 的运行结果

由于嵌套循环程序比较复杂,下面分步骤讲解循环过程。

第一步,第 3 行代码定义了两个循环变量 i 和 j,其中 i 为外层循环变量,j 为内层循环变量。

第二步,第 4 行代码将 i 初始化为 1,判断条件 i <= 9 为 true,首次进入外层循环的循环体。

第三步,第 5 行代码将 j 初始化为 1,由于此时 i 的值为 1,条件 j <= i 为 true,首次进入内层循环的循环体,打印一个 *。

第四步,执行第 5 行代码中内层循环的操作表达式 j++,将 j 的值自增为 2。

第五步,执行第 5 行代码中的判断条件 j<=i,判断结果为 false,内层循环结束。执行第 8 行代码,打印换行符。

第六步,执行第 4 行代码中外层循环的操作表达式 i++,将 i 的值自增为 2。

第七步,执行第 4 行代码中的判断条件 i<=9,判断结果为 true,进入外层循环的循环体,继续执行内层循环。

第八步,由于 i 的值为 2,内层循环会执行两次,即在第 2 行打印两个 *。在内层循环结束时会打印换行符。

第九步,以此类推,在第 3 行会打印 3 个 *。逐行递增,直到 i 的值为 10 时,外层循环的判断条件 i <= 9 结果为 false,外层循环结束,整个循环也就结束了。

2.5.5 跳转语句

跳转语句用于实现循环执行过程中程序流程的跳转。Java 中的跳转语句有 break 语句和 continue 语句,下面分别进行讲解。

1. break 语句

在 switch 条件语句和循环语句中都可以使用 break 语句。当它出现在 switch 条件语句中,作用是终止某个 case 并跳出 switch 结构。当它出现在循环语句中,作用是跳出循环语句,执行循环后面的代码。在 switch 语句中使用 break,前面的文件已经出现了,下面讲解 break 在循环语句中的使用。修改文件 2-12,当变量 x 的值为 3 时使用 break 语句跳出循环,修改后的代码如文件 2-17 所示。

文件 2-17 Example16.java

```
1  public class Example16 {
2      public static void main(String[] args) {
3          int x = 1;                          //定义变量 x,初始值为 1
4          while (x <= 4) {                    //循环条件
5              System.out.println("x = " + x); //条件成立,打印 x 的值
6              if (x == 3) {
7                  break;
8              }
9              x++;                            //x 自增
10         }
11     }
12 }
```

文件 2-17 的运行结果如图 2-32 所示。

```
Run:  Example16
"C:\Program Files\Java\jdk-11.0.11\bin\java.exe" "-j
x = 1
x = 2
x = 3

Process finished with exit code 0
```

图 2-32　文件 2-17 的运行结果

在文件 2-17 中，通过 while 循环打印 x 的值，当 x 的值为 3 时，使用 break 语句跳出循环，因此打印结果中并没有出现 x = 4。

当 break 语句出现在嵌套循环中的内层循环时，它只能跳出内层循环。如果想使用 break 语句跳出外层循环，则需要在外层循环中使用 break 语句。下面修改文件 2-16，使用 break 语句控制程序只打印 4 行 *，修改后的代码如文件 2-18 所示。

文件 2-18　Example17.java

```
1  public class Example17 {
2      public static void main(String[] args) {
3          int i, j;                              //定义两个循环变量
4          for (i =1; i <=9; i++) {               // 外层循环
5              if (i >4) {                        //判断 i 的值是否大于 4
6                  break;                         //跳出外层循环
7              }
8              for (j =1; j <=i; j++) {           //内层循环
9                  System.out.print("*");         //打印 *
10             }
11             System.out.print("\n");            //换行
12         }
13     }
14 }
```

文件 2-18 的运行结果如图 2-33 所示。

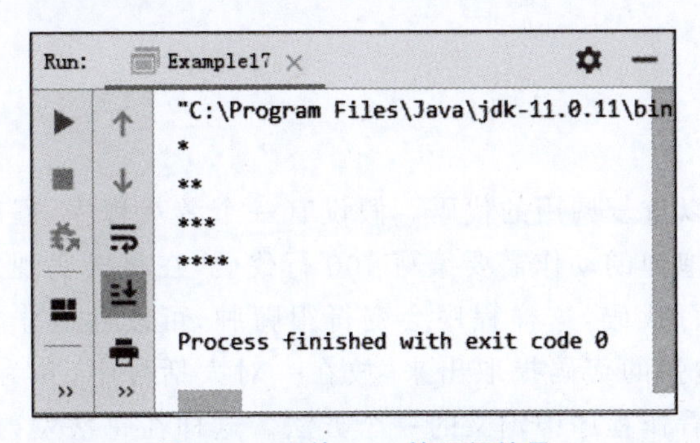

图 2-33　文件 2-18 的运行结果

在文件 2-18 中，在外层 for 循环里面使用了 break 语句。当 i>4 时，break 语句会跳出

外层循环。因此程序只打印了 4 行 *。

2. continue 语句

continue 语句用在循环语句中,它的作用是终止本次循环,执行下一次循环。下面通过对 1～100 的奇数求和演示 continue 的用法,如文件 2-19 所示。

文件 2-19　Example18.java

```
1  public class Example18 {
2      public static void main(String[] args) {
3          int sum = 0;                             //定义变量 sum,用于存储和
4          for (int i = 1; i <= 100; i++) {
5              if (i % 2 == 0) {                    //i 是一个偶数,不累加
6                  continue;                        //结束本次循环
7              }
8              sum += i;                            //实现 sum 和 i 的累加
9          }
10         System.out.println("sum = " + sum);
11     }
12 }
```

文件 2-19 使用 for 循环让变量 i 的值在 1～100 内循环。在循环过程中,当 i 的值为偶数时,执行 continue 语句结束本次循环,进行下一次循环;当 i 的值为奇数时,sum 和 i 相加,最终得到 1～100 的所有奇数的和,打印"sum = 2500"。

文件 2-19 的运行结果如图 2-34 所示。

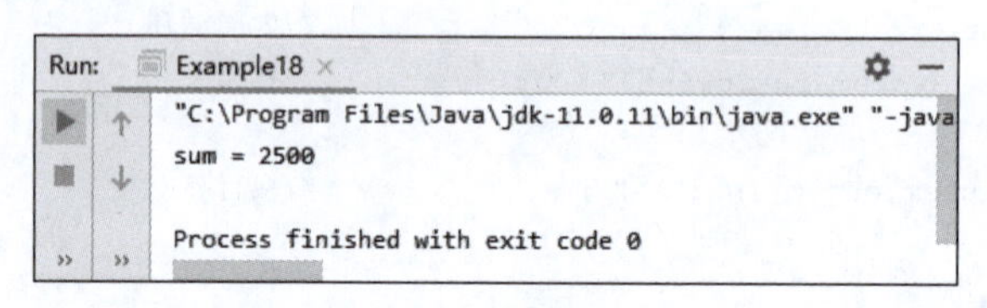

图 2-34　文件 2-18 的运行结果

2.6　方法

2.6.1　什么是方法

方法就是一段可以重复调用的代码。假设有一个游戏程序,程序在运行过程中要不断地发射炮弹。发射炮弹的动作需要编写 100 行代码,在每次实现发射炮弹的地方都需要重复地编写这 100 行代码,这样程序会变得很臃肿,可读性也非常差。为了解决上述问题,通常会将发射炮弹的代码提取出来,放在一对大括号中,并为这段代码起个名字,提取出来的代码可以看作程序中定义的一个方法。这样在每次发射炮弹的地方,只需通过代码的名称调用方法,就能完成发射炮弹的动作。需要注意的是,有些书中把方法称为函数。

在 Java 中,定义一个方法的语法格式如下:

```
修饰符 返回值类型 方法名(参数类型 参数名 1, 参数类型 参数名 2,…){
    执行语句
    return 返回值;
}
```

对于方法的语法格式,具体说明如下:

- 修饰符:方法的修饰符比较多,例如,对访问权限进行限定的修饰符、static 修饰符、final 修饰符等,这些修饰符在后面的学习过程中会逐步介绍。
- 返回值类型:用于限定方法返回值的数据类型。
- 参数类型:用于限定调用方法时传入参数的数据类型。
- 参数名:是一个变量,用于接收调用方法时传入的数据。
- return 关键字:用于返回方法指定类型的值并结束方法。
- 返回值:被 return 语句返回的值,该值会返回给调用者。

需要注意的是,方法中的"参数类型 参数名 1,参数类型 参数名 2,…"称作参数列表,参数列表用于描述方法在被调用时需要接收的参数,如果方法不需要接收任何参数,则参数列表为空,即()内不写任何内容。方法的返回值类型必须是方法声明的返回值类型。如果方法没有返回值,返回值类型要声明为 void,此时,方法中的 return 语句可以省略。

下面通过一个案例演示方法的定义与调用,在该案例中,定义一个方法,使用 * 符号打印矩形,案例实现如文件 2-20 所示。

文件 2-20　Example19.java

```
1  public class Example19 {
2      public static void main(String[] args) {
3          printRectangle(3, 5);                //调用 printRectangle()方法实现打印矩形
4          printRectangle(2, 4);
5          printRectangle(6, 10);
6      }
7      //下面定义了一个打印矩形的方法,接收两个参数,其中 height 为高,width 为宽
8      public static void printRectangle(int height, int width) {
9          //下面使用嵌套 for 循环实现用 * 打印矩形
10         for (int i = 0; i < height; i++) {
11             for (int j = 0; j < width; j++) {
12                 System.out.print("*");
13             }
14             System.out.print("\n");
15         }
16         System.out.print("\n");
17     }
18 }
```

在文件 2-20 中,第 8～17 行代码定义了方法 printRectangle(),{}内实现打印矩形的代码是方法体,printRectangle 是方法名,方法名后面()中的 height 和 width 是方法的参数,方法名前面的 void 表示方法没有返回值。第 3～5 行代码调用 printRectangle()方法传入不同的参数,分别打印 3 行 5 列、2 行 4 列和 6 行 10 列的矩形。

文件 2-20 的运行结果如图 2-35 所示。

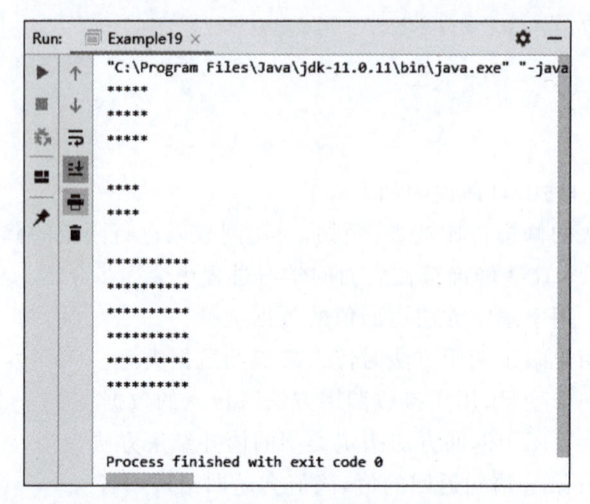

图 2-35　文件 2-20 的运行结果

由图 2-35 可知,程序成功打印出 3 个矩形。

文件 2-20 中的 printRectangle()方法是没有返回值的。下面通过一个案例演示有返回值方法的定义与调用,如文件 2-21 所示。

文件 2-21　Example20.java

```
1  public class Example20 {
2      public static void main(String[] args) {
3          int area = getArea(3, 5);                    //调用 getArea()方法
4          System.out.println(" The area is " + area);
5      }
6      //下面定义了一个求矩形面积的方法,接收两个参数,其中 x 为高,y 为宽
7      public static int getArea(int x, int y) {
8          int temp = x * y;                            //使用变量 temp 存储运算结果
9          return temp;                                 //将变量 temp 的值返回
10     }
11 }
```

在文件 2-21 中,第 7～10 行代码定义了 getArea()方法用于求矩形的面积,参数 x 和 y 分别用于接收调用方法时传入的高和宽,return 语句用于返回计算所得的面积。在 main()方法中调用 getArea()方法,获得高为 3、宽为 5 的矩形的面积,并将结果打印出来。

文件 2-21 的运行结果如图 2-36 所示。

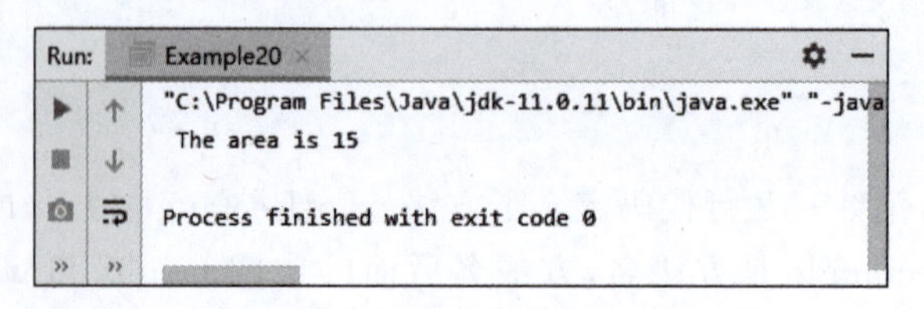

图 2-36　文件 2-21 的运行结果

由图 2-36 可知,程序成功打印出了矩形面积 15。

在文件 2-21 中，getArea()方法的调用过程如图 2-37 所示。

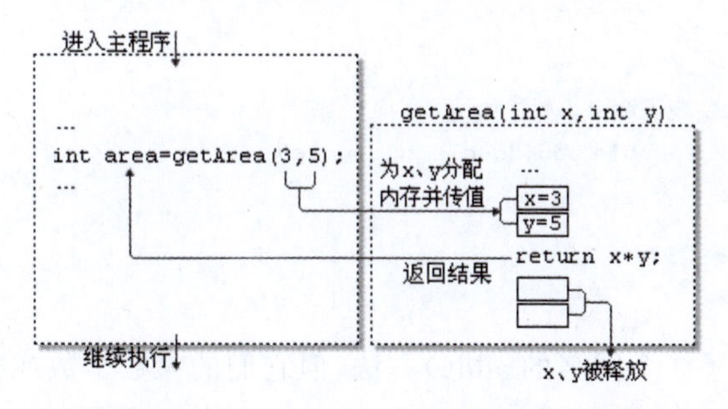

图 2-37　getArea()方法的调用过程

从图 2-37 可以看出，当调用 getArea()方法时，程序执行流程从当前方法调用处跳转到 getArea()方法内，程序为参数变量 x 和 y 分配内存，并将传入的参数 3 和 5 分别赋值给变量 x 和 y。在 getArea()方法内部，计算 x×y 的值，并将计算结果通过 return 语句返回，整个方法的调用过程结束，变量 x 和 y 被释放，程序执行流程从 getArea()方法内部跳转回主程序的方法调用处。

2.6.2　方法的重载

在日常生活中经常会出现这样一种情况：一个班里可能同时有两个甚至多个叫小明的同学，但是他们的身高、体重、外貌等有所不同，老师点名时都会根据他们的特征来区分。在编程语言里也存在这种情况，参数不同的方法有相同的名字，调用时根据参数不同确定调用哪个方法，这就是 Java 方法重载机制。

所谓方法重载，就是在同一个作用域内，方法名相同但参数个数或者参数类型不同的方法。例如，在同一个作用域内同时定义 3 个 add()方法，这 3 个 add()方法就是重载方法。

下面通过一个案例演示重载方法的定义与调用，在该案例中，定义 3 个 add()方法，分别用于实现两个整数相加、3 个整数相加以及两个小数相加的功能，案例实现如文件 2-22 所示。

文件 2-22　Example21.java

```
1   public class Example21 {
2       public static void main(String[] args) {
3           //下面是针对求和方法的调用
4           int sum1 = add(1, 2);
5           int sum2 = add(1, 2, 3);
6           double sum3 = add(1.2, 2.3);
7           //下面的代码是打印求和的结果
8           System.out.println("sum1=" + sum1);
9           System.out.println("sum2=" + sum2);
10          System.out.println("sum3=" + sum3);
11      }
12      //下面的方法实现了两个整数相加
13      public static int add(int x, int y) {
14          return x + y;
15      }
16      //下面的方法实现了 3 个整数相加
```

```
17      public static int add(int x, int y, int z) {
18          return x + y + z;
19      }
20      //下面的方法实现了两个小数相加
21      public static double add(double x, double y) {
22          return x + y;
23      }
24  }
```

文件 2-22 中定义了 3 个同名的 add()方法,但它们的参数个数或类型不同,从而形成了方法的重载。在 main()方法中调用 add()方法时,通过传入不同的参数便可以确定调用哪个重载的方法,例如 add(1,2)调用的是第 13、14 行代码定义的 add()方法。需要注意的是,方法的重载与返回值类型无关。

文件 2-22 的运行结果如图 2-38 所示。

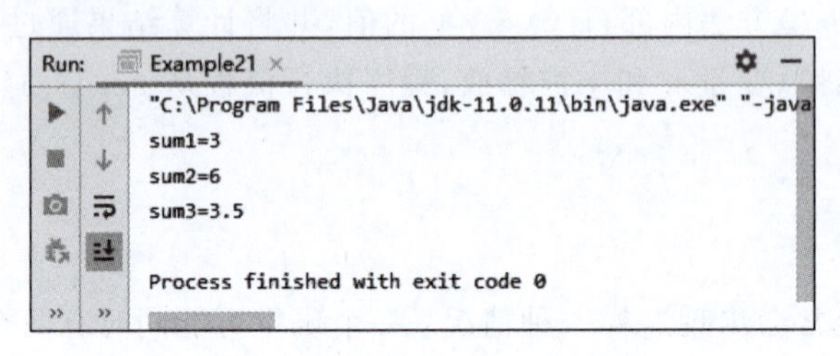

图 2-38 文件 2-22 的运行结果

2.7 数组

现在需要统计某公司员工的工资情况,例如,计算员工平均工资、最高工资等。假设该公司有 50 名员工,用前面所学的知识,程序首先需要声明 50 个变量分别存储每位员工的工资,这样做会很麻烦。在 Java 中,可以使用一个数组存储这 50 名员工的工资。数组是指一组类型相同的数据的集合,数组中的每个数据被称作元素。数组可以存放任意类型的元素,但同一个数组中存放的元素类型必须一致。数组可分为一维数组和多维数组,本节将围绕数组相关知识进行详细讲解。

2.7.1 数组的基本要素

一个数组由 4 个基本元素构成:数组名称、数组元素、元素索引、数据类型。在 Java 中,声明数组的方式如下:

```
数据类型[] 数组名;
数组名 = new 数据类型[长度];
```

声明一个数组,代码如下:

```
int[] x;                    //声明一个 int[]类型的变量
x = new int[100];           //为数组 x 分配 100 个元素空间
```

上述代码就相当于在内存中定义了 100 个 int 类型的变量，第一个变量的名称为 x[0]，第二个变量的名称为 x[1]，以此类推，第 100 个变量的名称为 x[99]，这些变量的初始值都是 0。

在上述代码中，第一行代码声明了变量 x，该变量的类型为 int[]，即声明了一个 int 类型的数组。变量 x 会占用一块内存单元。变量 x 的内存状态如图 2-39 所示。

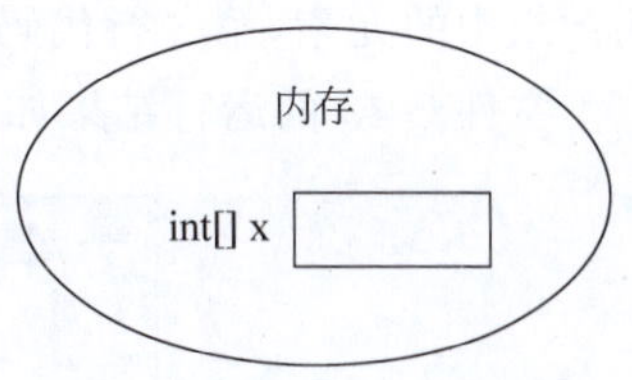

图 2-39　变量 x 的内存状态

第二行代码创建了一个数组，将数组的地址赋给变量 x。在程序运行期间可以使用变量 x 引用数组，这时变量 x 在内存中的状态会发生变化，如图 2-40 所示。

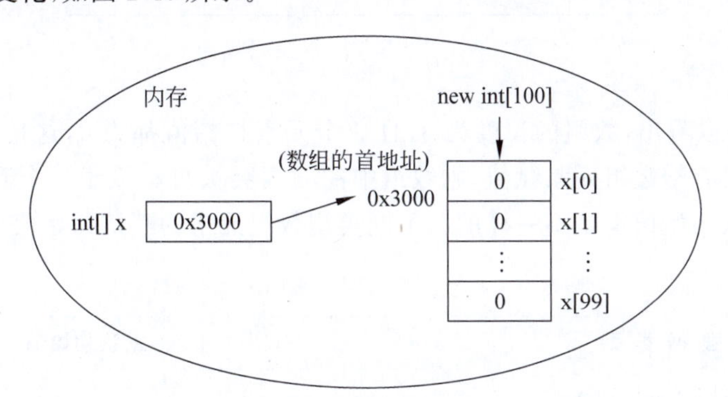

图 2-40　变量 x 在内存中的状态变化

图 2-40 描述了变量 x 引用数组的情况。该数组中有 100 个元素，初始值都为 0。数组中的每个元素都有一个索引（也可称为下标），要想访问数组中的元素，可以通过 x[0]，x[1]，…，x[99]的形式。需要注意的是，数组中最小的索引是 0，最大的索引是数组的长度减 1。为了方便获得数组的长度，Java 提供了一个 length 属性，在程序中可以通过“数组名.length”的方式获得数组的长度，即元素的个数。

2.7.2　数组的简单使用

下面通过一个案例演示如何定义数组以及访问数组中的元素，如文件 2-23 所示。

文件 2-23　Example22.java

```
1   public class Example22 {
2       public static void main(String[] args) {
3           int[] arr;                                          //声明变量
4           arr = new int[3];                                   //创建数组对象
5           System.out.println("arr[0]=" + arr[0]);             //访问数组中的第 1 个元素
6           System.out.println("arr[1]=" + arr[1]);             //访问数组中的第 2 个元素
7           System.out.println("arr[2]=" + arr[2]);             //访问数组中的第 3 个元素
8           System.out.println("数组的长度是:" + arr.length);   //打印数组长度
9       }
10  }
```

在文件 2-23 中，第 3 行代码声明了一个 int[]类型的变量 arr，第 4 行代码创建了一个长度为 3 的数组,并将数组在内存中的地址赋值给变量 arr。在第 5～7 行代码中,通过索引访问数组中的元素,第 8 行代码通过 length 属性获取数组中元素的个数。

文件 2-23 的运行结果如图 2-41 所示。

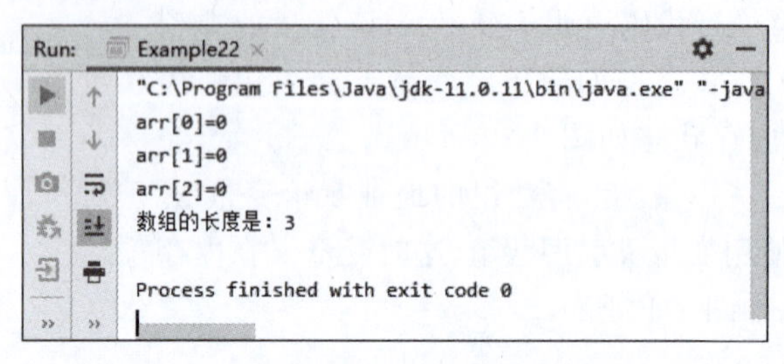

图 2-41　文件 2-23 的运行结果

从图 2-41 可以看出,数组的长度为 3,且 3 个元素初始值都为 0,这是因为当数组被成功创建后,如果没有给数组元素赋值,则数组中的元素会被自动赋予一个默认值,根据元素类型的不同,默认初始值也是不一样的。不同类型数组元素的默认初始值如表 2-10 所示。

表 2-10　不同类型数组元素的默认初始值

数据类型	默认初始值
byte、short、int、long	0
float、double	0.0
char	一个空字符,即'\u0000'
boolean	false
引用数据类型	null,表示变量不引用任何对象

如果在使用数组时不想使用这些默认初始值,也可以显式地为这些元素赋值。下面通过一个案例学习如何为数组的元素赋值,如文件 2-24 所示。

文件 2-24　Example23.java

```
1  public class Example23 {
2      public static void main(String[] args) {
3          int[] arr = new int[4];              //定义可以存储 4 个元素的整数类型数组
4          arr[0] = 1;                          //为第 1 个元素赋值 1
5          arr[1] = 2;                          //为第 2 个元素赋值 2
6          //依次打印数组中每个元素的值
7          System.out.println("arr[0]=" + arr[0]);
8          System.out.println("arr[1]=" + arr[1]);
9          System.out.println("arr[2]=" + arr[2]);
10         System.out.println("arr[3]=" + arr[3]);
11     }
12 }
```

在文件 2-24 中,第 3 行代码定义了一个数组,此时数组中每个元素都为默认初始值 0。第 4、5 行代码通过赋值语句将数组中的元素 arr[0]和 arr[1]分别赋值为 1 和 2;而元素 arr

[2]和 arr[3]没有赋值，其值仍为 0。因此打印结果中 4 个元素的值依次为 1、2、0、0。

文件 2-24 的运行结果如图 2-42 所示。

```
Run:   Example23
"C:\Program Files\Java\jdk-11.0.11\bin\java.exe" "-java
arr[0]=1
arr[1]=2
arr[2]=0
arr[3]=0

Process finished with exit code 0
```

图 2-42　文件 2-24 的运行结果

在定义数组时只指定数组的长度，由系统自动为元素赋初始值的方式称作动态初始化。在初始化数组时还有一种方式叫作静态初始化，就是在定义数组的同时为数组的每个元素赋值。数组的静态初始化有以下两种方式：

```
类型[] 数组名 = new 类型[]{元素, 元素, …};
类型[] 数组名 = {元素, 元素,…};
```

上面的两种方式都可以实现数组的静态初始化，但是为了简便，建议采用第二种方式。下面通过一个案例演示数组静态初始化的效果，如文件 2-25 所示。

文件 2-25　Example24.java

```
1  public class Example24 {
2      public static void main(String[] args) {
3          int[] arr = { 1, 2, 3, 4 };                    //静态初始化
4          //依次访问数组中的元素
5          System.out.println("arr[0] = " + arr[0]);
6          System.out.println("arr[1] = " + arr[1]);
7          System.out.println("arr[2] = " + arr[2]);
8          System.out.println("arr[3] = " + arr[3]);
9      }
10 }
```

文件 2-25 的运行结果如图 2-43 所示。

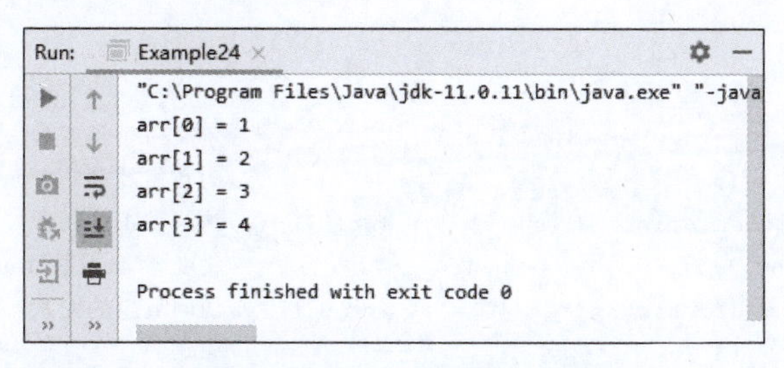

图 2-43　文件 2-25 的运行结果

文件 2-25 采用静态初始化的方式为每个元素赋予初始值，其值分别是 1、2、3、4。需要注意的是，文件中的第 3 行代码千万不可写成“int[] arr = new int[4]{1,2,3,4};”，这样写

编译器会报错。原因在于编译器会认为数组限定的元素个数[4]与实际存储的元素{1,2,3,4}个数有可能不一致，存在一定的安全隐患。

脚下留心：数组索引越界

数组是一个容器，存储到数组中的每个元素都有自己的自动编号，最小值为 0，最大值为数组长度减 1，如果要访问数组存储的元素，必须依赖于索引。在访问数组的元素时，索引不能超出 0～length 减 1 的范围，否则程序会报错。

下面通过一个案例演示索引超出数组范围的情况，如文件 2-26 所示。

文件 2-26　Example25.java

```
1  public class Example25 {
2      public static void main(String[] args) {
3          int[] arr = new int[4];                        //定义一个长度为 4 的数组
4          System.out.println("arr[4]=" + arr[4]);  //通过索引 4 访问数组元素
5      }
6  }
```

文件 2-26 的运行结果如图 2-44 所示。

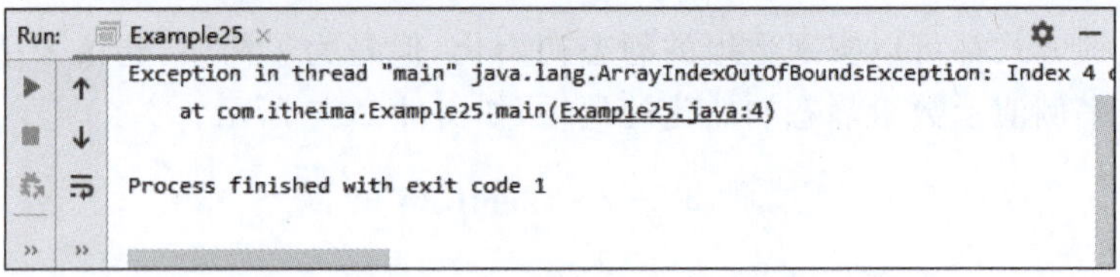

```
Run:  Example25
Exception in thread "main" java.lang.ArrayIndexOutOfBoundsException: Index 4
    at com.itheima.Example25.main(Example25.java:4)

Process finished with exit code 1
```

图 2-44　文件 2-26 的运行结果

图 2-44 中提示的错误信息是数组越界异常(ArrayIndexOutOfBoundsException)。出现这个异常的原因是数组的长度为 4，索引范围为 0～3，文件 2-26 中的第 4 行代码使用索引 4 访问元素时超出了数组的索引范围。

在使用变量引用一个数组时，变量必须指向一个有效的数组对象。如果该变量的值为 null，则意味着没有指向任何数组，此时通过该变量访问数组的元素会出现空指针异常。下面通过一个案例演示这种异常，如文件 2-27 所示。

文件 2-27　Example26.java

```
1  public class Example26 {
2      public static void main(String[] args) {
3          int[] arr = new int[3];                        //定义一个长度为 3 的数组
4          arr[0] = 5;                                    //为数组的第一个元素赋值
5          System.out.println("arr[0]=" + arr[0]);  //访问数组的元素
6          arr = null;                                    //将变量 arr 置为 null
7          System.out.println("arr[0]=" + arr[0]);  //访问数组的元素
8      }
9  }
```

文件 2-27 的运行结果如图 2-45 所示。

通过图 2-45 所示的运行结果可以看出，文件 2-27 的第 4、5 行代码都能通过变量 arr 正

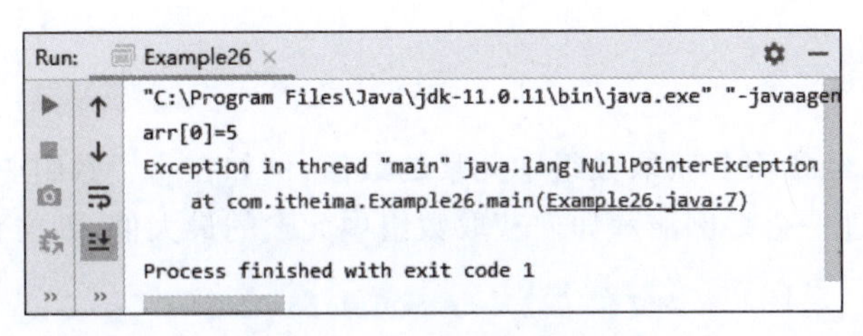

图 2-45　文件 2-27 的运行结果

常地操作数组。第 6 行代码将变量置为 null，第 7 行代码再次访问数组时就出现了空指针异常(NullPointerException)。

2.7.3　数组的常见操作

数组的使用非常广泛，本节介绍几种最常用的操作，包括数组的遍历、数组中最值的获取、在数组的指定位置插入一个数据和数组排序。

1. 数组的遍历

在操作数组时，经常需要依次访问数组中的每个元素，这种操作称作数组的遍历。由于数组中的元素较多，所以常用循环语句完成数组的遍历。在循环遍历数组时，使用数组索引作为循环条件，只要索引没有越界，就可以访问数组元素。下面通过一个案例演示如何使用 for 循环来遍历数组，如文件 2-28 所示。

文件 2-28　Example27.java

```
1  public class Example27 {
2      public static void main(String[] args) {
3          int[] arr = { 1, 2, 3, 4, 5 };          //定义数组
4          //使用 for 循环遍历数组的元素
5          for (int i = 0; i < arr.length; i++) {
6              System.out.println(arr[i]);          //通过索引访问元素
7          }
8      }
9  }
```

在文件 2-28 中，定义了一个长度为 5 的数组 arr，数组索引的取值范围为 0～4。由于 for 循环中定义的变量 i 的值在循环过程中为 0～4，因此可以作为索引依次去访问数组中的元素，并将元素的值打印出来。

文件 2-28 的运行结果如图 2-46 所示。

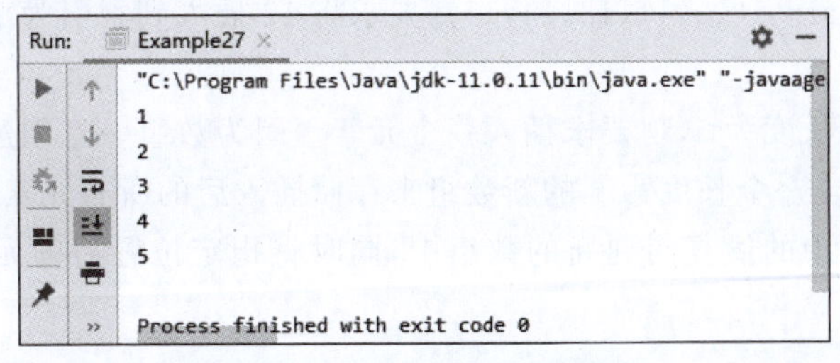

图 2-46　文件 2-28 的运行结果

2. 数组中最值的获取

在操作数组时,经常需要获取数组中元素的最值,例如在一个数组中找到最大的数或者最小的数。下面通过一个案例演示如何获取数组中元素的最大值,如文件 2-29 所示。

文件 2-29　Example28.java

```
1  public class Example28 {
2      public static void main(String[] args) {
3          //定义一个 int 类型的数组
4          int[] arr = { 4, 1, 6, 3, 9, 8 };
5          //定义变量 max 用于记住最大值,首先假设第一个元素为最大值
6          int max = arr[0];
7          //遍历数组,查找最大值
8          for (int i = 1; i < arr.length; i++) {
9              //比较 arr[i]的值是否大于 max
10             if (arr[i] > max) {
11                 //条件成立,将 arr[i]的值赋给 max
12                 max = arr[i];
13             }
14         }
15         System.out.println("数组 arr 中的最大值为:" + max);      //打印最大值
16     }
17 }
```

在文件 2-29 中,第 6 行代码定义了一个临时变量 max,用于记录数组的最大值。在获取数组中的最大值时,首先假设数组中第一个元素 arr[0]为最大值,并将其赋值给 max;然后使用 for 循环对数组进行遍历,在遍历的过程中只要遇到比 max 值大的元素,就将该元素赋值给 max,这样一来,变量 max 就能够在循环结束时记录数组中的最大值。

文件 2-29 的运行结果如图 2-47 所示。

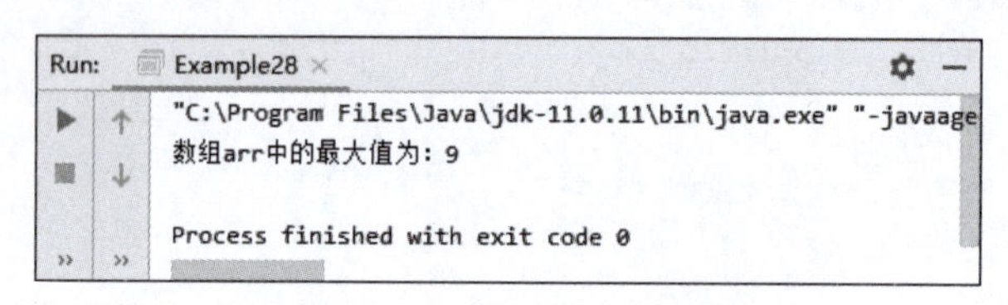

图 2-47　文件 2-29 的运行结果

3. 在数组的指定位置插入一个数据

现有数组 int[] arr={10,11,13,14,15},要求将 12 插入到索引为 2 的位置。实现插入的思路如下:

(1) 初始化数组长度为 5,现要求插入一个元素。因为数组一旦创建后长度是不可改变的,所以首先需要创建一个长度为 6 的新数组来存储插入后的所有元素。

(2) 再将原数组中的值复制到新的数组中,同时将指定位置后的元素依次向后移动一个元素的位置。

(3) 最后将目标元素保存到指定位置即可。

在数组的指定位置插入一个数据的实现思路如图 2-48 所示。

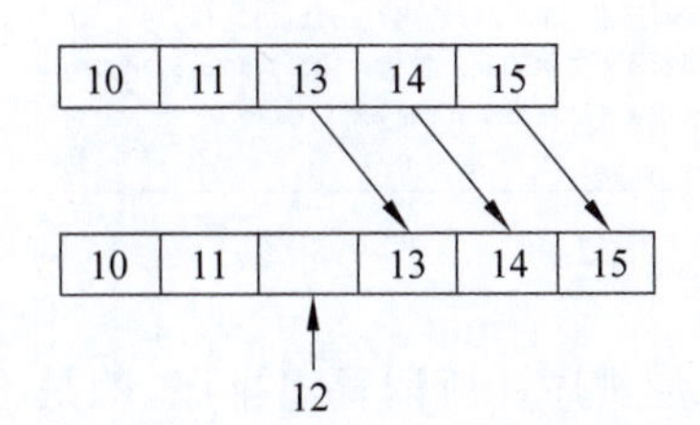

图 2-48　在数组的指定位置插入一个数据的实现思路

下面用代码实现在数组的指定位置插入一个数据,具体实现代码如文件 2-30 所示。

文件 2-30　Example29.java

```
1  public class Example29 {
2      public static void main(String[] args) {
3          int[] arr={10,11,13,14,15};
4          int score=12;
5          //定义一个比 arr 数组长度大 1 的新数组
6          int[] arr2=new int[arr.length+1];
7          //将 arr 拆分成两部分,将 12 插入到拆分后的两个数组中间
8          for (int i=0;i<3;i++){
9              arr2[i]=arr[i];
10         }
11         arr2[2]=score;
12         for (int i=3;i<arr2.length;i++){
13             arr2[i]=arr[i-1];
14         }
15         System.out.print("添加新元素之前的 arr 数组:");
16         for (int i=0;i<arr.length;i++){
17             System.out.print(arr[i]+",");
18         }
19         System.out.println("");
20         System.out.print("添加新元素之后的 arr2 数组:");
21         for (int i=0;i<arr2.length;i++){
22             System.out.print(arr2[i]+",");
23         }
24     }
25 }
```

在文件 2-30 中,第 3 行代码先定义了数组 arr,用于表示需要插入一个数据的数组。第 6 行代码定义了一个比 arr 数组长度大 1 的新数组 arr2,用于存放插入数据后的所有元素。第 8～14 行代码将 arr 数组元素分为两组存储到数组 arr2 中,并将 12 插入到两组数据中间。最后,第 21～23 行代码输出新数组 arr2 的元素。

文件 2-30 的运行结果如图 2-49 所示。

4. 数组排序

在实际开发中,数组最常用的操作就是排序。数组的排序方法有很多,下面讲解一种比

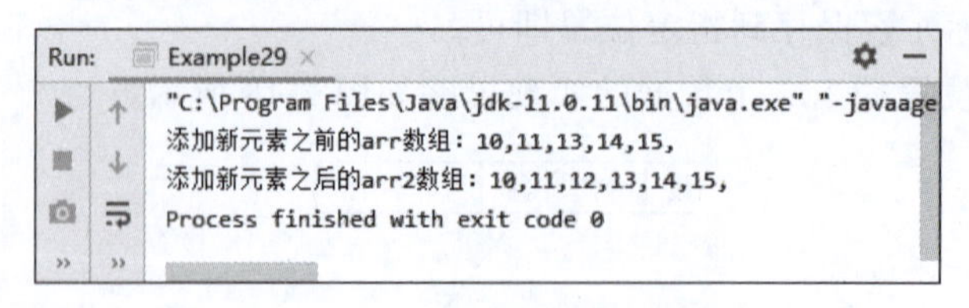

图 2-49　文件 2-30 的运行结果

较常见的数组排序算法——冒泡排序。所谓冒泡排序，就是不断地比较数组中相邻的两个元素，较小者向上浮，较大者往下沉，整个过程和水中气泡上升的原理相似。

接下来通过几个步骤具体分析一下冒泡排序的整个过程。

第一步，从第一个元素开始，依次对相邻的两个元素进行比较，直到最后两个元素完成比较。如果前一个元素比后一个元素大，则交换它们的位置。整个过程完成后，数组中最后一个元素自然就是最大值，这样也就完成了第一轮比较。

第二步，除了最后一个元素外，对剩余的元素继续进行两两比较，过程与第一步相似，这样就可以将数组中第二大的元素放在倒数第二的位置。

第三步，以此类推，持续对越来越少的元素重复上面的步骤，直到没有任何一对元素需要比较为止。

了解了冒泡排序的原理之后，接下来通过一个案例实现冒泡排序，如文件 2-31 所示。

文件 2-31　Example30.java

```
1  public class Example30 {
2      public static void main(String[] args) {
3          int[] arr = { 9, 8, 3, 5, 2 };
4          //冒泡排序前,先循环打印数组元素
5          for (int i = 0; i < arr.length; i++) {
6              System.out.print(arr[i] + " ");
7          }
8          System.out.println();                        //用于换行
9          //进行冒泡排序
10         //外层循环定义需要比较的轮数(两数对比,要比较 n-1 轮)
11         for (int  i= 1; i < arr.length; i++) {
12             //内层循环定义第 i 轮需要比较的两个数
13             for (int j = 0; j < arr.length -i; j++) {
14                 if (arr[j] > arr[j + 1]) {           //比较相邻元素
15                     //下面 3 行代码用于交换相邻两个元素
16                     int temp = arr[j];
17                     arr[j] = arr[j + 1];
18                     arr[j + 1] = temp;
19                 }
20             }
21         }
22         //完成冒泡排序后,再次循环打印数组元素
23         for (int i = 0; i < arr.length; i++) {
24             System.out.print(arr[i] + " ");
25         }
26     }
27 }
```

文件 2-31 的运行结果如图 2-50 所示。

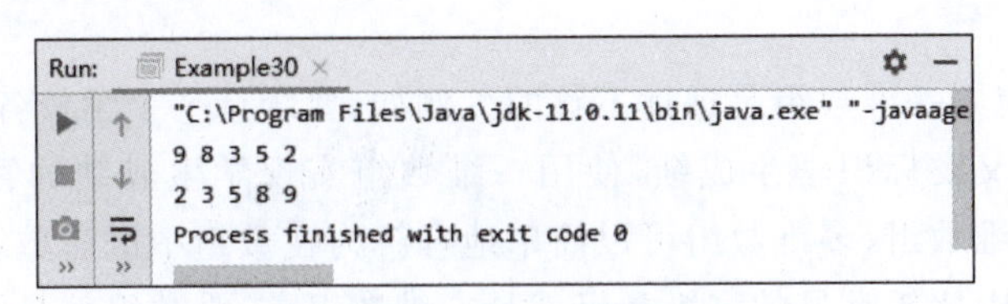

图 2-50　文件 2-31 的运行结果

在文件 2-31 中，第二步通过一个嵌套 for 循环实现了冒泡排序。其中，外层循环用来控制进行多少轮比较，每轮比较都可以确定一个元素的位置，由于最后一个元素不需要进行比较，因此外层循环的轮数为 arr.length−1；内层循环的循环变量用于控制每轮进行比较的相邻的两个数，它被作为索引去比较数组的元素，由于变量在循环过程中是自增的，这样就可以实现相邻元素依次比较，在每次比较时，如果前者小于后者，就交换两个元素的位置，具体执行过程如图 2-51 所示。

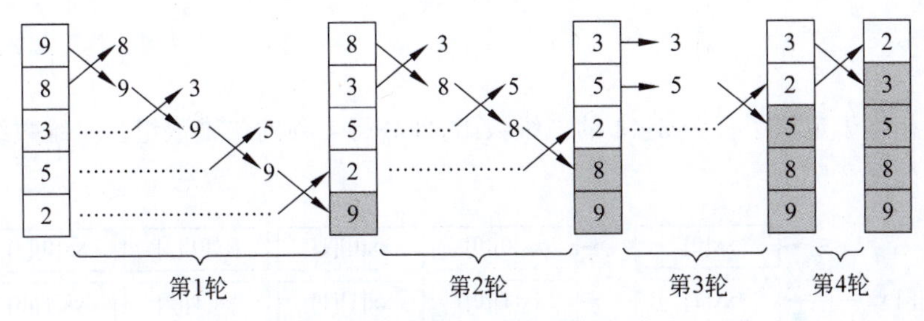

图 2-51　冒泡排序的执行过程

从图 2-51 可以看出，在第 1 轮比较中，第一个元素 9 为最大值，因此它在每次比较时都会发生位置的交换，最终被放到最后一个位置；第 2 轮比较与第 1 轮过程类似，元素 8 被放到倒数第二个位置；第 3 轮比较中，第一次比较没有发生位置的交换，在第二次比较时才发生位置的交换，元素 5 被放到倒数第三个位置；第 4 轮比较只针对最后两个元素，它们比较后发生了位置的交换，元素 3 被放到第二个位置。通过 4 轮比较，很明显，数组中的元素已经完成了排序。

值得一提的是，文件 2-31 中程序的第 16～18 行代码实现了数组中两个元素交换的过程。首先定义了一个临时变量 temp 用于记录数组元素 arr[j]的值，然后将 arr[j+1]的值赋给 arr[j]，最后再将 temp 的值赋给 arr[j+1]，这样便完成了两个元素的交换。整个交换过程如图 2-52 所示。

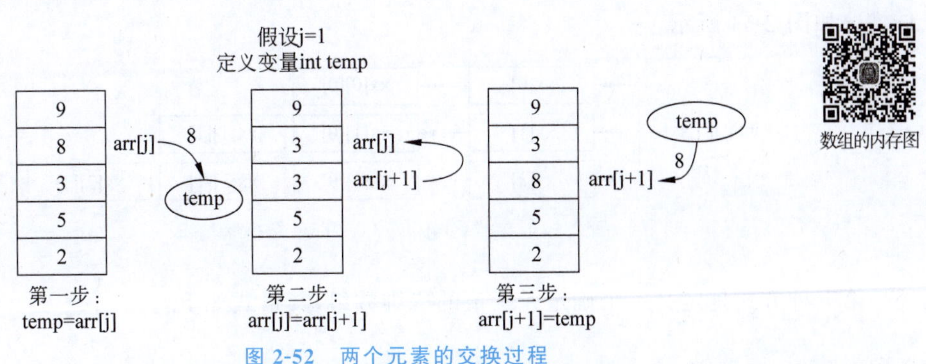

图 2-52　两个元素的交换过程

2.7.4　二维数组

在程序中,仅使用一维数组是远远不够的。例如,要统计一个学校各个班级学生的考试成绩,既要标识班,又要标识学生成绩,使用一维数组实现学生成绩的管理是非常麻烦的。这时就需要用到多维数组,多维数组可以简单地理解为在数组中嵌套数组,即数组的元素是一个数组。在程序中比较常见的多维数组就是二维数组,二维数组就是维数为 2 的数组,即数组有两个索引。二维数组的逻辑结构按行列排列,两个索引分别表示行和列,通过行和列可以准确标识一个元素。下面针对二维数组进行详细讲解。

二维数组的定义有很多方式,下面介绍 3 种常见的二维数组定义方式。

第一种方式是定义一个确定行数和列数的二维数组,其格式如下:

```
数据类型[][] 数组名 = new 数据类型[行数][列数];
```

下面以第一种方式声明一个数组:

```
int[][] xx = new int[3][4];
```

上面的代码相当于定义了一个 3×4 的二维数组,即 3 行 4 列的二维数组。二维数组 xx[3][4] 的逻辑结构如图 2-53 所示。

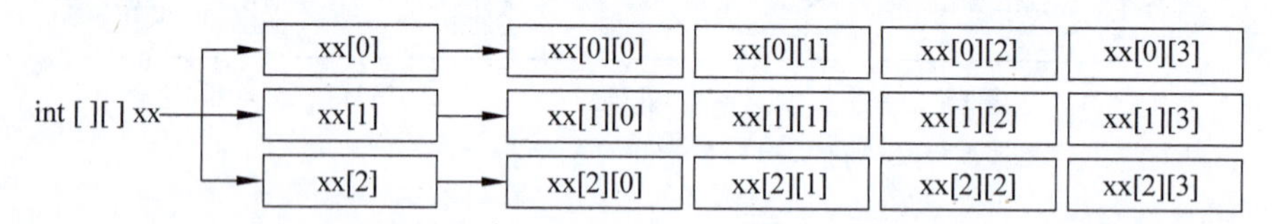

图 2-53　二维数组 xx[3][4]的逻辑结构

第二种方式是定义一个确定行数但不确定列数的二维数组,其格式如下:

```
数据类型[][] 数组名 = new int[行数][];
```

下面以第二种方式声明一个数组:

```
int[][] xx = new int[3][];
```

第二种方式和第一种方式类似,只是数组的列数不确定。二维数组 xx[3][]的元素存储情况如图 2-54 所示。

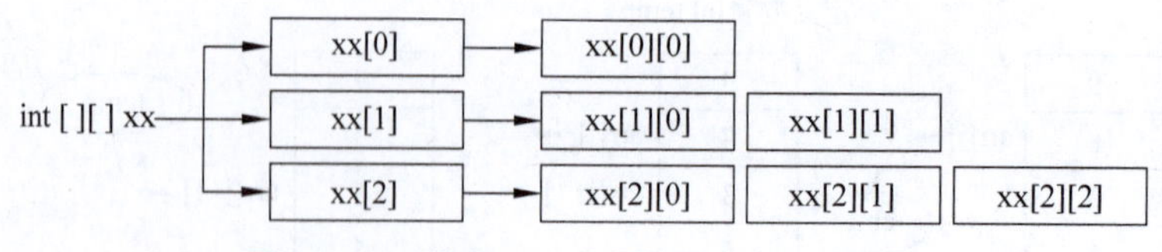

图 2-54　二维数组 xx[3][]的元素存储情况

第三种方式是定义一个确定元素值的二维数组,其格式如下:

```
数据类型[][] 数组名 = {{第 0 行初始值},{第 1 行初始值},…,{第 n 行初始值}};
```

下面以第三种方式声明一个数组：

```
int[][] xx = {{1,2},{3,4,5,6},{7,8,9}};
```

上面的二维数组 xx 中定义了 3 个元素，这 3 个元素都是数组，分别为{1,2}、{3,4,5,6}、{7,8,9}。二维数组 xx 的元素存储情况如图 2-55 所示。

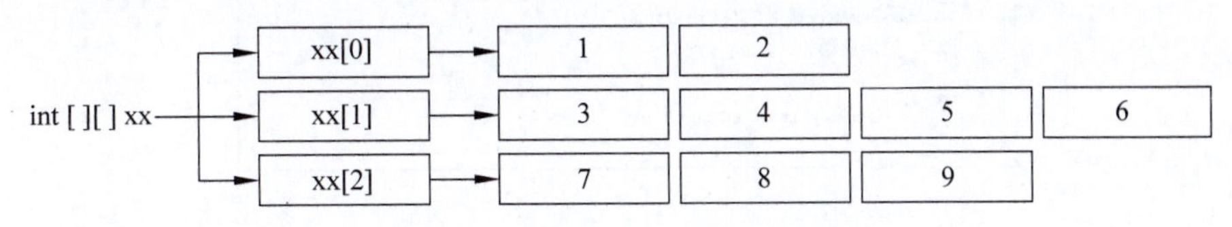

图 2-55　二维数组 xx 的元素存储情况

二维数组中元素的访问也是通过索引的方式进行的。例如，访问二维数组 xx 中第一个元素数组的第二个元素，具体代码如下。

```
xx[0][1];
```

在上面的格式中，第一个索引表示行的数组，第二个索引表示列的数组。

下面通过一个案例演示二维数组的使用，该案例要统计一个公司 3 个销售小组中每个小组的销售额以及整个公司的总销售额，如文件 2-32 所示。

文件 2-32　Example31.java

```
1   public class Example31 {
2       public static void main(String[] args) {
3           int[][] arr = new int[3][];                    //定义一个长度为 3 的二维数组
4           arr[0] = new int[] { 11, 12 };                 //为数组的元素赋值
5           arr[1] = new int[] { 21, 22, 23 };
6           arr[2] = new int[] { 31, 32, 33, 34 };
7           int sum = 0;                                   //定义变量记录公司总销售额
8           for (int i = 0; i < arr.length; i++) {        //遍历数组元素
9               int groupSum = 0;                          //定义变量记录销售小组销售额
10              for (int j = 0; j < arr[i].length; j++) { //遍历小组内每个人的销售额
11                  groupSum = groupSum + arr[i][j];
12              }
13              sum = sum + groupSum;                      //累加小组销售额
14              System.out.println("第" + (i + 1) + "小组销售额为:" + groupSum + " 万元。");
15          }
16          System.out.println("总销售额为: " + sum + " 万元。");
17      }
18  }
```

在文件 2-32 中，第 3 行代码定义了一个长度为 3 的二维数组 arr；第 4～6 行代码为数组 arr 的每个元素赋值。文件中还定义了两个变量 sum 和 groupSum，其中 sum 用于记录公司的总销售额，groupSum 用于记录每个销售小组的销售额。第 8～15 行代码通过嵌套 for 循环统计销售额，外层循环对 3 个销售小组进行遍历，内层循环对每个小组员工的销售额进行遍历，

内层循环每循环一次就相当于将一个小组员工的销售额累加到本小组的销售额 groupSum 中。内层循环结束,相当于本小组销售额计算完毕,把 groupSum 的值累加到 sum 中。当外层循环结束时,3 个销售小组的销售额 groupSum 都累加到 sum 中,得出整个公司的总额销售。

文件 2-32 的运行结果如图 2-56 所示。

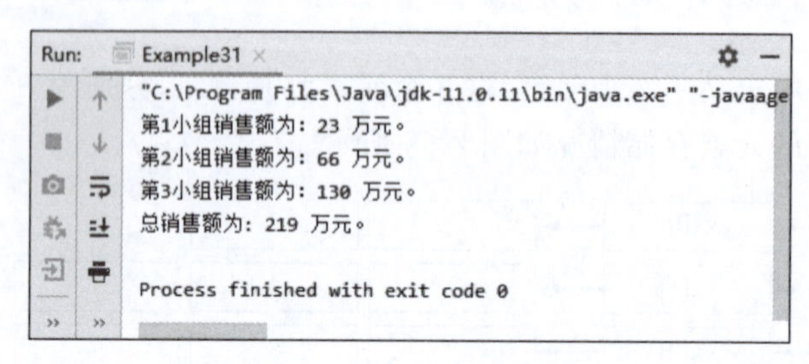

图 2-56　文件 2-32 的运行结果

2.8　本章小结

本章主要介绍了 Java 的基础知识。首先介绍了 Java 语言的基本语法,包括 Java 程序的基本格式、注释、标识符等;其次介绍了 Java 中的变量和运算符;接着介绍了选择结构语句、循环结构语句和跳转语句;然后介绍了方法,包括方法的概念、定义、调用以及重载;最后介绍了数组,包括数组的定义、数组的常见操作、二维数组。通过本章的学习,读者应掌握 Java 程序的基本语法格式、变量和运算符的使用,掌握流程控制语句的使用,掌握方法的定义和调用方式,掌握数组的声明、初始化和使用等,为后面的学习做好准备。

2.9　本章习题

一、填空题

1. Java 程序代码必须放在一个类中,类使用________关键词定义。
2. Java 中的注释有 3 类,分别是________、________和________。
3. 在 Java 中,int 类型所占存储空间为________字节。
4. 用于比较两个整数是否相等的运算符是________。
5. 数组是一个________。存储到数组中的每个元素都有自己的自动编号,最小值为________。

二、判断题

1. 二进制是由数字 0 和 1 组成的数字序列。 (　　)
2. continue 语句只用于循环中,它的作用是跳出循环。 (　　)
3. 三元运算符的语法格式为“判断条件?表达式 1:表达式 2”。 (　　)
4. 在 switch 语句中,每个 case 关键字后面必须有 break。 (　　)
5. 若 x = 5,则表达式(x + 5)/3 的值是 3。 (　　)

三、选择题

1. 下列类的定义格式中正确的是(　　)。(多选)

A. 修饰符 class 类名{
　　程序代码
　}

B. 修饰符 类名 class {
　　程序代码
　}

C. class 类名{
　　程序代码
　}

D. 类名 class {
　　程序代码
　}

2. 下列选项中,不属于基本数据类型的是(　　)。

A. string　　B. short　　C. boolean　　D. char

3. 下列选项中,比较运算符的使用正确的选项是(　　)。(多选)

A. 4!=3 结果为 false　　B. 4==3 结果为 false

C. 4<=3 结果为 true　　D. 4>=3 结果为 true

4. 阅读下面的代码。

```
class Test{
    public static void main(String[] args) {
        int a = 3;
        int b = 6;
        System.out.println(a==b);
        System.out.println(a<b);
        System.out.println(a!=b);
        System.out.println(a>=b);
    }
}
```

上述程序运行结束时,输出结果是(　　)。

A. false false true false　　B. false false true true

C. false true true false　　D. true false false true

5. 假设 int x=2,三元表达式 x>0?x+1:5 的结果为(　　)。

A. 0　　B. 2　　C. 3　　D. 5

四、简答题

1. 简述 Java 中的 8 种基本数据类型,并说明每种数据类型所占的存储空间大小。

2. 简述跳转语句 break 与 continue 的作用和区别。

五、编程题

1. 编写程序,计算 1+3+…+99 的值,要求如下:

(1) 使用循环语句实现 1~99 的遍历。

(2) 在遍历过程中,通过条件判断当前的数是否为奇数,如果是就累加,否则不加。

2. 使用 do…while 循环语句计算正数 5 的阶乘。

第 3 章 面向对象（上）

学习目标

- 了解面向对象的思想，能够说出面向对象的三大特性。
- 掌握类的定义，能够独立完成类的定义。
- 掌握对象的创建和使用，能够独立完成对象的创建，并通过对象访问对象属性和方法。
- 掌握对象的引用传递，能够独立实现对象的引用传递。
- 熟悉 Java 的 4 种访问控制权限，能够在类中灵活使用访问控制权限实现类成员的访问控制。
- 熟悉类的封装特性，能够说出为什么要封装以及如何实现封装。
- 掌握构造方法的定义和重载，能够独立定义并重载构造方法。
- 熟悉 this 关键字，能够使用 this 关键字调用成员属性、成员方法以及构造方法。
- 了解代码块的应用，能够说出普通代码块和构造块的特点。
- 熟悉 static 关键字的使用，能够说出静态属性、静态方法和静态代码块的特点。

前面学习的知识都属于 Java 的基本程序设计范畴，属于结构化程序开发。若使用结构化方法开发软件，其稳定性、可修改性和可重用性都比较差。在软件开发过程中，用户的需求随时都有可能发生变化，为了更好地适应用户需求的变化，Java 采用了面向对象的程序设计思想。在本章和第 4 章中，将为读者详细讲解 Java 面向对象的特性。

3.1 面向对象的思想

面向对象是一种符合人类思维习惯的编程思想。现实生活中存在各种形态的事物，这些事物之间存在着各种各样的联系。在程序中使用对象映射现实中的事物，使用对象的关系描述事物之间的联系，这种思想就是面向对象。

提到面向对象，自然会想到面向过程，面向过程就是通过分析得出解决问题所需的步骤，然后用函数把这些步骤逐一实现，使用的时候依次调用函数就可以了。面向对象则把构成问题的事物按照一定规则划分为多个独立的对象，然后通过调用对象的方法来解决问题。当然，一个应用程序会包含多个对象，通过多个对象的相互配合实现应用程序的功能，这样当应用程序功能发生变动时，只需要修改个别的对象就可以了，从而使代码维护起来更加方便。面向对象的特性主要可以概括为封装性、继承性和多态性，接下来对这 3 种特性进行简单介绍。

1. 封装性

封装是面向对象的核心思想。它有两层含义：一层含义是把对象的属性和行为看成一个密不可分的整体,将这两者“组合”在一起(即封装在对象中);另一层含义指信息隐藏,将不想让外界知道的信息隐藏起来,例如,学开车时只需要知道如何操作汽车,不必知道汽车内部是如何工作的。

2. 继承性

继承性主要描述的是类与类之间的关系。通过继承,可以在原有类的基础上对功能进行扩展。例如,有一个汽车类,该类描述了汽车的普通特性和功能。进一步再产生轿车类,而轿车类中不仅应该包含汽车类的特性和功能,还应该增加轿车类特有的功能,这时,可以让轿车类继承汽车类,在轿车类中单独添加其独有的特性和方法就可以了。继承不仅增强了代码的复用性,提高了开发效率,还降低了程序产生错误的可能性,为程序的维护以及扩展提供了便利。

3. 多态性

多态性是指在一个类中定义的属性和方法被其他类继承后,它们可以具有不同的数据类型或表现出不同的行为,这使得同一个属性和方法在不同的类中具有不同的语义。例如,汽车和飞机同样是交通工具,汽车在陆地上行驶,而飞机在天空中飞行,所以不同的对象表现的行为是不一样的。多态的特性使程序更抽象、便捷,有助于开发人员设计程序时分组协同开发。

面向对象的思想仅靠上面的介绍是无法真正理解的,只有通过大量的实践才能真正领悟面向对象的思想。

3.2　类与对象

在面向对象技术中,为了做到让程序对事物的描述与事物在现实中的形态保持一致,提出了两个概念,即类和对象。在Java程序中类和对象是最基本、最重要的单元。类表示某类群体的一些基本特征抽象,对象表示一个个具体的事物。

例如,在现实生活中,学生这个群体就可以表示为一个类,而某个具体的学生就可以称为对象。一个具体的学生有自己的姓名和年龄等信息,这些信息在面向对象的概念中称为属性;学生可以看书和打篮球,看书和打篮球这些行为在类中就称为方法。类与对象的关系如图3-1所示。

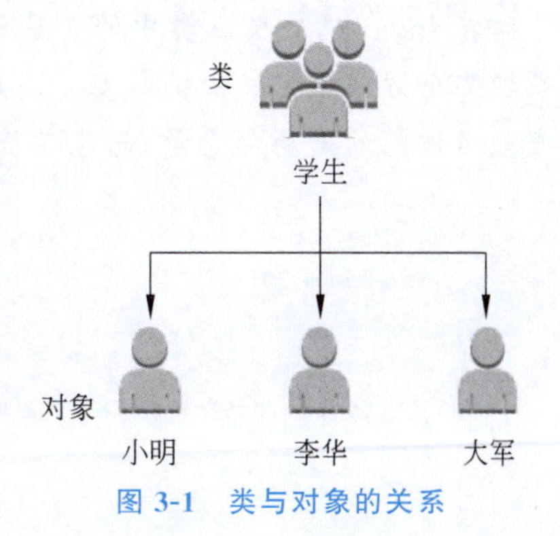

图3-1　类与对象的关系

在图3-1中,学生可以看作一个类,小明、李华、大军都是学生类的对象。类用于描述多个对象的共同特征,它是对象的模板。对象用于描述现实中的个体,它是类的实例。对象是根据类创建的,一个类可以对应多个对象。

3.2.1 类的定义

在面向对象的思想中最核心的就是对象,创建对象的前提是定义一个类。类是Java中一个重要的引用数据类型,也是组成Java程序的基本要素,所有的Java程序都是基于类的。

类是对象的抽象,用于描述一组对象的共同特征和行为。类中可以定义成员变量和成员方法。成员变量用于描述对象的特征,成员变量也被称作对象的属性;成员方法用于描述对象的行为,可简称为方法。

类的定义格式如下:

```
class 类名{
    成员变量;
    成员方法;
}
```

根据上述格式定义Student(学生)类,成员变量包括name(姓名)、age(年龄)、sex(性别);成员方法包括读书read()。Student类定义的示例代码如下所示:

```
class Student {
    String name;                              //声明String类型的变量name
    int age;                                  //声明int类型的变量age
    String sex;                               //声明String类型的变量sex
    //定义read()方法
    void read() {
        System.out.println("大家好,我是" + name + ",我在看书!");
    }
}
```

以上代码中定义了Student类。其中,Student是类名,name、age、sex是成员变量,read()是成员方法,在成员方法read()中可以直接访问成员变量name。

脚下留心:局部变量与成员变量的不同

在Java中,定义在类中的变量称为成员变量,定义在方法中的变量称为局部变量。如果在某个方法中定义的局部变量与成员变量同名,这种情况是允许的,此时,在方法中通过变量名访问的是局部变量,而非成员变量,请阅读下面的示例代码:

```
class Student {
    int age = 30;                             //类中定义的变量称作成员变量
    void read() {
        int age = 50;                         //方法内部定义的变量称作局部变量
        System.out.println("大家好,我" + age + "岁了,我在看书!");
    }
}
```

上述代码中，在 Student 类的 read ()方法中有一条打印语句，打印了变量 age，此时打印的是局部变量 age，也就是说，当有另一个程序调用 read()方法时，输出的 age 值为 50，而不是 30。

3.2.2　对象的创建与使用

思政阅读

3.2.1 节定义了 Student 类。要想使用一个类，则必须创建该类的对象。在 Java 程序中可以使用 new 关键字创建对象，使用 new 关键字创建对象的具体格式如下：

```
类名 对象名 = null;
对象名 = new 类名();
```

上述格式中，创建对象分为声明对象和实例化对象两步。也可以直接通过下面的方式创建对象：

```
类名 对象名 = new 类名();
```

例如，创建 Student 类的实例对象，示例代码如下：

```
Student stu = new Student();
```

上述代码中，new Student()用于创建 Student 类的一个实例对象(称为 Student 对象)，Student stu 声明了一个 Student 类的变量 stu。运算符＝将新创建的实例对象地址赋值给变量 stu，变量 stu 引用的对象简称为 stu 对象。

了解对象的创建之后，就可以使用类创建对象，示例代码如下：

```
class Student {
    String name;                              //声明 name 属性
    void read() {
        System.out.println("大家好,我是" + name + ",我在看书!");
    }
}
public class Test {
    public static void main(String[] args[]) {
        Student stu = new Student();          //创建并实例化 Student 对象
    }
}
```

上述代码在 main()方法中实例化了 Student 对象，对象名为 stu。使用 new 关键字创建的对象在堆内存中分配空间。stu 对象的内存分配如图 3-2 所示。

由图 3-2 可知，对象名 stu 保存在栈内存中，而对象的属性信息则保存在对应的堆内存中。

创建对象后，可以使用对象访问类中的某个属性或方法，对象属性和方法的访问通过点(.)运算符实现，具体格式如下：

```
对象名.属性名
对象名.方法名
```

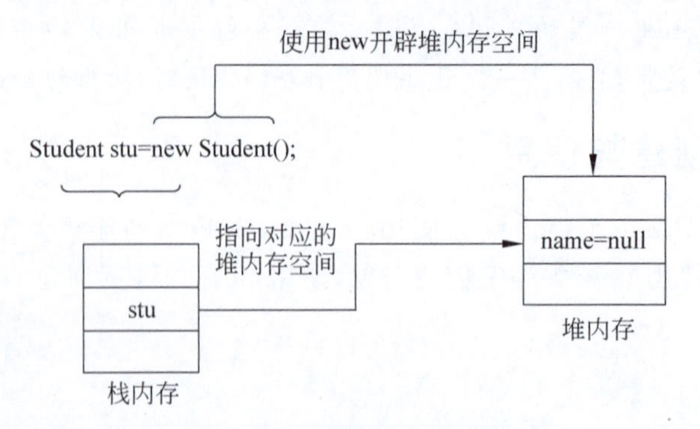

图 3-2 stu 对象的内存分配

下面通过一个案例学习对象属性和方法的访问,如文件 3-1 所示。

文件 3-1 Example01.java

```
1  class Student {
2      String name;                                  //声明 name 属性
3      void read() {
4          System.out.println("大家好,我是" + name);
5      }
6  }
7  public class Example01 {
8      public static void main(String[] args) {
9          Student stu1 = new Student();            //创建第一个 Student 对象
10         Student stu2 = new Student();            //创建第二个 Student 对象
11         stu1.name = "小明";                       //为 stu1 对象的 name 属性赋值
12         stu1.read();                             //调用对象的方法
13         stu2.name = "李华";
14         stu2.read();
15     }
16 }
```

在文件 3-1 中,分别定义了 Student 类和 Example01 类。Student 类中声明了 name 属性和 read()方法。Example01 类的 main()方法中创建了两个 Student 对象——stu1 和 stu2。第 11 行代码为 stu1 对象的 name 属性赋值为小明;第 12 行代码通过 stu1 对象调用 read()方法;同理,第 13、14 行代码为 stu2 对象的 name 属性赋值为李华,并通过 stu2 对象调用 read()方法。

文件 3-1 的运行结果如图 3-3 所示。

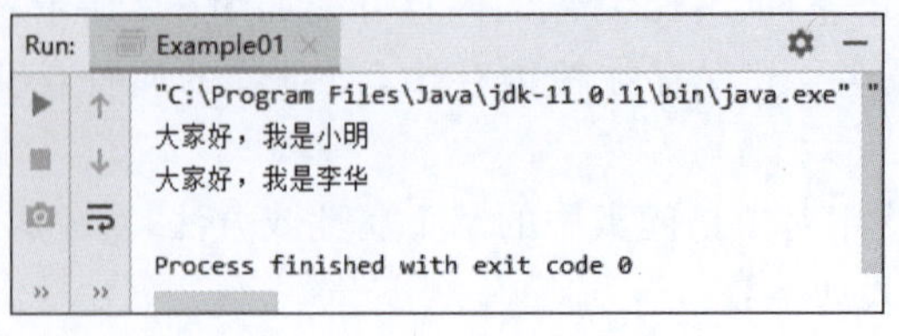

图 3-3 文件 3-1 的运行结果

从图 3-3 可以看出，stu1 对象和 stu2 对象在调用 read()方法时，打印的 name 值不相同。这是因为 stu1 对象和 stu2 对象在系统内存中是两个完全独立的个体，它们分别拥有各自的 name 属性，对 stu1 对象的 name 属性进行赋值并不会影响 stu2 对象的 name 属性的值。为 stu1 对象和 stu2 对象中的 name 属性赋值后，stu1 对象和 stu2 对象的内存变化如图 3-4 所示。

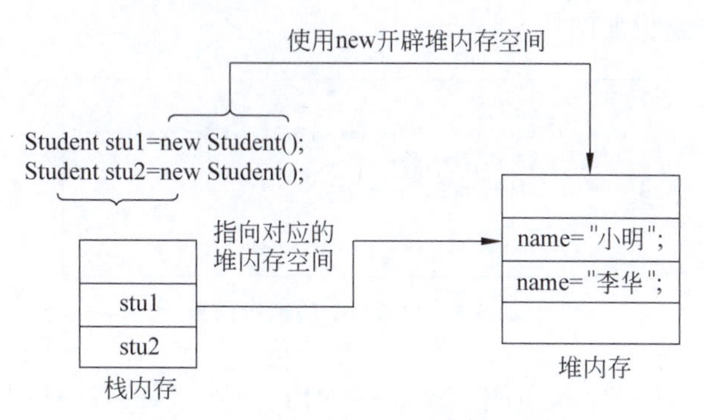

图 3-4　stu1 对象和 stu2 对象的内存变化

由图 3-4 可知，程序分别实例化了两个 Student 对象 stu1 和 stu2，它们分别指向各自的堆内存空间。

3.2.3　对象的引用传递

类属于引用数据类型，引用数据类型的内存空间可以同时被多个栈内存引用。下面通过一个案例详细讲解对象的引用传递，如文件 3-2 所示。

文件 3-2　Example02.java

```
1  class Student {
2      String name;                                    //声明 name 属性
3      int age;                                        //声明 age 属性
4      void read() {
5          System.out.println("大家好,我是"+name+",年龄"+age);
6      }
7  }
8  class Example02 {
9      public static void main(String[] args) {
10         Student stu1 = new Student();               //创建 stu1 对象并实例化
11         Student stu2 = null;                        //创建 stu2 对象,但不对其进行实例化
12         stu2 = stu1;                                //stu1 给 stu2 分配空间使用权
13         stu1.name = "小明";                          //为 stu1 对象的 name 属性赋值
14         stu1.age = 20;
15         stu2.age = 50;
16         stu1.read();                                //调用对象的方法
17         stu2.read();
18     }
19 }
```

在文件 3-2 中，分别定义了 Student 类和 Example02 类。Student 类中声明了 name 属

性、age 属性和 read()方法。Example02 类的 main()方法中创建了两个 Student 对象——stu1 和 stu2,程序中只对 stu1 对象进行了实例化,对 stu2 对象未进行实例化。第 12 行代码是 stu1 对象给 stu2 对象分配空间使用权;第 13、14 行代码是分别对 stu1 对象的 name 属性和 age 属性赋值;第 15 行代码是对 stu2 对象的 age 属性赋值;第 16、17 行代码分别通过 stu1 对象和 stu2 对象调用 read()方法。

文件 3-2 的运行结果如图 3-5 所示。

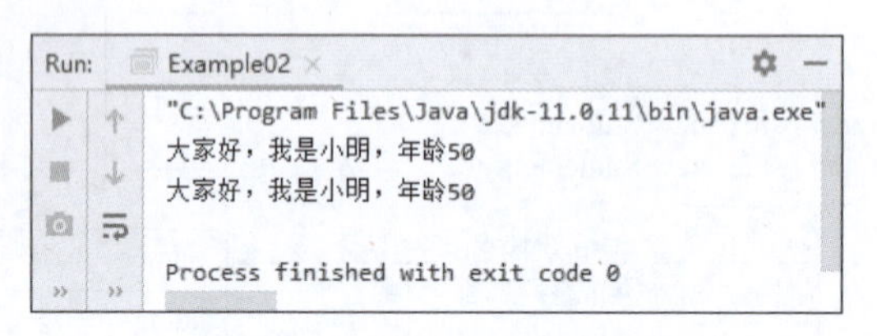

图 3-5 文件 3-2 的运行结果

由图 3-5 可知,stu1 对象和 stu2 对象输出的内容是一致的,这是因为 stu2 对象获得了 stu1 对象的堆内存空间的使用权。在文件 3-2 中,第 14 行代码对 stu1 对象的 age 属性赋值之后,第 15 行代码通过 stu2 对象对 age 属性值进行了修改。实际上所谓的引用传递,就是将一个堆内存空间的使用权分配给多个栈内存空间使用,每个栈内存空间都可以修改堆内存空间的内容。文件 3-2 中 stu1 对象和 stu2 对象引用传递的内存分配如图 3-6 所示。

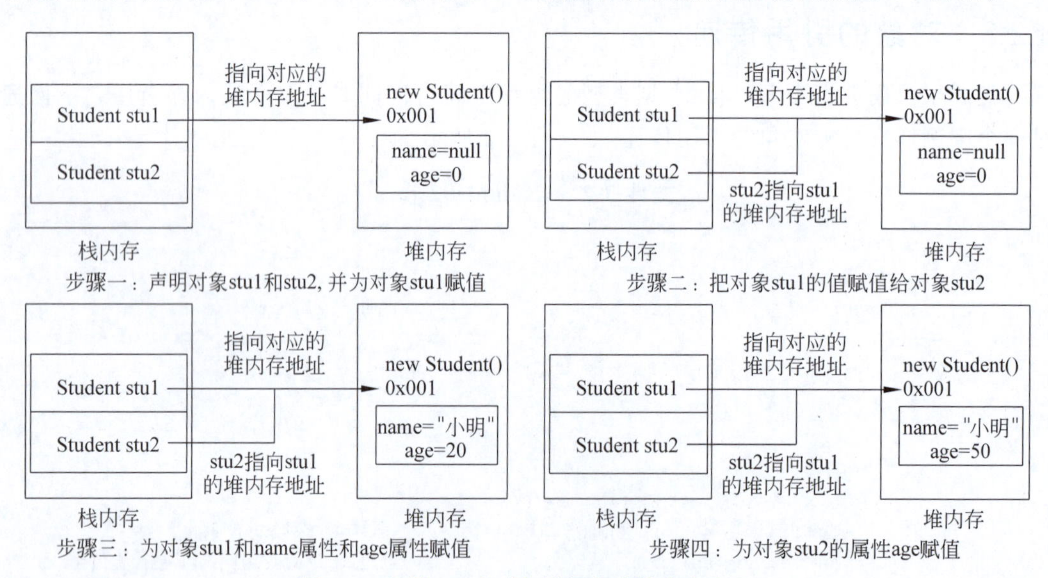

图 3-6 文件 3-2 中对象引用传递的内存分配

在图 3-6 中,步骤一声明对象 stu1 和 stu2,使用 new 创建 Student 对象 stu1 并为其赋值,使用 new 创建对象时会开辟一个堆内存空间,对象 stu1 指向开辟的堆内存地址 0x001;步骤二通过对象 stu1 给对象 stu2 分配内存空间使用权,对象 stu2 指向堆内存地址 0x001;在步骤三,由于对象 stu1 指向堆内存地址 0x001,所以对象 stu1 修改属性值就是修改堆内存中对象的值,堆内存中 name 的值修改为"小明",age 的值修改为 20;步骤四与步骤三类似,对象 stu2 也指向堆内存地址 0x001,堆内存中 age 的值修改为 50,最终结果对象 stu1 的

age 属性值也是 50。

小提示：一个栈内存空间只能指向一个堆内存空间。如果想要再指向其他堆内存空间，就必须先断开已有的指向，才能分配新的指向。

3.2.4　访问控制权限

对象在内存中的运行机制

在 Java 中，针对类、成员方法和属性，Java 提供了 4 种访问控制权限，分别是 private、default、protected 和 public。这 4 种访问控制权限按级别由低到高的次序，如图 3-7 所示。

private　　default　　protected　　public

级别由低到高

图 3-7　访问控制权限

这 4 种访问控制权限具体介绍如下：

(1) private：私有访问权限。用于修饰类的属性和方法，也可以修饰内部类。类的成员一旦使用了 private 关键字修饰，则该成员只能在本类中访问。

(2) default：默认访问权限。如果一个类中的属性或方法没有任何访问权限声明，则该属性或方法就是默认访问权限，可以被本包中的其他类访问，但是不能被其他包的类访问。

(3) protected：受保护的访问权限。如果一个类中的成员使用了 protected 关键字修饰，则只能被本包及不同包的子类访问。

(4) public：公共访问权限。如果一个类中的成员使用了 public 关键字修饰，则该成员可以在所有类中被访问，不管是否在同一个包中。

下面通过一张表总结上述访问控制权限，如表 3-1 所示。

表 3-1　访问控制权限

访问范围	private	default	protected	public
同一个类	√	√	√	√
同一个包中的类		√	√	√
不同包的子类			√	√
全局范围				√

下面通过一段代码演示 4 种访问控制权限修饰符的用法：

```
public class Test {
    public int aa;                        //aa 可以被所有的类访问
    protected boolean bb;                 //bb 可以被所有子类以及本包的类访问
    void cc() {                           //默认访问权限,能在本包内访问
        System.out.println("包访问权限");
    }
    //private 权限的内部类,即私有的类,只能在本类中访问
    private class InnerClass {
    }
}
```

需要注意的是，外部类的访问权限只能是 public 或 default，所以 Test 类只能使用

public 修饰或者不写修饰符。局部成员是没有访问控制权限的,因为局部成员只在其所在的作用域内起作用,不可能被其他类访问,如果在程序中对局部成员使用访问控制权限修饰符,编译器会报错。错误示例代码如下:

```
public class Test {
    void cc() {                                 //默认访问权限,能在本包内使用
        public int aa;                          //错误,局部变量没有访问控制权限
        protected boolean bb;                   //错误,局部变量没有访问控制权限
        System.out.println("包访问权限");
    }
    //private 权限的内部类,即私有的类,只能在本类中访问
    private class InnerClass {
    }
}
```

运行上述代码,控制台会报错,如图 3-8 所示。

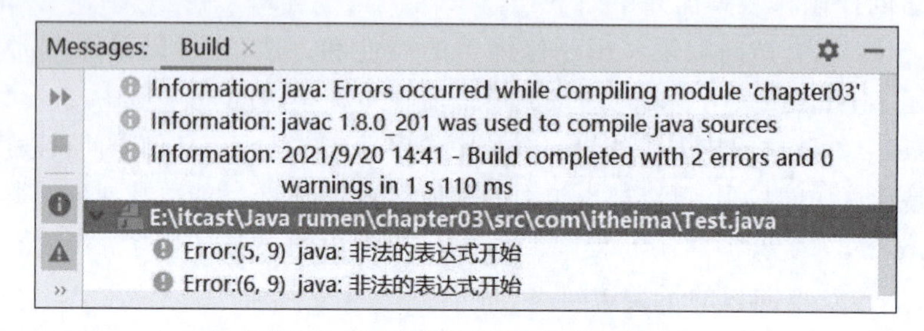

图 3-8 局部成员访问控制权限错误

小提示:Java 程序的文件名

如果一个源文件中定义的所有类都没有使用 public 修饰,那么这个源文件的文件名可以是一切合法的文件名;如果一个源文件中定义了一个使用 public 修饰的类,那么这个源文件的文件名必须与 public 修饰的类名相同。

3.3 封装性

封装是面向对象的核心思想,掌握封装对于学习 Java 面向对象的内容十分重要。本节对封装进行详细讲解。

3.3.1 为什么要封装

在 Java 面向对象的思想中,封装是指将类的实现细节包装、隐藏起来的方法。封装可以被认为是一道保护屏障,防止本类的代码和数据被外部类定义的代码随机访问。下面通过一个例子具体讲解什么是封装,如文件 3-3 所示。

文件 3-3 Example03.java

```
1  class Student{
2      String name;                             //声明 name 属性
```

```
3        int age;                                    //声明 age 属性
4        void read() {
5            System.out.println("大家好,我是"+name+",年龄"+age);
6        }
7    }
8    public class Example03 {
9        public static void main(String[] args) {
10           Student stu = new Student();            //创建学生对象
11           stu.name = "张三";                      //为对象的 name 属性赋值
12           stu.age = -18;                          //为对象的 age 属性赋值
13           stu.read();                             //调用对象的方法
14       }
15   }
```

在文件 3-3 中,第 12 行代码将 age 属性赋值为－18 岁,这在程序中是不会有任何问题的,因为 int 的值可以取负数;但在现实中,－18 明显是一个不合理的年龄值。为了避免这种错误的发生,在设计 Student 类时,应该对成员变量的访问做出一些限定,不允许外界随意访问,这就需要实现类的封装。

3.3.2　如何实现封装

类的封装是指将对象的状态信息隐藏在对象内部,不允许外部程序直接访问对象的内部信息,而是通过该类提供的方法实现对内部信息的访问。

封装的具体实现过程是:在定义一个类时,将类中的属性私有化,即使用 private 关键字修饰类的属性。私有属性只能在它所在的类中被访问。如果外界想要访问私有属性,需要提供一些使用 public 修饰的公有方法,其中包括用于获取属性值的 getXxx()方法(也称为 getter 方法)和设置属性值的 setXxx()方法(也称为 setter 方法)。

修改文件 3-3,使用 private 关键字修饰 name 属性和 age 属性以及其对应的 getter/setter 方法,演示如何实现类的封装,如文件 3-4 所示。

文件 3-4　Example04.java

```
1    class Student{
2        private String name;                        //声明 name 属性
3        private int age;                            //声明 age 属性
4        public String getName() {
5            return name;
6        }
7        public void setName(String name) {
8            this.name = name;
9        }
10       public int getAge() {
11           return age;
12       }
13       public void setAge(int age) {
14           if(age < 0){
15               System.out.println("您输入的年龄有误!");
16           } else {
17               this.age = age;
```

```
18          }
19      }
20      public void read() {
21          System.out.println("大家好,我是"+name+",年龄"+age);
22      }
23  }
24  public class Example04 {
25      public static void main(String[] args) {
26          Student stu = new Student();            //创建学生对象
27          stu.setName("张三");                    //为对象的 name 属性赋值
28          stu.setAge(-18);                        //为对象的 age 属性赋值
29          stu.read();                             //调用对象的方法
30      }
31  }
```

在文件 3-4 中,使用 private 关键字将 name 属性和 age 属性声明为私有变量,并对外界提供公有的访问方法,其中,getName()方法和 getAge()方法用于获取 name 属性和 age 属性的值,setName()方法和 setAge()方法用于设置 name 属性和 age 属性的值。

文件 3-4 的运行结果如图 3-9 所示。

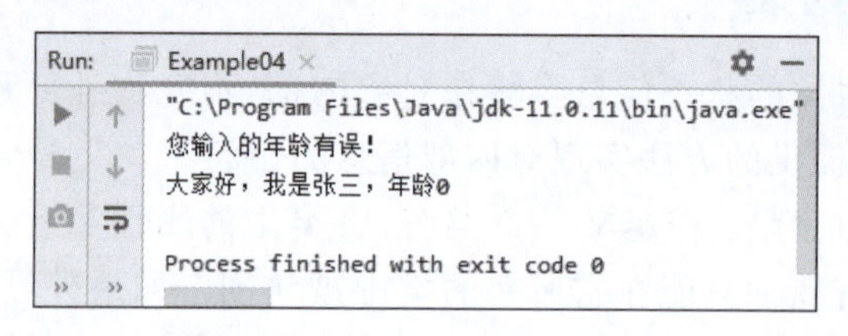

图 3-9　文件 3-4 的运行结果

从图 3-9 可以看出,当调用 setAge()方法传入了一个负数(−18)时,程序提示年龄输入有误,age 显示为初始值 0。这是因为 setAge()方法对参数 age 进行了判断,如果 age 的值小于 0,会打印“您输入的年龄有误!”,age 会采用初始值 0(在 Java 中 int 类型的变量初始值为 0)。

3.4　构造方法

从前面所学的知识可以发现,实例化一个对象后,如果要为这个对象中的属性赋值,则必须直接访问对象的属性或调用 setter 方法。如果需要在实例化对象时为这个对象的属性赋值,可以通过构造方法实现。构造方法(也称为构造器)是类的一个特殊成员方法,在类实例化对象时自动调用。本节针对构造方法进行详细讲解。

3.4.1　定义构造方法

构造方法是一个特殊的成员方法,在定义时,有以下几点需要注意:

(1) 构造方法的名称必须与类名一致。

(2) 构造方法名称前不能有任何返回值类型的声明。

(3) 不能在构造方法中使用 return 返回一个值,但可以单独写 return 语句作为方法的结束。

下面通过一个案例演示构造方法的定义,如文件 3-5 所示。

文件 3-5　Example05.java

```
1  class Student{
2      public Student() {
3          System.out.println("调用了无参构造方法");
4      }
5  }
6  public class Example05 {
7      public static void main(String[] args) {
8          System.out.println("声明对象...");
9          Student stu = null;                          //声明对象
10         System.out.println("实例化对象...");
11         stu = new Student();                         //实例化对象
12     }
13 }
```

在文件 3-5 中,在 Student 类中定义了无参构造方法。在 Example05 类的 main()方法中,声明并实例化了 stu 对象。

文件 3-5 的运行结果如图 3-10 所示。

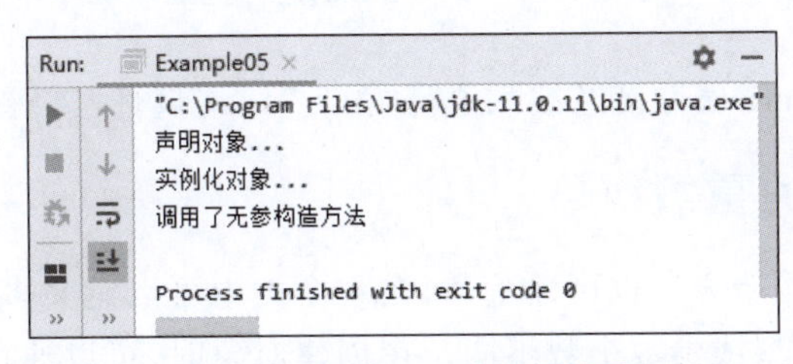

图 3-10　文件 3-5 的运行结果

从图 3-10 可以看出,当调用关键字 new 实例化对象时,程序调用了 Student 类的无参构造方法。

在一个类中除了可以定义无参构造方法外,还可以定义有参构造方法,通过有参构造方法可以实现对属性的赋值。

下面修改文件 3-5,演示有参构造方法的定义与调用,如文件 3-6 所示。

文件 3-6　Example06.java

```
1  class Student{
2      private String name;
3      private int age;
4      public Student(String n, int a) {
5          name = n;
6          age = a;
7          System.out.println("调用了有参构造方法");
8      }
9      public void read(){
```

```
10            System.out.println("我是:"+name+",年龄:"+age);
11        }
12    }
13    public class Example06 {
14        public static void main(String[] args) {
15            Student stu = new Student("张三",18);      //实例化 Student 对象
16            stu.read();
17        }
18    }
```

在文件 3-6 中,Student 类中声明了私有属性 name 和 age,并且定义了有参构造方法。第 15 行代码实例化 Student 对象,并传入参数“张三”和 18,分别赋值给 name 和 age,该过程会调用有参构造方法;第 16 行代码通过 stu 对象调用了 read()方法。

文件 3-6 的运行结果如图 3-11 所示。

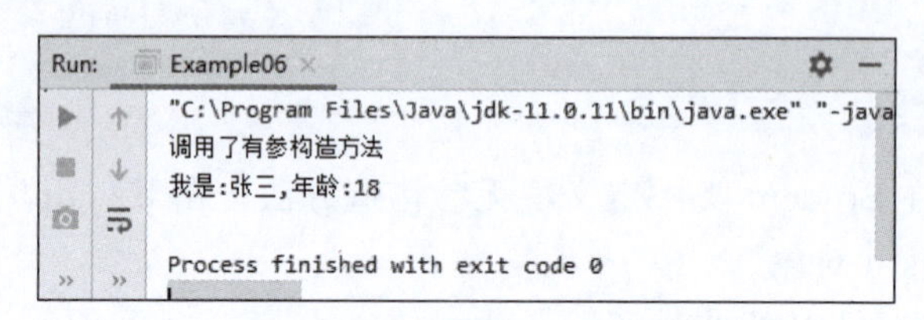

图 3-11　文件 3-6 的运行结果

由图 3-11 可知,name 属性已经被赋值为“张三”,age 属性已经被赋值为 18。

3.4.2　构造方法的重载

与普通方法一样,构造方法也可以重载,在一个类中可以定义多个构造方法,但是要求每个构造方法的参数类型或参数个数不同。在创建对象时,可以通过调用不同的构造方法为不同的属性赋值。

下面通过一个案例学习构造方法的重载,如文件 3-7 所示。

文件 3-7　Example07.java

```
1   class Student{
2       private String name;
3       private int age;
4       public Student() { }
5       public Student(String n) {
6           name = n;
7           System.out.println("调用了一个参数的构造方法");
8       }
9       public Student(String n,int a) {
10          name = n;
11          age = a;
12          System.out.println("调用了两个参数的构造方法");
13      }
14      public void read(){
```

```
15          System.out.println("我是:"+name+",年龄:"+age);
16      }
17  }
18  public class Example07 {
19      public static void main(String[] args) {
20          Student stu1 = new Student("张三");
21          Student stu2 = new Student("张三",18);     //实例化 Student 对象
22          stu1.read();
23          stu2.read();
24      }
25  }
```

在文件 3-7 中,Student 类中定义了一个无参构造方法和两个有参构造方法。在 main()方法中,第 20~23 行代码实例化 stu1 对象和 stu2 对象时,根据实例化对象时传入参数个数的不同,stu1 对象调用了只有一个参数的构造方法,stu2 对象调用了有两个参数的构造方法。

文件 3-7 的运行结果如图 3-12 所示。

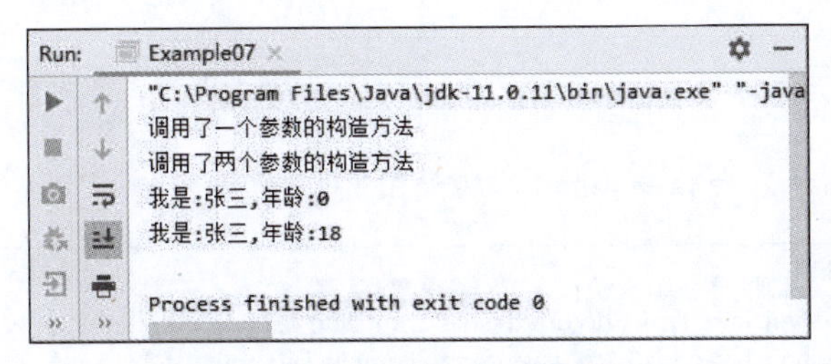

图 3-12　文件 3-7 的运行结果

多学一招:默认构造方法

在 Java 中的每个类都至少有一个构造方法。如果在一个类中没有定义构造方法,系统会自动为这个类创建一个默认的构造方法,这个默认的构造方法没有参数,方法体中没有任何代码,所以 Java 中默认的构造方法在程序运行时什么也不做。

下面的程序中,Student 类的两种写法效果是完全一样的。

第一种写法:

```
class Student {
}
```

第二种写法:

```
class Student {
    public Student(){
    }
}
```

对于第一种写法,类中虽然没有声明构造方法,但仍然可以用 new Student()语句创建 Student 类的实例对象,在实例化对象时调用默认构造方法。

由于系统提供的默认构造方法往往不能满足需求,因此,通常需要程序员自己在类中定义构造方法,一旦为类定义了构造方法,系统就不再提供默认的构造方法了,具体代码如下所示:

```
class Student {
    int age;
    public Student(int n) {
        age = n;
    }
}
```

上面的 Student 类中定义了一个有参构造方法,这时系统就不再提供默认的构造方法。下面再编写一个测试程序调用上面的 Student 类,如文件 3-8 所示。

文件 3-8　Example08.java

```
1  public class Example08 {
2      public static void main(String[] args) {
3          Student stu = new Student();            //实例化 Student 对象
4      }
5  }
```

运行文件 3-8,编译器会报错,错误信息如图 3-13 所示。

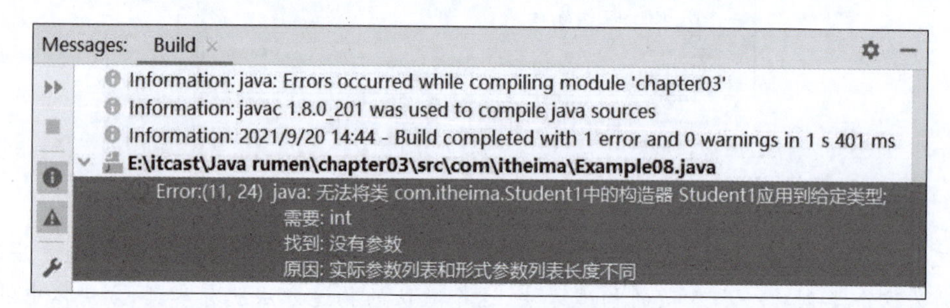

图 3-13　文件 3-8 编译错误信息

从图 3-13 可以看出,编译器提示"无法将类 com.itheima.Student 中的构造器 Student 应用到给定类型",原因是:使用 new Student()创建 Student 类的实例对象时需要调用无参构造方法,而 Student 类中定义了一个有参构造方法,系统不再提供无参构造方法。为了避免上面的错误,在一个类中如果定义了有参构造方法,最好再定义一个无参构造方法。

需要注意的是,构造方法通常使用 public 进行修饰。

3.5　this 关键字

在 Java 开发中,当成员变量与局部变量发生重名问题时,需要使用 this 关键字分辨成员变量与局部变量。Java 中的 this 关键字语法比较灵活,其作用主要有以下 3 个:

(1) 使用 this 关键字调用本类中的属性。

(2) 使用 this 关键字调用成员方法。

(3) 使用 this 关键字调用构造方法。

本节将详细讲解 this 关键字的这 3 种用法。

3.5.1　使用 this 关键字调用本类中的属性

在文件 3-6 中,Student 类定义中的成员变量 age 表示年龄,而构造方法中表示年龄的参数是 a,这样的程序可读性很差。这时需要对一个类中表示年龄的变量进行统一命名,例如都声明为 age。但是这样做会导致成员变量和局部变量的名称冲突。下面通过一个案例进行验证,如文件 3-9 所示。

文件 3-9　Example09.java

```
1  class Student {
2      private String name;
3      private int age;
4      //定义构造方法
5      public Student(String name,int age) {
6          name = name;
7          age = age;
8      }
9      public String read(){
10         return "我是:"+name+",年龄:"+age;
11     }
12 }
13 public class Example09 {
14     public static void main(String[] args) {
15         Student stu = new Student("张三", 18);
16         System.out.println(stu.read());
17     }
18 }
```

文件 3-9 的运行结果如图 3-14 所示。

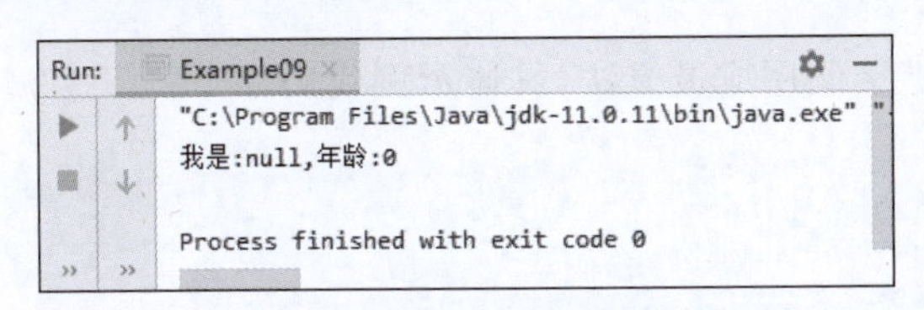

图 3-14　文件 3-9 的运行结果

由图 3-14 可知,stu 对象姓名为 null,年龄为 0,这表明构造方法中的赋值并没有成功,这是因为构造方法参数名称与对象成员变量名称相同,编译器无法确定哪个名称是当前对象的属性。为了解决这个问题,Java 提供了关键字 this 指代当前对象,通过 this 可以访问当前对象的成员。修改文件 3-9,使用 this 关键字指定当前对象属性,如文件 3-10 所示。

文件 3-10 Example10.java

```
1  class Student {
2      private String name;
3      private int age;
4      //定义构造方法
5      public Student(String name,int age) {
6          this.name = name;
7          this.age = age;
8      }
9      public String read(){
10         return "我是:"+name+",年龄:"+age;
11     }
12 }
13 public class Example10 {
14     public static void main(String[] args) {
15         Student stu = new Student("张三", 18);
16         System.out.println(stu.read());
17     }
18 }
```

文件 3-10 的运行结果如图 3-15 所示。

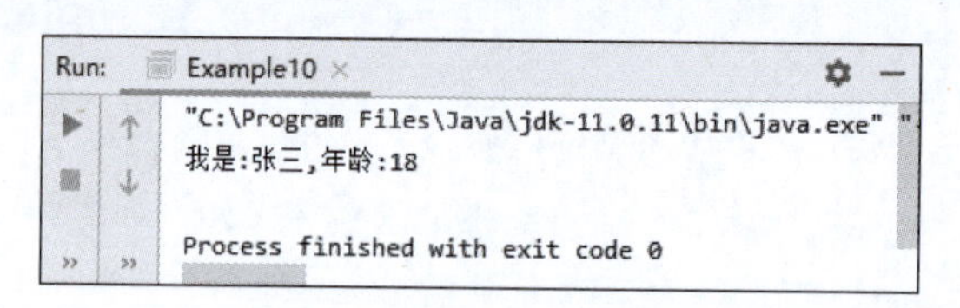

图 3-15 文件 3-10 的运行结果

从图 3-15 可以看出,文件 3-10 成功调用构造方法完成了 stu 对象的初始化。这是因为在构造方法中,使用 this 关键字明确标识了类中的两个属性 this.name 和 this.age,所以在进行赋值操作时不会产生歧义。

3.5.2 使用 this 关键字调用成员方法

可以通过 this 关键字调用成员方法,具体示例代码如下:

```
class Student {
    public void openMouth() {
        …
    }
    public void read() {
        this.openMouth();
    }
}
```

上述代码中,在 read()方法中使用 this 关键字调用了 openMouth()方法。需要注意的是此处的 this 关键字也可以省略不写。

3.5.3　使用 this 关键字调用构造方法

构造方法在实例化对象时被 Java 虚拟机自动调用。在程序中不能像调用其他成员方法一样调用构造方法,但可以在一个构造方法中使用“this(参数 1,参数 2,…)”的形式调用其他的构造方法。

下面通过一个案例演示如何使用 this 关键字调用构造方法,如文件 3-11 所示。

文件 3-11　Example11.java

```
1  class Student {
2      private String name;
3      private int age;
4      public Student () {
5          System.out.println("调用了无参构造方法");
6      }
7      public Student (String name,int age) {
8          this();                                     //调用无参构造方法
9          this.name = name;
10         this.age = age;
11     }
12     public String read(){
13         return "我是:"+name+",年龄:"+age;
14     }
15 }
16 public class Example11 {
17     public static void main(String[] args) {
18         Student stu = new Student("张三",18);       //实例化 Student 对象
19         System.out.println(stu.read());
20     }
21 }
```

在文件 3-11 中,Student 类中定义了一个无参构造方法和一个有参构造方法,并在有参构造方法中使用 this()的形式调用本类中的无参构造方法。

文件 3-11 的运行结果如图 3-16 所示。

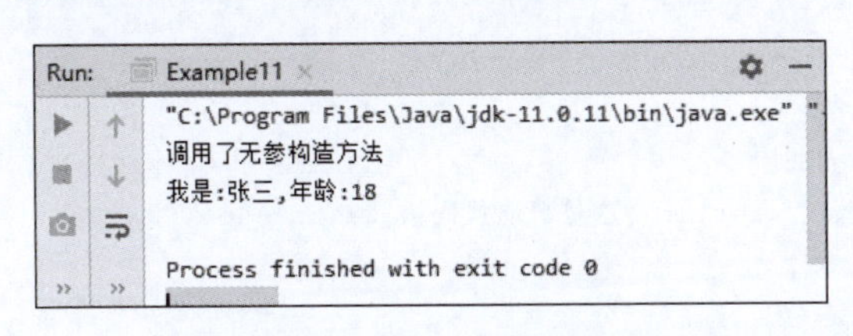

图 3-16　文件 3-11 的运行结果

使用 this 调用类的构造方法时,应注意以下 3 点:

(1) 只能在构造方法中使用 this 调用其他的构造方法,不能在成员方法中通过 this 调用构造方法。

(2) 在构造方法中,使用 this 调用其他构造方法的语句必须位于第一行,且只能出现

一次。

下面程序的写法是错误的：

```
public Student(String name) {
    System.out.println("有参构造方法被调用了。");
    this(name);                                    //不在第一行,编译错误!
}
```

(3) 不能在一个类的两个构造方法中使用this互相调用。下面程序的写法是错误的：

```
class Student {
    public Student () {
        this("张三");                              //调用有参构造方法
        System.out.println("有参构造方法被调用了。");
    }
    public Student (String name) {
        this();                                    //调用无参构造方法
        System.out.println("无参构造方法被调用了。");
    }
}
```

3.6 代码块

代码块,简单来讲,就是用{}括起来的一段代码。根据位置及声明关键字的不同,代码块可以分为4种：普通代码块、构造块、静态代码块、同步代码块。本节将针对普通代码块和构造块进行讲解。静态代码块将在3.7节中进行讲解,同步代码块将在多线程部分进行讲解。

3.6.1 普通代码块

普通代码块就是直接在方法或语句中定义的代码块,具体示例如下：

```
public class Test {
    public static void main(String[] args) {
        {
            int age = 18;
            System.out.println("这是普通代码块。age:"+age);
        }
        int age = 30;
        System.out.println("age:"+age);
    }
}
```

在上述代码中,每一对"{}"括起来的代码都称为一个代码块。Test是一个大的代码块,在Test代码块中包含了main()方法代码块,在main()方法中又定义了一个局部代码块,局部代码块对main()方法进行了"分隔",起到了限定作用域的作用。

上述代码的局部代码块中定义了变量 age，main()方法代码块中也定义了变量 age，但由于两个变量处在不同的代码块中，作用域不同，因此并不相互影响。

3.6.2　构造块

构造块是直接在类中定义的代码块。下面通过一个案例演示构造块的使用，如文件 3-12 所示。

文件 3-12　Example12.java

```
1  class Student{
2      String name;                                    //成员属性
3      {
4          System.out.println("我是构造块");           //与构造方法同级
5      }
6      //构造方法
7      public Student(){
8          System.out.println("我是 Student 类的构造方法");
9      }
10 }
11 public class Example12  {
12     public static void main(String[] args) {
13         Student stu1 = new Student();
14         Student stu2 = new Student();
15     }
16 }
```

在文件 3-12 中，第 3～5 行代码定义的代码块与构造方法、成员属性同级，这样的代码块就是构造块。

文件 3-12 的运行结果如图 3-17 所示。

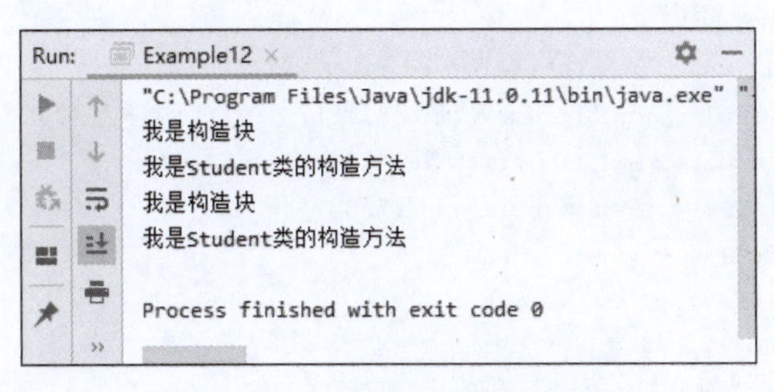

图 3-17　文件 3-12 的运行结果

由图 3-17 可以得出以下两点结论：

(1) 在实例化 Student 类对象 stu1、stu2 时，构造块先于构造方法执行(这里和构造块写在前面还是后面没有关系)。

(2) 每当实例化一个 Student 类对象时，都会在执行构造方法之前执行构造块。

3.7 static 关键字

在 Java 中,定义了一个 static 关键字,它用于修饰类的成员,如成员变量、成员方法以及代码块等,被 static 修饰的成员具备一些特殊性,本节将对这些特殊性进行讲解。

3.7.1 静态属性

如果在 Java 程序中使用 static 修饰属性,则该属性称为静态属性(也称全局属性)。静态属性可以使用类名直接访问,访问格式如下:

```
类名.属性名
```

学习静态属性之前,先来看一个案例,如文件 3-13 所示。

文件 3-13 Example13.java

```
1  class Student {
2      String name;                                    //定义 name 属性
3      int age;                                        //定义 age 属性
4      String school = "A 大学";                       //定义 school 属性
5      public Student(String name,int age){
6          this.name = name;
7          this.age = age;
8      }
9      public void info(){
10         System.out.println("姓名:" + this.name+",年龄:" +this. age+
11                        ",学校:" + school);
12     }
13 }
14 public class Example13 {
15     public static void main(String[] args) {
16         Student stu1 = new Student("张三",18);      //创建学生对象
17         Student stu2 = new Student("李四",19);
18         Student stu3 = new Student("王五",20);
19         stu1.info();
20         stu2.info();
21         stu3.info();
22         //修改 stu1 对象的 school 的值
23         stu1.school = "B 大学";
24         System.out.println("修改 stu1 学校对象的学校信息为 B 大学后");
25         stu1.info();
26         stu2.info();
27         stu3.info();
28     }
29 }
```

文件 3-13 中,Student 类中定义了 name 属性、age 属性和 school 属性,还定义了有参构造方法和 info()方法,并在 info()方法中输出了 name 属性、age 属性和 school 属性的值。

第 16～21 行代码分别定义了 Student 类的 3 个实例对象，并分别使用 3 个实例对象调用 info()方法。第 23～27 行代码为 stu1 对象的 school 属性重新赋值，并再次分别使用 3 个实例对象调用 info()方法。

文件 3-13 的运行结果如图 3-18 所示。

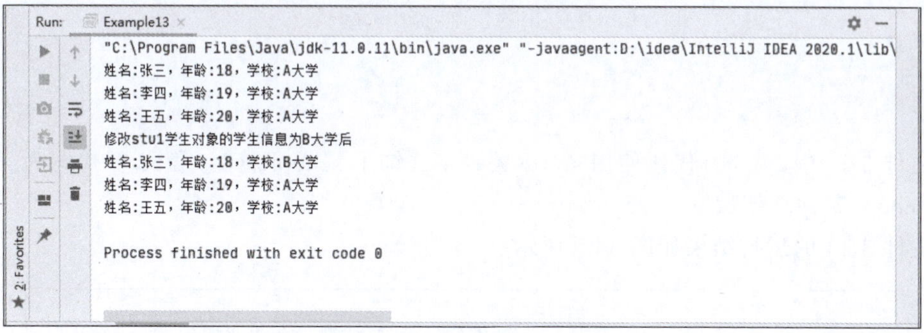

```
Run:  Example13
"C:\Program Files\Java\jdk-11.0.11\bin\java.exe" "-javaagent:D:\idea\IntelliJ IDEA 2020.1\lib\
姓名:张三，年龄:18，学校:A大学
姓名:李四，年龄:19，学校:A大学
姓名:王五，年龄:20，学校:A大学
修改stu1学生对象的学生信息为B大学后
姓名:张三，年龄:18，学校:B大学
姓名:李四，年龄:19，学校:A大学
姓名:王五，年龄:20，学校:A大学

Process finished with exit code 0
```

图 3-18　文件 3-13 的运行结果

由图 3-18 可知，张三的学校信息由 A 大学修改为 B 大学，而李四和王五的学校信息没有变化，表明非静态属性是对象所有的，改变当前对象的属性值，不影响其他对象的属性值。下面考虑一种情况：假设 A 大学改名为 B 大学，而此时 Student 类已经产生了 10 万个学生对象，那么意味着，如果要修改这些学生对象的学校信息，则要把这 10 万个学生对象中的 school 属性全部修改一次，共修改 10 万次，这样肯定是非常麻烦的。

为了解决上述问题，可以使用 static 关键字修饰 school 属性，将其变为公共属性。这样，school 属性只被分配一块内存空间，被 Student 类的所有对象共享，只要某个对象进行了一次修改，全部学生对象的 school 属性值都会发生变化。

修改文件 3-13，使用 static 关键字修饰 school 属性，具体代码如文件 3-14 所示。

文件 3-14　Example14.java

```
1  class Student {
2      String name;                                  //声明 name 属性
3      int age;                                      //声明 age 属性
4      static String school = "A 大学";              //定义 school 属性
5      public Student(String name,int age){
6          this.name = name;
7          this.age = age;
8      }
9      public void info(){
10         System.out.println("姓名:" +this. name+",年龄:" +this.age+
11                            ",学校:" + school);
12     }
13 }
14 public class Example14 {
15     public static void main(String[] args) {
16         Student stu1 = new Student("张三",18);     //创建学生对象
17         Student stu2 = new Student("李四",19);
18         Student stu3 = new Student("王五",20);
19         stu1.info();
```

```
20            stu2.info();
21            stu3.info();
22            stu1.school = "B 大学";                    //修改 stu1 对象的 school 的值
23            System.out.println("修改 stu1 学生对象的学校信息为 B 大学后");
24            stu1.info();
25            stu2.info();
26            stu3.info();
27        }
28    }
```

文件 3-14 中,第 4 行代码使用 static 关键字修饰了 school 属性,第 22 行代码为 stu1 对象的 school 属性重新赋值。

文件 3-14 的运行结果如图 3-19 所示。

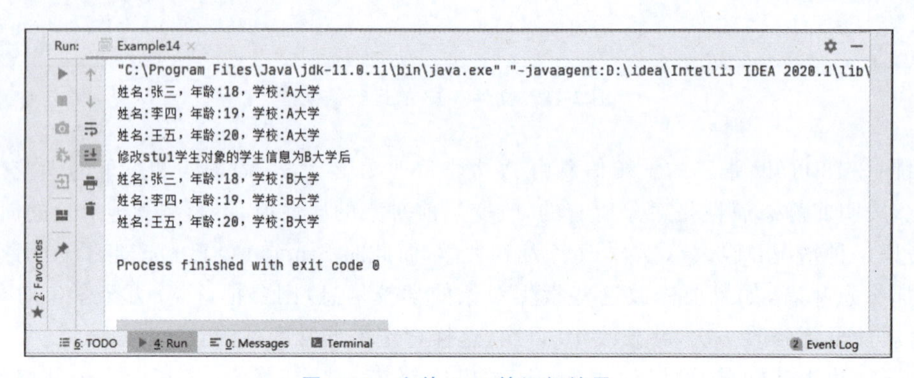

图 3-19 文件 3-14 的运行结果

由图 3-19 可知,虽然只修改了 stu1 对象的 school 属性,但是 stu2 对象和 stu3 对象的 school 属性值也随之发生了变化,说明使用 static 声明的属性是所有对象共享的。文件 3-14 的内存分配如图 3-20 所示。

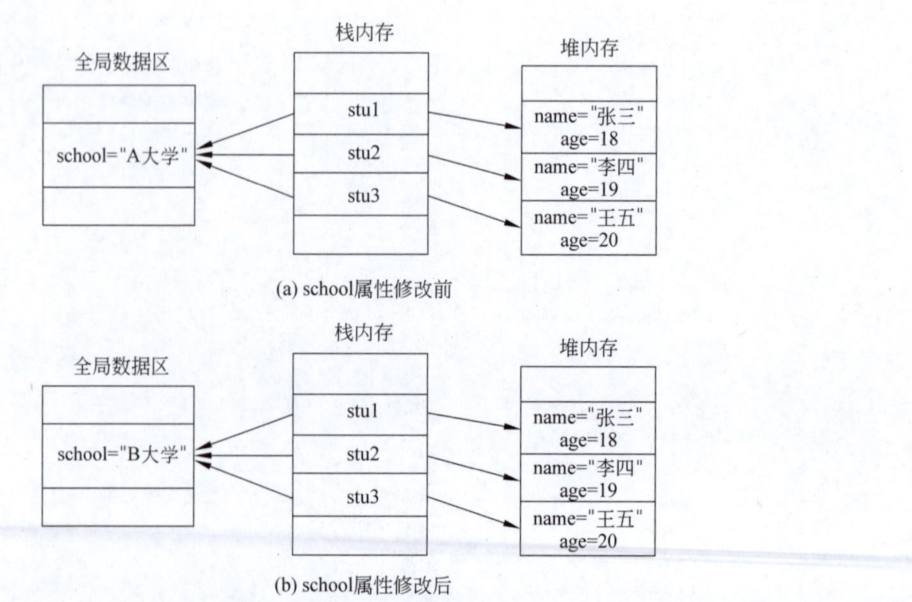

图 3-20 文件 3-14 的内存分配

小提示：static 不能修饰局部变量

static 关键字只能修饰成员变量，不能修饰局部变量，否则编译器会报错。例如，下面的代码是非法的：

```
public class Student {
    public void study() {
        static int num = 10;                    //这行代码是非法的，编译器会报错
    }
}
```

3.7.2 静态方法

如果想要使用类中的成员方法，就需要先将这个类实例化。而在实际开发时，开发人员有时希望在不创建对象的情况下，通过类名就可以直接调用某个方法，这时就需要使用静态方法，要实现静态方法，只需要在成员方法前加上 static 关键字。

同静态变量一样，静态方法也可以通过类名和对象访问，访问格式如下所示：

```
类名.方法
```

或

```
实例对象名.方法
```

下面通过一个案例学习静态方法的使用，如文件 3-15 所示。

文件 3-15　Example15.java

```
1   class Student {
2       private String name;                        //声明 name 属性
3       private int age;                            //声明 age 属性
4       private static String school = "A大学";     //定义 school 属性
5       public Student(String name,int age){
6           this.name = name;
7           this.age = age;
8       }
9       public void info(){
10          System.out.println("姓名:" +this.name+",年龄:" + this.age+
11                              ",学校:" + school);
12      }
13      public static String getSchool() {
14          return school;
15      }
16      public static void setSchool(String s) {
17          school = s;
18      }
19  }
20  class Example15 {
21      public static void main(String[] args) {
22          Student stu1 = new Student("张三",18);    //创建学生对象 stu1
23          Student stu2 = new Student("李四",19);    //创建学生对象 stu2
```

```
24          Student stu3 = new Student("王五",20);     //创建学生对象 stu3
25          System.out.println("----修改前----");
26          stu1.info();
27          stu2.info();
28          stu3.info();
29          System.out.println("----修改后----");
30          Student.setSchool("B 大学");                //为静态属性 school 重新赋值
31          stu1.info();
32          stu2.info();
33          stu3.info();
34      }
35  }
```

在文件 3-15 中,Student 类将所有的属性都使用 private 关键字进行了封装。想要更改属性值,就必须使用 setter 方法。由于 school 属性是用 static 关键字修饰的,所以可以直接使用类名调用 school 属性的 setter 方法。在 main()方法中,第 30 行代码直接使用类名 Student 对静态方法 setSchool()进行调用,将静态属性 school 重新赋值为“B 大学”。

文件 3-15 的运行结果如图 3-21 所示。

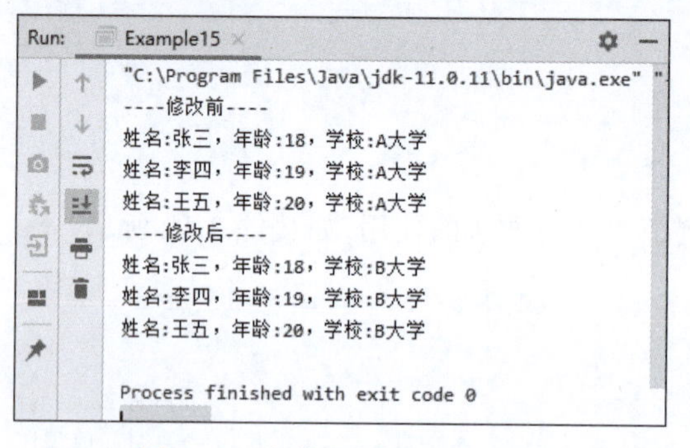

图 3-21 文件 3-15 的运行结果

注意:静态方法只能访问静态成员。非静态成员需要先创建对象才能访问,即随着对象的创建,非静态成员才会分配内存。而静态方法在被调用时可以不创建任何对象。

3.7.3 静态代码块

在 Java 类中,用 static 关键字修饰的代码块称为静态代码块。当类被加载时,静态代码块就会执行,由于类只加载一次,所以静态代码块只执行一次。在程序中,通常使用静态代码块对类的成员变量进行初始化。

下面通过一个案例学习静态代码块的使用,如文件 3-16 所示。

文件 3-16 Example16.java

```
1  class Student{
2      String name;                                  //成员属性
3      {
4          System.out.println("我是构造代码块");
5      }
```

```
6       static {
7           System.out.println("我是静态代码块");
8       }
9       public Student(){                          //构造方法
10          System.out.println("我是 Student 类的构造方法");
11      }
12  }
13  class Example16{
14      public static void main(String[] args) {
15          Student stu1 = new Student();
16          Student stu2 = new Student();
17          Student stu3 = new Student();
18      }
19  }
```

文件 3-16 中，第 3～5 行代码声明了一个构造代码块，第 6～8 行声明了一个静态代码块，第 15～17 行代码分别实例化了 3 个 Student 对象。

文件 3-16 的运行结果如图 3-22 所示。

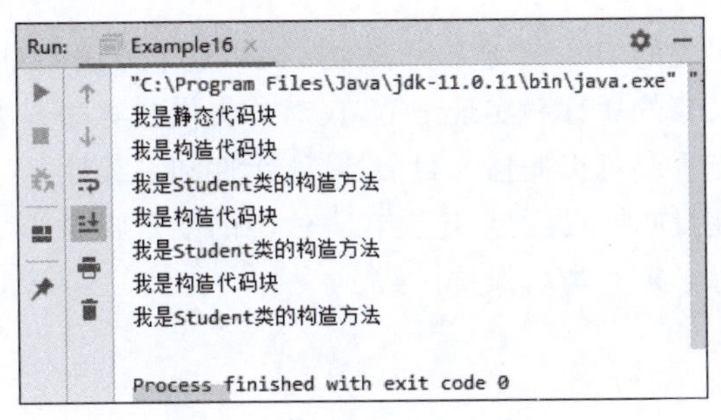

图 3-22　文件 3-16 的运行结果

由图 3-22 可知，代码块的执行顺序为静态代码块→构造代码块→构造方法。static 修饰的代码块会随着 class 文件一同加载，属于优先级最高的代码块。

需要注意的是文件 3-16 的 main()方法中创建了 3 个 Student 对象，但在 3 次实例化对象的过程中，静态代码块中的内容只输出了一次，这是因为静态代码块在类第一次使用时才会被加载，并且只被加载一次。

3.8　本章小结

本章详细介绍了面向对象的基础知识。主要内容如下：面向对象的思想；类与对象之间的关系，包括类的定义、对象的创建与使用、对象的引用传递和访问控制；类的封装，包括为什么要封装以及如何实现封装；构造方法，包括构造方法的定义与重载；this 关键字的使用，包括使用 this 关键字调用本类中的属性、成员变量和构造方法；代码块的使用以及 static 关键字的使用。通过本章的学习，读者应该对 Java 中面向对象的思想有初步的认识，熟练掌握这些知识，有助于学习第 4 章的内容。深入理解面向对象的思想，对以后的实际开发也是大有裨益的。

3.9 本章习题

一、填空题

1. 面向对象的三大特征是________、________和________。

2. 针对类、成员方法和属性,Java 提供了 4 种访问控制权限,分别是________、________、________和________。

3. 静态方法必须使用________关键字来修饰。

4. 类的封装是指在定义一个类时将类中的属性私有化,即使用________关键字来修饰。

5. 一个类中可以定义多个构造方法,只要每个构造方法的________或________不同,即可实现重载。

6. 在 Java 中解决成员变量与局部变量名称冲突时,可以使用________关键字。

二、判断题

1. 在成员方法中出现的 this 关键字代表的是调用这个方法的对象。 (　　)
2. 封装就是隐藏对象的属性和实现细节,仅对外提供公有的方法。 (　　)
3. 面向对象的特点主要可以概括为封装性、继承性和重载性。 (　　)
4. 定义在类中的变量叫成员变量,定义在方法中的变量叫局部变量。 (　　)
5. 构造方法的名称必须和类名保持一致。 (　　)

三、选择题

1. 下列关于 this 关键字的说法中,错误的是(　　)。

   A. this 关键字可以解决成员变量与局部变量重名的问题

   B. this 关键字出现在成员方法中,代表的是调用这个方法的对象

   C. this 关键字可以出现在任何方法中

   D. this 关键字相当于一个引用,可以通过它调用成员方法与属性

2. 阅读下列程序:

```
class Test {
    private static String name;
    static {
        name = "World";
        System.out.print (name);
    }
    public static void main(String[] args) {
        System.out.print("Hello");
        Test test = new Test();
    }
}
```

程序运行结果是(　　)。

A. HelloWorld　　B. WorldHello

C. Hello　　D. World

3. 对于声明为 private、protected 及 public 的类成员在类外部(　　)。

A. 只能访问声明为 public 的类成员

B. 只能访问声明为 protected 和 public 的类成员

C. 都可以访问

D. 都不能访问

4. 阅读下列程序：

```
class Person{
    void say(){
        System.out.println("hello");
    }
}
class Example{
    public static void main(String[] args){
        Person p2 = new Person();
        Person p1 = new Person();
        p2.say();
        p1.say();
        p2=null;
        p2.say();
    }
}
```

下列选项中描述正确的是(　　)。

A. 输出 1 个 hello　　B. 输出 2 个 hello 后会抛出异常

C. 输出 3 个 hello 后会抛出异常　　D. 不会输出 hello,直接抛出异常

解析：程序中创建了 2 个 Person 对象 p1、p2,并分别调用了 say()方法输出两个 hello,然后将 p2 对象置为 null,使 p2 对象失去了引用,因此再次使用 p2 对象调用 say()方法时会抛出异常。

5. 下列类定义中不正确的是(　　)。

A. class X { … }

B. class X extends Y { … }

C. static class X implements Y1, Y2 { … }

D. public class X extends Applet { … }

四、简答题

1. 简述你对面向对象的三大特征的理解。

2. 简述构造方法的特点。

五、编程题

某公司正进行招聘工作,被招聘人员需要填写个人信息。编写个人简历的封装类

Resume,并编写测试类进行测试。Resume类图及输出效果如下。

```
类名:Resume
------------------------------------------------------------
name : String (private)
sex : String (private)
age : int (private)
------------------------------------------------------------
Resume()                              //没有参数的空构造方法
Resume(String name, String sex, int age)
//得到各个属性值的方法 getXxx( )
introduce()   :   void                //自我介绍(利用属性)
```

程序运行结果如下:

```
姓名:李四
性别:男
年龄:20
```

第4章
面向对象(下)

学习目标

- 了解面向对象中的继承特性,能够说出继承的概念与特点。
- 掌握方法的重写,能够在子类中重写父类方法。
- 掌握 super 关键字,能够在类中使用 super 关键字访问父类成员。
- 掌握 final 关键字,能够灵活使用 final 关键字修饰类、方法和变量。
- 掌握抽象类,能够熟练实现抽象类的定义与使用。
- 掌握接口,能够独立进行接口的编写。
- 掌握多态,能够熟练使用对象类型转换解决继承中的多态问题。
- 了解 Object 类,能够说出 Object 类的常用方法。
- 熟悉内部类,能够说出 4 种内部类的特点。

在第 3 章中,介绍了面向对象的基本用法,并对面向对象三大特征之一的封装特性进行了详细讲解。本章将继续讲解面向对象中与继承和多态相关的知识。

4.1 继承

4.1.1 继承的概念

现实生活中,说到继承,通常会想到子女继承父辈的财产、事业等。在程序中,继承描述的是事物之间的从属关系,通过继承可以使多种事物之间形成一种关系体系。例如,猫和狗都属于动物,程序中便可以描述为猫和狗继承自动物;同理,波斯猫和巴厘猫继承猫,而沙皮狗和斑点狗继承自狗。上述动物继承关系如图 4-1 所示。

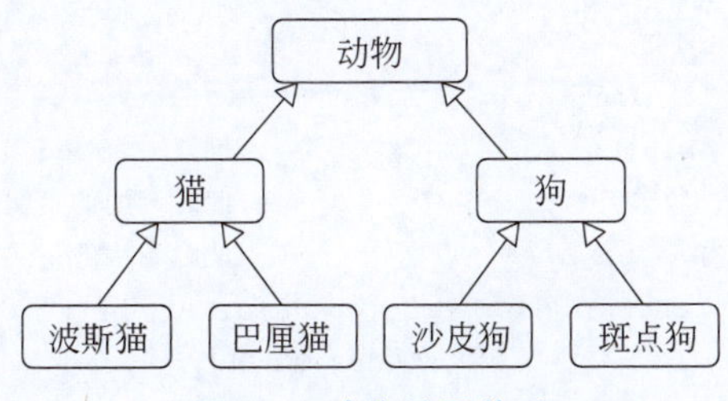

图 4-1 动物继承关系

在 Java 中,类的继承是指在一个现有类的基础上构建一个新的类,构建的新类被称作子类,现有类被称作父类。子类会自动继承父类的属性和方法,使得子类具有父类的特征和行为。

在 Java 程序中,如果想声明一个类继承另一个类,需要使用 extends 关键字,其语法格式如下:

```
class 父类{
  …
}
class 子类 extends 父类{
  …
}
```

下面通过一个案例学习子类是如何继承父类的,具体代码如文件 4-1 所示。

文件 4-1 Example01.java

```
1  //定义 Animal 类
2  class Animal {
3      private String name;                      //声明 name 属性
4      private int age;                          //声明 age 属性
5      public final String COLOR = "黑色";        //定义 COLOR 属性
6      public String getName() {                 //定义 name 属性的 getter 方法
7          return name;
8      }
9      public void setName(String name) {
10         this.name = name;
11     }
12     public int getAge() {                     //定义 age 属性的 getter 方法
13         return age;
14     }
15     public void setAge(int age) {
16         this.age = age;
17     }
18 }
19 //定义 Dog 类继承 Animal 类
20 class Dog extends Animal {
21     //此处不写任何代码
22 }
23 //定义测试类
24 public class Example01 {
25     public static void main(String[] args) {
26         Dog dog = new Dog();                  //创建一个 Dog 类的对象
27         dog.setName("牧羊犬");                 //此时调用的是父类 Animal 的 setter 方法
28         dog.setAge(3);                        //此时调用的是父类 Animal 的 setter 方法
29         System.out.println("名称:"+dog.getName()+",年龄:"+dog.getAge()
30                          +",颜色:"+dog.COLOR);
31     }
32 }
```

在文件 4-1 中,第 2～18 行代码定义了一个 Animal 类。第 20～22 行代码定义了一个 Dog 类,Dog 类通过 extends 关键字继承了 Animal 类,这样 Dog 类便成了 Animal 类的子类。Dog 类中并没有定义任何属性和方法。因为父类 Animal 中 name 属性和 age 属性使用 private 关键字修饰,即 name 属性和 age 属性为 Animal 类的私有属性,所以需要使用 getter 方法和 setter 方法访问。第 26～28 行代码在 main()方法中创建了一个 Dog 类的对象 dog,并使用实例对象 dog 访问父类 Animal 中 name 和 age 属性的 setter 方法设置名称、年龄的值。第 29、30 行代码通过 dog 对象访问父类 Animal 中 name 属性和 age 属性的 getter 方法获取名称、年龄的值,通过 dog 对象直接访问了 Animal 类中的非私有属性 COLOR 获取颜色的值。

文件 4-1 的运行结果图 4-2 所示。

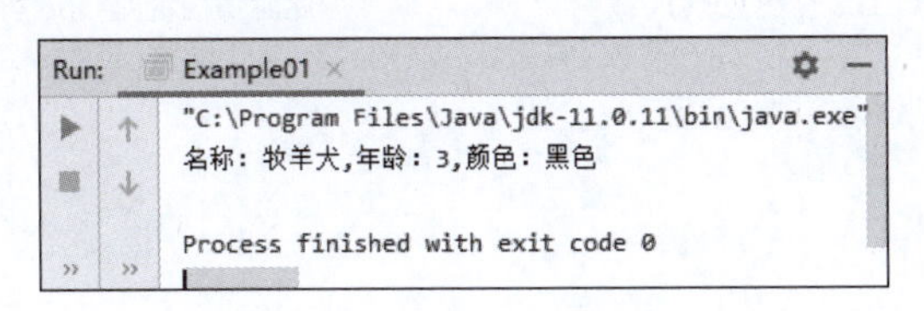

图 4-2　文件 4-1 的运行结果

由图 4-2 可知,控制台打印了"名称：牧羊犬,年龄：3,颜色：黑色",说明子类 Dog 虽然没有定义任何属性和方法,但是能调用父类 Animal 的方法。这证明了子类在继承父类的时候会自动继承父类的属性和方法。

子类除了可以继承父类的属性和方法,也可以定义自己的属性和方法。下面修改文件 4-1,在子类 Dog 中增加 color 属性和相应的 getter 和 setter 方法,具体代码如文件 4-2 所示。

文件 4-2　Example02.java

```
1  //定义 Animal 类
2  class Animal {
3      private String name;                        //声明 name 属性
4      private int age;                            //声明 age 属性
5      public String getName() {
6          return name;
7      }
8      public void setName(String name) {
9          this.name = name;
10     }
11     public int getAge() {
12         return age;
13     }
14     public void setAge(int age) {
15         this.age = age;
16     }
17 }
18 //定义 Dog 类继承 Animal 类
19 class Dog extends Animal {
20     private String color;                       //声明 color 属性
```

```
21      public String getColor() {
22          return color;
23      }
24      public void setColor(String color) {
25          this.color = color;
26      }
27  }
28  //定义测试类
29  public class Example02 {
30      public static void main(String[] args) {
31          Dog dog = new Dog();                    //创建并实例化 dog 对象
32          dog.setName("牧羊犬");                  //此时访问的是父类 Animal 的 setter 方法
33          dog.setAge(3);                          //此时访问的是父类 Animal 的 setter 方法
34          dog.setColor("黑色");                   //此时访问的是 Dog 类的 setter 方法
35          System.out.println("名称:"+dog.getName()+",年龄:"+dog.getAge()+
36          ",颜色:"+dog.getColor());
37      }
38  }
```

在文件4-2中,Dog类不仅继承了Animal类的属性和方法,还增加了color属性及对应的getter和setter方法。在main()方法中,第32、33行代码通过dog对象调用Animal类的setter方法设置名称和年龄;第34行代码通过dog对象调用Dog类的setter方法设置颜色;第35、36行代码通过dog对象调用Animal类和Dog类的getter方法获取名称、年龄和颜色。

文件4-2的运行结果图4-3所示。

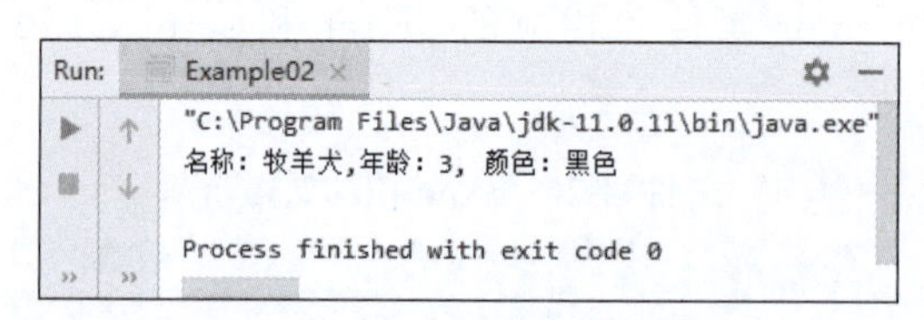

图4-3 文件4-2的运行结果

由图4-3可知,程序成功设置并获取了dog对象的名称、年龄和颜色。

需要注意的是,子类虽然可以通过继承访问父类的成员和方法,但不是所有的父类属性和方法都可以被子类访问。子类只能访问父类中用public和protected修饰的属性和方法,父类中被private修饰的属性和方法不能被子类访问。如果父类和子类不在同一个包中,那么被默认修饰符default修饰的属性和方法也不能被子类访问。

在类的继承中,需要注意一些问题,具体如下:

(1) 在Java中,类只支持单继承,不允许多继承。也就是说,一个类只能有一个直接父类,例如下面这种情况是不合法的:

```
class A{}
class B{}
class C extends A,B{}                    //C 类不可以同时继承 A 类和 B 类
```

(2) 多个类可以继承一个父类,例如下面这种情况是允许的:

```
class A{}
class B extends A{}                    //B 类继承 A 类
class C extends A{}                    //C 类继承 A 类
```

(3) 在 Java 中,多层继承也是可以的,即一个类的父类可以再继承另外的父类。例如,C 类继承 B 类,而 B 类又可以继承 A 类,这时,C 类也可称作 A 类的子类。例如下面这种情况是允许的:

```
class A{}
class B extends A{}                    //B 类继承 A 类,B 类是 A 类的子类
class C extends B{}                    //C 类继承 B 类,C 类是 B 类的子类,同时也是 A 类的子类
```

(4) 在 Java 中,子类和父类是相对的,一个类可以是某个类的父类,也可以是另一个类的子类。例如,在第(3)种情况中,B 类是 A 类的子类,同时又是 C 类的父类。

4.1.2　方法的重写

思政阅读

在继承关系中,子类会自动继承父类中定义的方法,但有时在子类中需要对继承的方法进行一些修改,即对父类的方法进行重写。在子类中重写的方法需要和父类中被重写的方法具有相同的方法名、参数列表以及返回值类型。

下面通过一个案例讲解方法的重写,具体代码如文件 4-3 所示。

文件 4-3　Example03.java

```
1  //定义 Animal 类
2  class Animal {
3      //定义动物叫的方法
4      void shout() {
5          System.out.println("动物发出叫声");
6      }
7  }
8  //定义 Dog 类继承 Animal 类
9  class Dog extends Animal {
10     //重写父类 Animal 的 shout()方法
11     void shout() {
12         System.out.println("汪汪汪……");
13     }
14 }
15 //定义测试类
16 public class Example03 {
17     public static void main(String[] args) {
18         Dog dog = new Dog();                  //创建 Dog 类的实例对象
19         dog.shout();                          //调用 Dog 类重写的 shout()方法
20     }
21 }
```

在文件 4-3 中,第 2～7 行代码定义了 Animal 类,并在 Animal 类中定义了 shout()方法。第 9～14 行代码定义了 Dog 类继承 Animal 类,在 Dog 类中重写了父类 Animal 的

shout()方法。第 18、19 行代码创建并实例化了 Dog 类对象 dog,并通过 dog 对象调用了 shout()方法。

文件 4-3 的运行结果如图 4-4 所示。

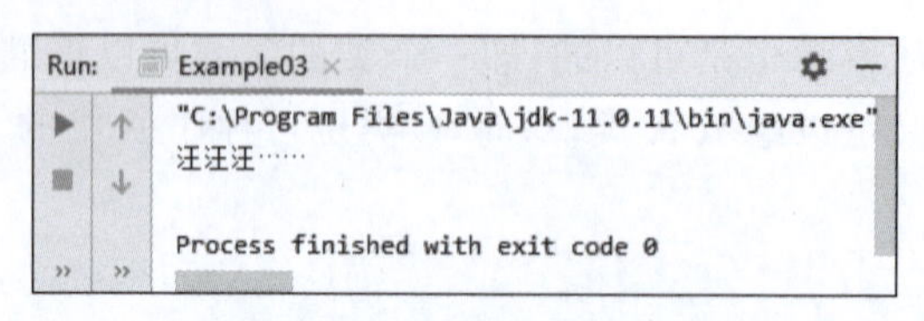

图 4-4 文件 4-3 的运行结果

由图 4-4 可知,控制台打印了"汪汪汪……",调用的是 Dog 类的 shout()方法中的输出语句,说明 dog 对象调用的是 Dog 子类重写的 shout()方法,而不是父类中的 shout()方法。

脚下留心:子类重写父类方法时的访问权限

子类重写父类的方法时,不能使用比父类的方法更严格的访问权限。例如,父类的方法是 public 权限,子类的方法就不能是 private 权限。如果子类在重写父类的方法时定义的权限更严格,则在编译时将出现错误。下面对文件 4-3 进行修改,修改后的代码如文件 4-4 所示。

文件 4-4 Example04.java

```
1   //定义 Animal 类
2   class Animal {
3       //定义动物叫的方法
4       public void shout() {
5           System.out.println("动物发出叫声");
6       }
7   }
8   //定义 Dog 类继承 Animal 类
9   class Dog extends Animal {
10      //重写父类 Animal 的 shout()方法
11      private void shout() {
12          System.out.println("汪汪汪……");
13      }
14  }
15  //定义测试类
16  public class Example04 {
17      public static void main(String[] args) {
18          Dog dog = new Dog();                    //创建 Dog 类的实例对象
19          dog.shout();                            //调用 Dog 类重写的 shout()方法
20      }
21  }
```

在文件 4-4 中,第 4~6 行代码在 Animal 类中定义了一个访问权限为 public 的 shout()方法,第 9~14 行代码定义了一个 Dog 类并继承 Animal 类,Dog 类重写了父类 Animal 的 shout()方法,并将 shou()方法的访问权限设置为 private。

文件 4-4 在编译时报错,如图 4-5 所示。

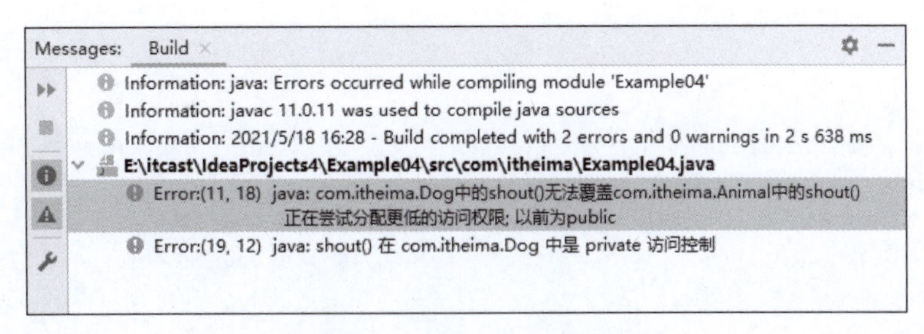

图 4-5　文件 4-4 编译报错

从图 4-5 可以看出,编译报错“com.itheima.Dog 中的 shout()无法覆盖 com.itheima.Animal 中的 shout()”,这是因为子类重写父类方法时不能使用比父类中被重写的方法更严格的访问权限。

4.1.3　super 关键字

当子类重写父类的方法后,子类对象将无法访问父类中被子类重写过的方法。为了解决这个问题,Java 提供了 super 关键字,使用 super 关键字可以在子类中访问父类的非私有方法、非私有属性以及构造方法。下面详细讲解 super 关键字的具体用法。

(1) 使用 super 关键字访问父类的非私有属性或调用父类的非私有方法,具体格式如下:

```
super.属性
super.方法(参数 1,参数 2,…)
```

下面通过一个案例展示如何使用 super 关键字访问父类的成员变量和成员方法。修改文件 4-4,在 Dog 类中使用 super 关键字访问父类的 shout()方法,修改后的代码如文件 4-5 所示。

文件 4-5　Example05.java

```
1   //定义 Animal 类
2   class Animal {
3       String name = "牧羊犬";
4       //定义动物叫的方法
5       void shout() {
6           System.out.println("动物发出叫声");
7       }
8   }
9   //定义 Dog 类继承 Animal 类
10  class Dog extends Animal {
11      //重写父类 Animal 的 shout()方法,扩大了访问权限
12      public void shout() {
13          super.shout();                          //调用父类的 shout()方法
14          System.out.println("汪汪汪……");
15      }
16      public void printName(){
17          System.out.println("名字:"+super.name); //访问父类的 name 属性
```

```
18      }
19  }
20  //定义测试类
21  public class Example05 {
22      public static void main(String[] args) {
23          Dog dog = new Dog();                    //创建 Dog 类的对象
24          dog.shout();                            //调用 Dog 类重写的 shout()方法
25          dog.printName();                        //调用 Dog 类的 printName()方法
26      }
27  }
```

在文件 4-5 中,第 2～8 行代码定义了 Animal 类,并在 Animal 类中定义了 name 属性和 shout()方法。第 10～19 行代码定义了 Dog 类,它继承了 Animal 类并重写了 Animal 类的 shout()方法。在 Dog 类的 shout()方法中使用 super.shout()调用了父类的 shout()方法。在 printName()方法中使用 super.name 访问了父类的成员变量 name。

文件 4-5 的运行结果如图 4-6 所示。

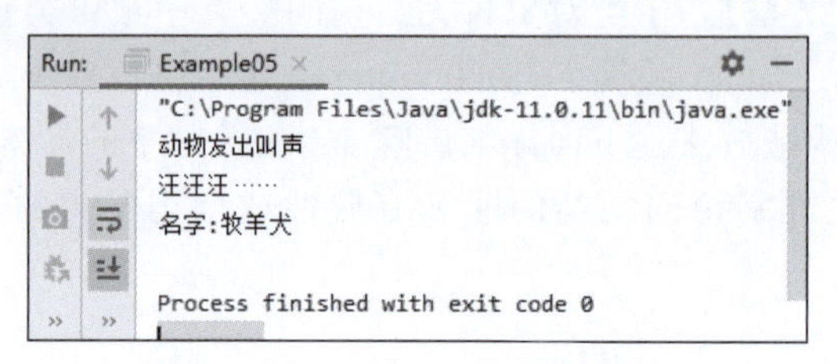

图 4-6 文件 4-5 的运行结果

由图 4-6 可知,控制台打印了"动物发出叫声"和"名字：牧羊犬",说明子类通过 super 关键字成功地访问了父类的成员变量并调用了父类的成员方法。

(2) 使用 super 关键字调用父类中指定的构造方法,具体格式如下：

```
super(参数 1,参数 2,…)
```

下面通过一个案例介绍如何使用 super 关键字调用父类的构造方法,具体代码如文件 4-6 所示。

文件 4-6 Example06.java

```
1   //定义 Animal 类
2   class Animal {
3       private String name;
4       private int age;
5       public Animal(String name, int age) {           //Animal 类有参构造方法
6           this.name = name;
7           this.age = age;
8       }
9       public String getName() {
10          return name;
11      }
12      public void setName(String name) {
```

```
13          this.name = name;
14      }
15      public int getAge() {
16          return age;
17      }
18      public void setAge(int age) {
19          this.age = age;
20      }
21      public String info() {
22          return "名称:"+this.getName()+",年龄:"+this.getAge();
23      }
24  }
25  //定义 Dog 类继承 Animal 类
26  class Dog extends Animal {
27      private String color;
28      public Dog(String name, int age, String color) {
29          super(name, age);           //通过 super 关键字调用 Animal 类有两个参数的构造方法
30          this.setColor(color);
31      }
32      public String getColor() {
33          return color;
34      }
35      public void setColor(String color) {
36          this.color = color;
37      }
38      //重写父类的 info()方法
39      public String info() {
40          return super.info()+",颜色:"+this.getColor();   //扩充父类的方法
41      }
42  }
43  //定义测试类
44  public class Example06 {
45      public static void main(String[] args) {
46          Dog dog = new Dog("牧羊犬",3,"黑色");              //创建 Dog 类的对象
47          System.out.println(dog.info());
48      }
49  }
```

在文件 4-6 中，第 29 行代码在 Dog 类中使用 super 调用了父类中有两个参数的构造方法，并传递了两个参数 name 和 age；第 39～41 行代码在子类 Dog 中重写了父类 Animal 的 info()方法，然后在重写的 info()方法中使用 super 关键字调用了父类 Animal 的 info()方法，用于获取父类的 info()方法返回的 name 和 age 属性的值，最后使用 getter 方法获取本类中 color 属性的值；第 46、47 行代码实例化了 dog 对象，并在打印语句中使用 dog 对象调用了 Dog 类中的 info()方法，用于打印名称、年龄和颜色。

文件 4-6 的运行结果如图 4-7 所示。

由图 4-7 可知，控制台打印了“名称：牧羊犬，年龄：3，颜色：黑色”，说明子类 Dog 使用 super 成功调用了父类中有两个参数的构造方法，并传递了参数 name 和参数 age 的值，其中，参数 name 的值为“牧羊犬”，参数 age 的值为 3。

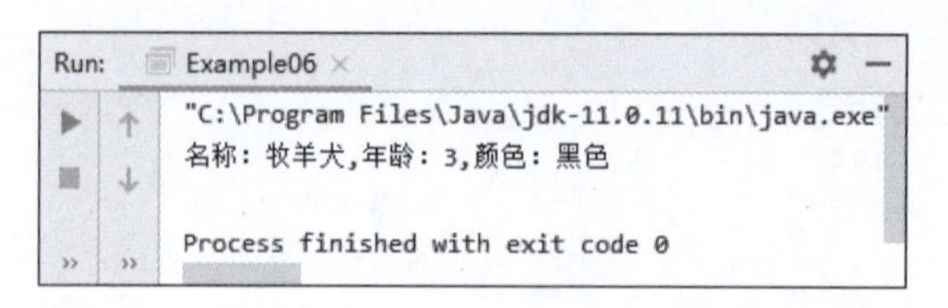

图 4-7 文件 4-6 的运行结果

需要注意的是,在文件 4-6 中,程序调用的 info()方法是子类 Dog 中的 info()方法,这说明,如果在子类中重写了父类的 info()方法,使用子类对象调用 info()方法时,会调用子类中的 info()方法。

注意:通过 super 调用父类构造方法的代码必须位于子类构造方法的第一行,并且只能出现一次。

super 与 this 关键字的作用非常相似,都可以访问属性以及调用方法和构造方法,但是两者之间还是有区别的,如表 4-1 所示。

表 4-1 super 与 this 的区别

区 别 点	super	this
访问属性	直接访问父类中的非私有属性	访问本类中的属性。如果本类中没有该属性,则从父类中继续查找
调用方法	直接调用父类中的非私有方法	调用本类中的方法。如果本类中没有该方法,则从父类中继续查找
调用构造方法	调用父类构造方法,必须放在子类构造方法的首行	调用本类构造方法,必须放在构造方法的首行

需要注意的是,this 和 super 不可以同时出现,因为使用 this 和 super 调用构造方法的代码都要求必须放在构造方法的首行。

4.2 final 关键字

在默认情况下,所有的成员变量和成员方法都可以被子类重写。如果父类的成员不希望被子类重写,可以在声明父类的成员时使用 final 关键字修饰。final 有"最终""不可更改"的含义。在 Java 中,可以使用 final 关键字修饰类、属性、方法。在使用 final 关键字时需要注意以下几点:

(1) 使用 final 关键字修饰的类不能有子类。

(2) 使用 final 关键字修饰的方法不能被子类重写。

(3) 使用 final 关键字修饰的变量是常量,常量不可修改。

本节针对 final 关键字的用法逐一进行讲解。

4.2.1 final 关键字修饰类

Java 中使用 final 关键字修饰的类不可以被继承,也就是这样的类不能派生子类。下面通过一个案例进行验证,具体代码如文件 4-7 所示。

文件 4-7　Example07.java

```
1   //使用 final 关键字修饰 Animal 类
2   final class Animal {
3   }
4   //Dog 类继承 Animal 类
5   class Dog extends Animal {
6   }
7   //定义测试类
8   public class Example07 {
9       public static void main(String[] args) {
10          Dog dog = new Dog();                    //创建 Dog 类的对象
11      }
12  }
```

文件 4-7 中,第 2、3 行代码定义了 Animal 类并使用 final 关键字修饰,说明 Animal 类不允许被任何类继承;第 5、6 行代码定义了 Dog 类并继承了 Animal 类;第 8～12 行代码定义了测试类 Example07,在 main()方法中创建了 Dog 类的对象。

编译文件 4-7,编译器报错,如图 4-8 所示。

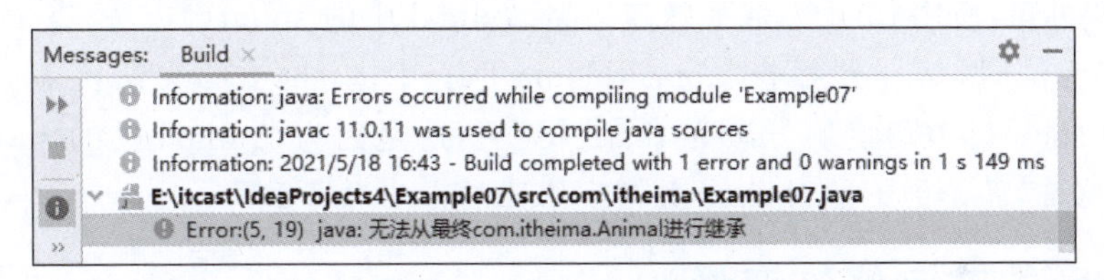

图 4-8　文件 4-7 编译报错

由图 4-8 可知,编译器报告"无法从最终 com.itheima.Animal 进行继承"错误,说明 Dog 类不能继承使用 final 修饰的 Animal 类。由此可见,被 final 关键字修饰的类不能被其他类继承。

4.2.2　final 关键字修饰方法

当一个类的方法被 final 关键字修饰后,该类的子类将不能重写该方法。下面通过一个案例进行验证,具体代码如文件 4-8 所示。

文件 4-8　Example08.java

```
1   //定义 Animal 类
2   class Animal {
3       //使用 final 关键字修饰 shout()方法
4       public final void shout() {}
5   }
6   //定义 Dog 类继承 Animal 类
7   class Dog extends Animal {
8       //重写 Animal 类的 shout()方法
9       public void shout() {}
10  }
11  //定义测试类
```

```
12  public class Example08 {
13      public static void main(String[] args) {
14          Dog dog=new Dog();                          //创建 Dog 类的对象
15      }
16  }
```

在文件 4-8 中，第 4 行代码在 Animal 类中定义了一个使用 final 关键字修饰的 shout()方法；第 9 行代码在 Dog 类中重写了父类 Animal 中的 shout()方法。

编译文件 4-8，编译器报错，如图 4-9 所示。

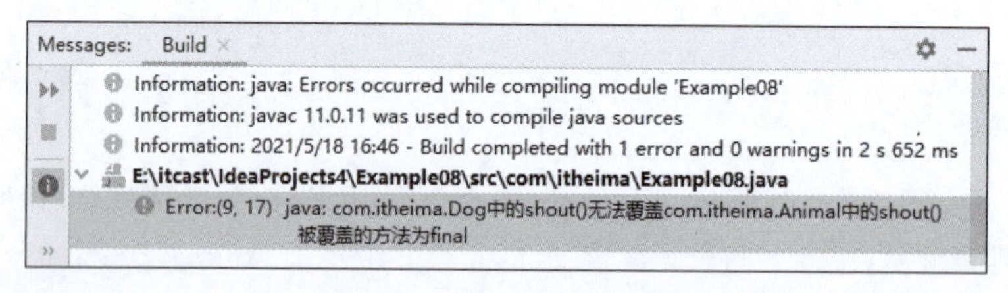

图 4-9　文件 4-8 编译错误

由图 4-9 可知，使用 final 关键字修饰父类 Animal 中的 shout()方法，在子类 Dog 类中重写 shout()方法时，编译器报告“com.itheima.Dog 中的 shout()无法覆盖 com.itheima.Animal 中的 shout()被覆盖的方法为 final”错误。这是因为 Animal 类的 shout()方法被 final 关键字修饰，而子类不能对 final 关键字修饰的方法进行重写。

4.2.3　final 关键字修饰变量

Java 中被 final 修饰的变量为常量，常量只能在声明时被赋值一次，在后面的程序中，常量的值不能被改变。如果再次对 final 修饰的常量赋值，则程序会在编译时报错。下面通过一个案例进行验证，具体代码如文件 4-9 所示。

文件 4-9　Example09.java

```
1  public class Example09 {
2      public static void main(String[] args) {
3          final int AGE = 18;          //使用 final 关键字修饰的变量 AGE 第一次可以被赋值
4          AGE = 20;                    //再次被赋值会报错
5      }
6  }
```

在文件 4-9 中，第 3 行代码使用 final 关键字修饰了一个 int 类型的变量 AGE，说明 AGE 是一个常量，只能被赋值一次；第 4 行代码对 AGE 进行第二次赋值。

编译文件 4-9，编译器报错，如图 4-10 所示。

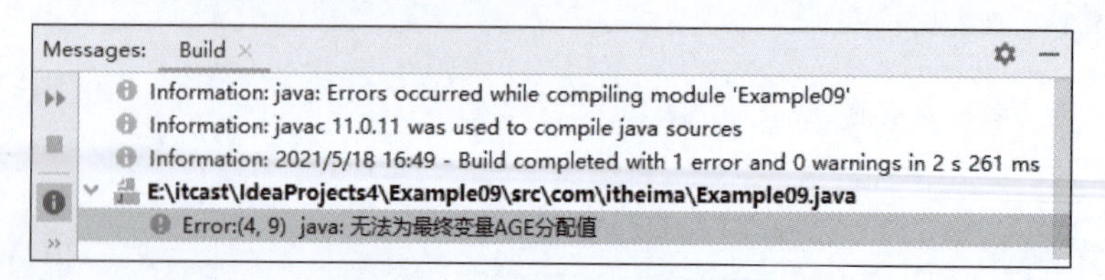

图 4-10　文件 4-9 编译错误

由图 4-10 可知,程序编译时报错"无法为最终变量 AGE 分配值",这是因为使用 final 修饰的常量本身不可被修改。

需要注意的是,在使用 final 声明变量时,变量的名称要求全部为大写字母。如果一个程序中的变量使用 public static final 声明,则此变量将成为全局常量,如下面代码所示:

```
public static final String NAME = "哈士奇";
```

4.3 抽象类和接口

4.3.1 抽象类

定义一个类时,常常需要定义一些成员方法用于描述类的行为特征,但有时这些方法的实现方式是无法确定的。例如,前面定义的 Animal 类中的 shout()方法用于描述动物的叫声,但是不同的动物叫声也不相同,因此在 shout()方法中无法准确描述动物的叫声。

针对上面描述的情况,Java 提供了抽象方法来满足这种需求。抽象方法是使用 abstract 关键字修饰的成员方法,抽象方法在定义时不需要实现方法体。抽象方法的语法格式如下:

```
abstract 返回值类型 方法名称(参数列表);
```

当一个类包含了抽象方法,该类就是抽象类。抽象类和抽象方法一样,必须使用 abstract 关键字进行修饰。

抽象类的语法格式如下:

```
abstract class 抽象类名称{
    属性;
    访问权限 返回值类型 方法名称(参数){                          //普通方法
        return [返回值];
    }
    访问权限 abstract 返回值类型 抽象方法名称(参数);              //抽象方法,无方法体
}
```

从上面抽象类的语法格式中可以发现,抽象类的定义比普通类多了一个或多个抽象方法,其他地方与普通类的组成基本相同。

抽象类的定义规则如下:

(1) 包含抽象方法的类必须是抽象类。

(2) 声明抽象类和抽象方法时都要使用 abstract 关键字修饰。

(3) 抽象方法只需要声明而不需要实现。

(4) 如果一个非抽象类继承了抽象类之后,那么该类必须重写抽象类中的全部抽象方法。

下面通过一个案例介绍抽象类的使用,具体代码如文件 4-10 所示。

文件 4-10　Example10.java

```
1  //定义抽象类 Animal
2  abstract class Animal {
3      //定义抽象方法 shout()
4      abstract void shout();
5  }
6  //定义 Dog 类继承抽象类 Animal
7  class Dog extends Animal {
8      //重写抽象方法 shout()
9      void shout() {
10         System.out.println("汪汪……");
11     }
12 }
13 //定义测试类
14 public class Example10 {
15     public static void main(String[] args) {
16         Dog dog = new Dog();                    //创建 Dog 类的对象
17         dog.shout();                            //通过 dog 对象调用 shout()方法
18     }
19 }
```

在文件 4-10 中,第 2～5 行代码声明了抽象类 Animal,并在 Animal 类中定义了抽象方法 shout();第 9～11 行代码在子类 Dog 中重写了父类 Animal 的抽象方法 shout();第 16、17 行代码在测试类中创建了 Dog 类的对象 dog,并使用对象 dog 调用 shout()方法,实现控制台输出"汪汪……"的信息。

文件 4-10 的运行结果如图 4-11 所示。

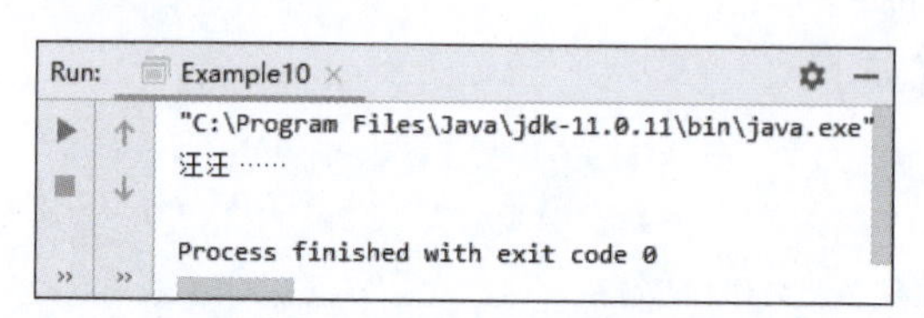

图 4-11　文件 4-10 的运行结果

由图 4-11 可知,控制台输出"汪汪……",说明 dog 对象调用了 Dog 类中重写的父类 Animal 的抽象方法 shout()。

注意:使用 abstract 关键字修饰的抽象方法不能使用 private 关键字修饰,因为抽象方法必须被子类实现,如果使用了 private 关键字修饰抽象方法,则子类无法实现该方法。

4.3.2　接口

接口是一种用来定义程序的协议,它用于描述类或结构的一组相关行为。接口是由抽象类衍生的一个概念,并由此产生了一种编程方式,可以称这种编程方式为面向接口编程。面向接口编程就是将程序的不同的业务逻辑分离,以接口的形式对接不同的业务模块。接口中不实现任何业务逻辑,业务逻辑由接口的实现类完成。当业务需求变更时,只需要修改实现类中的业务逻辑,而不需要修改接口中的内容,以减少需求变更对系统产生的影响。

下面通过现实生活中的例子来类比面向接口编程。例如,鼠标、U 盘等外部设备通过 USB 接口来连接计算机,即插即用,非常灵活。如果需要更换与计算机连接的外部设备,只需要拔掉当前 USB 接口上的设备,把新的设备插入即可,这就是面向接口编程的思想。

在 Java 中,使用接口的目的是克服单继承的限制,因为一个类只能有一个父类,而一个类可以同时实现多个父接口。在 JDK 8 之前,接口是由全局常量和抽象方法组成的。JDK 8 对接口进行了重新定义,接口中除了抽象方法外,还可以定义默认方法和静态方法,默认方法使用 default 关键字修饰,静态方法使用 static 关键字修饰,而且这两种方法都允许有方法体。

接口使用 interface 关键字声明,语法格式如下:

```
[public] interface 接口名 [extends 接口 1,接口 2,…] {
    [public] [static] [final] 数据类型 常量名 = 常量;
    [public] [abstract] 返回值的数据类型 方法名(参数列表);
    [public] static 返回值的数据类型 方法名(参数列表){}
    [public] default 返回值的数据类型 方法名(参数列表){}
}
```

上述语法格式中,"extends 接口 1,接口 2,…"表示一个接口可以有多个父接口,父接口之间使用逗号分隔。接口中的变量默认使用 public static final 进行修饰,即全局常量。接口中定义的抽象方法默认使用 public abstract 进行修饰。

注意:在很多的 Java 程序中,经常看到编写接口中的方法时省略了 public,有很多读者认为它的访问权限是 default,这实际上是错误的。不管写不写访问权限,接口中方法的访问权限永远是 public。

接口本身不能直接实例化,接口中的抽象方法和默认方法只能通过接口实现类的实例对象进行调用。实现类通过 implements 关键字实现接口,并且实现类必须重写接口中所有的抽象方法。需要注意的是,一个类可以同时实现多个接口,实现多个接口时,多个接口名需要使用英文逗号(,)分隔。

定义接口实现类的语法格式如下:

```
修饰符 class 类名 implements 接口 1,接口 2,…{
    …
}
```

下面通过一个案例介绍接口的使用,具体代码如文件 4-11 所示。

文件 4-11　Example11.java

```
1  //定义接口 Animal
2  interface Animal {
3      int ID = 1;                          //定义全局常量,编号
4      String NAME = "牧羊犬";              //定义全局常量,名称
5      void shout();                        //定义抽象方法 shout()
6      public void info();                  //定义抽象方法 info()
7      static int getID(){                  //定义静态方法 getID(),用于返回 ID 值
8          return Animal.ID;
```

```
9       }
10  }
11  interface Action {
12      public void eat();                               //定义抽象方法 eat()
13  }
14  //定义 Dog 类实现 Animal 接口和 Action 接口
15  class Dog implements Animal,Action{
16      //重写 Action 接口中的抽象方法 eat()
17      public void eat() {
18          System.out.println("喜欢吃骨头");
19      }
20      //重写 Animal 接口中的抽象方法 shout()
21      public void shout() {
22          System.out.println("汪汪……");
23      }
24      //重写 Animal 接口中的抽象方法 info()
25      public void info() {
26          System.out.println("名称:"+NAME);
27      }
28  }
29  //定义测试类
30  class Example11 {
31      public static void main(String[] args) {
32          System.out.println("编号"+Animal.getID());
33          Dog dog = new Dog();                         //创建 Dog 类的实例对象
34          dog.info();                                  //调用 Dog 类中重写的 info()方法
35          dog.shout();                                 //调用 Dog 类中重写的 shout()方法
36          dog.eat();                                   //调用 Dog 类中重写的 eat()方法
37      }}
```

在文件4-11中,第2~10行代码定义了Animal接口,在Animal接口中定义了全局常量ID和NAME、抽象方法shout()、info()和静态方法getID()。第11~13行代码定义了Action接口,在Action接口中定义了抽象方法eat()。第15~28行代码定义了Dog类,Dog类通过implements关键字实现了Animal接口和Action接口,并重写了这两个接口中的抽象方法。第32行代码使用Animal接口名直接访问了Animal接口中的静态方法getID(),输出编号信息。第33~36行代码创建了Dog类的对象dog,并通过dog对象调用重写的info()方法、shout()方法以及eat()方法。

文件4-11的运行结果如图4-12所示。

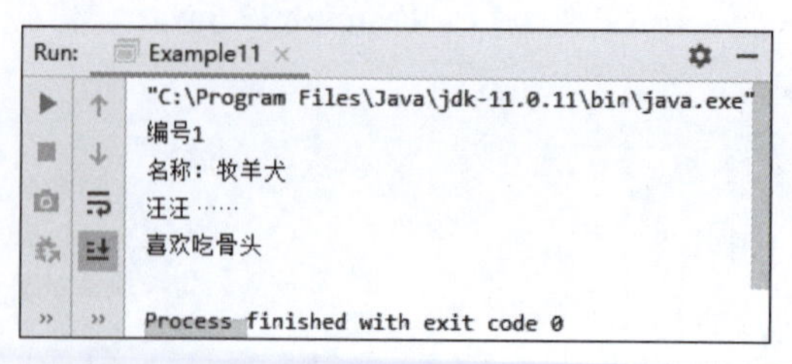

图4-12 文件4-11的运行结果

需要注意的是，接口的实现类必须实现接口中的所有抽象方法，否则程序编译报错。

文件 4-11 演示的是类与接口之间的实现关系。如果在开发中一个子类既要实现接口又要继承抽象类，则可以按照以下语法格式定义子类：

```
修饰符 class 类名 extends 父类名 implements 接口 1,接口 2,… {
    …
}
```

下面对文件 4-11 稍加修改，演示一个类既可以实现接口又可以继承抽象类的情况。修改后的代码如文件 4-12 所示。

文件 4-12　Example12.java

```
1   //定义接口 Animal
2   interface Animal {
3       public String NAME = "牧羊犬";                    //定全局常量,名称
4       public void shout();                              //定义抽象方法 shout()
5       public void info();                               //定义抽象方法 info()
6   }
7   //定义抽象类 Action
8   abstract class Action {
9       public abstract void eat();                       //定义抽象方法 eat()
10  }
11  //定义 Dog 类继承 Action 抽象类,并实现 Animal 接口
12  class Dog extends Action implements Animal{
13      //重写 Action 抽象类中的抽象方法 eat()
14      public void eat() {
15          System.out.println("喜欢吃骨头");
16      }
17      //重写 Animal 接口中的抽象方法 shout()
18      public void shout() {
19          System.out.println("汪汪……");
20      }
21      //重写 Animal 接口中的抽象方法 info()
22      public void info() {
23          System.out.println("名称:"+NAME);
24      }
25  }
26  //定义测试类
27  class Example12 {
28      public static void main(String[] args) {
29          Dog dog = new Dog();                          //创建 Dog 类的实例对象
30          dog.info();                                   //调用 Dog 类中重写的 info()方法
31          dog.shout();                                  //调用 Dog 类中重写的 shout()方法
32          dog.eat();                                    //调用 Dog 类中重写的 eat()方法
33      }
34  }
```

在文件 4-12 中，第 2～6 行代码定义了 Animal 接口，其中声明了全局常量 NAME(名

称)和抽象方法 shout()、info()。第 8～10 行代码定义了抽象类 Action,其中定义了抽象方法 eat()。第 12～25 行代码定义了 Dog 类,它通过 extends 关键字继承了 Action 抽象类,同时通过 implements 重写了 Animal 接口。Dog 类重写了 Animal 接口和 Action 抽象类中的所有抽象方法,包括 shout()方法、info()方法和 eat()方法。第 29～32 行代码创建了 Dog 类对象 dog,通过该对象分别调用了 info()、shout()和 eat()方法。

文件 4-12 的运行结果如图 4-13 所示。

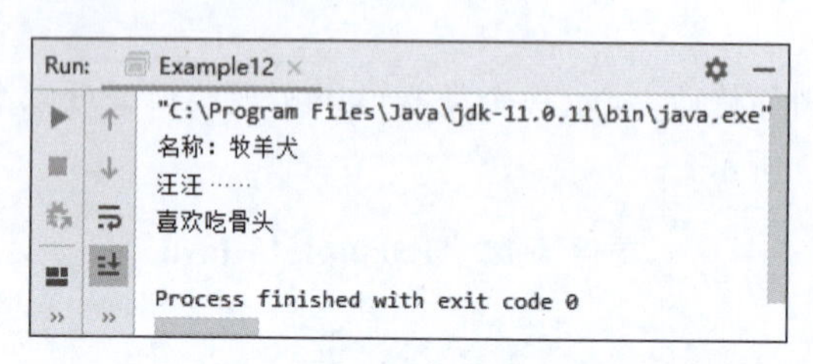

图 4-13　文件 4-12 的运行结果

由图 4-13 可知,控制台输出"名称：牧羊犬"和"汪汪…",证明 Dog 类成功重写了 Animal 接口的 info()方法和 shout()方法;控制台输出"喜欢吃骨头",证明 Dog 类成功重写了 Action 抽象类的 eat()方法。这说明,Dog 类的实例化对象可以访问该类实现的接口和抽象类的方法。

在 Java 中,接口不允许继承抽象类,但是允许接口继承接口,并且一个接口可以同时继承多个接口。下面通过一个案例讲解接口的继承,如文件 4-13 所示。

文件 4-13　Example13.java

```
1  //定义接口 Animal
2  interface Animal {
3      public String NAME = "牧羊犬";
4      public void info();                          //定义抽象方法 info()
5  }
6  //定义 Color 接口
7  interface Color {
8      public void black();                         //定义抽象方法 black()
9  }
10 //定义 Action 接口,它同时继承 Animal 接口和 Color 接口
11 interface Action extends Animal,Color{
12     public void shout();                         //定义抽象方法 shout()
13 }
14 //定义 Dog 类实现 Action 接口
15 class Dog implements Action{
16     //重写 Animal 接口中的抽象方法 info()
17     public void info() {
18         System.out.println("名称:"+NAME);
19     }
20     //重写 Color 接口中的抽象方法 black()
21     public void black() {
22         System.out.println("黑色");
23     }
```

```
24      //重写 Action 接口中的抽象方法 shout()
25      public void shout() {
26          System.out.println("汪汪……");
27      }
28  }
29  //定义测试类
30  class Example13 {
31      public static void main(String[] args) {
32          Dog dog = new Dog();                //创建 Dog 类的 dog 对象
33          dog.info();                         //调用 Dog 类中重写的 info()方法
34          dog.shout();                        //调用 Dog 类中重写的 shout()方法
35          dog.black();                        //调用 Dog 类中重写的 black()方法
36      }
37  }
```

在文件 4-13 中,第 11～13 行代码定义了 Action 接口并继承 Animal 接口和 Color 接口,这样 Action 接口中就同时拥有 Animal 接口中的 info()方法、NAME 属性和 Color 接口中的 black()方法以及本接口中的 shout()方法。

第 15～28 行代码定义了 Dog 类并实现了 Action 接口,这样 Dog 类就必须同时重写 Animal 接口中的抽象方法 info()、Color 接口中的抽象方法 black()和 Action 接口中的抽象方法 shout()。

第 32～35 行代码创建了 Dog 类的对象 dog,通过 dog 对象调用重写的 shout()方法、info()方法和 black()方法。

文件 4-13 的运行结果如图 4-14 所示。

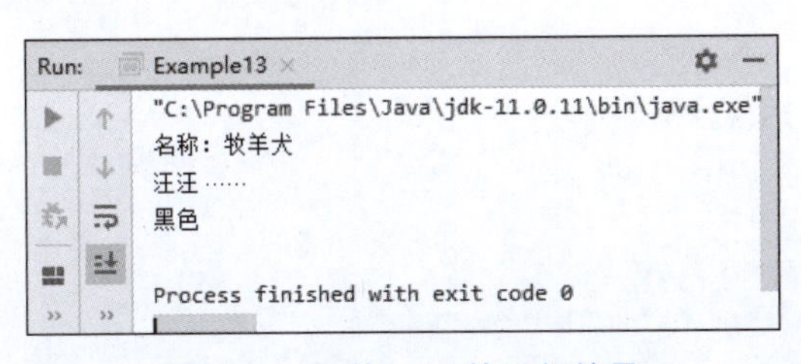

图 4-14　文件 4-13 的运行结果

由图 4-14 可知,控制台输出“名称: 牧羊犬”,证明 Dog 类成功重写了 Action 接口继承自 Animal 接口的抽象方法 info();控制台输出“汪汪……”,证明 Dog 类成功重写了 Action 接口的抽象方法 shout();控制台输出“黑色”,证明 Dog 类成功重写了 Action 接口继承自 Color 接口的抽象方法 black()。

4.4　多态

通过前面的学习,读者已经掌握了面向对象中的封装和继承特性。本节针对面向对象的多态进行详细讲解。

4.4.1 多态概述

多态是面向对象思想中的一个非常重要的概念。在 Java 中,多态是指不同类的对象在调用同一个方法时表现出的多种不同行为。例如,要实现一个输出动物叫声的方法,由于每种动物的叫声是不同的,因此可以在方法中接收一个动物类型的参数,当传入猫类对象时就发出猫类的叫声,当传入犬类对象时就发出犬类的叫声。在同一个方法中,这种由于参数类型不同而导致执行效果不同的现象就是多态。Java 中的多态主要有以下两种形式:

(1) 方法的重载。

(2) 对象的多态(方法的重写)。

下面以对象的多态为例,通过一个案例演示 Java 程序中的多态,具体代码如文件 4-14 所示。

文件 4-14 Example14.java

```
1  //定义抽象类 Animal
2  abstract class Animal {
3    abstract void shout();                     //定义抽象 shout()方法
4  }
5  //定义 Cat 类继承 Animal 抽象类
6  class Cat extends Animal {
7      //重写 shout()方法
8      public void shout() {
9          System.out.println("喵喵……");
10     }
11 }
12 //定义 Dog 类继承 Animal 抽象类
13 class Dog extends Animal {
14     //重写 shout()方法
15     public void shout() {
16         System.out.println("汪汪……");
17     }
18 }
19 //定义测试类
20 public class Example14 {
21     public static void main(String[] args) {
22         Animal an1 = new Cat();            //创建 Cat 类的对象并转型为 Animal 类的对象
23         Animal an2 = new Dog();            //创建 Dog 类的对象并转型为 Animal 类的对象
24         an1.shout();
25         an2.shout();
26     }
27 }
```

在文件 4-14 中,第 2~4 行代码定义了抽象类 Animal,在其中定义了抽象方法 shout()。第 6~18 行代码定义了继承 Animal 类的 Cat 类和 Dog 类,并在 Cat 类和 Dog 类中实现了 Animal 类中的 shout()方法。第 22~25 行代码创建了 Cat 类的对象和 Dog 类的对象,并将

Cat 类的对象和 Dog 类的对象向上转型为 Animal 类的对象，然后使用 Animal 类的 an1 对象和 an2 对象分别调用 shout()方法。

文件 4-14 的运行结果如图 4-15 所示。

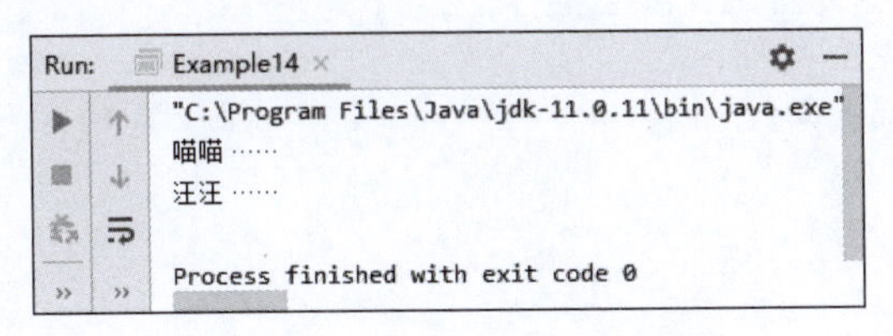

图 4-15　文件 4-14 的运行结果

由图 4-15 可知，控制台输出"喵喵……"和"汪汪……"，说明对象 an1 和 an2 调用的分别是 Cat 类和 Dog 类中的 shout()方法，这样就实现了多态。

4.4.2　对象类型的转换

对象类型转换主要分为以下两种情况：

(1) 向上转型：子类对象→父类对象。

(2) 向下转型：父类对象→子类对象。

1. 对象向上转型

对象向上转型，父类对象可以调用子类重写父类的方法，这样当需要新添功能时，只需要新增一个子类，在子类中对父类的功能进行扩展，而不用更改父类的代码，保证了程序的安全性。对于向上转型，程序会自动完成，对象向上转型格式如下：

```
父类类型 父类对象 = 子类实例;
```

下面通过一个案例介绍如何进行对象的向上转型操作，如文件 4-15 所示。

文件 4-15　Example15.java

```
1  //定义 Animal 类
2  class Animal {
3      public void shout(){
4          System.out.println("喵喵……");
5      }
6  }
7  //定义 Dog 类
8  class Dog extends Animal {
9      //重写 shout()方法
10     public void shout() {
11         System.out.println("汪汪……");
12     }
13     public void eat() {
14         System.out.println("吃骨头……");
15     }
```

```
16 }
17 //定义测试类
18 public class Example15 {
19     public static void main(String[] args) {
20         Dog dog = new Dog();                          //创建 Dog 对象
21         Animal an = dog;                              //向上转型
22         an.shout();
23     }
24 }
```

在文件 4-15 中,定义了 Animal 类和 Dog 类,Dog 类继承了 Animal 类。第 20～22 行代码实例化了 dog 对象,并将 dog 对象向上转型成 Animal 类的对象 an,然后使用 an 对象调用 shout()方法。

文件 4-15 的运行结果如图 4-16 所示。

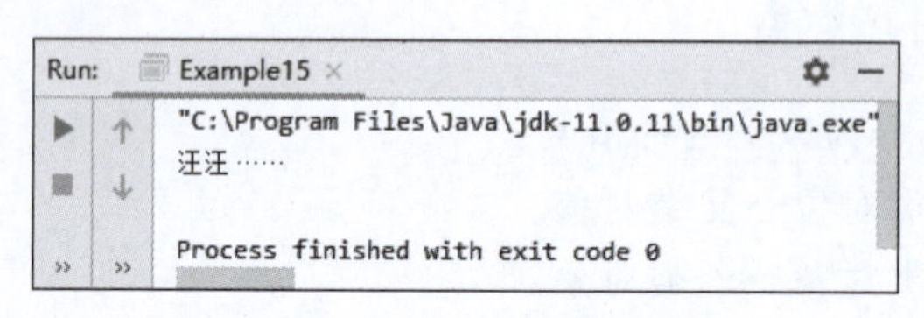

图 4-16 文件 4-15 的运行结果

由图 4-16 可知,控制台输出"汪汪……",说明虽然程序中使用父类对象 an 调用了 shout()方法,但实际上调用的是被子类重写过的 shout()方法。也就是说,如果对象发生了向上转型后,调用的方法一定是被子类重写过的方法。

需要注意的是,父类 Animal 的对象 an 是无法调用 Dog 类中的 eat()方法的,因为 eat()方法只在子类中定义,而没有在父类中定义。

2. 对象向下转型

除了向上转型,对象还可以向下转型。向下转型一般是为了重新获得因为向上转型而丢失的子类特性。对象在进行向下转型前,必须先进行向上转型,否则将出现对象转换异常。

向下转型时,必须指明要转为的子类类型。对象向下转型格式如下:

```
父类类型 父类对象 = 子类实例;
子类类型 子类对象 = (子类)父类对象;
```

下面通过一个案例演示对象如何向下转型,如文件 4-16 所示。

文件 4-16 Example16.java

```
1 //定义 Animal 类
2 class Animal {
3     public void shout(){
4         System.out.println("喵喵……");
5     }
```

```
6   }
7   //定义 Dog 类
8   class Dog extends Animal {
9       //重写 shout()方法
10      public void shout() {
11          System.out.println("汪汪……");
12      }
13      public void eat() {
14          System.out.println("吃骨头……");
15      }
16  }
17  //定义测试类
18  public class Example16 {
19      public static void main(String[] args) {
20          Animal an = new Dog();              //此时发生了向上转型,子类→父类
21          Dog dog = (Dog)an;                  //此时发生了向下转型
22          dog.shout();
23          dog.eat();
24      }
25  }
```

在文件 4-16 中,第 20 行代码将 Dog 类的实例转换为 Animal 类的实例 an,是向上转型。第 21 行代码是将 Animal 类的实例转换为 Dog 类的实例,是向下转型。第 22 行代码使用 dog 对象调用 shout()方法,因为 Animal 类的 shout()方法已被子类(Dog 类)重写,所以 dog 对象调用的方法是被子类重写过的方法。

文件 4-16 的运行结果如图 4-17 所示。

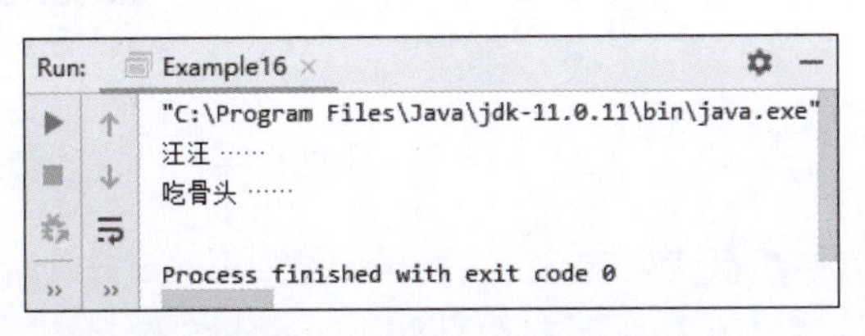

图 4-17　文件 4-16 的运行结果

需要注意的是,在向下转型时,不能直接将父类实例强制转换为子类实例,否则程序会报错。例如,将文件 4-16 中的第 20、21 行代码修改为下面一行代码,则程序报错。

```
Dog dog = (Dog)new Animal();                //编译错误
```

4.4.3　instanceof 关键字

Java 中可以使用 instanceof 关键字判断一个对象是否是某个类(或接口)的实例,语法格式如下:

```
对象  instanceof  类(或接口)
```

上述语法格式中,如果“对象”是指定的类或接口的实例对象,则返回 true,否则返回 false。下面通过一个案例演示 instanceof 关键字的用法,如文件 4-17 所示。

文件 4-17 Example17.java

```
1  //定义 Animal 类
2  class Animal {
3      public void shout() {
4          System.out.println("动物叫……");
5      }
6  }
7  //定义 Dog 类
8  class Dog extends Animal {
9      //重写 shout()方法
10     public void shout() {
11         System.out.println("汪汪……");
12     }
13     public void eat() {
14         System.out.println("吃骨头……");
15     }
16 }
17 //定义测试类
18 public class Example17 {
19     public static void main(String[] args) {
20         Animal a1 = new Dog();                    //通过向上转型实例化 Animal 对象
21         System.out.println("Animal a1 = new Dog():"+(a1 instanceof Animal));
22         System.out.println("Animal a1 = new Dog():"+(a1 instanceof Dog));
23         Animal a2 = new Animal();                 //实例化 Animal 对象
24         System.out.println("Animal a2 = new Animal():"+(a2 instanceof Animal));
25         System.out.println("Animal a2 = new Animal():"+(a2 instanceof Dog));
26     }
27 }
```

在文件 4-17 中,第 2～6 行代码定义了 Animal 类;第 8～16 行代码定义了 Dog 类继承 Animal 类;第 20 行代码创建了 Dog 类对象,并将 Dog 类实例对象向上转型为 Animal 类的对象 a1。第 21 行代码通过 instanceof 关键字判断对象 a1 是否为 Animal 类的实例;第 22 行代码通过 instanceof 关键字判断对象 a1 是否为 Dog 类的实例;第 23 行代码创建了 Animal 类的对象 a2;第 24 行代码通过 instanceof 关键字判断对象 a2 是否是 Animal 类的实例;第 25 行代码通过 instanceof 关键字判断对象 a2 是否是 Dog 类的实例。

文件 4-17 的运行结果如图 4-18 所示。

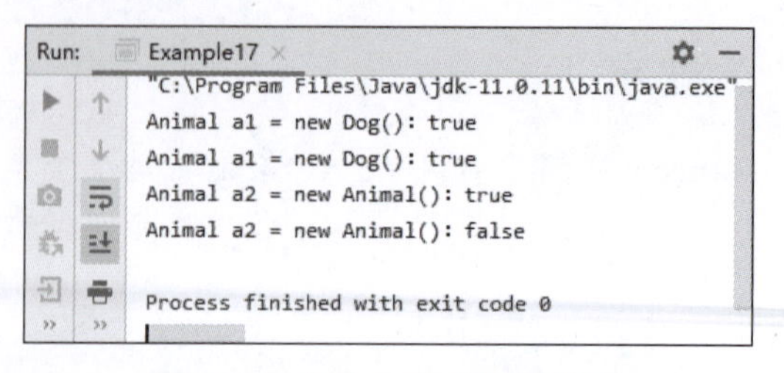

图 4-18 文件 4-17 的运行结果

4.5 Object 类

Java 提供了 Object 类，它是所有类的父类，每个类都直接或间接继承了 Object 类，因此 Object 类通常被称为超类。当定义一个类时，如果没有使用 extends 关键字为这个类显式地指定父类，那么该类会默认继承 Object 类。Object 类的常用方法如表 4-2 所示。

表 4-2 Object 类的常用方法

方法名称	方法说明
boolean equals()	判断两个对象是否"相等"
int hashCode()	返回对象的哈希值
String toString()	返回对象的字符串表示形式

表 4-2 中列举了 Object 类的常用方法。下面以 toString()方法进行讲解，toString()方法常用于将对象的基本信息以字符串的形式返回。下面通过一个案例演示 Object 类中 toString()方法的使用，如文件 4-18 所示。

文件 4-18 Example18.java

```
1  //定义 Animal 类
2  class Animal {
3      //定义动物叫的方法
4      void shout() {
5          System.out.println("动物叫!");
6      }
7  }
8  //定义测试类
9  public class Example18 {
10     public static void main(String[] args)  {
11         Animal animal = new Animal();              //创建 Animal 类对象
12         System.out.println(animal.toString());  //调用 toString()方法并打印
13     }
14 }
```

在文件 4-18 中，第 2～7 行代码定义了 Animal 类。第 11 行代码创建了 Animal 类的对象 animal。第 12 行代码调用了 Animal 对象的 toString()方法，使用字符串表示 animal 对象。虽然 Animal 类并没有定义这个方法，但程序并没有报错。这是因为 Animal 默认继承 Object 类，同时继承了 Object 类的 toString()方法。

文件 4-18 的运行结果如图 4-19 所示。

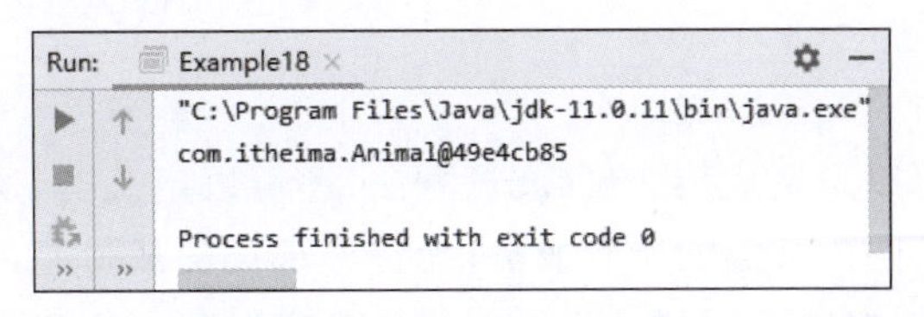

图 4-19 文件 4-18 的运行结果

在实际开发中，通常情况下不会直接调用 Object 类中的方法，因为 Object 类中的方法并不适用于所有的子类，这时就需要对 Object 类中的方法进行重写，以满足实际开发需求。下面通过重写 Object 类的 toString()方法进行演示。修改文件 4-18，在 Animal 类中重写 toString()方法，如文件 4-19 所示。

文件 4-19　Example19.java

```
1  //定义 Animal 类
2  class Animal {
3      //重写 Object 类的 toString()方法
4      public String toString(){
5      return "这是一个动物。";
6      }
7  }
8  //定义测试类
9  public class Example19 {
10     public static void main(String[] args) {
11         Animal animal = new Animal();                //创建 animal 对象
12         System.out.println(animal.toString()); //调用 toString()方法并打印
13     }
14 }
```

在文件 4-19 中，第 4～6 行代码在 Animal 类中重写了 Object 类的 toString()方法。当在 main()方法中调用 toString()方法时，输出了 Animal 对象的描述信息“这是一个动物。”。

文件 4-19 的运行结果如图 4-20 所示。

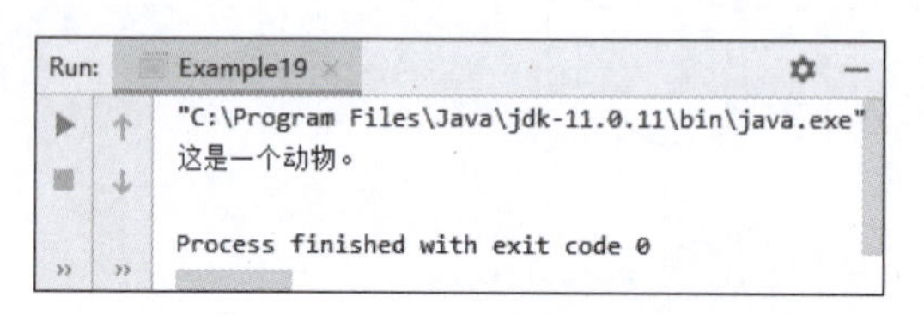

图 4-20　文件 4-19 的运行结果

4.6　内部类

在 Java 中，允许在一个类的内部定义类，这样的类称作内部类，内部类所在的类称作外部类。在实际开发中，根据内部类的位置、修饰符和定义方式的不同，内部类可分为 4 种，分别是成员内部类、局部内部类、静态内部类、匿名内部类。本节对这 4 种形式的内部类进行讲解。

4.6.1　成员内部类

在一个类中除了可以定义成员变量、成员方法，还可以定义类，这样的类称作成员内部类。成员内部类可以访问外部类的所有成员，无论外部类的成员是何种访问权限。如果想通过外部类访问内部类，则需要通过外部类创建内部类对象。创建内部类对象的具体语法格式如下：

```
外部类名 外部类对象 = new 外部类名();
外部类名.内部类名 内部类对象 = 外部类对象.new 内部类名();
```

下面通过一个案例介绍如何定义成员内部类以及如何在外部类中访问内部类，具体代码如文件 4-20 所示。

文件 4-20　Example20.java

```
1   class Outer {
2       int m = 0;                                         //定义类的成员变量
3       //外部类方法 test1()
4       void test1() {
5           System.out.println("外部类成员方法 test1()");
6       }
7       //下面的代码定义了成员内部类 Inner
8       class Inner {
9           int n = 1;
10          void show1() {
11              //在成员内部类的方法中访问外部类的成员变量 m
12              System.out.println("外部类成员变量 m = " + m);
13              //在成员内部类的方法中访问外部类的成员方法 test1()
14              test1();
15          }
16          void show2() {
17              System.out.println("内部类成员方法 show2()");
18          }
19      }
20      //外部类方法 test2()
21      void test2() {
22          Inner inner = new Inner();                       //实例化内部类对象 inner
23          System.out.println("内部类成员变量 n = " + inner.n);    //访问内部类变量和方法
24          inner.show2();
25      }
26  }
27  public class Example20 {
28      public static void main(String[] args) {
29          Outer outer = new Outer();                       //实例化外部类对象 outer
30          Outer.Inner inner = outer.new Inner();           //实例化内部类对象 inner
31          inner.show1();              //在内部类中访问外部类的成员变量 m 和成员方法 test1()
32          outer.test2();              //在内部类中访问内部类的成员变量 n 和成员方法 show2()
33      }
34  }
```

在文件 4-20 中，第 1～26 行代码定义了 Outer 类，它是一个外部类。第 8～19 行代码是在 Outer 类内部定义了 Inner 类，Inner 类就是 Outer 类的成员内部类。Outer 类中定义了 test1()和 test2()两个方法。Inner 内部类定义了 show1()方法和 show2()方法，在 show1()方法中访问外部类的成员变量 m 和成员方法 test1()，在 show2()方法中输出"内部类成员方法 show2()"。第 21～25 行代码在 test2()方法中创建了内部类 Inner 的实例对象,通过该对象访问了内部类的成员变量 n,并调用了内部类中的方法 show2()。

文件 4-20 的运行结果如图 4-21 所示。

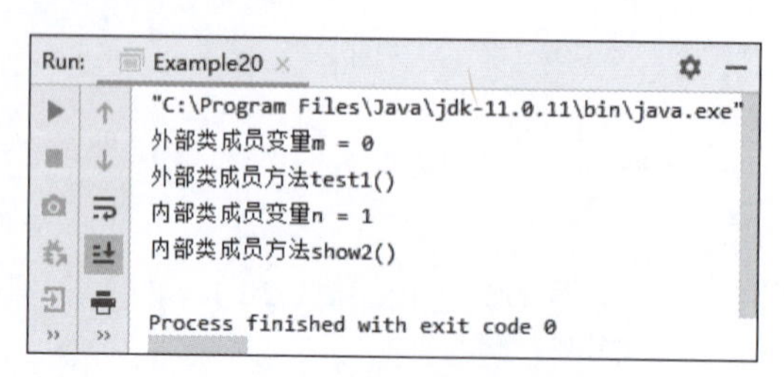

图 4-21 文件 4-20 的运行结果

由图 4-21 可知,控制台输出"外部类成员变量 m = 0"和"外部类成员方法 test1()",说明在内部类中可以访问外部类成员。控制台输出"内部类成员变量 n = 1"和"内部类成员方法 show2()",说明在外部类中可以通过创建的内部类对象访问内部类成员。

4.6.2 局部内部类

局部内部类,也称为方法内部类,是指定义在某个局部范围中的类,它和局部变量都是在方法中定义的,有效范围只限于方法内部。

局部内部类可以访问外部类的所有成员变量和成员方法,而在外部类中无法直接访问局部内部类中的变量和方法。如果要在外部类中访问局部内部类的成员,只能在局部内部类的所属方法中创建局部内部类的对象,通过对象访问局部内部类的变量和方法。

下面通过一个案例讲解如何定义以及访问局部内部类,具体代码如文件 4-21 所示。

文件 4-21 Example21.java

```
1  class Outer {
2      int m = 0;                    //定义类的成员变量
3      //定义一个成员方法 test1()
4      void test1() {
5          System.out.println("外部类成员方法 test1()");
6      }
7      void test2() {
8          //定义一个局部内部类,在局部内部类中访问外部类变量和方法
9          class Inner {
10             int n = 1;
11             void show() {
12                 System.out.println("外部类成员变量 m = " + m);
13                 test1();
14             }
15         }
16         //访问局部内部类中的变量和方法
17         Inner inner = new Inner();
18         System.out.println("局部内部类变量 n = " + inner.n);
19         inner.show();
20     }
21 }
```

```
22 public class Example21 {
23     public static void main(String[] args) {
24         Outer outer = new Outer();
25         outer.test2();          //通过外部类对象 outer 调用创建了局部内部类的方法 test2()
26     }
27 }
```

在文件 4-21 中,第 1~21 行代码定义了外部类 Outer,并在该类中定义了成员变量 m、成员方法 test1()和成员方法 test2()。第 9~15 行代码是在外部类的成员方法 test2()中定义了一个局部内部类 Inner,在局部内部类 Inner 中,编写了 show()方法。第 12~13 行代码是在 show()方法中访问外部类变量 m 和方法 test1();第 17~19 行代码是在 test2()方法中创建了局部内部类 Inner 对象,并访问局部内部类的变量和方法。

文件 4-21 的运行结果如图 4-22 所示。

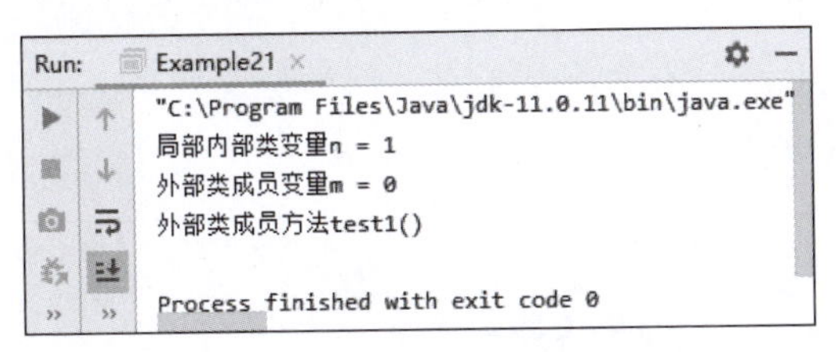

图 4-22　文件 4-21 的运行结果

由图 4-22 可知,控制台输出"局部内部类变量 n = 1""外部类成员变量 m = 0"和"外部类成员方法 test1()",说明通过在局部内部类 Inner 所属的方法 test2()中,通过内部类对象 inner 成功访问了内部类成员变量 n 和成员方法 show()。

4.6.3　静态内部类

静态内部类,就是使用 static 关键字修饰的成员内部类。与成员内部类相比,在形式上,静态内部类只是在内部类前增加了 static 关键字,但在功能上,静态内部类只能访问外部类的静态成员,通过外部类访问静态内部类成员时,因为程序已经提前在静态常量区为静态内部类分配好了内存,所以即使静态内部类没有加载,依然可以通过外部类直接创建一个静态内部类对象。

创建静态内部类对象的基本语法格式如下:

```
外部类名.静态内部类名 变量名 = new 外部类名.静态内部类名();
```

下面通过一个案例介绍静态内部类的定义和使用,如文件 4-22 所示。

文件 4-22　Example22.java

```
1  class Outer {
2      static int m = 0;                          //定义类的静态变量
3      //下面的代码定义了一个静态内部类
4      static class Inner {
5          int n = 1;
6          void show() {
```

```
7               //在静态内部类的方法中访问外部类的静态变量 m
8               System.out.println("外部类静态变量 m = " + m);
9           }
10      }
11  }
12  public class Example22 {
13      public static void main(String[] args) {
14          Outer.Inner inner = new Outer.Inner();
15          inner.show();
16      }
17  }
```

在文件 4-22 中，第 1～11 行代码定义了外部类 Outer，其中第 2～10 行代码在 Outer 类中定义了静态成员变量 m 和静态内部类 Inner。在静态内部类 Inner 中定义了 show()方法，在 show()方法中打印了外部静态变量 m。第 14～15 行代码创建了内部类对象 inner，并使用 inner 对象调用 show()方法测试了对外部类静态变量 m 的访问。

文件 4-22 的运行结果如图 4-23 所示。

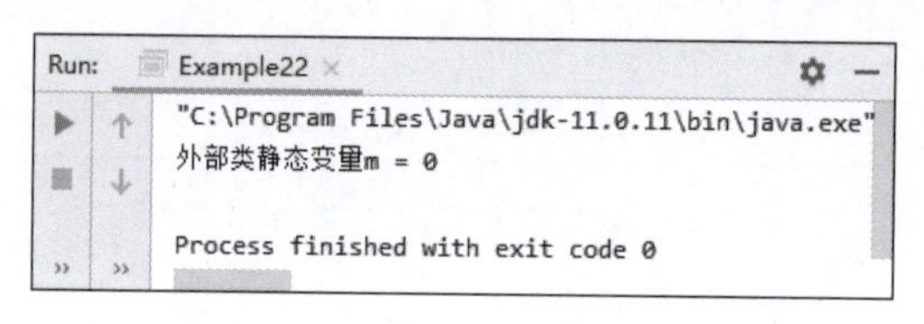

图 4-23　文件 4-22 的运行结果

由图 4-23 可知，控制台输出"外部类静态变量 m = 0"，说明内部类对象 inner 调用了 show()方法并成功访问了外部类静态变量 m。

4.6.4 匿名内部类

在 Java 中调用某个方法时，如果该方法的参数是接口类型，那么在传参时，除了可以传入一个接口实现类，还可以传入实现接口的匿名内部类作为参数，在匿名内部类中实现接口方法。匿名内部类就是没有名称的内部类，定义匿名内部类时，其类体作为 new 语句的一部分。定义匿名内部类的基本语法格式如下：

```
new 继承的父类或实现的接口名 () {
    匿名内部类的类体
}
```

上述语法格式创建了一个匿名内部类的对象，该匿名内部类继承了指定父类或实现了指定接口。

下面通过一个匿名内部类的定义详细讲解匿名内部类的基本语法格式。例如，定义了 animalShout()方法，该方法的参数为 Animal 接口类型的对象，那么在调用该方法时，可以在方法的参数位置定义一个实现 Animal 接口的匿名内部类。animalShout()方法具体调用代码如下：

```
animalShout(new Animal(){});
```

上述代码中,在 animalShout()方法的参数位置写上 new Animal(){},相当于创建了一个 Animal 接口的实现类的对象,并将该对象作为参数传给 animalShout()方法。在 new Animal()后面有一对大括号,表示创建的对象为 Animal 的实现类的实例,该实现类是匿名的。

下面通过一个案例学习匿名内部类的定义和使用,如文件 4-23 所示。

文件 4-23　Example23.java

```
1  interface Animal{                                  //定义接口 Animal
2      void shout();                                  //定义抽象方法 shout()
3  }
4  public class Example23{
5      public static void main(String[] args){
6          String name = "小花";
7          animalShout(new Animal(){                  //调用 animalShout()方法,参数为匿名内部类
8              @Override
9              public void shout() {
10                 System.out.println(name+"喵喵……");
11             }
12         });
13     }
14     public static void animalShout(Animal an){ //该方法参数为 Animal 接口类型
15         an.shout();
16     }
17 }
```

在文件 4-23 中,第 1～3 行代码创建了 Animal 接口;第 7～12 行代码调用了 animalShout()方法,将实现 Animal 接口的匿名内部类作为 animalShout()方法的参数,animalShout(new Animal(){})相当于创建了一个 Animal 接口的匿名内部类对象,并将该对象作为参数传给 animalShout()方法。最后在匿名内部类中重写了 Animal 接口的 shout()方法。

文件 4-23 的运行结果如图 4-24 所示。

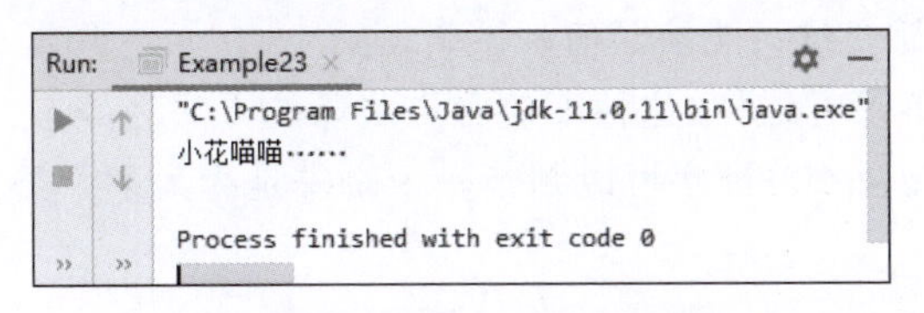

图 4-24　文件 4-23 的运行结果

由图 4-24 可知,控制台输出"小花喵喵……",说明程序调用了 animalShout()方法,并通过 animalShout()方法成功调用了匿名内部类中的 shout()方法。

需要注意的是,在 JDK 8 之前,局部变量前必须加 final 关键字,否则程序编译时报错。在文件 4-23 中的匿名内部类中访问了局部变量 name,而局部变量 name 并没有使用 final 关键字修饰,程序也没有报错。这是因为 JDK 8 及之后的版本允许在局部内部类、匿名内部类中访问未用 final 修饰的局部变量。

4.7 本章小结

本章在第3章的基础上对面向对象的基础知识进行了更深入的讲解。首先介绍了面向对象的继承特性,包括继承的概念、方法的重写以及super关键字;接着介绍了final关键字,包括如何用final关键字修饰类、方法和变量;然后介绍了抽象类和接口、多态、Object类的相关知识;最后介绍了内部类,包括成员内部类、局部内部类、静态内部类、匿名内部类。通过本章和第3章知识的学习,读者应该对Java中面向对象的思想和相关语法有比较全面的认识。面向对象是Java语言的精髓,读者应重点掌握。

4.8 本章习题

一、填空题

1. 在面向对象中,类之间共享属性和操作的机制称为________。

2. 在继承关系中,子类会自动继承父类中的方法,但有时在子类中需要对继承的方法进行一些修改,即对父类的方法进行________。

3. ________关键字可用于修饰类、变量和方法,它有“无法改变的”或者“最终”的含义。

4. 一个类如果要实现一个接口,可以使用关键字________。

5. 一个类如果要实现一个接口,那么它就需要重写接口中定义的全部方法,否则该类就必须定义成________。

6. 如果子类想引用父类的成员,可以使用关键字________。

二、判断题

1. 定义一个抽象类的关键字是interface。 (　　)
2. 父类的引用指向自己子类的对象是多态的一种体现形式。 (　　)
3. Java中一个类最多可以有一个直接父类。 (　　)
4. 接口中定义的变量默认是public static final型,且必须赋初值。 (　　)
5. final修饰的局部变量只能被赋值一次。 (　　)
6. 在定义方法时不写方法体,这种不包含方法体的方法为静态方法。 (　　)
7. Java中的instanceof关键字可以判断一个对象是否为某个类(或接口)的实例。 (　　)

三、选择题

1. 下面程序运行的结果是(　　)。

```
public class A {
    public static void main(String[] args) {
        B b = new B();
        b.test();
```

```
    void test() {
        System.out.print("A");
    }
}
class B extends A {
    void test() {
        super.test();
        System.out.print("B");
    }
}
```

A. 产生编译错误　　　　B. 可以编译运行,并输出结果 AB
C. 可以编译运行,但没有输出　　　　D. 编译没有错误,但会产生运行时异常

2. 下列关于继承的描述中错误的是(　　)。
A. Java 中一个类只能有一个直接父类
B. 多个类可以继承一个父类
C. Java 中,C 类继承 B 类,B 类又继承 A 类,这时,C 类也可称作 A 类的子类
D. Java 是支持多继承的

3. 下列关于对象的类型转换的描述中错误的是(　　)。
A. 对象的类型转换可通过自动转换或强制转换进行
B. 无继承关系的两个类的对象之间试图转换时会出现编译错误
C. 由 new 语句创建的父类对象可以强制转换为子类对象
D. 子类对象转换为父类类型后,父类对象不能调用子类的特有方法

4. 下列关于接口的说法中错误的是(　　)。
A. 接口中定义的方法默认使用 public abstract 修饰
B. 接口中的变量默认使用 public static final 修饰
C. 接口中的所有方法都是抽象方法
D. 接口中定义的变量可以被修改

5. 阅读下列代码:

```
class Dog {
  public String name;
  Dog(String name) {
      this.name =name;
  }
}
public class Demo1 {
  public static void main(String[] args) {
    Dog dog1 = new Dog("xiaohuang");
    Dog dog2 = new Dog("xiaohuang");
    String s1 = dog1.toString();
    String s2 = dog2.toString();
    String s3 = "xiaohuang";
    String s4 = "xiaohuang";
  }
}
```

返回值为 true 的是(　　)。

A. dog1.equals(dog2)　　B. s1.equals(s2)

C. s3.equals(s4)　　D. dog1==dog2

四、简答题

1. 简述 Java 中继承的概念以及使用继承的好处。

2. 简述多态的作用。

3. 简述接口和抽象类的区别。

五、编程题

某公司的员工分为 5 类,每类员工都有相应的封装类,这 5 个类的信息如下。

(1) Employee:这是所有员工的父类。

① 属性:员工的姓名、员工的生日月份。

② 方法:getSalary(int month) 根据参数月份确定工资。如果该月员工过生日,则公司会额外发放 100 元。

(2) SalariedEmployee:Employee 的子类,拿固定工资的员工。

属性:月薪。

(3) HourlyEmployee:Employee 的子类,按小时拿工资的员工,每月工作超出 160h 的部分按照 1.5 倍工资发放。

属性:每小时的工资、每月工作的小时数。

(4) SalesEmployee:Employee 的子类,销售人员,工资由月销售额和提成率决定。

属性:月销售额、提成率。

(5) BasePlusSalesEmployee:SalesEmployee 的子类,有固定底薪的销售人员,工资为底薪加上销售提成。

属性:底薪。

本题要求根据上述员工分类,编写一个程序,实现以下功能:

(1) 创建一个 Employee 数组,分别创建若干不同的 Employee 对象,并打印某个月的工资。

(2) 每个类都完全封装,不允许有非私有化属性。

第 5 章 异常

学习目标

- 了解异常的概念,能够说出什么是异常。
- 了解什么是运行时异常和编译时异常,能够说出运行时异常和编译时异常的特点。
- 了解异常的产生及处理,能够说出处理异常的 5 个关键字。
- 掌握 try…catch 语句和 finally 语句的使用,能够使用 try…catch 语句和 finally 语句处理异常。
- 掌握 throws 关键字的使用,能够使用 throws 关键字抛出异常。
- 掌握 throw 关键字的使用,能够使用 throw 关键字抛出异常。
- 掌握如何自定义异常,能够编写自定义异常类。

尽管人人希望自己身体健康,处理的事情都能顺利进行,但在实际生活中总会遇到各种状况,例如感冒发烧、工作时电脑蓝屏、死机等。同样,在程序运行的过程中,也会发生各种状况,例如程序运行时磁盘空间不足、网络连接中断、加载的类不存在等。针对这种情况,Java 语言引入了异常,以异常类的形式对这些情况进行封装,通过异常处理机制对程序运行时发生的各种问题进行处理。本章将对异常进行详细讲解。

5.1 什么是异常

Java 中的异常是指 Java 程序在运行时可能出现的错误或非正常情况,例如在程序中试图打开一个根本不存在的文件、在程序中除 0 等。异常是否出现,通常取决于程序的输入、程序中对象的当前状态以及程序所处的运行环境。程序抛出异常之后,会对异常进行处理。异常处理将会改变程序的控制流程,出于安全性考虑,同时避免异常程序影响其他正常程序的运行,操作系统通常将出现异常的程序强行中止,并弹出系统错误提示。

下面通过一个案例展示什么是异常。在本案例中,计算以 0 为除数的表达式,运行程序并观察程序的运行结果。案例实现如文件 5-1 所示。

文件 5-1 Example01.java

```
1  package com.itheima;
2  public class Example01 {
3      public static void main(String[] args) {
```

```
4           int result = divide(4, 0);                  //调用 divide()方法,第 2 个参数为 0
5           System.out.println(result);
6       }
7       //下面的方法实现了两个整数相除
8       public static int divide(int x, int y) {
9           int result = x / y;                         //定义变量 result 记录两个数相除的结果
10          return result;                              //将结果返回
11      }
12  }
```

在文件 5-1 中，第 4 行代码调用 divide()方法时，第 2 个参数传入了 0，即除数为 0。

文件 5-1 的运行结果如图 5-1 所示。

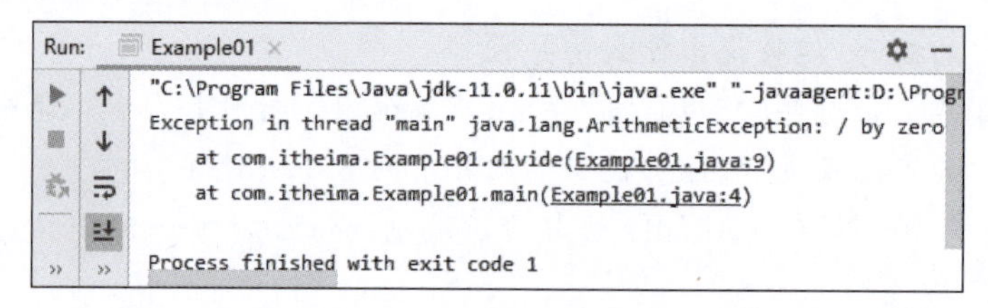

图 5-1　文件 5-1 的运行结果

由图 5-1 可知，程序发生了算术异常（ArithmeticException），提示运算时出现了被 0 除的情况。异常发生后，程序会立即结束，无法继续向下执行。

文件 5-1 中的 ArithmeticException 是一个异常类。Java 提供了大量的异常类，每一个异常类都表示一种预定义的异常，这些异常类都继承自 java.lang 包下的 Throwable 类。

Throwable 类的继承体系如图 5-2 所示。

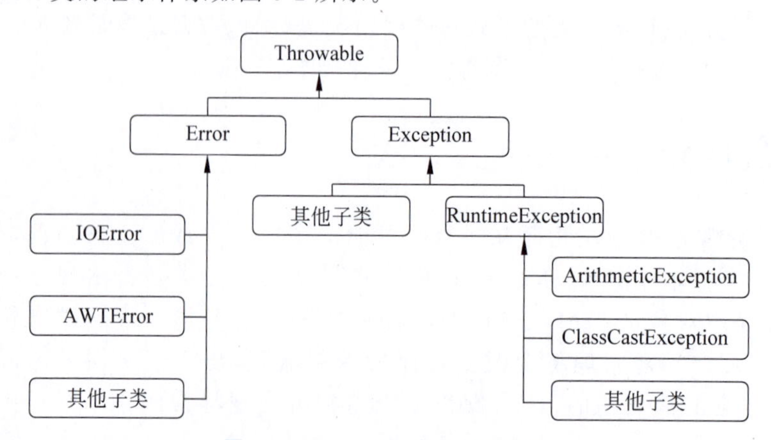

图 5-2　Throwable 类的继承体系

通过图 5-2 可以看出，Throwable 类是所有异常类的父类，它有两个直接子类——Error 类和 Exception 类，其中，Error 类代表程序中产生的错误，Exception 类代表程序中产生的异常。下面分别对 Throwable 类的这两个子类进行详细讲解。

- Error 类称为错误类，它表示 Java 程序运行时产生的系统内部错误或资源耗尽的错误，这类错误比较严重，仅靠修改程序本身是不能恢复执行的。例如，使用 java 命令运行一个不存在的类就会出现 Error 错误。

- Exception 类称为异常类，它表示程序本身可以处理的错误，在 Java 程序中进行的异常处理，都是针对 Exception 类及其子类的。在 Exception 类的众多子类中有一个特殊的子类——RuntimeException 类，该类及其子类用于表示运行时异常。Exception 类的其他子类都用于表示编译时异常。

通过前面的学习，读者已经了解了 Throwable 类。为了方便后面的学习，接下来进一步介绍 Throwable 类的常用方法，如表 5-1 所示。

表 5-1　Throwable 类常用的方法

方法声明	功能描述
String getMessage()	返回异常的消息字符串
String toString()	返回异常的简单信息描述
void printStackTrace()	获取异常类名和异常信息以及异常出现在程序中的位置，把信息输出到控制台

表 5-1 中的这些方法都用于获取异常信息。由于 Error 和 Exception 继承自 Throwable 类，所以它们都拥有这些方法，在后面关于异常的内容中会逐渐接触这些方法的使用。

5.2　运行时异常与编译时异常

在实际开发中，经常会在程序编译时产生异常，这些异常必须进行处理，否则程序无法正常运行，这种异常被称为编译时异常，也称为 checked 异常。还有一种异常是在程序运行时产生的，这种异常即使不编写异常处理代码，依然可以通过编译，因此被称为运行时异常，也称为 unchecked 异常。接下来分别对这两种异常进行讲解。

1. 编译时异常

在 Exception 类中，除了 RuntimeException 类以外，其他子类都是编译时异常。Java 编译器会对编译时异常进行检查，如果出现这类异常就必须对其进行处理，否则程序无法通过编译。

处理编译时异常有两种方式，具体如下：

(1) 使用 try…catch 语句对异常进行捕获处理。

(2) 使用 throws 关键字声明抛出异常，由调用者对异常进行处理。

2. 运行时异常

RuntimeException 类及其子类都是运行时异常。运行时异常是在程序运行时由 Java 虚拟机自动进行捕获处理的，Java 编译器不会对异常进行检查。也就是说，当程序中出现这类异常时，即使没有使用 try…catch 语句捕获异常或使用 throws 关键字声明抛出异常，程序也能编译通过，只是程序在运行过程中可能报错。

在 Java 中，常见的运行时异常有多种，如表 5-2 所示。

表 5-2 常见的运行时异常

运行时异常	描 述
ArithmeticException	算术异常
IndexOutOfBoundsException	索引越界异常
ClassCastException	类型转换异常
NullPointerException	空指针异常
NumberFormatException	数字格式化异常

运行时异常一般是由程序中的逻辑错误引起的,在程序运行时无法恢复。例如,通过数组的索引访问数组的元素时,如果索引超过了数组范围,就会发生索引越界异常,代码如下所示:

```
int[] arr = new int[5];
System.out.println(arr[6]);
```

在上面的代码中,由于数组 arr 的 length 为 5,最大索引应为 4,当使用 arr[6]访问数组中的元素时就会发生数组索引越界的异常。

5.3 异常处理及语法

5.3.1 异常的产生及处理

一般情况下,当程序在运行过程中发生了异常时,系统会捕获抛出的异常对象并输出相应的信息,同时中止程序的运行。这种情况并不是用户所期望的,因此需要让程序接收和处理异常对象,从而避免影响其他代码的执行。当一个异常类的对象被捕获或接收后,程序就会发生流程跳转,系统中止当前的流程而跳转到专门的异常处理语句块,或直接跳出当前程序和 Java 虚拟机回到操作系统。

在 Java 中,通过 try、catch、finally、throw、throws 这 5 个关键字进行异常对象的处理。这 5 个关键字的具体说明如表 5-3 所示。

表 5-3 处理异常的 5 个关键字

关键字	功能描述
try	放置可能引发异常的代码块
catch	后面对应异常类型和一个代码块,该代码块用于处理这种类型的异常
finally	主要用于回收在 try 代码块里打开的物理资源,如数据库连接、网络连接和磁盘文件。异常机制保证 finally 代码块总是被执行
throw	用于抛出一个实际的异常。它可以单独作为语句来抛出一个具体的异常对象
throws	用在方法签名中,用于声明该方法可能抛出的异常

5.3.2 try…catch 语句

在文件 5-1 中，因为发生了异常导致程序立即中止，所以程序无法继续执行发生异常后的代码。为了使异常发生后的程序代码正常执行，程序需要捕获异常并进行处理。Java 提供了 try…catch 语句用于捕获并处理异常，其语法格式如下：

```
try{
    代码块
}catch(ExceptionType e){
    代码块
}
```

上述语法格式中，在 try 代码块中编写可能发生异常的 Java 语句，在 catch 代码块中编写针对异常进行处理的代码。当 try 代码块中的程序发生了异常时，系统会将异常的信息封装成一个异常对象，并将这个对象传递给 catch 代码块进行处理。catch 代码块需要一个参数指明它能够接收的异常类型，这个参数必须是 Exception 类或其子类。

编写 try…catch 语句时，需要注意以下几点：

(1) try 代码块是必需的。

(2) catch 代码块可以有多个，但捕获父类异常的 catch 代码块必须位于捕获子类异常的 catch 代码块后面。

(3) catch 代码块必须位于 try 代码块之后。

try…catch 语句的异常处理流程如图 5-3 所示。

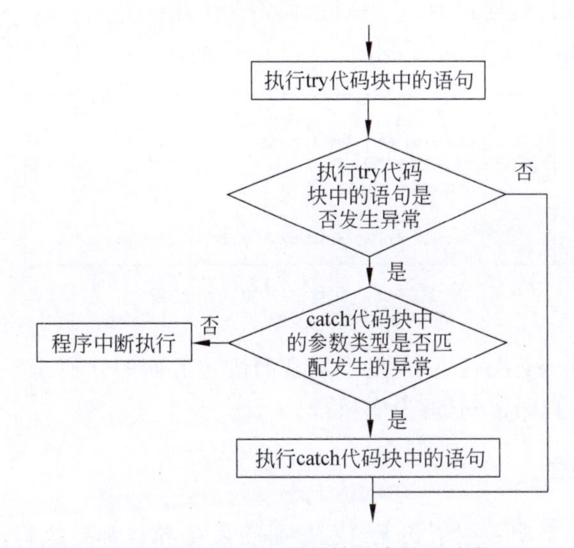

图 5-3 try…catch 语句的异常处理流程

由图 5-3 可知，如果执行 try 代码块中的语句没有出现异常，则直接跳出 try…catch 语句块，继续执行 try…catch 语句块后的语句。如果执行 try 代码块中的语句出现异常，则程序会自动跳转到 catch 代码块中匹配对应的异常类型。如果 catch 代码块中匹配到对应的异常，则执行 catch 代码块中的代码，执行后程序继续往下执行；如果 catch 代码块中匹配不到对应的异常,则程序中断执行。

下面修改文件 5-1,使用 try…catch 语句对文件 5-1 中出现的异常进行捕获,如文件 5-2 所示。

文件 5-2 Example02.java

```
1  public class Example02 {
2      public static void main(String[] args) {
3          //下面的代码定义了一个 try…catch 语句用于捕获异常
4          try {
5              int result = divide(4, 0);           //调用 divide()方法
6              System.out.println(result);
7          } catch (Exception e) {                  //对异常进行处理
8              System.out.println("捕获的异常信息为:" + e.getMessage());
9          }
10         System.out.println("程序继续向下执行…");
11     }
12     //下面的方法实现了两个整数相除
13     public static int divide(int x, int y) {
14         int result = x / y;                      //定义变量 result 记录两个数相除的结果
15         return result;                           //将结果返回
16     }
17 }
```

在文件 5-2 中,第 4~9 行代码对可能发生异常的代码用 try…catch 语句进行了处理。在 try 代码块中发生除 0 异常时,程序会通过 catch 代码块捕获异常,第 8 行代码在 catch 代码块中通过调用 Exception 对象的 getMessage()方法,返回异常信息"/ by zero"。catch 代码块对异常处理完毕后,程序仍会向下执行,而不会中止。

文件 5-2 的运行结果如图 5-4 所示。

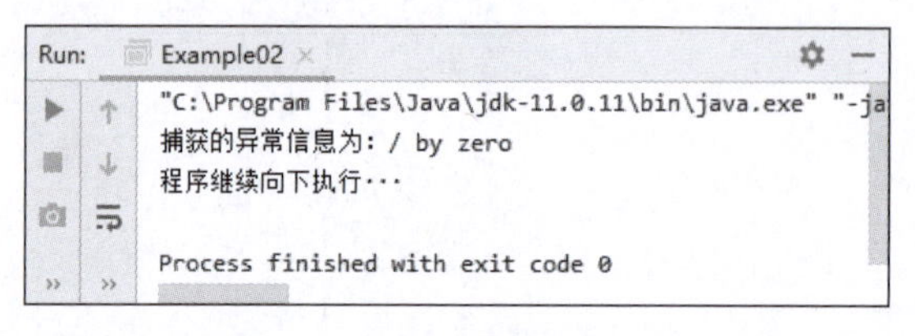

图 5-4 文件 5-2 的运行结果

需要注意的是,在 try 代码块中,发生异常的语句后面的代码是不会被执行的,例如文件 5-2 中第 6 行代码(打印语句)就没有执行。

5.3.3 finally 语句

在程序中,有时候希望一些语句无论程序是否发生异常都要执行,这时就可以在 try…catch 语句后加一个 finally 代码块。finally 代码块是 try…catch…finally 或 try…finally 结构的一部分,finally 代码块只能出现在 try…catch 或 try 代码块之后,不能单独出现。try…catch…finally 实现异常处理的语法结构如下:

```
try{
    代码块
```

```
}catch(ExceptionType e){
    代码块
} finally{
    代码块
}
```

需要注意的是，finally 代码块必须位于所有 catch 代码块之后。try…catch…finally 语句的异常处理流程如图 5-5 所示。

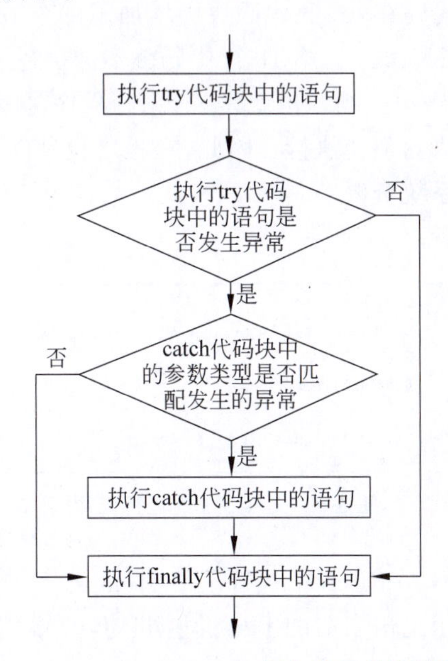

图 5-5 try…catch…finally 语句的异常处理流程

由图 5-5 可知，在 try…catch…finally 语句中，不管程序是否发生异常，finally 代码块中的代码都会被执行。需要注意的是，如果程序发生异常，但是异常没有被捕获，在执行完 finally 代码块中的代码之后，程序会中断执行。

下面修改文件 5-2，演示 try…catch…finally 语句的用法，如文件 5-3 所示。

文件 5-3 Example03.java

```
1   public class Example03 {
2       public static void main(String[] args) {
3           //下面的代码定义了一个 try…catch…finally 语句用于捕获异常
4           try {
5               int result = divide(4, 0);              //调用 divide()方法
6               System.out.println(result);
7           } catch (Exception e) {                     //对捕获的异常进行处理
8               System.out.println("捕获的异常信息为:" + e.getMessage());
9               return;                                 //用于结束当前语句
10          } finally {
11              System.out.println("进入 finally 代码块");
12          }
13          System.out.println("程序继续向下…");
```

```
14        }
15        //下面的方法实现了两个整数相除
16        public static int divide(int x, int y) {
17            int result = x / y;                          //定义变量 result 记录两个数相除的结果
18            return result;                               //将结果返回
19        }
20    }
```

在文件 5-3 中,第 9 行代码在 catch 代码块中增加了一个 return 语句,用于结束当前方法,这样,当 catch 代码块执行完之后,第 13 行代码就不会执行了。但是 finally 代码块中的代码仍会执行,不受 return 语句影响。也就是说,无论程序是发生异常还是使用 return 语句结束,finally 代码块中的语句都会执行。因此,在程序设计时,通常会使用 finally 代码块处理必须做的事情,如释放系统资源。

文件 5-3 的运行结果如图 5-6 所示。

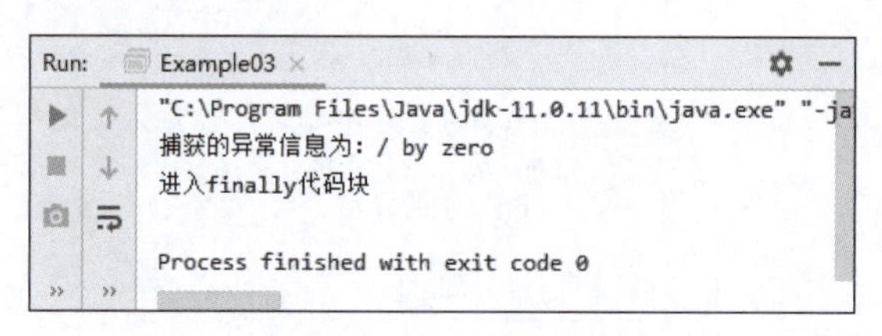

图 5-6　文件 5-3 的运行结果

需要注意的是,如果在 try…catch 中执行了 System.exit(0)语句,那么 finally 代码块不再执行。System.exit(0)表示退出当前的 Java 虚拟机,Java 虚拟机停止了,任何代码都不能再执行了。

5.4　抛出异常

在编程过程中,有些异常暂时不需要处理,此时可以将异常抛出,让该类的调用者处理。Java 提供了 throws 关键字和 throw 关键字用于抛出异常。本节将详细讲解如何在 Java 程序中使用 throws 关键字和 throw 关键字抛出异常。

5.4.1　throws 关键字

在文件 5-3 中,因为调用的是程序开发者自己编写的 divide()方法,所以程序开发者很清楚该方法可能发生的异常。但是在实际开发中,大部分情况下程序开发者会调用别人编写的方法,并不知道别人编写的方法是否会发生异常。针对这种情况,Java 允许在方法的后面使用 throws 关键字声明该方法有可能发生的异常,这样调用者在调用该方法时,就明确地知道该方法有异常,并且必须在程序中对异常进行处理,否则编译无法通过。

使用 throws 关键字抛出异常的语法格式如下:

```
修饰符 返回值类型 方法名(参数 1,参数 2,…) throws 异常类 1, 异常类 2,… {
    方法体
}
```

从上述语法格式中可以看出，throws 关键字需要写在方法声明的后面，throws 后面还需要声明方法中发生异常的类型。

下面修改文件 5-3，在 divide()方法后面声明可能出现的异常类型，如文件 5-4 所示。

文件 5-4　Example04.java

```
1  public class Example04 {
2      public static void main(String[] args) {
3          int result = divide(4, 2);                  //调用 divide()方法
4          System.out.println(result);
5      }
6      //下面的方法实现了两个整数相除，并使用 throws 关键字声明抛出异常
7      public static int divide(int x, int y) throws Exception {
8          int result = x / y;                         //定义变量 result 记录两个数相除的结果
9          return result;                              //将结果返回
10     }
11 }
```

在文件 5-4 中，第 7 行代码在定义 divide()方法时，使用 throws 关键字声明了该方法可能会抛出的异常。第 3 行代码在 main()方法中调用了 divide()方法。

编译文件 5-4，编译器报错，如图 5-7 所示。

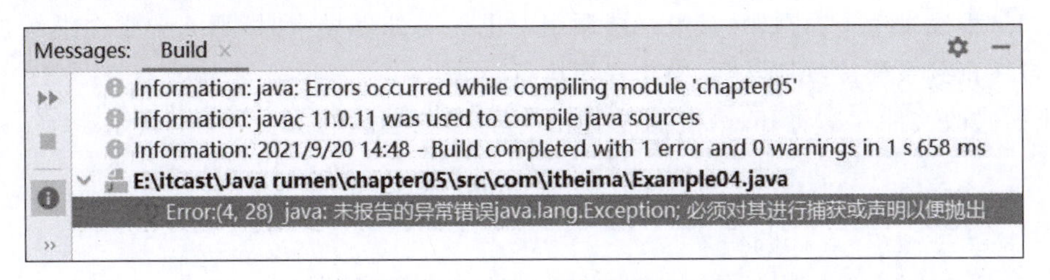

图 5-7　文件 5-4 编译错误

在文件 5-4 中，第 3 行代码调用 divide()方法时传入的第 2 个参数为 2，程序在运行时不会发生被 0 除的异常。但是运行程序依然会提示错误，这是因为定义 divide()方法时使用 throws 关键字声明了该方法可能抛出的异常，调用者必须在调用 divide()方法时对抛出的异常进行处理，否则就会发生编译错误。

下面对文件 5-4 行修改，使用 try…catch 语句处理 divide()方法抛出的异常，如文件 5-5 所示。

文件 5-5　Example05.java

```
1  public class Example05 {
2      public static void main(String[] args) {
3          //下面的代码定义了一个 try…catch 语句用于捕获异常
4          try {
5              int result = divide(4, 2);              //调用 divide()方法
6              System.out.println(result);
7          } catch (Exception e) {                     //对捕获的异常进行处理
8              e.printStackTrace();                    //打印捕获的异常信息
9          }
```

```
10      }
11      //下面的方法实现了两个整数相除,并使用 throws 关键字声明抛出异常
12      public static int divide(int x, int y) throws Exception {
13          int result = x / y;                 //定义变量 result 记录两个数相除的结果
14          return result;                      //将结果返回
15      }
16  }
```

文件 5-5 的运行结果如图 5-8 所示。

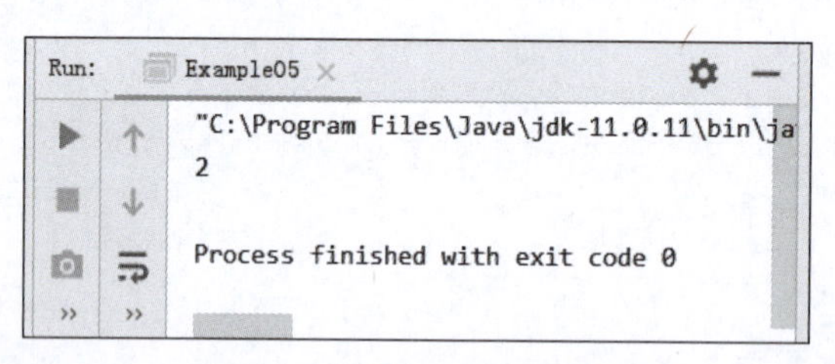

图 5-8　文件 5-5 的运行结果

在调用 divide()方法时,如果不知道如何处理声明抛出的异常,也可以使用 throws 关键字继续将异常抛出,这样程序也能编译通过。需要注意的是,使用 throws 关键字重抛异常时,如果程序发生了异常,并且上一层调用者也无法处理异常时,那么异常会继续被向上抛出,最终直到系统接收到异常,中止程序执行。

下面修改文件 5-5,将 divide()方法抛出的异常继续抛出,如文件 5-6 所示。

文件 5-6　Example06.java

```
1   public class Example06 {
2       public static void main(String[] args) throws Exception {
3           int result = divide(4, 0);          //调用 divide()方法
4           System.out.println(result);
5       }
6       //下面的方法实现了两个整数相除,并使用 throws 关键字声明抛出异常
7       public static int divide(int x, int y) throws Exception {
8           int result = x / y;                 //定义变量 result 记录两个数相除的结果
9           return result;                      //将结果返回
10      }
11  }
```

文件 5-6 的运行结果如图 5-9 所示。

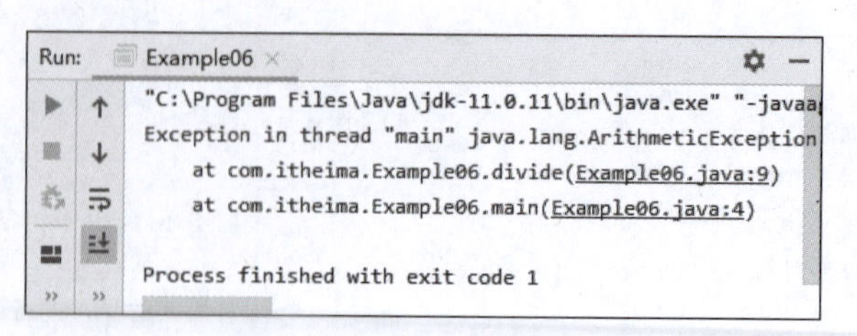

图 5-9　文件 5-6 的运行结果

在文件 5-6 中，main()方法继续使用 throws 关键字将 Exception 抛出，程序虽然可以通过编译，但从图 5-9 可以看出，在运行时由于没有对"/by zero"的异常进行处理，最终导致程序中止运行。

5.4.2　throw 关键字

在 Java 程序中，除了 throws 关键字，还可以使用 throw 关键字抛出异常。与 throws 关键字不同的是，throw 关键字用于方法体内，抛出的是一个异常实例，并且每次只能抛出一个异常实例。

使用 throw 关键字抛出异常的语法格式如下：

```
throw ExceptionInstance;
```

在方法中，通过 throw 关键字抛出异常后，还需要使用 throws 关键字或 try…catch 语句对异常进行处理。如果 throw 抛出的是 Error、RuntimeException 或它们的子类异常对象，则无须使用 throws 关键字或 try…catch 语句对异常进行处理。

使用 throw 关键字抛出异常，通常有如下两种情况：

(1) 当 throw 关键字抛出的异常是编译时异常时，有两种处理方式：第一种处理方式是在 try 代码块里使用 throw 关键字抛出异常，通过 try 代码块捕获该异常；第二种处理方式是在一个有 throws 声明的方法中使用 throw 关键字抛出异常，把异常交给该方法的调用者处理。

(2) 当 throw 关键字抛出的异常是运行时异常时，程序既可以显式使用 try…catch 语句捕获并处理该异常，也可以完全不理会该异常，而把该异常交给方法的调用者处理。

下面通过一个案例讲解 throw 关键字的使用，具体代码如文件 5-7 所示。

文件 5-7　Example07.java

```
1  public class Example07 {
2      //定义 printAge()输出年龄
3      public static void printAge(int age) throws Exception {
4          if(age <= 0){
5              //对业务逻辑进行判断，当输入年龄为负数时抛出异常
6              throw new Exception("输入的年龄有误，必须是正整数！");
7          }else {
8              System.out.println("此人年龄为:"+age);
9          }
10     }
11     public static void main(String[] args)  {
12         //下面的代码定义了一个 try…catch 语句用于捕获异常
13         int age = -1;
14         try {
15             printAge(age);
16         } catch (Exception e) {                    //对捕获的异常进行处理
17             System.out.println("捕获的异常信息为:" + e.getMessage());
18         }
19     }
20 }
```

文件5-7中,第3～10行代码定义了printAge()方法,在该方法中对输入的年龄进行逻辑判断。虽然输入负数在语法上能够通过编译,并且程序能够正常运行,但年龄为负数显然与现实情况不符。因此需要在方法中对输入的内容进行判断,当数值小于或等于0时,使用throw关键字抛出异常,并指定异常提示信息,同时在方法后继续用throws关键字处理抛出的异常。第14～18行代码使用try…catch语句对printAge()方法抛出的异常进行捕获及处理,并打印捕获的异常提示信息。

文件5-7的运行结果如图5-10所示。

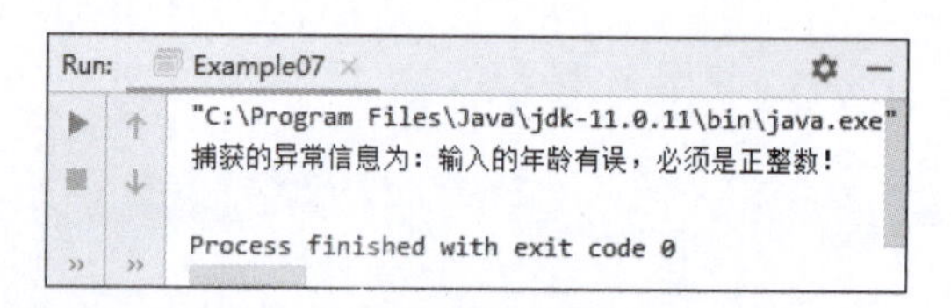

图5-10 文件5-7的运行结果

由图5-10可知,对于代码中的业务逻辑异常,使用throw关键字抛出异常后,同样可以正确捕获异常,从而保证程序的正常运行。当然,throw关键字除了可以抛出代码的逻辑性异常外,也可以抛出Java能够自动识别的异常。

5.5 自定义异常类

Java中定义了大量的异常类,虽然这些异常类可以描述编程时出现的大部分异常情况,但是在程序开发中有时可能需要描述程序中特有的异常情况。例如,两数相除,不允许被除数为负数。此时,就无法使用Java提供的异常类表示该类异常。为了解决这个问题,Java允许用户自定义异常类,自定义异常类必须继承Exception类或其子类。

自定义异常类的示例代码如下:

```
class DivideByMinusException extends Exception{
    public DivideByMinusException (){
        super();                              //调用 Exception 的无参构造方法
    }
    public DivideByMinusException (String message){
        super(message);                       //调用 Exception 的有参构造方法
    }
}
```

在实际开发中,如果没有特殊的要求,自定义的异常类只需继承Exception类,在构造方法中使用super()语句调用Exception的构造方法即可。

使用自定义的异常类,需要用到throw关键字。使用throw关键字在方法中声明异常的实例对象,语法格式如下:

```
throw Exception 异常对象
```

下面修改文件5-7中的divide()方法,在该方法中判断被除数是否为负数,如果为负数,就使用 throw 关键字在方法中向调用者抛出自定义的 DivideByMinusException 异常对象，如文件 5-8 所示。

文件 5-8　Example08.java

```
1  class DivideByMinusException extends Exception{
2      public DivideByMinusException (){
3          super();                             //调用 Exception 无参的构造方法
4      }
5      public DivideByMinusException (String message){
6          super(message);                      //调用 Exception 有参的构造方法
7      }
8  }
9  public class Example08 {
10     public static void main(String[] args) {
11         int result = divide(4, -2);
12         System.out.println(result);
13     }
14     //下面的方法实现了两个整数相除
15     public static int divide(int x, int y) {
16         if(y<0){
17             throw new DivideByMinusException("除数是负数");
18         }
19         int result = x / y;                  //定义变量 result 记录两个数相除的结果
20         return result;                       //将结果返回
21     }
22 }
```

编译文件 5-8，编译器报错，如图 5-11 所示。

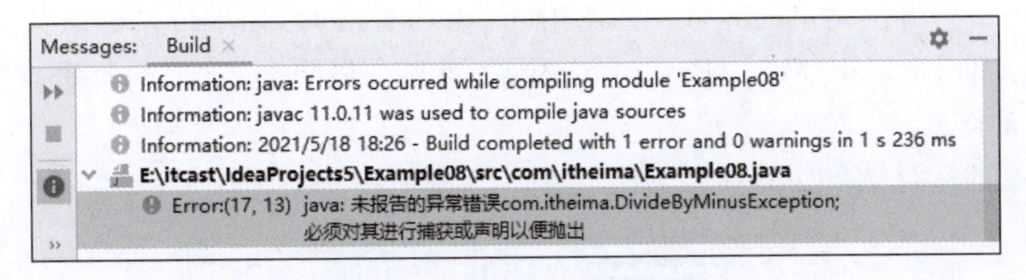

图 5-11　文件 5-8 编译错误

从图 5-11 可以看出，程序在编译时就发生了异常。因为在一个方法内使用 throw 关键字抛出异常对象时，需要使用 try…catch 语句对抛出的异常进行处理，或者在 divide()方法后面使用 throws 关键字声明抛出异常，由该方法的调用者负责处理。但是文件 5-8 没有这样做。

为了解决图 5-11 中出现的问题，对文件 5-8 进行修改，在 divide()方法后面使用 throws 关键字声明该方法抛出 DivideByMinusException 异常，并在调用 divide()方法时使用 try…catch 语句对异常进行处理，如文件 5-9 所示。

文件 5-9　Example09.java

```
1  class DivideByMinusException extends Exception{
2      public DivideByMinusException (){
```

```
3            super();                                   //调用 Exception 的无参构造方法
4        }
5        public DivideByMinusException (String message){
6            super(message);                            //调用 Exception 的有参构造方法
7        }
8    }
9    public class Example09 {
10       public static void main(String[] args) {
11               //下面的代码定义了一个 try…catch 语句用于捕获异常
12           try {
13               int result = divide(4, -2);
14               System.out.println(result);
15           } catch (DivideByMinusException e) {       //对捕获的异常进行处理
16               System.out.println(e.getMessage());   //打印捕获的异常信息
17           }
18       }
19       //下面的方法实现了两个整数相除,并使用 throws 关键字声明抛出自定义异常
20       public static int divide(int x, int y) throws DivideByMinusException{
21           if (y < 0) {
22               throw new DivideByMinusException("除数是负数");
23           }
24           int result = x / y;                        //定义变量 result 记录两个数相除的结果
25           return result;                             //将结果返回
26       }
27   }
```

在文件 5-9 中,第 20 行代码在定义 divide()方法时,使用 throws 关键字抛出了 DivideByMinusException 异常。在 main()方法中,第 12～17 行代码使用 try…catch 语句捕获处理 divide()方法抛出的异常。在调用 divide()方法时,如果传入的除数为负数,程序会抛出自定义的 DivideByMinusException 异常,该异常最终被 catch 代码块捕获并处理,最后打印出异常信息。

文件 5-9 的运行结果如图 5-12 所示。

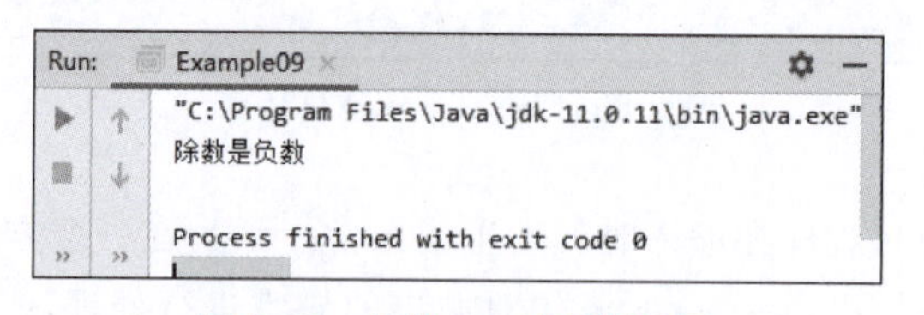

图 5-12 文件 5-9 的运行结果

5.6 本章小结

本章主要介绍了异常的相关知识。首先简单介绍了什么是异常,然后介绍了运行时异常和编译时异常,接着介绍了异常的处理和抛出,最后介绍了自定义异常。通过本章的学习,读者应该对 Java 中的异常有一定的了解。掌握好这些知识,对以后的实际开发大有裨益。

5.7　本章习题

一、填空题

1. ________类及其子类用于表示运行时异常。

2. 异常分为两种,分别是________和________。

3. ________关键字用于在方法中声明抛出异常的实例对象。

4. 如果一个方法要抛出多个异常,可以使用________关键字,多个异常之间用逗号隔开。

5. 自定义异常需要继承________类。

二、判断题

1. Throwable 有两个直接子类——Error 和 Exception,其中 Error 代表程序中产生的异常,Exception 代表程序中产生的错误。　(　　)

2. Java 中的异常类都继承自 java.lang.Throwable 类。　(　　)

3. 在处理异常时,try 语句块中存放可能发生异常的语句。　(　　)

4. 在一个异常处理中,finally 语句块只能有一个,也可以没有。　(　　)

5. 在 Java 语言中如果发生异常,但没有捕获异常的代码,程序会正常执行。　(　　)

三、选择题

1. 在异常处理时,释放资源、关闭文件等操作由(　　)语句完成。

　A. try　　B. catch　　C. finally　　D. throw

2. (　　)类是所有异常类的父类。

　A. Throwable　　B. Error

　C. Exception　　D. RuntimeException

3. 下列异常声明中正确的是(　　)。

　A. public void throws IOExceptionfun(){}

　B. public void fun throws IOException(){}

　C. public void fun() throws IOException{}

　D. public void fun() throws IOException,throws SQLException{}

4. 以下关于编译异常的说法中正确的是(　　)。

　A. 编译异常就是指 Exception 类及其子类

　B. 编译异常如果产生,可以不用处理

　C. 编译异常如果产生,就必须处理,要么捕获,要么抛出

　D. 编译异常指的就是 Error

5. 下面程序的运行结果是(　　)。

```
class Demo{
    public static void main(String[] args){
```

```
        int x = div(1,2);
        try{
        }catch(Exception e){
            System.out.println(e);
        }
        System.out.println(x);
    }
    public static int div(int a,int b){
        return a / b ;
    }
}
```

A. 输出 0　　B. 输出 1　　C. 输出 0.5　　D. 编译失败

四、简答题

1. 写出处理异常的 5 个关键字。
2. 简述 try…catch 语句的异常处理流程并画出流程图。
3. 简述处理编译时异常的两种方式。

第 6 章 Java API

学习目标

- 掌握字符串类的使用,能够熟练使用 String 类和 StringBuffer 类定义字符串变量并对字符串进行操作。
- 熟悉 System 类与 Runtime 类的使用,能够说出 System 类与 Runtime 类的常用方法及其作用。
- 掌握 Math 类和 Random 类的使用,能够熟练使用 Math 类和 Random 类解决程序中的运算问题。
- 掌握 BigInteger 类和 BigDecimal 类的使用,能够熟练使用 BigInteger 类和 BigDecimal 类解决程序中的大数运算问题。
- 掌握日期与时间类的使用,能够使用日期与时间类操作日期与时间。
- 掌握日期与时间格式化类的使用,能够使用日期与时间格式化类对日期与时间字符串进行格式化。
- 熟悉 NumberFormat 类的使用,能够正确使用 NumberFormat 类对数字进行格式化。
- 熟悉包装类的使用,能够说出 Java 中的基本数据类型对应的包装类。
- 掌握正则表达式的使用,能够编写正则表达式解决程序中的字符串校验问题。

API(Application Programming Interface)指的是应用程序编程接口,API 可以让编程变得更加方便简单。Java 也提供了大量 API 供程序开发者使用,即 Java API。Java API 指的就是 JDK 提供的各种功能的 Java 类库,例如,Arrays、Collection 等都是 Java 提供给开发者的类库。Java API 非常多,无法针对所有的 API 逐一进行讲解,本章将详细讲解实际开发中的常用 API。

6.1 字符串类

字符串是编写程序时使用最为频繁的数据类型之一。字符串是指由一对英文双引号括起来的有限字符序列,例如"abc"、"Hello World"。字符串中可以包含任意字符,例如"*&12a"、""、"   "等,其中,""表示空字符串,"   "表示由空格组成的字符串。Java 提供了 3 个定义字符串的类,分别是 String、StringBuffer 和 StringBuilder,它们位于 java.lang 包中。Java 还提供了一系列操作字符串的方法,这些方法不需要导入包就可以直接使用。由于 StringBuilder 类的用法与 StringBuffer 类的用法相似,所以本节将针对 String 类、

StringBuffer类进行详细讲解。

6.1.1 String类

在使用String类进行字符串操作之前，首先需要初始化一个String类对象。在Java中可以通过两种方式对String类对象进行初始化，具体介绍如下。

第一种方式是使用字符串常量直接初始化一个String对象，语法格式如下：

```
String 变量名 = 字符串;
```

使用上述语法格式初始化String对象时，既可以将String对象的初始化值设为空，也可以将其初始化为一个具体的字符串，示例代码如下：

```
String str1 = null;                    //将字符串 str1 设置为空
String str2 = "";                      //将字符串 str2 设置为空字符串
String str3 = "abc";                   //将字符串 str3 设置为"abc"
```

每个字符串常量都可以当作一个String类的对象使用，因此字符串常量可以直接调用String类中提供的API，示例代码如下：

```
int len = "Hello World".length();      //len 为 11,即字符串包含的字符个数
```

String类是专门用于处理字符串的类。字符串一旦被创建，其内容就不能再改变。例如下面的代码：

```
String s = "hello";
s = "helloworld";
```

上述代码首先定义了一个类型为String的字符串s，并将其初始化为"hello"。接着将字符串s重新赋值为"helloworld"。

上述代码中的字符串s的内存变化如图6-1所示。

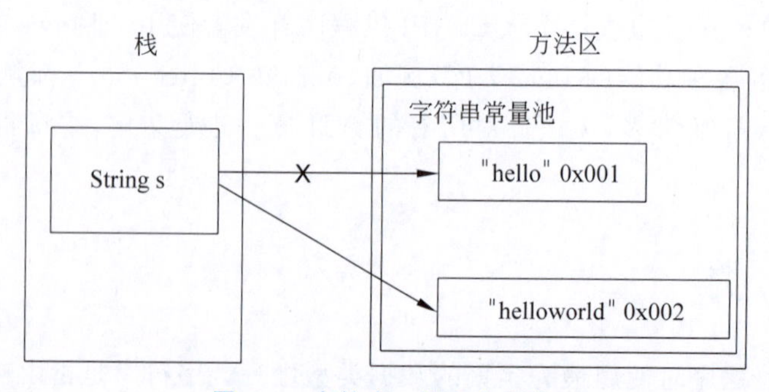

图6-1 字符串s的内存变化

在图6-1中，s在初始化时，其内存地址指向的是字符串常量池的"hello"字符串的地址0x001。当将s重新赋值为"helloworld"时，程序会在字符串常量池分配一块内存空间存储"helloworld"字符串，然后将s指向"helloworld"字符串。由此可知，s的值发生了变化，实

际上是 s 的指向发生了变化，但字符串"hello"被创建之后，存储在字符串常量池中，它的值不能被改变。

第二种方式是调用 String 类的构造方法初始化字符串对象，其语法格式如下：

```
String 变量名 = new String(字符串);
```

在上述语法格式中，字符串同样可以为空或是一个具体的字符串。当为具体字符串时，String 会根据参数类型调用相应的构造方法来初始化字符串对象。

String 类的常见构造方法如表 6-1 所示。

表 6-1 String 类的常见构造方法

方法声明	功能描述
String()	创建一个空字符串
String(String value)	根据指定的 value 创建字符串
String(char[] value)	根据指定的字符数组创建字符串
String(byte[] bytes)	根据指定的字节数组创建字节串

表 6-1 列出了 String 类的 4 个构造方法，通过调用不同参数的构造方法便可完成 String 类的初始化。下面通过一个案例介绍 String 类的使用。在本案例中，通过调用 String 类的构造方法完成 String 类对象的创建与初始化，具体代码如文件 6-1 所示。

文件 6-1 Example01.java

```
1  public class Example01 {
2      public static void main(String[] args) throws Exception {
3          //创建一个空字符串
4          String str1 = new String();
5          //创建一个内容为"abcd"的字符串
6          String str2 = new String("abcd");
7          //创建一个字符数组
8          char[] charArray = new char[] { 'D', 'E', 'F' };
9          String str3 = new String(charArray);
10           //创建一个字节数组
11         byte[] arr = {97,98,99};
12         String str4 = new String(arr);
13         System.out.println("a" + str1 + "b");
14         System.out.println(str2);
15         System.out.println(str3);
16         System.out.println(str4);
17     }
18 }
```

在文件 6-1 中，分别调用表 6-1 中的 4 个构造方法创建了 4 个 String 对象。其中，第 4 行代码调用 String 类的无参构造方法创建了名称为 str1 的空字符串；第 6 行代码调用参数类型为 String 的构造方法创建了一个名称为 str2、内容为"abcd"的字符串；第 8、9 行代码创建了一个名称为 charArray 的字符数组，并将 charArray 作为参数初始化名称为 str3 的字符串对象;第11、12行代码创建了名称为arr的byte类型的字节数组,并将arr作为参数初始化名称为str4的字符串;第13～16行代码分别输出字符串str1、str2、str3和str4。

文件6-1的运行结果如图6-2所示。

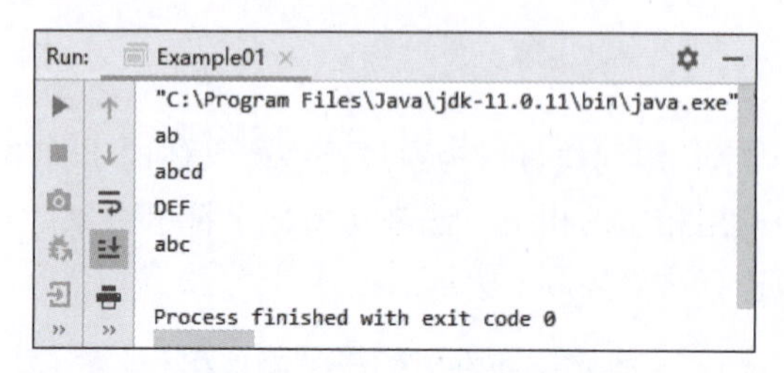

图6-2 文件6-1的运行结果

小提示:字符串连接运算符

连接字符串可以通过运算符+来实现。例如,在文件6-1中,第13行代码中的"a"+str1+"b"的作用就是将3个字符串拼接到一起并生成一个新的字符串。在Java程序中,如果+两边的操作数中有一个为String类型,那么+就表示字符串连接运算符。

6.1.2 String类的常用方法

在实际开发中,String类的应用非常广泛。在Java程序中可以调用String类的方法来操作字符串。String类的常用方法如表6-2所示。

表6-2 String类的常用方法

方法声明	功能描述
int length()	返回当前字符串的长度,即字符串中字符的个数
int indexOf(int ch)	返回指定字符ch在当前字符串中第一次出现的位置(索引)
int lastIndexOf(int ch)	返回指定字符ch在当前字符串中最后一次出现的位置
int indexOf(String str)	返回指定子字符串str在当前字符串中第一次出现的位置
int lastIndexOf(String str)	返回指定子字符串str在当前字符串中最后一次出现的位置
char charAt(int index)	返回当前字符串中index位置上的字符,其中index的取值范围是0～(字符串长度－1)
boolean endsWith(String suffix)	判断当前字符串是否以指定的字符串suffix结尾
boolean equals(Object obj)	比较obj与当前字符串的内容是否相同
boolean equalsIgnoreCase(String str)	以忽略大小写的方式比较str与当前字符串的内容是否相同
int compareTo(String str)	按对应字符的Unicode编码比较str与当前字符串的大小。若当前字符串比str大,返回正整数;若当前字符串比str小,返回负整数;若两者相等,则返回0
int compareToIgnoreCase(String str)	按对应字符的Unicode编码以忽略大小写的方式比较str与当前字符串的大小。若当前字符串比str大,返回正整数;若当前字符串比str小,返回负整数;若两者相等,则返回0
boolean isEmpty()	判断字符串长度是否为0。如果为0,返回true;否则返回flase

续表

方法声明	功能描述
boolean startsWith(String prefix)	判断当前字符串是否以指定的字符串 prefix 开始
boolean contains(CharSequence cs)	判断当前字符串中是否包含指定的字符序列 cs
String toLowerCase()	使用默认语言环境的规则将当前字符串中的所有字母都转换为小写
String toUpperCase()	使用默认语言环境的规则将当前字符串中的所有字母都转换为大写
static String valueOf(int i)	将 int 变量 i 转换为字符串
char[] toCharArray()	将当前字符串转换为一个字符数组
String replace(CharSequence oldstr, CharSequence newstr)	使用 newstr 替换当前字符串中的 oldstr,返回一个新的字符串
String concat(String str)	将指定的字符串 str 连接到当前字符串的末尾
String[] split(String regex)	根据参数 regex 将当前字符串分割为若干子字符串
String substring(int beginIndex)	返回一个新字符串,它包含从指定的 beginIndex 处开始,直到当前字符串末尾的所有字符
String substring(int beginIndex, int endIndex)	返回一个新字符串,它包含从指定的 beginIndex 处开始,直到索引 endIndex－1 处的所有字符
String trim()	去掉当前字符串首尾的空格

表 6-2 列出了 String 类的常用方法。为了让读者熟练掌握这些方法的作用,下面通过一些案例介绍如何调用 String 类提供的方法操作字符串。

1. 获取字符串长度以及访问字符串中的字符

在 Java 程序中,有时需要获取字符串的一些信息,如获取字符串长度、获取指定位置的字符等。针对每一个操作,String 类都提供了对应的方法,下面通过一个案例介绍如何使用 String 类的方法获取字符串长度以及访问字符串中的字符,如文件 6-2 所示。

文件 6-2　Example02.java

```
1  public class Example02 {
2      public static void main(String[] args) {
3          String s = "ababcdedcba";                //定义字符串 s
4          //获取字符串长度
5          System.out.println("字符串的长度为:" + s.length());
6          System.out.println("字符串中第一个字符:" + s.charAt(0));
7          System.out.println("字符 c 第一次出现的位置:" + s.indexOf('c'));
8          System.out.println("字符 c 最后一次出现的位置:" + s.lastIndexOf('c'));
9          System.out.println("子字符串 ab 第一次出现的位置:" + s.indexOf("ab"));
10         System.out.println("子字符串 ab 最后一次出现的位置:" +
11                 s.lastIndexOf("ab"));
12     }
13 }
```

在文件 6-2 中,通过调用 String 类的一些方法获取了字符串的长度以及位置等信息。第 3 行代码创建一个名称为 s 的字符串对象,并赋值为"ababcdedcba"。第 5 行代码调用 length()方法获取了字符串对象 s 的长度。第 6 行代码调用 charAt()方法并向方法中传入参数 0,表示获取字符串对象 s 的第 1 个字符。第 7 行代码调用 indexOf()方法并向方法中传入字符参数'c',表示获取字符'c'在字符串对象 s 中第一次出现的位置。第 8 行代码调用 lastIndexOf()方法并向方法中传入字符参数'c',表示获取字符'c'在字符串对象 s 中最后一次出现的位置。第 9 行代码调用 indexOf()方法并向方法中传入字符串参数"ab",表示获取子字符串"ab"在字符串对象 s 中第一次出现的位置。第 10、11 行代码调用 lastIndexOf()方法并向方法中传入字符串参数"ab",表示获取子字符串"ab"在字符串对象 s 中最后一次出现的位置。

文件 6-2 的运行结果如图 6-3 所示。

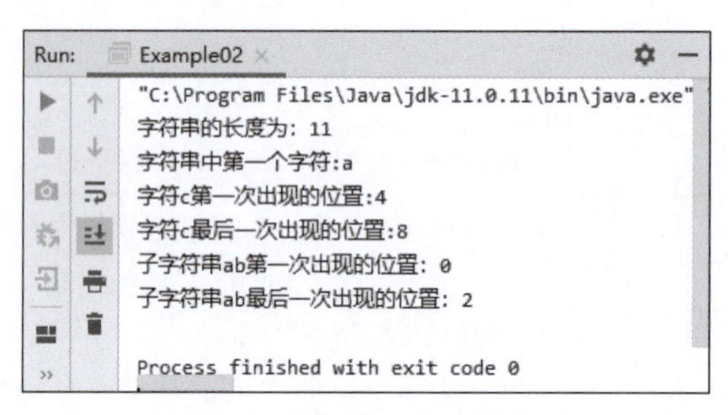

图 6-3 文件 6-2 的运行结果

2. 字符串的转换操作

在程序开发中,经常需要对字符串进行转换操作,例如,将字符串转换成数组的形式,对字符串中的字符进行大小写转换,等等。下面通过一个案例演示字符串的转换操作,如文件 6-3 所示。

文件 6-3 Example03.java

```
1   public class Example03 {
2       public static void main(String[] args) {
3           String str = "abcd";
4           System.out.print("将字符串转为字符数组后的结果:");
5           char[] charArray = str.toCharArray();    //字符串转换为字符数组
6           for (int i = 0; i < charArray.length; i++) {
7               if (i != charArray.length - 1) {
8                   //如果不是数组的最后一个元素,在元素后面加逗号
9                   System.out.print(charArray[i] + ",");
10              } else {
11                  //如果是数组的最后一个元素,则在元素后不加逗号
12                  System.out.println(charArray[i]);
13              }
14          }
15          System.out.println("将 int 值转换为 String 类型之后的结果:" +
16                              String.valueOf(12));
17          System.out.println("将字符串转换成大写之后的结果:" +
```

```
18                          str.toUpperCase());
19          System.out.println("将字符串转换成小写之后的结果:" +
20                          str.toLowerCase());
21      }
22  }
```

在文件 6-3 中,第 5 行代码调用 String 类的 toCharArray()方法将字符串转为字符数组 charArray。第 6～14 行代码循环打印字符数组 charArray。第 15、16 行代码调用静态方法 valueOf()将一个 int 类型的整数转为字符串。valueOf()方法有多种重载的形式,float、double、char 等其他基本类型的数据都可以通过 valueOf()方法转为 String 字符串类型。第 17、18 行代码调用 toUpperCase()方法将字符串中的字母都转为大写。第 19、20 行代码调用 toLowerCase()方法将字符串中的字母都转换为小写。

文件 6-3 的运行结果如图 6-4 所示。

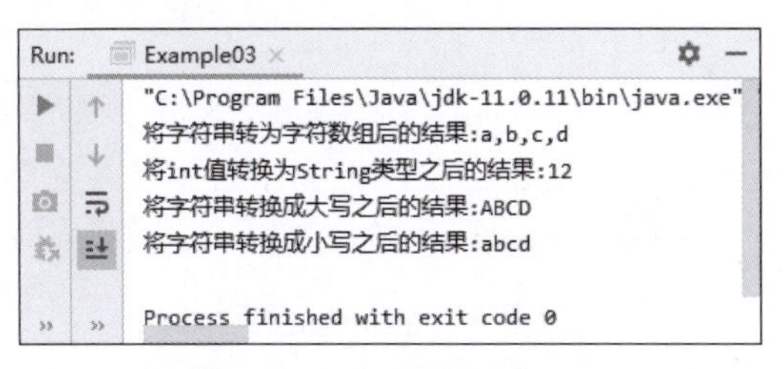

图 6-4 文件 6-3 的运行结果

3. 字符串的替换和去除空格操作

在程序开发中,用户经常会不小心输入错误的数据和多余的空格,这时可以调用 String 类的 replace()和 trim()方法,进行字符串的替换和去除空格操作。trim()方法用于去除字符串两端的空格,不能去除中间的空格;若想去除字符串中间的空格,需要调用 replace()方法。下面通过一个案例介绍这两个方法的使用,如文件 6-4 所示。

文件 6-4 Example04.java

```
1   public class Example04 {
2       public static void main(String[] args) {
3           String s = "itcast";
4           //字符串替换操作
5           System.out.println("将 it 替换成 cn.it 的结果:" + s.replace("it",
6                           "cn.it"));
7           //字符串去除空格操作
8           String s1 = "     i t c a s t     ";
9           System.out.println("去除字符串两端空格后的结果:" + s1.trim());
10          System.out.println("去除字符串中所有空格后的结果:" + s1.replace(" ",
11                          ""));
12      }
13  }
```

在文件 6-4 中,第 3 行代码定义了名称为 s 的字符串。第 5、6 行代码调用 replace()方法将字符串 s 中的"it"替换为"cn.it"。第 8 行代码定义了名称为 s1 的字符串。第 9 行代码调用 trim()方法去除字符串两端的空格。第 10、11 行代码调用 replace()方法将字符串 s1 中的" "替换为"",这样做是为了去除字符串中所有的空格。

文件 6-4 的运行结果如图 6-5 所示。

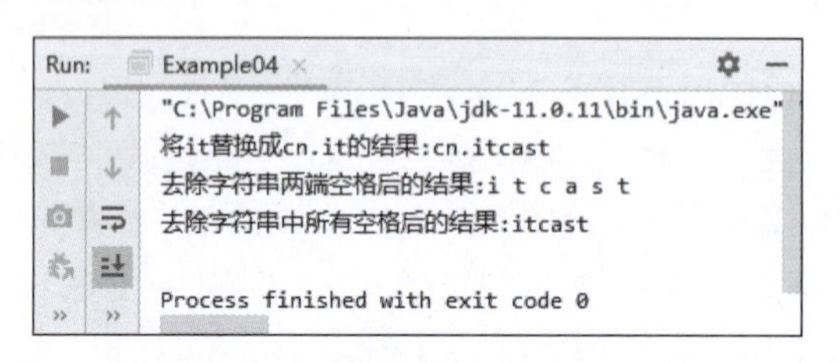

图 6-5　文件 6-4 的运行结果

4. 字符串判断

操作字符串时,经常需要对字符串进行一些判断,例如,判断字符串是否以指定的字符串开始或结束,判断字符串是否包含指定的字符串,字符串是否为空,等等,下面通过一个案例演示如何调用 String 类提供的方法进行字符串判断,如文件 6-5 所示。

文件 6-5　Example05.java

```
1  public class Example05 {
2      public static void main(String[] args) {
3          String s1 = "String";                          //定义一个字符串
4          String s2 = "string";
5          System.out.println("判断 s1 字符串对象是否以 Str 开头:" +
6                              s1.startsWith("Str"));
7          System.out.println("判断是否以字符串 ng 结尾:" + s1.endsWith("ng"));
8          System.out.println("判断是否包含字符串 tri:" + s1.contains("tri"));
9          System.out.println("判断字符串是否为空:" + s1.isEmpty());
10         System.out.println("判断 s1 和 s2 内容是否相同:" + s1.equals(s2));
11         System.out.println("忽略大小写的情况下判断 s1 和 s2 内容是否相同:" +
12                                        s1.equalsIgnoreCase(s2));
13         System.out.println("按对应字符的 Unicode 比较 s1 和 s2 的大小:" +
14                                        s1.compareTo(s2));
15     }
16 }
```

在文件 6-5 中,通过调用 String 类的一些方法对定义的字符串信息进行了判断。其中,第 3、4 行代码创建了名称为 s1 和 s2 的字符串对象,并分别赋值为"String"和"string"。第 5、6 行代码调用 startsWith()方法判断字符串 s1 对象是否以"Str"开头。第 7 行代码通过 s1 对象调用 endsWith()方法并向方法中传入字符串参数"ng",表示判断字符串对象 s1 是否以"ng"结尾。

第 8 行代码通过 s1 对象调用 contains()方法,并向方法中传入字符串参数 tri,表示判断字符串对象 s1 是否包含子字符串"tri"。第 9 行代码通过 s1 对象调用 isEmpty()方法,表示判断字符串对象 s1 是否为空字符串。第 10 行代码通过 s1 对象调用 equals()方法,并向方法中传入对象参数 s2,表示判断 s1 和 s2 内容是否相同。

第 11、12 行代码通过 s1 对象调用 equalsIgnoreCase()方法,并向方法中传入对象参数 s2,表示忽略大小写的情况下判断 s1 和 s2 内容是否相同。第 13、14 行代码通过 s1 对象调用 compareTo()方法,并向方法中传入对象参数 s2,表示按对应字符的 Unicode 比较 s1 和 s2 的大小。

文件 6-5 的运行结果如图 6-6 所示。

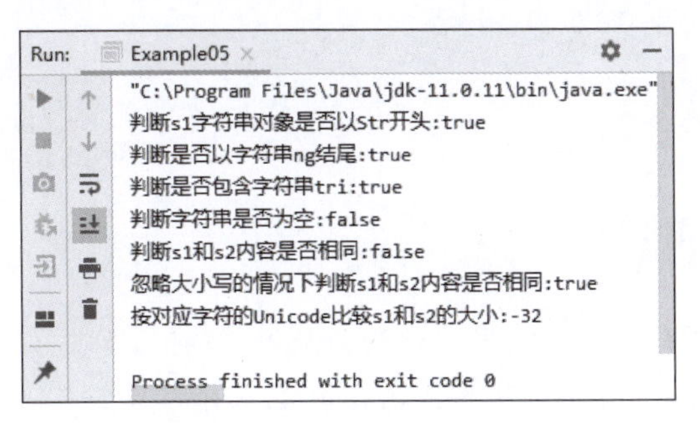

图 6-6 文件 6-5 的运行结果

在判断两个字符串是否相等时,可以通过 equals()方法和==两种方式对字符串进行比较,但这两种方式有明显的区别。equals()方法用于比较两个字符串内容是否相等,==用于比较两个字符串对象的地址是否相同。对于两个内容完全一样的字符串对象,调用 equals()方法判断的结果是 true,使用==判断的结果是 false。为了便于理解,下面给出示例代码:

```
String str1 = new String("abc");
String str2 = new String("abc");
//使用==判断的结果为 false,因为 str1 和 str2 是两个对象,地址不同
System.out.println(str1 == str2);
//调用 equals()方法判断的结果为 true,因为 str1 和 str2 内容相同
System.out.println(str1.equals(str2));
```

5. 字符串的截取和分割操作

在处理字符串时,截取和分割也是经常要执行的操作,例如,截取一个文本中的部分内容,使用特殊的符号将字符串分割为若干段。String 类提供了 substring()方法和 split()方法实现字符串的截取和分割操作,substring()方法用于截取字符串的一部分,split()方法用于将字符串按照某个字符进行分割。下面通过一个案例介绍这两个方法的调用,如文件 6-6 所示。

文件 6-6 Example06.java

```
1  public class Example06 {
2      public static void main(String[] args) {
3          String str = "石家庄-武汉-哈尔滨";
4          //下面是字符串截取操作
5          System.out.println("从第 5 个字符截取到末尾的结果:" +
6                                  str.substring(4));
7          System.out.println("从第 5 个字符截取到第 6 个字符的结果:" +
8                                  str.substring(4, 6));
```

```
9           //下面是字符串分割操作
10          System.out.print("分割后的字符串数组中的元素依次为:");
11          String[] strArray = str.split("-");        //将字符串转换为字符数组
12          for (int i = 0; i < strArray.length; i++) {
13              if (i != strArray.length - 1) {
14                  //如果不是数组的最后一个元素,在元素后面加逗号
15                  System.out.print(strArray[i] + ",");
16              } else {
17                  //数组的最后一个元素后面不加逗号
18                  System.out.println(strArray[i]);
19              }
20          }
21      }
22  }
```

在文件 6-6 中,第 3 行代码定义了名称为 str 的字符串。第 5、6 行代码调用 substring()方法截取字符串,在 substring()方法中传入参数 4,表示从字符串 str 的第 5 个字符开始截取到末尾的字符串。第 7、8 行代码调用 substring()方法截取字符串,在 substring()方法中传入参数 4 和 6,表示从第 5 个字符截取到第 6 个字符(参数 6 表示截取到第 7 个字符前)。第 10～20 行代码先调用 split()方法,使用"-"符号分割字符串,并将分割后的字符串存放在字符数组 strArray 中,最后在 for 循环中遍历输出 strArray 数组中的元素,在输出时,使用 if 条件语句判断元素是否为 strArray 数组的最后一个元素,若不是最后一个元素,则在该元素末尾添加逗号。

文件 6-6 的运行结果如图 6-7 所示。

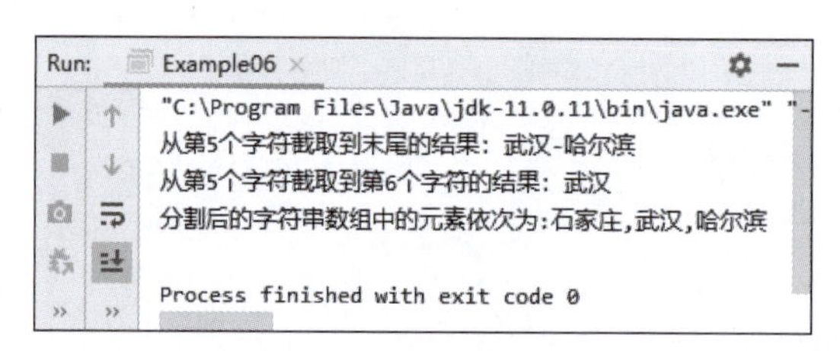

图 6-7 文件 6-6 的运行结果

脚下留心:字符串索引越界异常

String 字符串在获取某个字符时,会用到字符的索引。当访问字符串中的字符时,如果字符的索引不存在,则会发生 StringIndexOutOfBoundsException(字符串索引越界异常)。

下面通过一个案例演示字符串索引越界异常,如文件 6-7 所示。

文件 6-7 Example07.java

```
1  public class Example07 {
2      public static void main(String[] args) {
3          String s = "itcast";
4          System.out.println(s.charAt(8));
5      }
6  }
```

文件 6-7 的运行结果如图 6-8 所示。

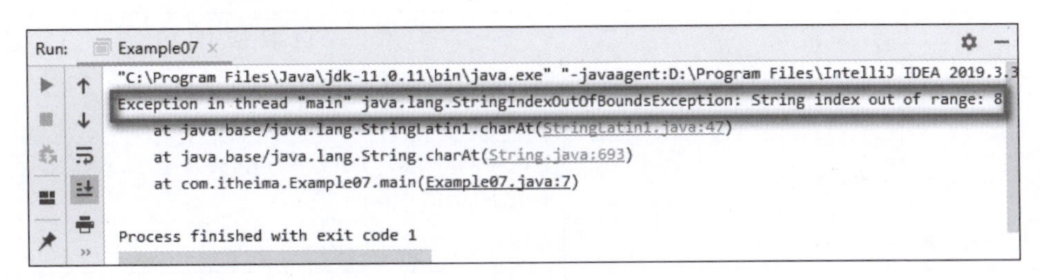

图 6-8　文件 6-7 的运行结果

由图 6-8 可知，访问字符串中的字符时，不能超出字符串的索引取值范围，否则会出现异常，这与数组中的索引越界异常非常相似。

6.1.3　StringBuffer 类

在 Java 中，因为 String 类是 final 类型的，所以使用 String 定义的字符串是一个常量，也就是说使用 String 定义的字符串一旦创建，其内容和长度是不可改变的。为了便于对字符串进行修改，Java 提供了 StringBuffer 类（也称字符串缓冲区）来操作字符串。StringBuffer 类和 String 类最大的区别在于它的内容和长度都是可以改变的。StringBuffer 类就像一个字符容器，当在其中添加或删除字符时，操作的都是这个字符容器，因此并不会产生新的 StringBuffer 对象。

针对添加和删除字符的操作，StringBuffer 类提供了一系列方法，常用方法如表 6-3 所示。

表 6-3　StringBuffer 类的常用方法

方法声明	功能描述
StringBuffer()	创建初始容量为 16，不含任何内容的字符串缓冲区
StringBuffer(int capacity)	创建初始容量为 capacity，不含任何内容的字符串缓冲区
StringBuffer(String s)	创建初始容量为 s.length()+16，内容为 s 的字符串缓冲区
int length()	获取字符串缓冲区中字符串内容的长度
int capacity()	获取字符串缓冲区的当前容量
StringBuffer append(char c)	添加参数到 StringBuffer 对象中
StringBuffer insert(int offset,String str)	在字符串的 offset 位置插入字符串 str
StringBuffer deleteCharAt(int index)	移除此序列指定位置的字符
StringBuffer delete(int start,int end)	删除 StringBuffer 对象中指定范围的字符或字符串序列
StringBuffer replace(int start,int end,String s)	在 StringBuffer 对象中替换指定的字符或字符串序列
void setCharAt(int index, char ch)	修改指定索引 index 处的字符序列
StringBuffer reverse()	反转字符串

续表

方法声明	功能描述
String substring(int start)	获取字符串缓冲区中字符串从索引 start(含)至末尾的子串
String substring(int start,int end)	获取字符串缓冲区中字符串从索引 start(含)至索引 end(不含)的子串
String toString()	获取字符串缓冲区中的字符串

下面通过一个案例介绍表 6-3 中方法的具体使用,如文件 6-8 所示。

文件 6-8　Example08.java

```
1   public class Example08 {
2       public static void main(String[] args) {
3           System.out.println("1.添加------------------------");
4           add();
5           System.out.println("2.删除------------------------");
6           remove();
7           System.out.println("3.修改------------------------");
8           alter();
9           System.out.println("4.截取------------------------");
10          sub();
11      }
12      public static void add() {
13          StringBuffer sb = new StringBuffer();          //定义一个字符串缓冲区
14          sb.append("abcdefg");                          //在末尾添加字符串
15          sb.append("hij").append("klmn");               //连续调用 append()方法添加字符串
16          System.out.println("append 添加结果:" + sb);
17          sb.insert(2, "123");                           //在指定位置插入字符串
18          System.out.println("insert 添加结果:" + sb);
19      }
20      public static void remove() {
21          StringBuffer sb = new StringBuffer("abcdefg");
22          sb.delete(1, 5);                               //指定范围删除
23          System.out.println("删除指定范围结果:" + sb);
24          sb.deleteCharAt(2);                            //指定位置删除
25          System.out.println("删除指定位置结果:" + sb);
26          sb.delete(0, sb.length());                     //清空字符串缓冲区
27          System.out.println("清空缓冲区结果:" + sb);
28      }
29      public static void alter() {
30          StringBuffer sb = new StringBuffer("abcdef");
31          sb.setCharAt(1, 'p');                          //修改指定位置字符
32          System.out.println("修改指定位置字符结果:" + sb);
33          sb.replace(1, 3, "qq");                        //替换指定位置字符串或字符
34          System.out.println("替换指定位置字符(串)结果:" + sb);
35          System.out.println("字符串翻转结果:" + sb.reverse());
36      }
```

```
37     public static void sub() {
38         StringBuffer sb = new StringBuffer();          //定义一个字符串缓冲区
39         System.out.println("获取 sb 的初始容量:" + sb.capacity());
40         sb.append("itcast123");                         //在末尾添加字符串
41         System.out.println("append 添加结果:" + sb);
42         System.out.println("截取第 7~9 个字符:" + sb.substring(6,9));
43     }
44 }
```

在文件 6-8 中，第 12～19 行代码创建了 add()方法，用于实现字符串的添加操作。第 13 行代码创建了一个 StringBuffer 类型的字符串对象 sb。第 14、15 行代码调用 append()方法在字符串 sb 的末尾追加了新的字符串。第 17 行代码调用 insert()方法在字符串 sb 索引为 2 的位置插入字符串"123"。调用 append()方法插入的新字符串始终位于字符串 sb 的末尾，而 insert()方法则可以将新字符串插入指定位置。

第 20～28 行代码定义了 remove()方法，用于删除字符串。其中，第 21 行代码创建了一个 StringBuffer 类型的字符串 sb，第 22 行代码调用 delete()方法删除 sb 字符串索引 1～5 的字符，第 24 行代码调用 deleteCharAt()方法删除字符串索引 2 之后的所有字符，第 26 行代码调用 delete()方法清空缓冲区。

第 29～36 行代码创建了 alter()方法，用于实现字符串的替换和翻转操作。第 30 行代码创建了一个 StringBuffer 类型的字符串 sb。第 31 行代码调用 setCharAt()方法修改索引为 1 的字符为'p'，第 33 行代码调用 replace()方法替换索引 1～3 的字符串为"qq"。第 35 行代码调用 reverse()方法将字符串翻转并打印。

第 37～43 行代码定义了 sub()方法，用于实现字符串的截取操作。第 38 行代码创建了一个 StringBuffer 类型的字符串缓冲区 sb。第 39 行代码调用 capacity()方法获取了字符串缓冲区 sb 的初始容量并打印。第 40 行代码调用 append()方法在字符串 sb 的末尾追加了新的字符串。第 42 行代码调用 substring()方法截取了字符串的第 7～9 个字符并打印。

文件 6-8 的运行结果如图 6-9 所示。

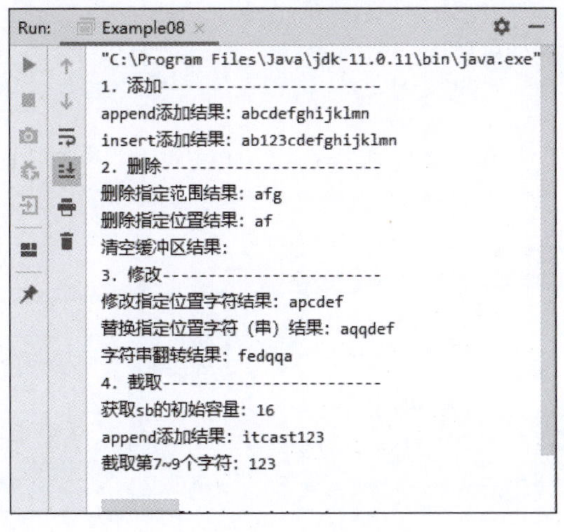

图 6-9　文件 6-8 的运行结果

多学一招：StringBuilder 类

除了 StringBuffer 类，还可以使用 StringBuilder 类修改字符串，StringBuffer 类和 StringBuilder 类的对象都可以被多次修改，且不产生新的未使用对象。StringBuilder 类与 StringBuffer 类的功能相似，且两个类中提供的方法也基本相同。二者最大的不同在于 StringBuffer 类的方法是线程安全的，而 StringBuilder 类没有实现线程安全功能，所以性能略高。通常情况下，如果创建一个内容可变的字符串对象，应该优先考虑使用 StringBuilder 类。

StringBuilder 类同样提供了一系列添加(append)、插入(insert)、替换(raplace)和删除(delete)的方法，读者可以参考表 6-3 来学习 StringBuilder 类的常见操作。

StringBuilder 类、StringBuffer 类和 String 类有很多相似之处，初学者在使用时很容易混淆。接下来针对这 3 个类进行对比，具体如下：

(1) String 类表示的字符串是常量，一旦创建后，内容和长度都是无法改变的。而 StringBuilder 类和 StringBuffer 类表示字符容器，其内容和长度可以随时修改。在操作字符串时，如果该字符串仅用于表示数据类型，则使用 String 类即可；但是如果需要对字符串中的字符进行增删操作，则使用 StringBuffer 类与 StringBuilder 类。如果有大量字符串拼接操作，并且不要求线程安全，使用 StringBuilder 类更高效；相反，如果需要线程安全则需要使用 StringBuffer 类。线程安全相关知识将在第 8 章详细讲解。

(2) 对于 equals()方法的使用前面已经介绍了，但是 StringBuffer 类与 StringBuilder 类中并没有重写 Object 类的 equals()方法，也就是说，equals()方法对于 StringBuffer 类与 StringBuilder 类并不起作用，具体示例如下：

```
String s1 = new String("abc");
String s2 = new String("abc");
System.out.println(s1.equals(s2));           //打印结果为 true
StringBuffer sb1 = new StringBuffer("abc");
StringBuffer sb2 = new StringBuffer("abc");
System.out.println(sb1.equals(sb2));         //打印结果为 false
StringBuilder sbr1=new StringBuilder("abc");
StringBuilder sbr2=new StringBuilder("abc");
System.out.println(sbr1.equals(sbr2));       //打印结果为 false
```

(3) String 类对象可以用＋进行连接，而 StringBuffer 类和 StringBuild 类的对象则不能，具体示例如下：

```
String s1 = "a";
String s2 = "b";
String s3 = s1+s2;                           //合法
System.out.println(s3);                      //打印输出"ab"
StringBuffer sb1 = new StringBuffer("a");
StringBuffer sb2 = new StringBuffer("b");
StringBuffer sb3 = sb1 + sb2;                //编译出错
StringBuilder sb4 = new StringBuilder("c");
StringBuilder sb5 = new StringBuilder("d");
StringBuilder sb6 = sb4 + sb5;               //编译出错
```

6.2　System 类与 Runtime 类

6.2.1　System 类

System 类对读者来说并不陌生，因为在前面所学知识中，需要打印结果时，使用的打印语句“System.out.println();”中就用到了 System 类。System 类定义了一些与系统相关的属性和方法，它提供的属性和方法都是静态的，因此，可以使用 System 类直接引用类中的属性和方法。System 类的常用方法如表 6-4 所示。

表 6-4　System 类的常用方法

方法声明	功能描述
static void arraycopy(Object src, int srcPos, Object dest, int destPos, int length)	从源数组 src 的 srcPos 位置复制 length 个元素到目标数组 dest 的 destPos 位置
static void currentTimeMillis()	返回以毫秒为单位的当前时间
static Properties getProperties()	获取当前系统全部属性
static String getProperty(String key)	获取指定键描述的系统属性
static void gc()	运行垃圾回收器，并对内存中的垃圾进行回收
static void exit(int status)	用于终止当前正在运行的 Java 虚拟机，其中参数 status 表示状态码，若状态码非 0，则表示异常中止

下面通过案例演示这些方法的应用。

1. arraycopy()方法

arraycopy()方法用于将源数组中的元素复制到目标数组，其声明格式如下：

```
static void arraycopy(Object src,int srcPos,Object dest,
                      int destPos,int length)
```

上述声明格式中参数含义如下：

- src：表示源数组。
- dest：表示目标数组。
- srcPos：表示源数组中复制元素的起始位置，即从哪个位置开始复制元素。
- destPos：表示复制到目标数组的起始位置，即从哪个位置开始放入复制元素。
- length：表示复制元素的个数。

需要注意的是，在进行数组元素复制时，目标数组必须有足够的空间来存放复制的元素，否则会发生索引越界异常。下面通过一个案例演示数组元素的复制，如文件 6-9 所示。

文件 6-9　Example09.java

```
1  public class Example09 {
2      public static void main(String[] args) {
3          int[] fromArray = { 10, 11, 12, 13, 14, 15 };          //源数组
```

```
4         int[] toArray = { 20, 21, 22, 23, 24, 25, 26 };          //目标数组
5         System.arraycopy(fromArray, 2, toArray, 3, 4);           //复制数组元素
6         //打印复制后数组的元素
7         System.out.println("复制后的数组元素为:");
8         for (int i = 0; i < toArray.length; i++) {
9             System.out.print(toArray[i]+" ");
10        }
11    }
12 }
```

在文件 6-9 中，第 3、4 行代码创建了两个数组 fromArray 和 toArray，分别代表源数组和目标数组。第 5 行代码调用 System 类的 arraycopy()方法进行元素复制，指定从 fromArray 数组中索引为 2 的元素开始复制，复制长度为 4，并从 toArray 数组索引为 3 的位置开始放入这些元素。复制后的 toArray 数组中的元素是 20、21、22、12、13、14、15。

文件 6-9 的运行结果如图 6-10 所示。

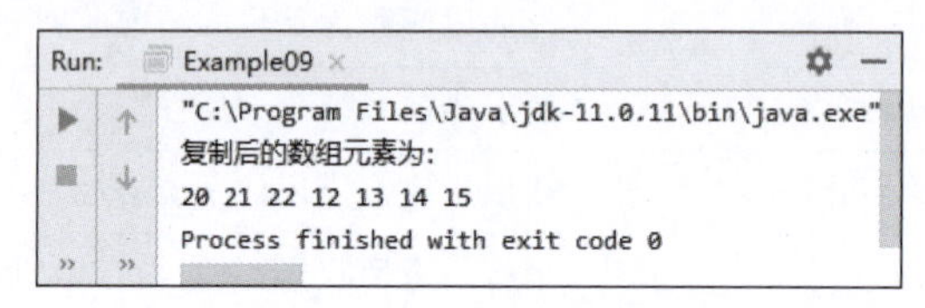

图 6-10　文件 6-9 的运行结果

2. currentTimeMillis()方法

currentTimeMillis()方法用于获取当前系统的时间，返回值类型是 long，该值表示当前时间与 1970 年 1 月 1 日 0 时 0 分 0 秒之间的时间差，单位是毫秒，通常也将该值称作时间戳（系统当前时间）。下面通过一个案例演示 currentTimeMillis()方法的使用，本案例要求计算程序在进行求和操作时消耗的时间，如文件 6-10 所示。

文件 6-10　Example10.java

```
1  public class Example10 {
2      public static void main(String[] args) {
3          long startTime = System.currentTimeMillis();     //循环开始时的当前时间
4          int sum = 0;
5          for (int i = 0; i < 1000000000; i++) {
6              sum += i;
7          }
8          long endTime = System.currentTimeMillis();       //循环结束时的当前时间
9          System.out.println("程序运行的时间为:"+(endTime - startTime)+
10         "ms");
11     }
12 }
```

在文件 6-10 中，第 4～7 行代码演示了 1～1 000 000 000 的求和操作，程序在求和开始和结束时分别调用 currentTimeMillis()方法获取了两个时间戳，两个时间戳之间的差值便

是求和操作消耗的时间。

文件 6-10 的运行结果如图 6-11 所示。

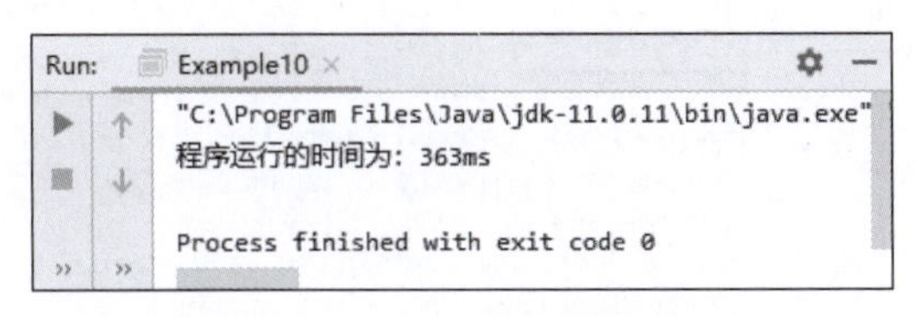

图 6-11 文件 6-10 的运行结果

3. getProperties()和 getProperty()方法

System 类的 getProperties()方法用于获取当前系统的全部属性，该方法会返回一个 Properties 对象，该对象封装了系统的所有属性，这些属性以键值对形式存在。getProperty()方法可以根据系统的属性名获取对应的属性值。下面通过一个案例演示 getProperties()和 getProperty()方法的使用，如文件 6-11 所示。

文件 6-11 Example11.java

```
1  import java.util.*;
2  public class Example11 {
3      public static void main(String[] args) {
4          //获取当前系统属性
5          Properties properties = System.getProperties();
6          //获取所有系统属性的键,返回 Enumeration 对象
7          Enumeration propertyNames = properties.propertyNames();
8          while (propertyNames.hasMoreElements()) {
9              //获取系统属性的键
10             String key = (String) propertyNames.nextElement();
11             //获取当前键对应的值
12             String value = System.getProperty(key);
13             System.out.println(key + "--->" + value);
14         }
15     }
16 }
```

在文件 6-11 中，第 5 行代码通过 System 的 getProperties()方法获取了系统的所有属性。第 7 行代码通过 Properties 的 propertyNames()方法获取所有的系统属性的键，并使用名称为 propertyNames 的 Enumeration 对象接收获取的键。第 8～14 行代码对 Enumeration 对象 propertyNames 执行循环，通过调用 Enumeration 的 nextElement()方法获取系统属性的键，再通过调用 System 的 getProperty(key)方法获取当前键对应的值，最后将所有系统属性的键以及对应的值打印出来。

文件 6-11 的运行结果如图 6-12 所示。

由图 6-12 可知，这些系统属性包括虚拟机版本、用户所在国家、操作系统架构和操作系统名称等。

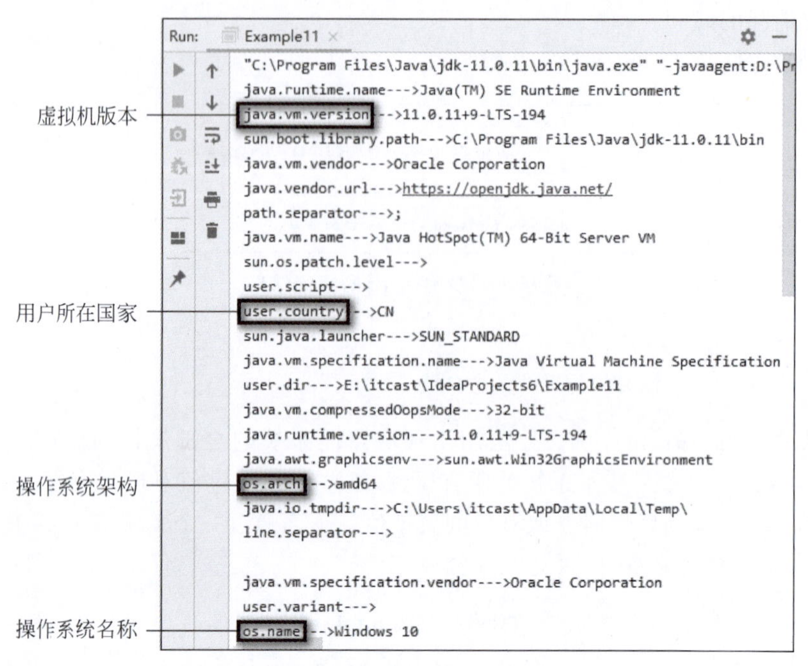

图 6-12　文件 6-11 的运行结果

4. gc()方法

在 Java 中,一个对象如果不再被任何栈内存引用,该对象就称为垃圾对象。一个对象成为垃圾对象后仍会占用内存空间,时间一长,垃圾对象越来越多,就会导致内存空间不足。针对这种情况,Java 引入了垃圾回收机制。有了这种机制,程序员不需要过多关心垃圾对象回收的问题,Java 虚拟机会自动回收垃圾对象所占用的内存空间。

一个对象在成为垃圾对象后,会暂时保留在内存中。当这样的垃圾对象堆积到一定程度时,Java 虚拟机就会启动垃圾回收器将这些垃圾对象从内存中释放,从而使程序获取更多可用的内存空间。除了等待 Java 虚拟机进行自动垃圾回收外,还可以通过调用 System.gc()方法通知 Java 虚拟机立即进行垃圾回收。在系统回收垃圾对象占用的内存时,会自动调用 Object 类的 finalize()方法,因此可以在类中通过重写 finalize()方法观察对象何时被释放。

下面通过一个案例演示 Java 虚拟机进行垃圾回收的过程,如文件 6-12 所示。

文件 6-12　Example12.java

```
1   class Person {
2       private String name;
3       private int age;
4       public Person(String name, int age) {
5           this.name = name;
6           this.age = age;
7       }
8       @Override
9       public String toString() {
10          return "姓名:"+this.name+",年龄:"+this.age;
```

```
11      }
12      //下面定义的 finalize()方法会在垃圾回收前被调用
13      public void finalize() throws Throwable {
14          System.out.println("对象被释放-->"+this);
15      }
16  }
17  public class Example12{
18      public static void main(String[] args) {
19          //创建 Person 对象
20          Person p = new Person("张三",20);
21          //将变量置为 null,让对象 p 成为垃圾
22          p = null;
23          //调用 gc()方法进行垃圾回收
24          System.gc();
25          for (int i = 0; i < 1000000; i++) {
26              //为了延长程序运行的时间,执行空循环
27          }
28      }
29  }
```

在文件 6-12 中,第 13～15 行代码定义了 finalize()方法,该方法抛出的异常并不是常见的 Exception,而是 Throwable,这是因为在调用 finalize()方法时,程序不一定只在运行中产生错误,也有可能产生 JVM 错误。

第 20 行代码创建了 p 对象,并为对象的 name 和 age 属性赋值。当引用完 p 对象之后,第 22 行代码将 p 对象的值设置为 null,断开引用,这意味着 p 对象成为垃圾对象。第 24 行代码通过调用 gc()方法通知 Java 虚拟机进行垃圾回收。Java 虚拟机的垃圾回收操作是在后台完成的,程序结束后,垃圾回收的操作也将终止。因此,第 25～27 行代码使用了一个空的 for 循环,以延长程序运行的时间,从而能够更好地观察垃圾对象被回收的过程。

文件 6-12 的运行结果如图 6-13 所示。

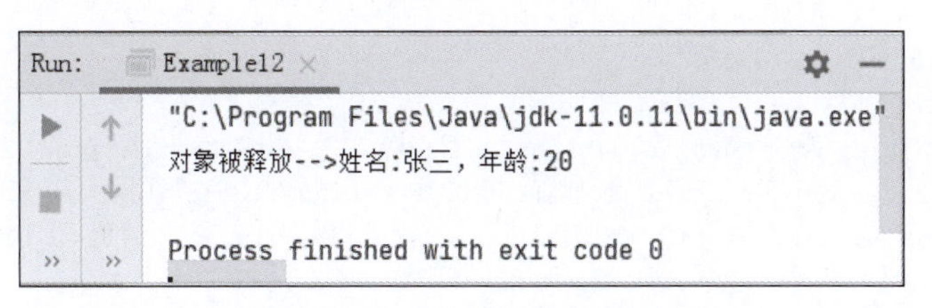

图 6-13 文件 6-12 的运行结果

由图 6-13 可知,Person 类的 finalize()方法被执行了,但是在文件 6-12 中,并没有通过 p 对象调用 finalize()方法,这表明 p 对象在回收之前调用了 finalize()方法。

6.2.2 Runtime 类

Runtime 类用于封装 Java 虚拟机进程,通过 Runtime 类,可以获取 Java 虚拟机运行时状态。每一个 Java 虚拟机都对应一个 Runtime 类的实例。在 JDK 文档中读者不会发现任何有关 Runtime 类构造方法的定义,这是因为 Runtime 类本身的构造方法是私有化的(单

例设计模式),若想在程序中获取一个 Runtime 类实例,只能通过调用 getRuntime()方法获取,该方法是 Runtime 类提供的一个静态方法,用于获取 Runtime 类实例。通过调用 getRuntime()方法获取 Runtime 类实例的具体方式如下:

```
Runtime run = Runtime.getRuntime();
```

由于 Runtime 类封装了 Java 虚拟机进程,因此,在程序中通常会通过 Runtime 类的实例对象获取当前 Java 虚拟机的相关信息。Runtime 类的常用方法如表 6-5 所示。

表 6-5　Runtime 类的常用方法

方法声明	功能描述
getRuntime()	用于获取 Runtime 类的实例
exec(String command)	用于根据指定的路径执行对应的可执行文件
freeMemory()	用于返回 Java 虚拟机的空闲内存量,以字节为单位
maxMemory()	用于返回 Java 虚拟机的最大可用内存量,以字节为单位
availableProcessors()	用于返回 Java 虚拟机的处理器个数
totalMemory()	用于返回 Java 虚拟机的内存总量,以字节为单位

表 6-5 列出的方法可以实现各种不同的操作。下面结合案例讲解 Runtime 类的常用方法。

1. 获取当前虚拟机信息

从表 6-5 中可以看出,Runtime 类可以获取当前 Java 虚拟机的处理器个数、空闲内存量、最大可用内存量和内存总量的信息等,通过这些信息可以清楚地知道 Java 虚拟机的内存使用情况。下面通过一个案例演示这些方法的调用,如文件 6-13 所示。

文件 6-13　Example13.java

```
1  public class Example13 {
2      public static void main(String[] args) {
3          Runtime rt = Runtime.getRuntime();       //创建 Runtime 对象
4          System.out.println("处理器的个数: " + rt.availableProcessors()+"个");
5          System.out.println("空闲内存量: " + rt.freeMemory() / 1024 / 1024
6                              + "MB");
7          System.out.println("最大可用内存量: " + rt.maxMemory() / 1024 /
8                              1024 + "MB");
9          System.out.println("内存总量: " + rt.totalMemory() / 1024 /
10                             1024 + "MB");
11     }
12 }
```

在文件 6-13 中,第 3 行代码通过调用 Runtime 类的 getRuntime()方法创建了 Runtime 对象 rt。第 4 行代码通过调用 Runtime 类的 availableProcessors()方法获取了 Java 虚拟机的处理器个数。第 5、6 行代码通过调用 Runtime 类的 freeMemory()方法获取了 Java 虚拟机的空闲内存量。第 7、8 行代码通过调用 Runtime 类的 maxMemory()方法获取了 Java 虚拟机的最大可用内存量。第 9、10 行代码通过调用 Runtime 类的 totalMemory()方法获取了 Java 虚拟机的内存总量。

文件 6-13 的运行结果如图 6-14 所示。

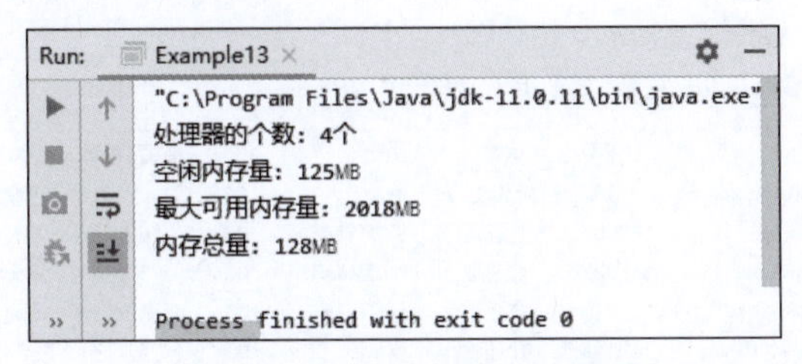

图 6-14　文件 6-13 的运行结果

需要注意的是,因为每个人的计算机配置不同,文件 6-13 的打印结果可能不同。另外,空闲内存量、可用最大内存量和内存总量都是以字节为单位计算的,本案例将字节换算为兆字节(MB)。

2. 操作系统进程

Runtime 类中提供了 exec()方法,该方法用于执行一个 DOS 命令,其执行效果与直接执行 DOS 命令的效果相同。例如,在命令行窗口执行 notepad.exe 命令打开 Windows 自带的记事本。在 Java 程序中,调用 Runtime 类的 exec()方法,将 notepad.exe 作为参数传入 exec()方法,同样可以打开 Windows 自带的记事本,程序的实现如文件 6-14 所示。

文件 6-14　Example14.java

```
1  import java.io.IOException;
2  public class Example14{
3      public static void main(String[] args) throws IOException {
4          Runtime rt = Runtime.getRuntime();          //创建 Runtime 对象
5          rt.exec("notepad.exe");                     //调用 exec()方法
6      }
7  }
```

在文件 6-14 中,第 4 行代码通过调用 Runtime 类的 getRuntime()方法创建了名称为 rt 的 Runtime 对象。第 5 行代码调用 Runtime 类的 exec()方法,并将 notepad.exe 作为参数传递给 exec()方法。运行程序,系统会在桌面上打开记事本,如图 6-15 所示。

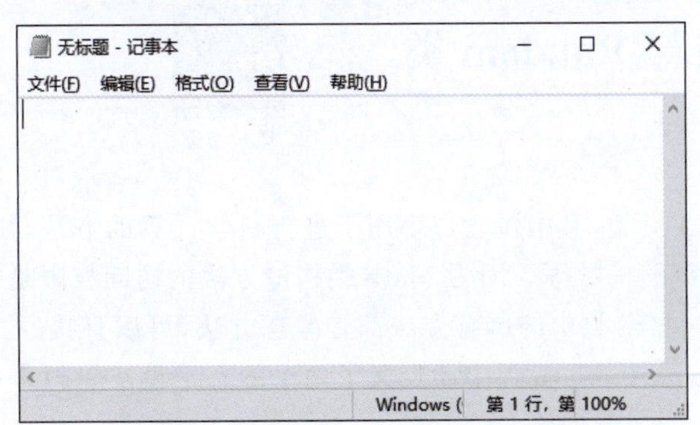

图 6-15　调用 exec()方法打开记事本

在文件 6-14 运行后,Windows 系统会产生一个新的进程——notepad.exe。可以通过任务管理器查看该进程,如图 6-16 所示。

任务管理器

文件(F) 选项(O) 查看(V)

进程 性能 应用历史记录 启动 用户 详细信息 服务

名称	PID	状态	用户名	CPU	内存(活动...	UAC 虚...
LockApp.exe	13788	已挂起	itcast	00	0 K	已禁用
lsass.exe	756	正在运行	SYSTEM	00	6,592 K	不允许
mysqld.exe	3208	正在运行	NETWOR...	00	1,360 K	不允许
nmesrvc.exe	3196	正在运行	SYSTEM	00	532 K	不允许
notepad.exe	14376	正在运行	itcast	00	6,492 K	已禁用
omtsreco.exe	3216	正在运行	SYSTEM	00	780 K	不允许
oracle.exe	3228	正在运行	SYSTEM	00	788 K	不允许
OSPPSVC.EXE	864	正在运行	NETWOR...	00	1,404 K	不允许
pcas.exe	3296	正在运行	SYSTEM	00	2,740 K	不允许

简略信息(D) 结束任务(E)

图 6-16 通过任务管理器查看 notepad.exe 进程

Runtime 类的 exec()方法的返回值为 Process 类型的对象,表示一个操作系统的进程类。通过 Process 类可以进行系统进程的控制,如果要关闭进程,只需调用 Process 类的 destroy()方法即可,具体代码如下:

```
public class Example {
    public static void main(String[] args) throws Exception {
        Runtime rt = Runtime.getRuntime();              //创建一个 Runtime 实例对象
        Process process = rt.exec("notepad.exe");       //得到表示进程的 Process 对象
        Thread.sleep(3000);                             //程序休眠 3s
        process.destroy();                              //关闭进程
    }
}
```

上述代码中,通过调用 Process 对象的 destroy()方法关闭了打开的记事本。为了突出效果,调用了 Thread 类的静态方法 sleep(long millis)使程序休眠了 3s,因此,程序运行后,会看到打开的记事本在 3s 后自动关闭了。关于 Thread 类的使用,会在第 12 章中进行详细讲解,此处读者只需知道调用该类的 sleep()方法可以使程序休眠即可。

6.3 Math 类与 Random 类

思政阅读

6.3.1 Math 类

Math 类是一个工具类,其中包含许多用于进行科学计算的方法,如计算一个数的平方根、绝对值或获取一个随机数等。因为 Math 类构造方法的访问权限是 private,所以无法创建 Math 类的对象。Math 类中的所有方法都是静态方法,可以直接通过类名调用 Math 类中的方法。除静态方法外,Math 类中还定义了两个静态常量——PI 和 E,分别代表数学中的 π 和 e。

Math 类的常用方法如表 6-6 所示。

表 6-6 Math 类的常用方法

方法声明	功能描述
abs(double a)	用于计算 a 的绝对值
sqrt(double a)	用于计算 a 的平方根
ceil(double a)	用于计算大于或等于 a 的最小整数，并将该整数转化为 double 型数据。例如 Math.ceil(15.2)的值是 16.0
floor(double a)	用于计算小于或等于 a 的最大整数，并将该整数转化为 double 型数据。例如 Math.floor(－15.2)的值是－16.0
round(double a)	用于计算小数 a 四舍五入后的值
max(double a,double b)	用于返回 a 和 b 的较大值
min(double a,double b)	用于返回 a 和 b 的较小值
random()	用于生成一个大于或等于 0.0 且小于 1.0 的随机数
sin(double a)	返回 a 的正弦值
asin(double a)	返回 a 的反正弦值
pow(double a,double b)	用于计算 a 的 b 次幂，即 a^b 的值

下面通过一个案例演示表 6-6 中 Math 方法的应用，如文件 6-15 所示。

文件 6-15 Example15.java

```
1  public class Example15 {
2      public static void main(String[] args) {
3          System.out.println("计算-10 的绝对值: " + Math.abs(-10));
4          System.out.println("求大于 5.6 的最小整数: " + Math.ceil(5.6));
5          System.out.println("求小于-4.2 的最大整数: " + Math.floor(-4.2));
6          System.out.println("对-4.6 进行四舍五入: " + Math.round(-4.6));
7          System.out.println("求 2.1 和-2.1 中的较大值: " + Math.max(2.1, -2.1));
8          System.out.println("求 2.1 和-2.1 中的较小值: " + Math.min(2.1, -2.1));
9          System.out.println("生成一个大于或等于 0.0 且小于 1.0 的随机数: " +
10                 Math.random());
11         System.out.println("计算 1.57 的正弦值: "+Math.sin(1.57));
12         System.out.println("计算 4 的平方根: "+Math.sqrt(4));
13         System.out.println("计算 2 的 3 次方的值: "+Math.pow(2, 3));
14     }
15 }
```

在文件 6-15 中，对 Math 类的常用方法进行了演示。第 3 行代码调用 Math 的 abs()方法计算－10 的绝对值。第 4 行代码调用 Math 的 ceil()方法计算大于 5.6 的最小整数。第 5 行代码调用 Math 的 floor()方法计算小于－4.2 的最大整数。第 6 行代码调用 Math 的 rount()方法计算－4.6 的四舍五入结果。第 7 行代码调用 Math 的 max()方法求 2.1 与－2.1 两个数的较大值。第 8 行代码调用 Math 的 min()方法求 2.1 与－2.1 两个数的较小值，第 9、10 行代码调用 random()方法生成一个大于或等于 0 且小于 1.0 的随机值。第 11

行代码调用 sin()方法计算 1.57 的正弦值。第 12 行代码调用 sqrt()方法求 4 的平方根。第 13 行代码调用 pow()方法计算 2^3 的值。

文件 6-15 的运行结果如图 6-17 所示。

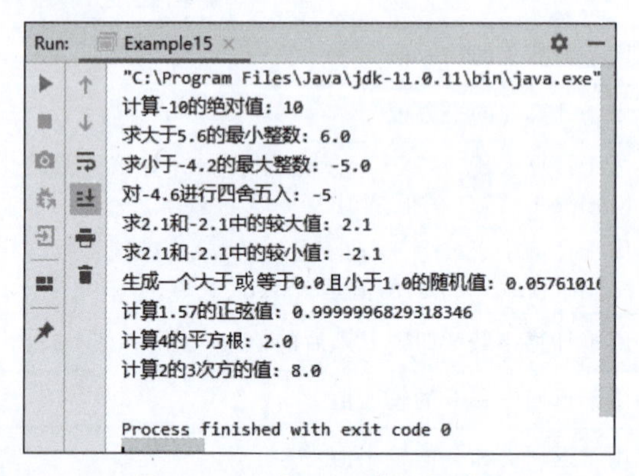

图 6-17 文件 6-15 的运行结果

6.3.2 Random 类

Random 类可以产生指定取值范围的随机数。Random 类提供了两个构造方法,如表 6-7 所示。

表 6-7 Random 类的构造方法

方法声明	功能描述
Random()	使用当前系统时间创建一个 Random 对象
Random(long seed)	使用参数 seed 指定的种子创建一个 Random 对象

表 6-7 中的第一个构造方法是无参的,通过它创建的 Random 对象每次使用的种子是随机的,因此每个对象产生的随机数不同。如果希望创建的多个 Random 对象产生相同的随机数,则可以在创建对象时调用第二个构造方法,传入相同的参数即可。下面先采用表 6-7 中的第一种构造方法产生随机数,如文件 6-16 所示。

文件 6-16 Example16.java

```
1  import java.util.Random;
2  public class Example16 {
3      public static void main(String args[]) {
4          Random random = new Random();              //不传入种子
5          //随机产生 10 个[0,100)区间的整数
6          for (int x = 0; x < 10; x++) {
7              System.out.println(random.nextInt(100));
8          }
9      }
10 }
```

文件 6-16 采用表 6-7 中的第一种构造方法创建 Random 对象,随机生成 10 个[0,100)

区间的整数。其中第 7 行代码的 nextInt(100)表示让 Random 类的对象 random 返回一个 0～100(包括 0,但不包括 100)的随机整数,即返回的整数在[0,100)区间内。

第一次运行文件 6-16,结果如图 6-18 所示。

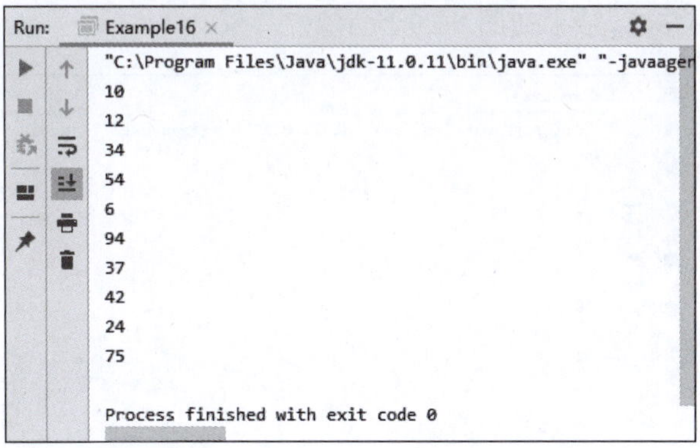

```
Run:  Example16
"C:\Program Files\Java\jdk-11.0.11\bin\java.exe" "-javaagen
10
12
34
54
6
94
37
42
24
75

Process finished with exit code 0
```

图 6-18　第一次运行文件 6-16 的结果

第二次运行文件 6-16,结果如图 6-19 所示。

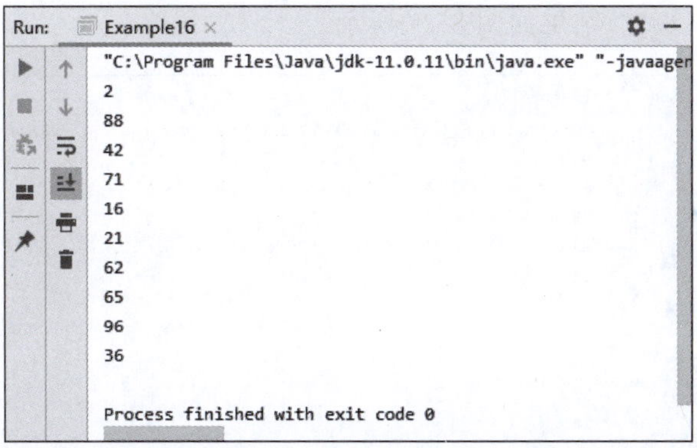

```
Run:  Example16
"C:\Program Files\Java\jdk-11.0.11\bin\java.exe" "-javaagen
2
88
42
71
16
21
62
65
96
36

Process finished with exit code 0
```

图 6-19　第二次运行文件 6-16 的结果

由图 6-18 和图 6-19 可知,文件 6-16 运行两次产生的随机数序列是不一样的。这是因为创建 Random 对象时没有指定种子,系统会以当前时间戳作为种子,产生随机数。由于每一时刻的时间戳都不一样,所以每一次运行时产生的随机数也不一样。

下面将文件 6-16 稍作修改,采用表 6-7 中的第二种构造方法产生随机数,如文件 6-17 所示。

文件 6-17　Example17.java

```
1  import java.util.Random;
2  public class Example17 {
3      public static void main(String args[]) {
4          Random r = new Random(13);                  //创建对象时传入种子
5          //随机产生 10 个[0,100)区间的整数
6          for (int x = 0; x < 10; x++) {
7              System.out.println(r.nextInt(100));
```

```
8            }
9        }
10  }
```

第一次运行文件 6-17,结果如图 6-20 所示。

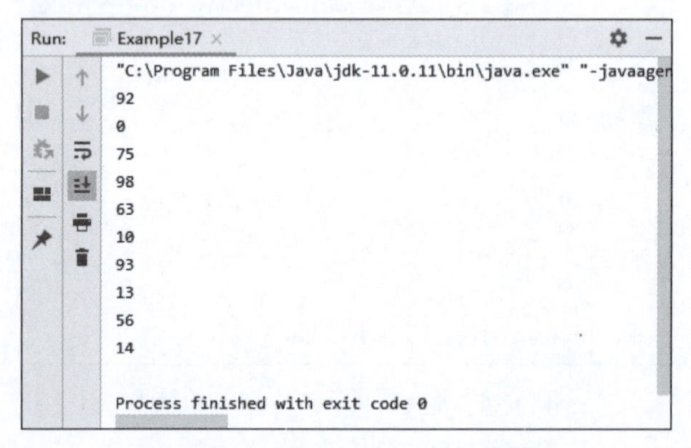

图 6-20　第一次运行文件 6-17 的结果

第二次运行文件 6-17,结果如图 6-21 所示。

```
Run:   Example17
"C:\Program Files\Java\jdk-11.0.11\bin\java.exe" "-javaagen
92
0
75
98
63
10
93
13
56
14

Process finished with exit code 0
```

图 6-21　第二次运行文件 6-17 的结果

由图 6-20 和图 6-21 可知,当创建 Random 对象时,如果指定了相同的种子,则所有对象产生的随机数序列都相同。

Math 类中提供了生成随机数的 random()方法。相对于 Math 类,Random 类提供了更多的方法来生成随机数,不仅可以生成整数类型的随机数,还可以生成浮点数类型的随机数。表 6-8 中列举了 Random 类的常用方法。

表 6-8　Random 类的常用方法

方法声明	功能描述
boolean nextBoolean()	生成 boolean 类型的随机数
double nextDouble()	生成 double 类型的随机数
float nextFloat()	生成 float 类型的随机数

续表

方 法 声 明	功 能 描 述
long nextLong()	生成 long 类型的随机数
int nextInt()	生成 int 类型的随机数
int nextInt(int n)	生成[0～n)区间的 int 类型的随机数

在表 6-8 中，nextBoolean()方法返回的是 true 或 false，nextDouble()方法返回的是 0.0(包括)～1.0(不包括)的 double 类型的值，nextFloat()方法返回的是 0.0(包括)～1.0(不包括)的 float 类型的值，nextLong()方法返回的是 long 类型的值，nextInt(int n)方法返回的是 0(包括)到指定值 n(不包括)的 int 类型的值。下面通过一个案例介绍这些方法的使用，如文件 6-18 所示。

文件 6-18　Example18.java

```
1   import java.util.Random;
2   public class Example18 {
3       public static void main(String[] args) {
4           Random r = new Random();                    //创建 Random 实例对象
5           System.out.println("生成 boolean 类型的随机数: " + r.nextBoolean());
6           System.out.println("生成 float 类型的随机数: " + r.nextFloat());
7           System.out.println("生成 double 类型的随机数:" + r.nextDouble());
8           System.out.println("生成 int 类型的随机数:" + r.nextInt());
9           System.out.println("生成 0~100 的 int 类型的随机数:" +
10                  r.nextInt(100));
11          System.out.println("生成 long 类型的随机数:" + r.nextLong());
12      }
13  }
```

文件 6-18 的运行结果如图 6-22 所示。

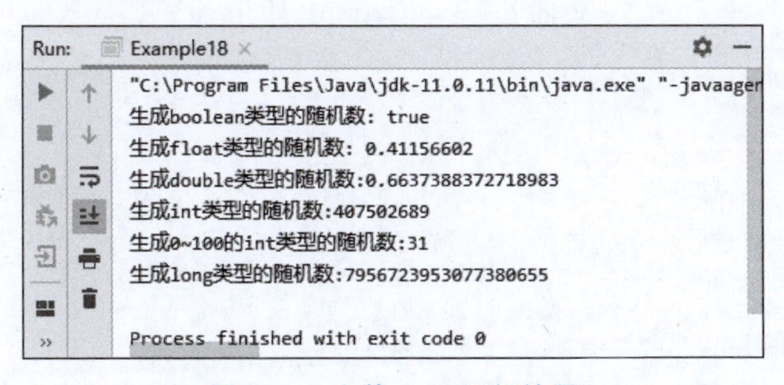

图 6-22　文件 6-18 运行结果

由图 6-22 可知，文件 6-18 中通过调用 Random 类的不同方法分别产生了不同类型的随机数。

6.4 BigInteger类与BigDecimal类

6.4.1 BigInteger类

当程序需要处理一个非常大的整数时,如果这个数值超出了long类型的取值范围,则无法使用基本类型的对象接收。早期程序开发者使用String类进行大整数的接收,再采用拆分的方式进行计算,操作过程非常麻烦。为了解决这个问题,Java提供了BigInteger类。BigInteger类表示大整数,定义在java.math包中,如果在开发时需要定义一个超出long类型的取值范围的整型数据,可以使用BigInteger类的对象接收该数据。

BigInteger类封装了很多常用的基本运算方法,如表6-9所示。

表6-9 BigInteger类中常用的基本运算方法

方法声明	功能描述
BigInteger(String val)	将字符串val变为BigInteger类型的数据
BigInteger add(BigInteger val)	返回当前对象与val的和
BigInteger subtract(BigInteger val)	返回当前对象与val的差
BigInteger multiply(BigInteger val)	返回当前对象与val的积
BigInteger divide(BigInteger val)	返回当前对象与val的商
BigInteger max(BigInteger val)	返回当前对象与val的较大值
BigInteger min(BigInteger val)	返回当前对象与val的较小值
BigInteger[] divideAndRemainder(BigInteger val)	除法操作,计算当前对象除以val的结果,返回一个数组,数组的第1个元素为商,第2个元素为余数

下面通过一个案例介绍这些方法的使用,如文件6-19所示。

文件6-19 Example19.java

```
1  import java.math.BigInteger;
2  class Example19 {
3      public static void main(String[] args) {
4          BigInteger bi1 = new BigInteger("123456789");       //创建BigInteger对象
5          BigInteger bi2 = new BigInteger("987654321");       //创建BigInteger对象
6          System.out.println("bi2与bi1的和: " + bi2.add(bi1));
7          System.out.println("bi2与bi1的差: " + bi2.subtract(bi1));
8          System.out.println("bi2与bi1的积: " + bi2.multiply(bi1));
9          System.out.println("bi2与bi1的商: " + bi2.divide(bi1));
10         System.out.println("bi2与bi1的较大值: " + bi2.max(bi1));
11         System.out.println("bi2与bi1的较小值: " + bi2.min(bi1));
12         //创建BigInteger数组接收bi2除以bi1的商和余数
13         BigInteger result[] = bi2.divideAndRemainder(bi1);
14         System.out.println("bi2除以bi1的商: " + result[0] +
15                        ":bi2除以bi1的余数:" + result[1]);
16     }
17 }
```

在文件 6-19 中，第 4、5 行代码分别创建了两个 BigInteger 对象——bi1 和 bi2。第 6 行代码调用 BigInteger 类的 add()方法求 bi2 和 bi1 的和。第 7 行代码调用 BigInteger 类的 subtract()方法求 bi2 和 bi1 的差。第 8 行代码调用 BigInteger 类的 multiply()方法求 bi2 和 bi1 的积。第 9 行代码调用 BigInteger 类的 divide()方法求 bi2 和 bi1 的商。第 10 行代码求 bi2 和 bi1 的较大值。第 11 行代码求 bi2 和 bi1 的较小值。第 13 行代码求 bi2 除以 bi1 的商和余数，并用 BigInteger 数组 result 接收商和余数。

文件 6-19 的运行结果如图 6-23 所示。

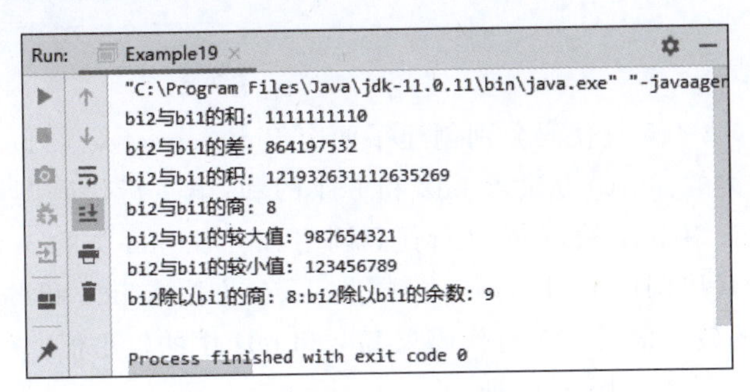

图 6-23 文件 6-19 的运行结果

6.4.2 BigDecimal 类

在进行浮点数运算的时候，float 类型和 double 类型很容易丢失精度，为了能够精确地表示和计算浮点数，Java 提供了 BigDecimal 类。BigDecimal 类可以表示任意精度的小数，多用于数字精度要求高的场景，例如商业计算、货币值计算等。

BigDecimal 类封装了很多常用的方法，如表 6-10 所示。

表 6-10 BigDecimal 类常用的方法

方法声明	功能描述
BigDecimal BigDecimal(String val)	将字符串 val 转为 BigDecimal 类型的数据
static BigDecimal valueOf(double d)	将 double 类型的数据转为 BigDecimal 类型的数据
BigDecimal add(BigDecimal val)	返回当前对象与 val 的和
BigDecimal subtract(BigDecimal val)	返回当前对象与 val 的差
BigDecimal multiply(BigDecimal val)	返回当前对象与 val 的积
BigDecimal divide(BigDecimal val)	返回当前对象与 val 的商
BigDecimal max(BigDecimal val)	返回当前对象与 val 中的较大值
BigDecimal min(BigDecimal val)	返回当前对象与 val 中的较小值

下面通过一个案例学习这些方法的使用，如文件 6-20 所示。

文件 6-20 Example20.java

```
1  import java.math.BigDecimal;
2  public class Example20 {
```

```
3      public static void main(String[] args) {
4          BigDecimal bd1 = new BigDecimal("0.001");        //创建 BigDecimal 对象
5          BigDecimal bd2 = BigDecimal.valueOf(0.009);      //创建 BigDecimal 对象
6          System.out.println("bd2 与 bd1 的和: " + bd2.add(bd1));
7          System.out.println("bd2 与 bd1 的差: " + bd2.subtract(bd1));
8          System.out.println("bd2 与 bd1 的积: " + bd2.multiply(bd1));
9          System.out.println("bd2 与 bd1 的商: " + bd2.divide(bd1));
10         System.out.println("bd2 与 bd1 之间的较大值: " + bd2.max(bd1));
11         System.out.println("bd2 与 bd1 之间的较小值: " + bd2.min(bd1));
12     }
13 }
```

在文件 6-20 中,第 4、5 行代码分别创建了两个 BigDecimal 对象 bd1 和 bd2;第 6 行代码调用 BigDecimal 类的 add()方法求 bd2 和 bd1 的和;第 7 行代码调用 BigDecimal 类的 subtract()方法求 bd2 和 bd1 的差;第 8 行代码调用 BigDecimal 类的 multiply()方法求 bd2 和 bd1 的积;第 9 行代码调用 BigDecimal 类的 divide()方法求 bd2 和 bd1 的商;第 10 行代码求 bd2 和 bd1 中的较大值;第 11 行代码求 bd2 和 bd1 中的较小值。

文件 6-20 的运行结果如图 6-24 所示。

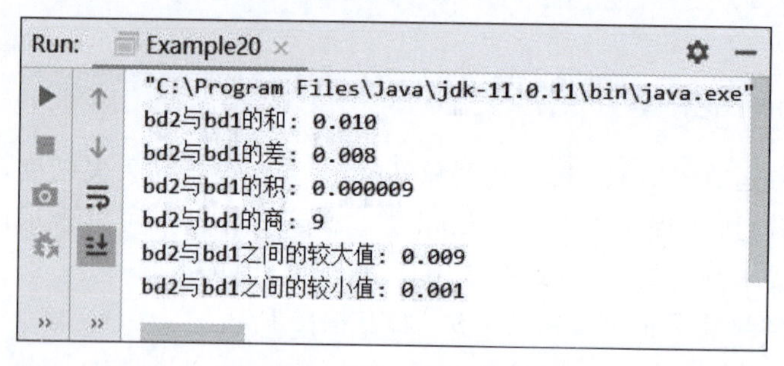

图 6-24 文件 6-20 运行结果

6.5 日期和时间类

6.5.1 Date 类

JDK 的 java.util 包提供了 Date 类,用于表示日期和时间。Date 类在 JDK 1.0 时就已经开始使用。随着 JDK 版本的不断升级和发展,Date 类中大部分的构造方法和普通方法都已经不再推荐使用,只有下面两个构造方法是实际开发中经常被应用到的。

- Date():用于创建当前日期和时间的 Date 对象。
- Date(long date):用于创建指定日期和时间的 Date 对象,其中 date 参数表示 1970 年 1 月 1 日 0 时 0 分 0 秒(称为历元)以来的毫秒数,即时间戳。

下面通过一个案例演示如何使用这两个构造函数创建 Date 对象,如文件 6-21 所示。

文件 6-21 Example21.java

```
1 import java.util.*;
2 public class Example21 {
```

```
3       public static void main(String[] args) {
4           //创建表示当前日期和时间的 Date 对象
5           Date date1 = new Date();
6           //获取当前日期和时间后 1s 的时间
7           Date date2 = new Date(System.currentTimeMillis() + 1000);
8           System.out.println(date1);
9           System.out.println(date2);
10      }
11  }
```

文件 6-21 的运行结果如图 6-25 所示。

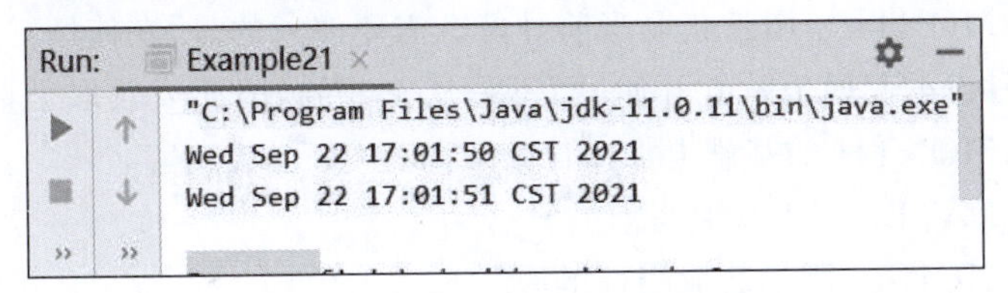

图 6-25　文件 6-21 的运行结果

由图 6-25 可知，程序已经输出了计算机的当前日期和时间以及当前时间后 1s 的日期和时间。

6.5.2　Calendar 类

6.5.1 节介绍了使用 Date 类获取计算机的当前日期和时间，但是 Date 类输出的日期格式并不符合中国的日期标准格式，这是因为 Date 类在设计之初没有考虑国际化的问题，所以从 JDK 1.1 开始，Java 提供了 Calendar 类，用 Calendar 类中的方法取代了 Date 类的相应功能。Calendar 类也用于完成日期和时间字段的操作，它可以通过特定的方法设置和读取日期和时间的特定部分，如年、月、日、时、分、秒等。

Calendar 类是一个抽象类，不可以被实例化，如果想在程序中获取一个 Calendar 实例，则需要调用 Calendar 类的静态方法 getInstance()。通过调用 getInstance()方法获取 Calendar 实例的具体示例如下：

```
Calendar calendar = Calendar.getInstance();
```

Calendar 类提供了大量日期和时间的操作方法，Calendar 类的常用方法如表 6-11 所示。

表 6-11　Calendar 类的常用方法

方法声明	功能描述
int get(int field)	返回指定日历字段 field 的值
void add(int field,int amount)	根据日历规则，为指定的日历字段增加或减去指定的时间量
void set(int field,int value)	将指定日历字段的值设置为 value

续表

方法声明	功能描述
void set(int year,int month,int date)	设置 Calendar 对象的年、月、日 3 个字段的值
void set(int year, int month, int date, int hourOfDay,int minute,int second)	设置 Calendar 对象的年、月、日、时、分、秒 6 个字段的值

表 6-11 中的大多数方法都用到了 int 类型的参数 field,该参数需要接收 Calendar 类中定义的常量值,这些常量值分别表示不同的字段,Calendar 类常用的常量值如下:

- Calendar.YEAR:用于获取当前年份。
- Calendar.MONTH:用于获取当前月份。需要注意的是,在使用 Calendar.MONTH 字段时,月份的起始值从 0 开始,而不是从 1 开始,因此要获取当前的月份,需要在 Calendar.MONTH 的基础上加 1。
- Calendar.DATE:用于获取当前的日。
- Calendar.HOUR:用于获取当前的时。
- Calendar.MINUTE:用于获取当前的分。
- Calendar.SECOND:用于获取当前的秒。

下面通过一个案例介绍 Calender 类如何获取当前计算机的日期和时间,如文件 6-22 所示。

文件 6-22 Example22.java

```
1  import java.util.*;
2  public class Example22 {
3      public static void main(String[] args) {
4          //获取表示当前日期和时间的 Calendar 对象
5          Calendar calendar = Calendar.getInstance();
6          int year = calendar.get(Calendar.YEAR);              //获取当前年份
7          int month = calendar.get(Calendar.MONTH) + 1;        //获取当前月份
8          int date = calendar.get(Calendar.DATE);              //获取当前的日
9          int hour = calendar.get(Calendar.HOUR);              //获取当前的时
10         int minute = calendar.get(Calendar.MINUTE);          //获取当前的分
11         int second = calendar.get(Calendar.SECOND);          //获取当前的秒
12         System.out.println("当前时间为:" + year + "年 " + month + "月 "
13             + date + "日 "+ hour + "时 " + minute + "分 " + second + "秒");
14     }
15 }
```

在文件 6-22 中,第 5 行代码调用 Calendar 类的 getInstance()方法创建了一个代表默认时区内当前时间的 Calendar 对象。第 6~11 行代码调用 Calendar 对象的 get(int field)方法,通过传入不同的常量字段值获取日期和时间各个字段的值。

文件 6-22 的运行结果如 6-26 所示。

在程序中除了要获取计算机的当前日期和时间外,还会经常设置或修改某个日期和时间。例如,一项工程的开始日期为 2021 年的 1 月 1 日,要求 100 天后竣工。此时要想知道竣工日期是哪天,就需要先将日期设定在 2021 年的 1 月 1 日,然后对日期的天数进行增加。

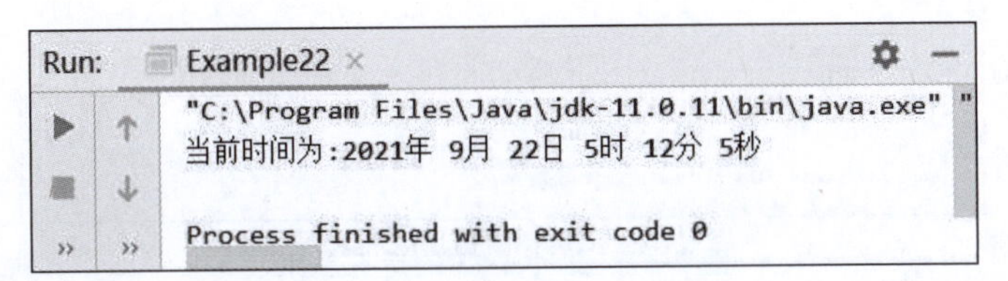

图 6-26　文件 6-22 的运行结果

如果工程没有按照预期完成，可能还需要对日期进行修改。其中添加和修改日期的功能就可以通过 Calendar 类中的 add()和 set()方法来实现。

下面通过案例实现上述例子中日期的添加和修改，如文件 6-23 所示。

文件 6-23　Example23.java

```
1  import java.util.*;
2  public class Example23 {
3      public static void main(String[] args) {
4          //获取表示当前日期和时间的 Calendar 对象
5          Calendar calendar = Calendar.getInstance();
6          //设置指定日期
7          calendar.set(2021, 0, 1);
8          //为指定日期增加天数
9          calendar.add(Calendar.DATE, 100);
10         //返回指定日期的年
11         int year = calendar.get(Calendar.YEAR);
12         //返回指定日期的月
13         int month = calendar.get(Calendar.MONTH) + 1;
14         //返回指定日期的日
15         int date = calendar.get(Calendar.DATE);
16         System.out.println("计划竣工日期为:" + year + "年"
17                            + month + "月" + date + "日");
18     }
19 }
```

在文件 6-23 中，第 5 行代码调用 Calendar 类的 getInstance()方法创建了一个代表默认时区内当前日期和时间的 Calendar 对象。第 7 行代码调用 Calendar 的 set()方法将日期设置为 2021 年 1 月 1 日。第 9 行代码调用 add()方法给 Calendar.Date 字段的当前值增加 100。第 11 行代码调用 get()方法并传入参数 Calendar.YEAR，用于返回指定日期的年份。第 13 行代码调用 get()方法并传入参数 Calendar.MONTH，用于返回指定日期的月份，注意，返回的月份值要加 1。第 15 行代码调用 get()方法并传入参数 Calendar.DATE，用于返回指定日期的日。

需要注意的是，Calendar.DATE 表示的是天数。当天数累加到当月的最大值时，如果继续累加，Calendar.DATE 的天数就会从 1 开始计数，同时月份值会自动加 1，这和算术运算中的进位类似。

文件 6-23 的运行结果如图 6-27 所示。

对于 Calendar 类，只需要了解如何设置和读取日期的特定部分即可。Calendar 类不支持时区，而且不是线程安全的。为了解决这些问题，从 JDK 8 开始增加了一个 java.time 包，

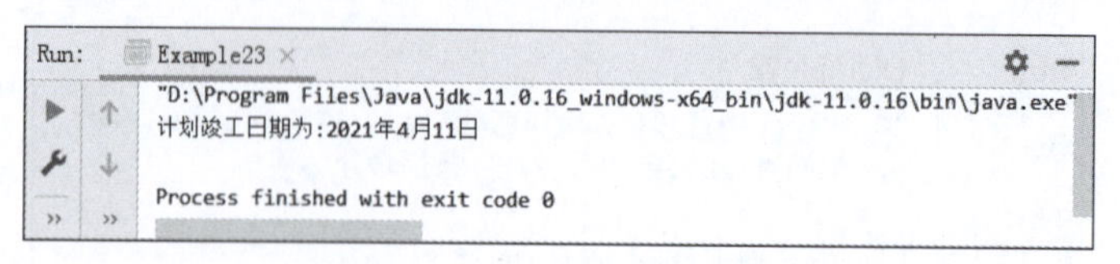

图 6-27　文件 6-23 的运行结果

该包定义了更多的日期和时间操作类,对日期和时间格式的可读性、时区和线程安全等方面进行了改进。

6.5.3　Instant 类

Instant 类代表的是某个时刻。其内部由两个部分组成,第一部分保存的是标准 Java 历元(1970 年 1 月 1 日 0 时 0 分 0 秒)到现在的秒数;第二部分保存的是纳秒数。

Instant 类提供了一系列用于操作时间的常用方法,如表 6-12 所示。

表 6-12　Instant 类的常用方法

方法声明	功能描述
now()	从系统时钟获取当前时刻
now(Clock clock)	从指定时钟获取当前时刻
ofEpochSecond(long epochSecond)	使用自标准 Java 历元开始的秒数获取 Instant 类的实例
ofEpochMilli(long epochMilli)	使用自标准 Java 历元开始的毫秒数获取 Instant 类的实例
getEpochSecond()	根据标准 Java 历元获取秒数
getNano()	获取 Instant 实例时间到当前时间的纳秒数
parse(CharSequence text)	从一个时间文本字符串(如 2007-12-03T10:15:30.00Z)获取 Instant 的实例
from(TemporalAccessor tenporal)	从时间对象获取 Instant 类的实例

下面通过一个案例介绍表 6-12 中的方法的具体使用,如文件 6-24 所示。其中的计算机元年指标准 Java 历元。

文件 6-24　Example24.java

```
1  import java.time.Instant;
2  public class Example24 {
3      public static void main(String[] args) {
4          //Instant 类的时间戳类从 1970-01-01 00:00:00 截止到当前时间的毫秒值
5          Instant now = Instant.now();
6          System.out.println("从系统获取的当前时刻为:"+now);
7          Instant instant = Instant.ofEpochMilli(1000 * 60 * 60 * 24);
8          System.out.println("计算机元年增加 1000 * 60 * 60 * 24 毫秒数后为:"
9                                  +instant);
10         Instant instant1 = Instant.ofEpochSecond(60 * 60 * 24);
11         System.out.println("计算机元年增加 60 * 60 * 24 秒数后为:"
```

```
12                      +instant1);
13          System.out.println("获取的秒值为:"
14              +Instant.parse("2007-12-03T10:15:30.44Z").getEpochSecond());
15          System.out.println("获取的纳秒值为:"
16              +Instant.parse("2007-12-03T10:15:30.44Z").getNano());
17          System.out.println("从时间对象获取的 Instant 实例为:"
18                      +Instant.from(now));
19      }
20  }
```

在文件 6-24 中，第 5 行代码调用 Instant 类的 now()方法获取了系统当前时刻。第 7 行代码调用 Instant 类的 ofEpochMilli()方法获取了计算机元年增加 1000 * 60 * 60 * 24 毫秒后的结果。第 10 行代码调用 Instant 类的 ofEpochSecond()方法获取了计算机元年(1970 年 1 月 1 日)增加 60 * 60 * 24 秒后的结果。第 13、14 行代码调用 Instant 类的 getEpochSecond()方法获取了从 2007-12-03T10:15:30.44Z 到当前时刻的秒数。第 15、16 行代码调用 getNano()方法获取了从 2007-12-03T10:15:30.44Z 到当前时刻的纳秒数。第 17、18 行代码调用 from()方法从时间对象 now 获取了 Instant 类的实例。

文件 6-24 的运行结果如图 6-28 所示。

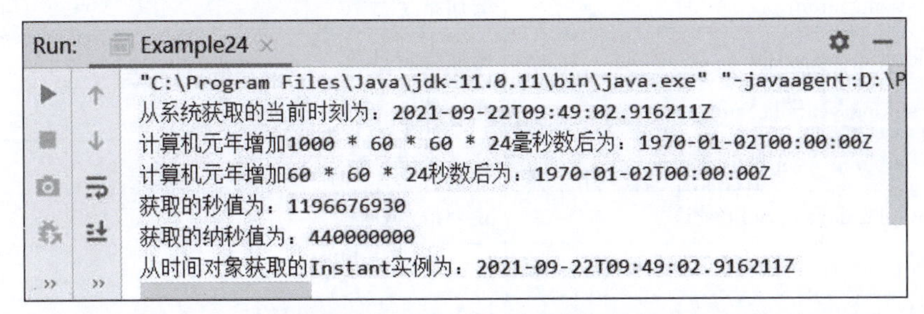

图 6-28 文件 6-24 的运行结果

6.5.4 LocalDate 类

LocalDate 类表示不带时区的日期，如 2021-01-21。LocalDate 类不能代表时间线上的即时信息，只是日期描述。LocalDate 类提供了两个获取日期对象的方法——now()和 of(int year, int month, int dayOfMonth)，具体示例如下：

```
//按指定日期创建 LocalDate 对象
LocalDate date = LocalDate.of(2020, 12, 12);
//从默认时区的系统时钟获取当前日期
LocalDate now1 = LocalDate.now();
```

此外，LocalDate 类还提供了日期格式化、增减年月日等一系列常用方法，如表 6-13 所示。

表 6-13　LocalDate 类的常用方法

方法声明	功能描述
getYear()	获取年份字段
getMonth()	获取月份字段
getMonthValue()	获取月份数值
getDayOfMonth()	获取日字段
format(DateTimeFormatter formatter)	使用指定的格式化程序格式化当前日期
isBefore(ChronoLocalDate other)	检查当前日期是否在指定日期之前
isAfter(ChronoLocalDate other)	检查当前日期是否在指定日期之后
isEqual(ChronoLocalDate other)	检查当前日期是否等于指定日期
isLeapYear()	检查当前年份是否是闰年
parse(CharSequence text)	从一个文本字符串获取一个 LocalDate 类的实例
parse(CharSequence text, DateTimeFormatter formatter)	使用特定格式对从文本字符串获取的 LocalDate 类的实例进行格式化
plusYears(long yearsToAdd)	增加指定年数
plusMonths(long monthsToAdd)	增加指定月数
plusDays(long daysToAdd)	增加指定日数
minusYears(long yearsToSubtract)	减少指定年数
minusMonths(long monthsToSubtract)	减少指定月数
minusDays(long daysToSubtract)	减少指定日数
withYear(int year)	指定年
withMonth(int month)	指定月
withDayOfYear(int dayOfYear)	指定日

下面通过一个案例介绍表 6-13 中的方法的使用,如文件 6-25 所示。

文件 6-25　Example25.java

```
1   import java.time.LocalDate;
2   import java.time.format.DateTimeFormatter;
3   public class Example25 {
4       public static void main(String[] args) {
5           //获取日期时分秒
6           LocalDate now = LocalDate.now();
7           LocalDate of = LocalDate.of(2015, 12, 12);
8           System.out.println("1. LocalDate 的获取及格式化的相关方法--------");
9           System.out.println("从 LocalDate 实例获取当前的年份是:"+now.getYear());
10          System.out.println("从 LocalDate 实例获取当前的月份是:"
11                  +now.getMonthValue());
12          System.out.println("从 LocalDate 实例获取当天为本月的第几天:"
```

```
13                +now.getDayOfMonth());
14            System.out.println("将获取到的 Loacaldate 实例格式化后是:"
15                +now.format(DateTimeFormatter.ofPattern("yyyy 年 MM 月 dd 日")));
16            System.out.println("2. LocalDate 判断的相关方法----------------");
17            System.out.println("判断日期 of 是否在 now 之前:"+of.isBefore(now));
18            System.out.println("判断日期 of 是否在 now 之后:"+of.isAfter(now));
19            System.out.println("判断日期 of 和 now 是否相等:"+now.equals(of));
20            System.out.println("判断日期 of 是否是闰年:"+ of.isLeapYear());
21            //给出一个符合默认格式要求的日期字符串
22            System.out.println("3. LocalDate 解析以及加减操作的相关方法---------");
23            String dateStr="2020-02-01";
24            System.out.println("把日期字符串解析成日期对象的结果是:"
25                +LocalDate.parse(dateStr));
26            System.out.println("将 LocalDate 实例年份加 1 后的结果是:"
27                +now.plusYears(1));
28            System.out.println("将 LocalDate 实例天数减 10 后的结果是:"
29                +now.minusDays(10));
30            System.out.println("将 LocalDate 实例的年份设置为 2014 后的结果是:"
31                +now.withYear(2014));
32        }
33    }
```

在文件 6-25 中,第 6 行代码定义了一个名称为 now 的 LocalDate 实例。第 7 行代码定义了一个名称为 of 的 LocalDate 实例,参数值为“2015,12,12”。第 9～15 行代码调用了 LocalDate 类的获取及格式化日期和时间的相关方法,用于获取当前的日期和时间。其中,第 9 行代码调用 LocalDate 类的 getYear()方法获取了当前的年份,第 10、11 行代码调用 LocalDate 类的 getMonthValue()方法获取了当前的月份,第 12、13 行代码调用 LocalDate 类的 getDayOfMonth()方法获取了当天为本月的第几天,第 14、15 行代码调用 LocalDate 类的 format()方法将日期格式设置为 yyyy 年 MM 月 dd 日。

第 17～20 行代码调用 LocalDate 类的相关方法对日期和时间进行判断。其中,第 17 行代码调用 LocalDate 类的 isBefore()判断日期 of 是否在日期 now 前,第 18 行代码调用 LocalDate 类的 isAfter()方法判断日期 of 是否在日期 now 后,第 19 行代码调用 LocalDate 类的 equals()方法判断日期 of 是否和日期 now 相等,第 20 行代码调用 LocalDate 类的 isLeapYear()方法判断日期 of 的年份是否为闰年。

第 23～31 行代码调用了 LocalDate 类解析以及加减操作的相关方法。其中,第 23 行代码定义了一个名称为 dateStr 的字符串,dateStr 的值为"2020-02-01",第 24、25 行代码调用 LocalDate1 类的 parse()方法将 dateStr 解析为日期对象,第 26、27 行代码调用 LocalDate 类的 plusYears()方法将 now 实例年份加 1,第 28、29 行代码调用 LocalDate 类的 minusDays()方法将 now 实例天数减 10,第 30、31 行代码调用 LocalDate 类的 withYear()方法将 now 实例年份指定为 2014。

文件 6-25 的运行结果如图 6-29 所示。

6.5.5　LocalTime 类与 LocalDateTime 类

JDK 8 还提供了一个表示时间的类——LocalTime 和一个表示日期、时间的类——

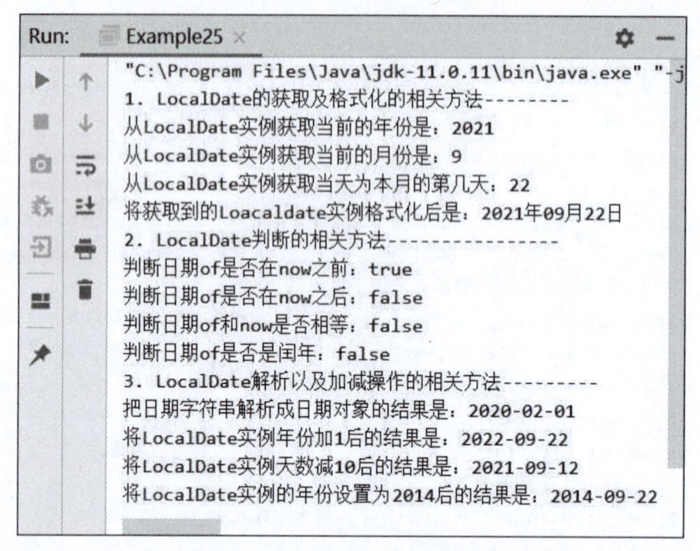

图 6-29 文件 6-25 的运行结果

LocalDateTime,下面分别对这两个类进行详细讲解。

1. LocalTime 类

LocalTime 类用来表示不带时区的时间,通常表示的是时、分、秒,如 14:49:20。与 LocalDate 类一样,LocalTime 类不能代表时间线上的即时信息,只是时间的描述。LocalTime 类中提供了获取时间对象的方法,与 LocalDate 类对应方法的用法类似。

此外,LocalTime 类也提供了时间格式化、增减时分秒等常用方法,这些方法与 LocalDate 类的对应方法用法类似,这里不再详细列举。下面通过一个案例介绍 LocalTime 类的方法,如文件 6-26 所示。

文件 6-26 Example26.java

```
1  import java.time.LocalTime;
2  import java.time.format.DateTimeFormatter;
3  public class Example26 {
4      public static void main(String[] args) {
5          //获取当前时间,包含毫秒数
6          LocalTime time = LocalTime.now();
7          LocalTime of = LocalTime.of(9,23,23);
8          System.out.println("从 LocalTime 获取的小时为:"+time.getHour());
9          System.out.println("将获取的 LoacalTime 实例格式化为:"+
10                 time.format(DateTimeFormatter.ofPattern("HH:mm:ss")));
11         System.out.println("判断时间 of 是否在 now 之前:"+of.isBefore(time));
12         System.out.println("将时间字符串解析为时间对象后为:"+
13                 LocalTime.parse("12:15:30"));
14         System.out.println("从 LocalTime 获取当前时间,不包含毫秒数:"+
15                 time.withNano(0));
16     }
17 }
```

在文件 6-26 中，第 6 行代码调用了 LocalTime 类的 now()方法获取当前时间，获取的时间精确到毫秒。第 7 行代码按指定时间创建 LocalTime 对象。第 8 行代码调用 LocalTime 类的 getHour()方法获取当前小时并输出。第 9、10 行代码调用 DateTimeFormatter 类的 ofPattern()方法将时间格式指定为 HH:mm:ss。第 11 行代码调用 LocalTime 类的 isBefore()方法判断获取的当前时间是否在指定时间之前。第 12、13 行代码调用 parse()方法将获取的当前时间字符串解析为时间对象。第 14、15 行代码调用 withNano()方法从 LocalTime 对象中获取不包含毫秒数的当前时间。

文件 6-26 的运行结果如图 6-30 所示。

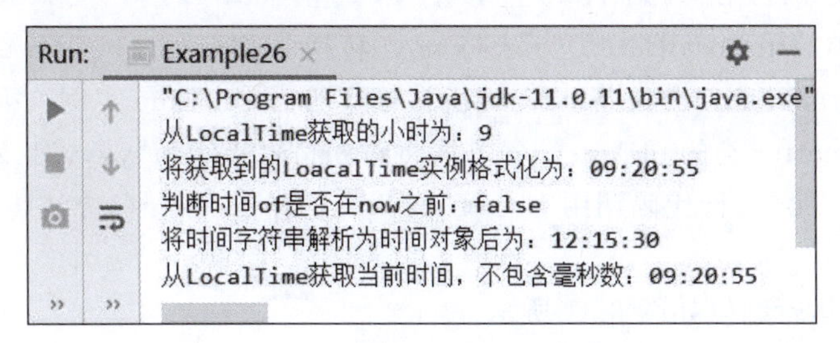

图 6-30 文件 6-26 的运行结果

需要注意的是，当调用 parse()方法解析字符串的时候，该字符串要符合默认的时分秒格式。

2. LocalDateTime 类

LocalDateTime 类是 LocalDate 类与 LocalTime 类的综合，它既包含日期也包含时间。查看 Java API 可以知道，LocalDateTime 类包含了 LocalDate 类与 LocalTime 类的所有方法。

LocalDateTime 类表示不带时区的日期和时间，默认的日期时间格式是年-月-日 T 时:分:秒.纳秒，如 2020-02-29T21:23:26.774，这与日常使用的日期时间格式不太符合，所以 LocalDateTime 类通常和 DateTimeFormatter 类一起使用，DateTimeFormatter 类用于指定日期时间格式。除了 LocalDate 类与 LocalTime 类中的方法，LocalDateTime 类还提供了日期时间的转换方法，下面通过一个案例介绍 LocalDateTime 类的日期时间转换方法，如文件 6-27 所示。

文件 6-27 Example27.java

```
1   import java.time.LocalDateTime;
2   import java.time.format.DateTimeFormatter;
3   public class Example27 {
4       public static void main(String[] args) {
5           //获取系统当前年月日时分秒
6           LocalDateTime now = LocalDateTime.now();
7           System.out.println("获取的当前日期时间为:"+now);
8           System.out.println("将目标 LocalDateTime 转换为相应的 LocalDate 实例:"+
9                   now.toLocalDate());
10          System.out.println("将目标 LocalDateTime 转换为相应的 LocalTime 实例:"+
```

```
11              now.toLocalTime());
12          //指定格式
13          DateTimeFormatter ofPattern = DateTimeFormatter.ofPattern
14                  ("yyyy年MM月dd日 HH时mm分ss秒");
15          System.out.println("格式化后的日期时间为:"+now.format(ofPattern));
16      }
17  }
```

在文件6-27中,第6行代码定义了一个名称为now的LocalDateTime实例,用于获取系统当前日期时间。在7行代码直接打印当前now的值。第8、9行代码调用LocalDateTime类的toLocalDate()方法将now转换为相应的LocalDate实例。第10、11行代码调用toLocalTime()方法将now转换为相应的LocalTime实例。第13、14行代码调用DateTimeFormatter类的ofPattern()方法将时间格式指定为"yyyy年MM月dd日 HH时mm分ss秒"。第15行代码调用LocalDateTime类的format()方法将now的时间按指定的格式打印。

文件6-27的运行结果如图6-31所示。

```
Run:  Example27
"C:\Program Files\Java\jdk-11.0.11\bin\java.exe" "-javaagent:D:\
获取的当前日期时间为:2021-09-23T09:44:34.682540100
将目标LocalDateTime转换为相应的LocalDate实例:2021-09-23
将目标LocalDateTime转换为相应的LocalTime实例:09:44:34.682540100
格式化后的日期时间为:2021年09月23日 09时44分34秒
```

图6-31 文件6-27的运行结果

6.5.6 Duration类与Period类

JDK 8新增的Duration类与Period类提供了简单的时间/日期间隔计算方法。下面分别讲解Duration类与Period类的使用。

1. Duration类

Duration类表示两个时间的间隔,时间间隔的单位可以是天、时、分、秒、毫秒和纳秒,例如一天的12:00:00与13:00:00间隔1h,或者60min,或者3600s。Duration类的常用方法如表6-14所示。

表6-14 Duration类的常用方法

方法声明	功能描述
between(Temporal startInclusive, Temporal endExclusive)	获取一个Duration实例,表示两个时间对象之间的间隔
toDays()	将时间间隔转换为以天为单位
toHours()	将时间间隔转换为以时为单位

续表

方法声明	功能描述
toMinutes()	将时间间隔转换为以分为单位
toSeconds()	将时间间隔转换为以秒为单位
toMillis()	将时间间隔转换为以毫秒为单位
toNanos()	将时间间隔转换为以纳秒为单位

下面通过一个案例讲解 Duration 类中常用方法的使用，如文件 6-28 所示。

文件 6-28　Example28.java

```
1   import java.time.Duration;
2   import java.time.LocalTime;
3   public class Example28{
4           public static void main(String[] args) {
5               LocalTime start = LocalTime.now();
6               LocalTime end = LocalTime.of(20,13,23);
7               Duration duration = Duration.between(start, end);
8               //间隔的时间
9               System.out.println("时间间隔为:"+duration.toNanos()+"纳秒");
10              System.out.println("时间间隔为:"+duration.toMillis()+"毫秒");
11              System.out.println("时间间隔为:"+duration.toHours()+"小时");
12          }
13  }
```

在文件 6-28 中，第 7 行代码通过调用 Duration 类的 between()方法计算 start 与 end 的时间间隔。第 9 行代码通过调用 toNanos()方法将这个时间间隔转换为以纳秒为单位。第 10 行代码通过 toMillis()方法将这个时间间隔转换为以毫秒为单位。第 11 行代码通过 toHours()方法将这个时间间隔转换为以小时为单位。

文件 6-28 的运行结果如图 6-32 所示。

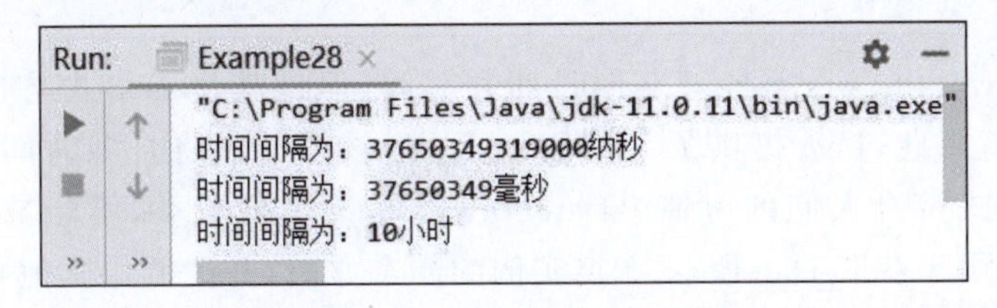

图 6-32　文件 6-28 的运行结果

2. Period 类

Period 类主要用于计算两个日期的间隔，间隔的时间单位可以是年、月和天。与 Duration 类相同，Period 类也通过 between()方法计算日期间隔，并提供了获取年月日的 3 个常用方法，分别是 getYears()、getMonths()和 getDays()。下面通过一个案例介绍这些方法的使用，如文件 6-29 所示。

文件 6-29 Example29.java

```
1  import java.time.LocalDate;
2  import java.time.Period;
3  public class Example29 {
4      public static void main(String[] args) {
5          LocalDate birthday = LocalDate.of(2018, 12, 12);
6          LocalDate now = LocalDate.now();
7          //计算两个日期的间隔
8          Period between = Period.between(birthday, now);
9          System.out.println("时间间隔为"+between.getYears()+"年");
10         System.out.println("时间间隔为"+between.getMonths()+"月");
11         System.out.println("时间间隔为"+between.getDays()+"天");
12     }
13 }
```

在文件 6-29 中，第 8 行代码通过 between()方法计算 birthday 与 now 的时间间隔，第 9 行代码通过调用 getYears()方法获取时间间隔的年数，第 10 行代码通过 getMonths()方法获取时间间隔的月数，第 11 行代码通过 getDays()方法获取时间间隔的天数。

文件 6-29 的运行结果如图 6-33 所示。

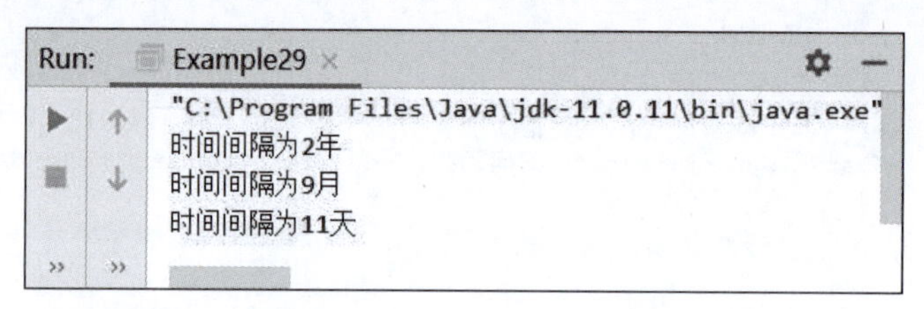

图 6-33 文件 6-29 的运行结果

6.6 日期与时间格式化类

6.6.1 DateFormat 类

尽管使用 java.util.Date 类能够获取日期和时间，但是其显示格式与日常使用的日期和时间格式不同，因此，Java 提供了 DateFormat 类，该类可以将日期时间进行格式化，使日期和时间的格式符合人们的习惯。DateFormat 是一个抽象类，不能被直接实例化，但它提供了一系列用于获取 DateFormat 类实例的静态方法，并能调用其他相应的方法进行操作。

DateFormat 类的常用方法如表 6-15 所示。

表 6-15 DateFormat 类的常用方法

方法声明	功能描述
static DateFormat getDateInstance()	用于创建默认语言环境和格式化风格的日期格式器
static DateFormat getDateInstance(int style)	用于创建默认语言环境和指定格式化风格的日期格式器

续表

方法声明	功能描述
static DateFormat getDateTimeInstance()	用于创建默认语言环境和格式化风格的日期/时间格式器
static DateFormat getDateTimeInstance(int dateStyle,int timeStyle)	用于创建默认语言环境和指定格式化风格的日期/时间格式器
String format(Date date)	将指定日期和时间格式化为日期/时间字符串
Date parse(String source)	将指定字符串解析成一个日期

表 6-15 中的前 4 个方法能获取 DateFormat 类的实例，这 4 种方法返回的实例具有不同的作用，它们可以分别对日期或者时间部分进行格式化。

DateFormat 类还定义了许多常量，其中有 4 个常量值可以作为参数传递给 DateFormat 类的方法，表示不同格式的日期/时间。这 4 个常量具体如下：

- FULL：用于表示完整格式的日期/时间。
- LONG：用于表示长格式的日期/时间。
- MEDIUM：用于表示普通格式的日期/时间。
- SHORT：用于表示短格式的日期/时间。

下面通过一个案例演示 DateFormat 类的使用，如文件 6-30 所示。

文件 6-30　Example30.java

```
1  import java.text.*;
2  import java.util.*;
3  public class Example30 {
4      public static void main(String[] args) {
5          //创建 Date 对象
6          Date date = new Date();
7          //Full 格式的日期格式器对象
8          DateFormat fullFormat =
9                  DateFormat.getDateInstance(DateFormat.FULL);
10         //LONG 格式的日期格式器对象
11         DateFormat longFormat =
12                 DateFormat.getDateInstance(DateFormat.LONG);
13         //MEDIUM 格式的日期/时间格式器对象
14         DateFormat mediumFormat = DateFormat.getDateTimeInstance(
15                 DateFormat.MEDIUM, DateFormat.MEDIUM);
16         //SHORT 格式的日期/时间格式器对象
17         DateFormat shortFormat = DateFormat.getDateTimeInstance(
18                 DateFormat.SHORT, DateFormat.SHORT);
19         //打印格式化后的日期/时间
20         System.out.println("当前日期的完整格式为:"
21                         + fullFormat.format(date));
22         System.out.println("当前日期的长格式为:"
23                         + longFormat.format(date));
24         System.out.println("当前日期的普通格式为:"
25                         + mediumFormat.format(date));
26         System.out.println("当前日期的短格式为:"
```

```
27                          + shortFormat.format(date));
28      }
29  }
```

文件 6-30 演示了 FULL、LONG、MEDIUM 和 SHORT 这 4 种格式的日期和时间格式化输出效果。第 6 行代码创建了一个 Date 对象。第 8～12 行代码分别创建了 FULL 格式和 LONG 格式的日期格式器。第 13～18 行代码分别创建了 MEDIUM 格式和 SHORT 格式的日期/时间格式器。第 20～27 行代码分别使用不同的日期/时间格式器格式化日期/时间并进行打印。

文件 6-30 的运行结果如图 6-34 所示。

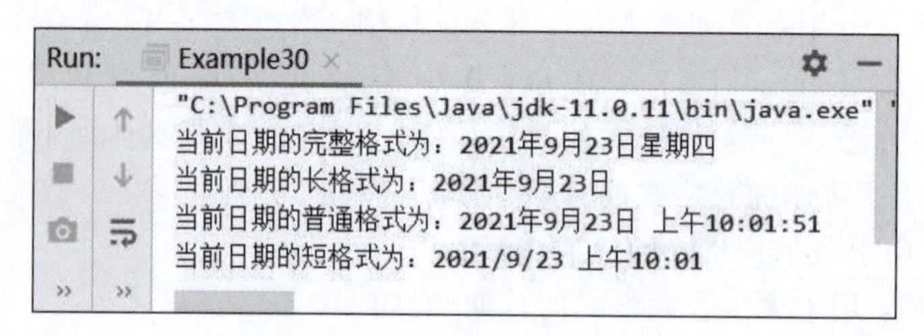

图 6-34　文件 6-30 的运行结果

DateFormat 类还提供了 parse()方法，该方法能够将一个字符串解析成 Date 对象，但是 parse()方法要求字符串必须符合日期/时间的格式要求，否则会抛出异常。下面通过一个案例演示 parse()方法的使用，如文件 6-31 所示。

文件 6-31　Example31.java

```
1   import java.text.*;
2   public class Example31 {
3       public static void main(String[] args) throws ParseException {
4           //创建 LONG 格式的 DateFormat 对象
5           DateFormat dt = DateFormat.getDateInstance(DateFormat.LONG);
6           //定义日期格式的字符串
7           String str = "2021 年 05 月 20 日";
8           //输出对应格式的字符串解析成 Date 对象后的结果
9           System.out.println(dt.parse(str));
10      }
11  }
```

在文件 6-31 中，第 5 行代码创建了一个 LONG 格式的 DateFormat 对象，第 7 行代码定义了日期格式的字符串 str，第 9 行代码调用 parse()方法将字符串 str 解析成 Date 对象并打印。

文件 6-31 的运行结果如 6-35 所示。

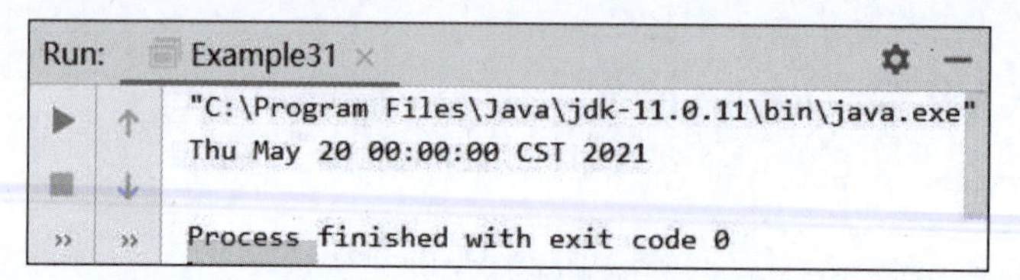

图 6-35　文件 6-31 的运行结果

6.6.2　SimpleDateFormat 类

在调用 DateFormat 对象的 parse()方法将字符串解析为日期/时间时，需要输入固定格式的字符串，这显然不够灵活。为了能够更好地格式化日期/时间、解析字符串，Java 提供了 SimpleDateFormat 类。

SimpleDateFormat 类是 DateFormat 类的子类，它可以使用 new 关键字创建实例对象。在创建实例对象时，SimpleDateFormat 类的构造方法需要接收一个表示日期/时间格式模板的字符串参数，日期/时间格式模板通过特定的日期/时间标记可以将一个日期/时间中的数字提取出来。日期/时间格式模板标记如表 6-16 所示。

表 6-16　日期/时间格式模板标记

标　记	功 能 描 述
y	年，4 位数字，使用 yyyy 表示
M	月，两位数字，使用 MM 表示
d	日，两位数字，使用 dd 表示
H	时(24 小时)，两位数字，使用 HH 表示
m	分，两位数字，使用 mm 表示
s	秒，两位数字，使用 ss 表示
S	毫秒，3 位数字，使用 SSS 表示

除了日期/时间格式化模板标记，SimpleDateFormat 类还提供了一系列方法用于实现日期/时间格式化，常用方法如表 6-17 所示。

表 6-17　SimpleDateFormat 类的常用方法

方 法 声 明	功 能 描 述
SimpleDateFormat(String pattern)	通过一个指定的模板构造对象
Date parse(String source)	将一个包含日期/时间的字符串解析为 Date 类型
String format(Date date)	将一个 Date 类型的对象按照指定格式转换为 String 类型

SimpleDateFormat 类的功能非常强大，在创建 SimpleDateFormat 对象时，只要传入合适的格式字符串参数，就能解析各种形式的日期/时间字符串。其中，格式字符串参数是一个使用日期/时间字段占位符的日期模板。

下面通过一个案例演示如何使用 SimpleDateFormat 类将 Date 对象转为特定格式的字符串，如文件 6-32 所示。

文件 6-32　Example32.java

```
1  import java.util.*;
2  public class Example32 {
3      public static void main(String[] args) throws Exception {
4          //创建一个 SimpleDateFormat 对象
```

```
5           SimpleDateFormat sdf = new SimpleDateFormat("yyyy 年 MM 月 dd 日");
6           //将一个日期/时间格式的字符串格式化为 Date 对象
7           System.out.println(sdf.format(new Date()));
8       }
9   }
```

在文件 6-32 中，第 5 行代码在创建 SimpleDateFormat 对象时传入日期/时间格式模板"yyyy 年 MM 月 dd 日"。在第 7 行代码调用 SimpleDateFormat 的 format()方法时，会将 Date 对象格式化成"yyyy 年 MM 月 dd 日"形式，即 2021 年 09 月 23 日。

文件 6-32 的运行结果如图 6-36 所示。

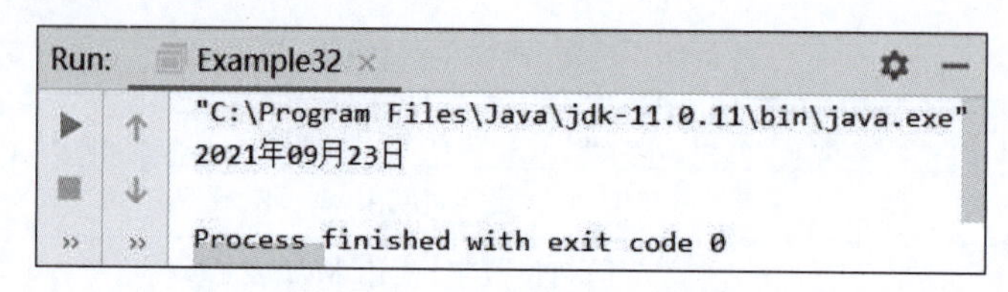

图 6-36　文件 6-32 的运行结果

文件 6-32 通过 SimpleDateFormat 类将一个 Date 对象转换为指定格式的字符串。下面通过一个案例演示如何使用 SimpleDateFormat 类将一个指定日期/时间格式的字符串解析为 Date 对象，如文件 6-33 所示。

文件 6-33　Example33.java

```
1   import java.text.*;
2   import java.util.*;
3   public class Example33 {
4       public static void main(String[] args) throws Exception {
5           String strDate = "2021-03-02 17:26:11.234";          //定义日期和时间的字符串
6           String pat = "yyyy-MM-dd HH:mm:ss.SSS";              //定义日期/时间格式模板
7           //创建一个 SimpleDateFormat 对象
8           SimpleDateFormat sdf = new SimpleDateFormat(pat);
9           //按 SimpleDateFormat 对象的日期/时间格式模板将字符串格式化为 Date 对象
10          Date d = sdf.parse(strDate);
11          System.out.println(d);
12      }
13  }
```

在文件 6-33 中，第 5 行代码定义了日期和时间的字符串，第 6 行代码定义了日期/时间格式模板，第 8 行代码创建了一个 SimpleDateFormat 对象，第 10 行代码使用 SimpleDateFormat 对象的 parse()方法将字符串 strDate 格式化为 Date 对象。

文件 6-33 的运行结果如图 6-37 所示。

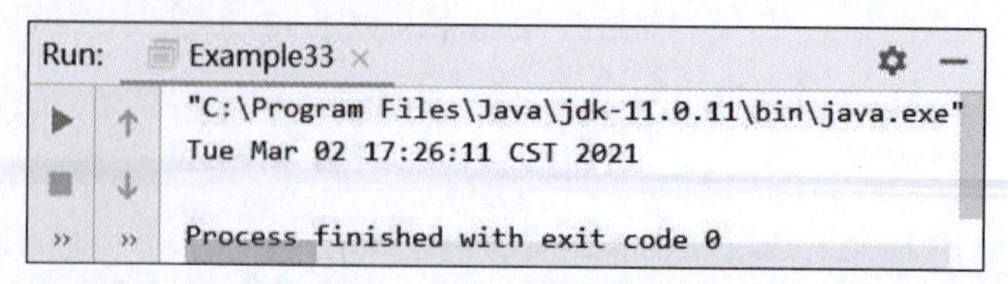

图 6-37　文件 6-33 的运行结果

6.7　数字格式化类

Java 提供了 NumberFormat 类，定义在 java.text 包中。NumberFormat 类可以格式化和解析任何区域设置的数字，使数字的格式符合人们的阅读习惯。NumberFormat 类是一个抽象类，不能被直接实例化，但是它提供了一系列用于获取 NumberFormat 类实例的静态方法，并能调用其他相应的方法进行操作。

NumberFormat 类的常用方法，如表 6-18 所示。

表 6-18　NumberFormat 类的常用方法

方法声明	功能描述
static NumberFormat getCurrencyInstance()	返回当前默认 FORMAT 语言环境的货币格式
static NumberFormat getCurrencyInstance(Locale i)	返回指定语言环境的货币格式
static NumberFormat getInstance()	返回当前默认 FORMAT 语言环境的通用数字格式
static NumberFormat getInstance(Locale i)	返回指定语言环境的通用数字格式
String format(double number)	将给定的 double 类型的数值格式化为数值字符串
String format(long number)	将给定的 long 类型的数值格式化为数值字符串
Number parse(String source)	将给定的字符串解析，生成对应的数值

表 6-18 中的前 4 个方法能获取 NumberFormat 类的实例，每种方法返回的实例都具有不同的作用。下面通过一个案例演示 NumberFormat 类的使用，如文件 6-34 所示。

文件 6-34　Example34.java

```
1  import java.text.NumberFormat;
2  import java.util.Locale;
3  public class Example34 {
4      public static void main(String[] args) {
5          double price = 18.01;                    //定义货币
6          int number = 1000010000;                 //定义数字
7          //按照当前默认语言环境的货币格式显示
8          NumberFormat nf = NumberFormat.getCurrencyInstance();
9          System.out.println("按照当前默认语言环境的货币格式显示:"
10                 + nf.format(price));
11         //按照指定的语言环境的货币格式显示
12         nf = NumberFormat.getCurrencyInstance(Locale.US);
13         System.out.println("按照指定的语言环境的货币格式显示:"
14                 + nf.format(price));
15         //按照当前默认语言环境的数字格式显示
16         NumberFormat nf2 = NumberFormat.getInstance();
17         System.out.println("按照当前默认语言环境的数字格式显示:"
```

```
18                + nf2.format(number));
19          //按照指定的语言环境的数字格式显示
20          nf2 = NumberFormat.getInstance(Locale.US);
21          System.out.println("按照指定的语言环境的数字格式显示:"
22                + nf.format(number));
23      }
24  }
```

在文件 6-34 中,第 5、6 行代码定义了货币格式和数字格式;第 8～14 行代码分别按照默认语言环境和美国语言环境格式化显示货币;第 16～22 行代码分别按照默认语言环境和美国语言环境格式化显示数字。

文件 6-34 运行结果如图 6-38 所示。

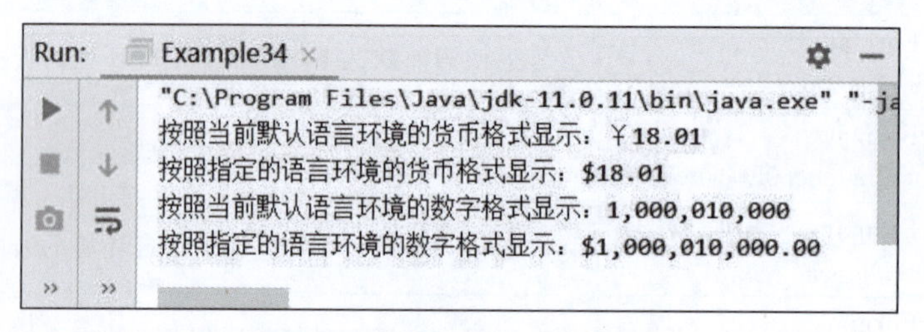

图 6-38 文件 6-34 的运行结果

6.8 包装类

Java 程序设计提倡一种思想,即万物皆对象。这样就出现一个矛盾,因为 Java 中的数据类型分为基本数据类型和引用数据类型,很多类的方法都需要接收引用数据类型的对象,此时就无法将一个基本数据类型的值传入。为了解决这样的问题,就需要对基本数据类型的值进行包装,即将基本数据类型的值包装为引用数据类型的对象。能够将基本数据类型的值包装为引用数据类型的对象的类称为包装类。JDK 提供了一系列包装类,通过这些包装类可以将基本数据类型的值包装为引用数据类型的对象。Java 中的基本数据类型对应的包装类具体如表 6-19 所示。

表 6-19 Java 中的基本数据类型对应的包装类

基本数据类型	对应的包装类
byte	Byte
char	Character
int	Integer
short	Short
long	Long
float	Float

续表

基本数据类型	对应的包装类
double	Double
boolean	Boolean

在表 6-19 列举的包装类中，除了 Integer 类和 Character 类，其他包装类的名称都与其对应的基本数据类型一样，只不过首字母为大写。

除了 Character 和 Boolean 是 Object 类的直接子类外，Integer、Byte、Float、Double、Short、Long 都属于 Number 类的子类。Number 类是一个抽象类，它提供了一系列的返回以上 6 种基本数据类型的方法，Number 类的方法主要是将数字包装类中的内容变为基本数据类型的值，Number 类中定义的方法如表 6-20 所示。

表 6-20 Number 类中定义的方法

方法声明	功能描述
byte byteValue()	以 byte 类型返回指定的数值
abstract double doubleValue()	以 double 类型返回指定的数值
abstract float floatValue()	以 float 类型返回指定的数值
abstract int intValue()	以 int 类型返回指定的数值
abstract long longValue()	以 long 类型返回指定的数值
short shortValue()	以 short 类型返回指定的数值

将一个基本数据类型转换为包装类的过程称为装箱操作；反之，将一个包装类转换为基本数据类型的过程称为拆箱操作。

下面以 int 类型的包装类 Integer 为例，通过一个案例演示装箱与拆箱的过程，如文件 6-35 所示。

文件 6-35 Example35.java

```
1  public class Example35 {
2      public static void main(String args[]) {
3          int a = 20;                          //声明一个基本数据类型
4          Integer in = new Integer(a);         //装箱:将基本数据类型转换为包装类
5          System.out.println(in);
6          int temp = in.intValue();            //拆箱:将一个包装类转换为基本数据类型
7          System.out.println(temp);
8      }
9  }
```

文件 6-35 演示了包装类 Integer 的装箱过程和 int 类型的拆箱过程。在创建 Integer 对象时，将 int 类型的变量 a 作为参数传入，从而将 int 类型的变量 a 转换为 Integer 类型的对象 in；在创建基本数据类型 int 的变量 temp 时，Integer 类型的对象 in 通过调用 intValue()

方法将数据类型转换为 int 类型。

文件 6-35 的运行结果如图 6-39 所示。

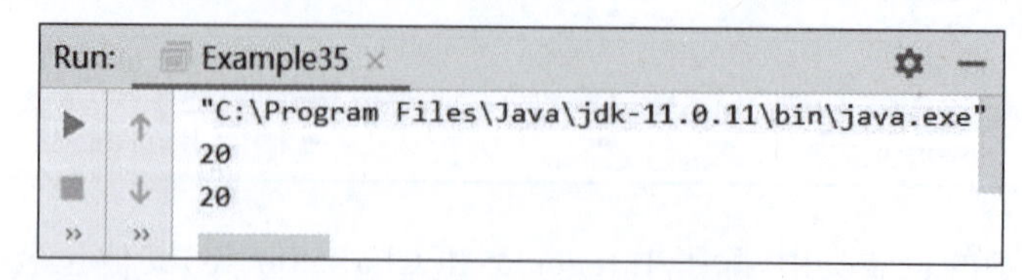

图 6-39 文件 6-35 的运行结果

通过查看 JDK 的 API 文档可以知道,Integer 类除了具有 Object 类的所有方法外,还有一些特有的方法,如表 6-21 所示。

表 6-21 Integer 类特有的方法

方法声明	功能描述
Integer valueOf(int i)	返回一个表示指定的 int 类型的值的 Integer 实例
Integer valueOf(String s)	返回保存指定的 String 类型的值的 Integer 对象
int parseInt(String s)	将字符串参数作为有符号的十进制整数进行解析
int intValue()	将 Integer 类型的值以 int 类型返回

表 6-21 中的 intValue()方法可以将 Integer 类型的值转换为 int 类型,这个方法可以用来进行手动拆箱操作。parseInt(String s)方法可以将一个字符串形式的数值转换成 int 类型,valueOf(int i)可以返回指定的 int 类型的值作为 Integer 实例。下面通过一个案例演示这些方法的使用,如文件 6-36 所示。

文件 6-36 Example36.java

```
1  public class Example36 {
2      public static void main(String args[]) {
3          Integer num = new Integer(20);           //手动装箱
4          int sum = num.intValue() + 10;           //手动拆箱
5          System.out.println("将 Integer 类型的值转换为 int 类型后与 10 求和:"+ sum);
6          System.out.println("返回表示 10 的 Integer 实例:" +
7          Integer.valueOf(10));
8          int w = Integer.parseInt("20")+32;
9          System.out.println("将字符串转换为整数:" + w);
10     }
11 }
```

在文件 6-36 中,第 3~5 行代码为手动装箱和拆箱的过程。在创建 Integer 对象时,将 int 类型的值 20 作为参数传入,将其转换为 Integer 类型并赋值给 Integer 对象 num。num 通过调用 intValue()方法转换为 int 类型,从而可以与 int 类型的值 10 进行加法运算,最终将运算结果打印出来。第 6、7 行代码调用 valueOf()方法将 int 类型的值转换为 Integer 对象并打印。第 8 行代码中,Integer 对象通过调用包装类 Integer 的 parseInt()方法将字符串转换为 int 类型,从而可以与 int 类型的常量 10 进行加法运算。

文件 6-36 的运行结果如图 6-40 所示。

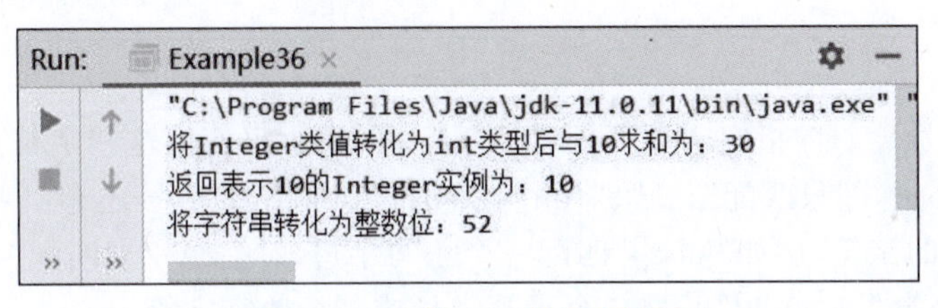

图 6-40　文件 6-36 的运行结果

脚下留心：使用包装类时的注意事项

使用包装类时，需要注意以下几点：

(1) 包装类都重写了 Object 类中的 toString()方法，以字符串的形式返回被包装的基本数据类型的值。

(2) 除了 Character 外，包装类都有 valueOf(String s)方法，可以根据 String 类型的参数 s 创建包装类对象，但参数 s 不能为 null，而且该字符串必须是可以解析为相应基本类型的数据，否则虽然可以编译通过，但运行时会报错。具体示例如下：

```
Integer i = Integer.valueOf("123");          //合法
Integer i = Integer.valueOf("12a");          //不合法,"12a"不能被正确解析为基本数据类型
```

(3) 除了 Character 外，包装类都有 parseXxx(String s)静态方法，该方法的作用是将字符串转换为对应的基本类型的数据。参数 s 不能为 null，而且该字符串必须可以解析为相应基本类型的数据，否则虽然可以编译通过，但运行时会报错。具体示例如下：

```
int i = Integer.parseInt("123");             //合法
Integer in = Integer.parseInt("itcast");     //不合法
```

6.9　正则表达式

在实际开发中，经常需要对用户输入的信息进行格式校验。例如，判断输入的字符串是否符合 Email 格式。若手工编写代码实现校验逻辑，不仅耗时，而且程序健壮性也往往得不到保证。为此，Java 提供了正则表达式，通过正则表达式可以快速校验信息格式。本节将针对正则表达式进行详细讲解。

6.9.1　正则表达式语法

正则表达式是由普通字符(如字符 a～z)和特殊字符(元字符)组成的文本模式。例如，正则表达式"[a-z]*"描述了所有仅包含小写字母的字符串，其中 a、z 为普通字符，连字符、左右中括号及星号则为元字符。

正则表达式中的元字符包括以下几类。

1. 点号

点号(.)可以匹配除"\n"之外的任何单个字符。例如，正则表达式"t.n"可匹配"tan"、

"ten"、"tcn"、"t=n"、"t n"(t 和 n 之间有一个空格)等。

2. 中括号

可以在中括号([])内指定需要匹配的若干字符,表示仅使用这些字符参与匹配。例如,正则表达式"t[abcd]n"只匹配"tan"、"tbn"、"tcn"、"tdn"。中括号还有一些特殊写法,用于匹配某一范围内的字符,例如"[a-z]"匹配一个小写字母,"[a-zA-Z]"匹配一个字母,"[0-9]"匹配一个数字字符,"[a-z0-9]"匹配一个小写字母或一个数字字符。

3. 竖线

竖线(|)可以匹配其左侧或右侧的符号。例如,正则表达式"t(a|e|i|io)n"除了"tan"、"ten"和"tin"外,还可以匹配"tion"。使用竖线时,必须使用小括号将可以匹配的字符括起来,小括号用来标记正则表达式中的组(group)。

4. ^符号

^符号可以匹配一行的开始。例如,正则表达式"^Spring.*"匹配"Spring MVC",而不匹配"a Spring MVC"。若^符号在中括号内,则表示不需要参与匹配的字符。例如,正则表达式"[a-z&&[^bc]]"表示匹配除 b 和 c 之外的小写字母,等价于"[ad-z]";正则表达式"[a-z&&[^h-n]]"表示匹配除 h 到 n 之外的小写字母,等价于"[a-go-z]";正则表达式"[^b][a-z]+"表示首个字符不能是 b 且后跟至少一个小写字母。

5. 美元符号

美元符号($)可以匹配一行的结束。例如,正则表达式".*App$"中的$表示匹配以 App 结尾的字符串,可以匹配"Android App",而不匹配"iOS Apps"和"App."。

6. 反斜线

反斜线(\)表示其后的字符是普通字符而非元字符。例如,正则表达式"\$"用来匹配$字符而非结束,"\."用来匹配"."字符而非任一字符。

7. 匹配次数元字符

匹配次数元字符用来确定其左侧符号的出现次数。常用的匹配次数元字符如表 6-22 所示。

表 6-22 常用的匹配次数元字符

元 字 符	含 义
X*	匹配 X 出现零次或多次,如 Y、YXXXY
X+	匹配 X 出现一次或多次,如 YXY、YXX
X?	匹配 X 出现零次或一次,如 Y、YXY
X{*n*}	匹配 X 出现恰好 *n* 次
X{*n*,}	匹配 X 出现至少 *n* 次
X{*n*,*m*}	*n*<=*m*,匹配 X 出现至少 *n* 次,最多 *m* 次

8. 其他常用符号

除了上述 7 种元字符外，正则表达式的其他常用元字符如表 6-23 所示。

表 6-23　其他常用元字符

元　字　符	含　　义
\d	数字，相当于[0-9]
\D	非数字，相当于 [^0-9]
\s	空白字符，相当于[\t\n\x0B\f\r]
\S	非空白字符，相当于[^\s]
\w	单词字符，相当于[a-zA-Z_0-9]
\b	单词边界
\B	非单词边界
\A	输入的开头
\G	上一个匹配的结尾

6.9.2　Pattern 类与 Matcher 类

Java 正则表达式通过 java.util.regex 包下的 Pattern 类与 Matcher 类实现，因此，要使用正则表达式，首先要学会这两个类的使用。下面分别对这两个类进行详细讲解。

1. Pattern 类

Pattern 类用于创建一个正则表达式，也可以说创建一个匹配模式。Pattern 类的构造方法是私有的，不可以直接创建正则表达式，为此，Pattern 类提供了一个静态的 compile()方法，通过调用 compile()方法可以创建一个正则表达式，示例代码如下：

```
Pattern p = Pattern.compile("\\w+");
```

除了 compile()方法，Pattern 类还提供了其他的方法，常用方法如表 6-24 所示。

表 6-24　Pattern 类的常用方法

方法声明	功能描述
static Pattern compile(String re)	将正则表达式编译为模式
Matcher matcher(CharSequence input)	根据模式为字符串 input 创建匹配器。String 类实现了 CharSequence 接口，CharSequence 接口可视为 String
Static boolean matches(String regex, CharSequence input)	判断字符串 input 是否匹配正则表达式 regex。该方法适用于只进行一次匹配的情况
String pattern()	返回模式使用的正则表达式

续表

方法声明	功能描述
String[] split(CharSequence input)	根据模式将字符串 input 分割为字符串数组
String[] split(CharSequence input,int limit)	根据模式将字符串 input 分割为字符串数组,同时指定子串的最大个数为 limit

下面通过一个案例介绍 Pattern 类常用方法的使用,如文件 6-37 所示。

文件 6-37 Example37.java

```
1  import java.util.regex.Matcher;
2  import java.util.regex.Pattern;
3  public class Example37 {
4      public static void main(String[] args) {
5          Pattern p1 = Pattern.compile("a * b");      //根据参数指定的正则表达式创建模式
6          Matcher m1 = p1.matcher("aaaaab");          //获取目标字符串的匹配器
7          Matcher m2 = p1.matcher("aaabbb");          //获取目标字符串的匹配器
8          System.out.println(m1.matches());           //执行匹配器
9          System.out.println(m2.matches());           //执行匹配器
10         Pattern p2 = Pattern.compile("[/]+");
11         String[] str = p2.split("张三//李四/王五//赵六/钱七"); //按模式分割字符串
12         for(String s : str){
13             System.out.print(s+"\t");
14         }
15     }
16 }
```

在文件 6-37 中,第 5 行代码通过 compile()方法创建一个正则表达式。第 6、7 行代码获取字符串"aaaaab"和字符串"aaabbb"的匹配器 a * b。第 8、9 行代码通过 matches()方法判断正则表达式"a * b"是否能与目标字符串"aaaaab"匹配成功。第 10 行代码根据参数指定的正则表达式创建模式。第 11 行代码调用 split()方法按 p2 模式分割字符串,并将分割后的子串存放在字符串数组 str 中。第 12~14 行代码使用 for 循环打印数组 str。

文件 6-37 的运行结果如图 6-41 所示。

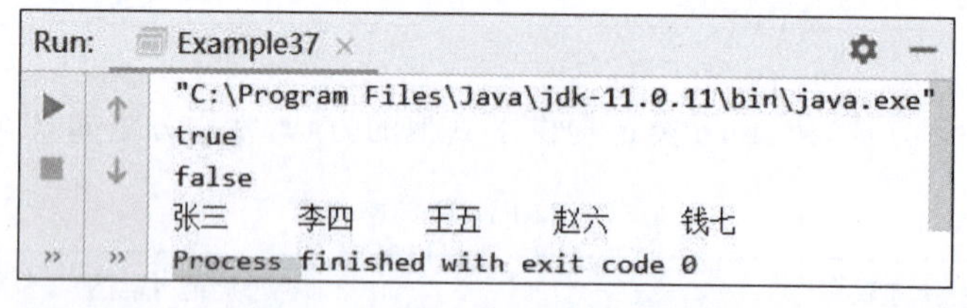

图 6-41 文件 6-37 的运行结果

2. Matcher 类

Matcher 类用于验证 Pattern 类定义的模式与字符串是否匹配,因此 Matcher 实例也称为匹配器。Matcher 类的构造方法也是私有的,不能直接创建 Matcher 实例,只能通过

Pattern.matcher()方法获取该类的实例，多个 Matcher 对象可以使用同一 Pattern 对象。

Matcher 类的常用方法如表 6-25 所示。

表 6-25 Matcher 类的常用方法

方法声明	功能描述
Pattern pattern()	返回匹配器的模式
Matcher usePattern(Pattern p)	使用模式为 p 的匹配器
Matcher reset()	重设匹配器到初始状态
Matcher reset(CharSequence input)	重设匹配器到初始状态，并以 input 为目标字符串
boolean find()	在目标字符串中查找下一个匹配字符串，若找到则返回 true
int start()	求正则表达式匹配的字符串在整个字符串中第一次出现的索引
int end()	求正则表达式匹配的字符串在整个字符串中最后一次出现的索引
String group()	返回匹配的子串
String group(int i)	返回上一次匹配的子串中与第 i 组匹配的子串。正则表达式中以一对小括号括起来的部分称为组
boolean matches()	对整个字符串进行匹配，只有整个字符串都匹配才返回 true
boolean lookingAt()	从目标字符串的第一个字符开始匹配，若匹配成功则返回 true
String replaceAll(String s)	将目标字符串中与模式匹配的全部子串替换为 s 并返回替换后的字符串
String replaceFirst(String s)	将目标字符串中与模式匹配的首个子串替换为 s 并返回替换后的字符串

下面通过一个案例介绍 Matcher 类常用方法的使用，如文件 6-38 所示。

文件 6-38 Example38.java

```
1  import java.util.regex.Matcher;
2  import java.util.regex.Pattern;
3  public class Example38 {
4      public static void main(String[] args) {
5          Pattern p=Pattern.compile("\\d+");
6          Matcher m=p.matcher("22bb23");
7          System.out.println("字符串是否匹配:"+ m.matches());
8          Matcher m2=p.matcher("2223");
9          System.out.println("字符串 2223 与模式 p 是否匹配:"+ m2.matches());
10         System.out.println("字符串 22bb23 与模式 p 的匹配结果:"+ m.lookingAt());
11         Matcher m3=p.matcher("aa2223");
12         System.out.println("字符串 aa2223 与模式 p 的匹配结果:"+m3.lookingAt());
13         System.out.println("字符串 22bb23 与模式 p 是否存在下一个匹配结果:"+
14                            m.find());
15         m3.find();                                  //返回 true
16         System.out.println("字符串 aa2223 与模式 p 是否存在下一个匹配结果:"+
17                            m3.find());
18         Matcher m4=p.matcher("aabb");
```

```
19          System.out.println("字符串 aabb 与模式 p 是否存在下一个匹配结果:"+
20                              m4.find());
21          Matcher m1=p.matcher("aaa2223bb");
22          m1.find();                              //匹配 2223
23          System.out.println("模式 p 与字符串 aaa2223bb 第一次匹配的索引:"+
24                              m1.start());
25          System.out.println("模式 p 与字符串 aaa2223bb 最后一次匹配的索引:"+
26                              m1.end());
27          System.out.println("模式 p 与字符串 aaa2223bb 匹配的子字符串:"+
28                              m1.group());
29          Pattern p2 = Pattern.compile("[/]+");
30          Matcher m5 = p2.matcher("张三/李四//王五///赵六");
31          System.out.println("将字符串张三/李四//王五///赵六中的/全部替换为|:"+
32                              m5.replaceAll("|"));
33          System.out.println("将字符串张三/李四//王五///赵六中的首个/替换为|:"+
34                              m5.replaceFirst("|"));
35      }
36  }
```

在文件6-38中,第5行代码根据参数指定的正则表达式创建匹配器的模式。第6~9行代码调用matches()方法判断字符串"22bb23"和"2223"与模式p是否匹配。第10~12行代码通过lookingAt()方法查看模式p与字符串"22bb23"和"aa2223"是否能成功匹配。第13~22行代码调用find()方法查找模式p与各字符串是否有下一个匹配结果。第23、24行代码调用start()方法获取模式p与字符串"aaa2223bb"的第一次匹配的索引。第25、26行代码调用end()方法获取模式p与字符串"aaa2223bb"的最后一次匹配的索引。第27、28行代码通过group()方法获取模式p与字符串"aaa2223bb"匹配的子字符串。第29行代码根据参数指定的正则表达式创建匹配器的模式p2。第30行代码的p2对象调用matcher()方法,获取Matcher类的实例。第31、32行代码将字符串"张三/李四//王五///赵六"中的/全部替换为|。第33、34行代码将字符串"张三/李四//王五///赵六"中的首个/替换为|。

文件6-38的运行结果如图6-42所示。

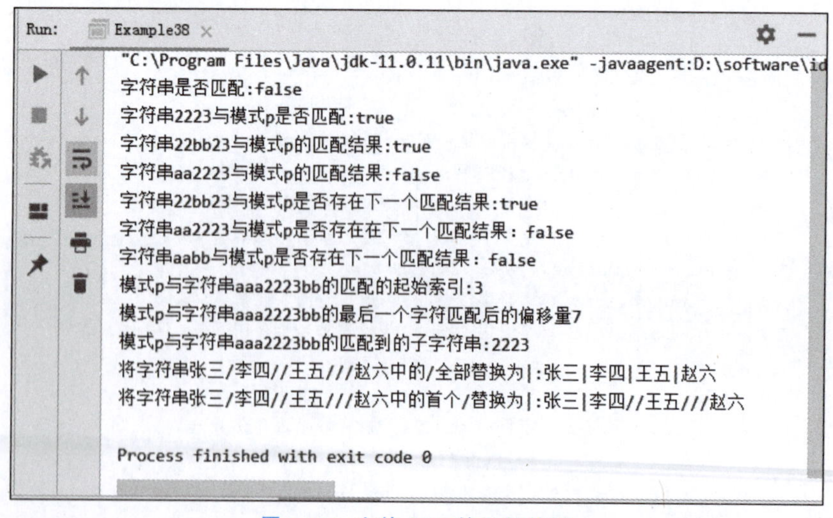

图6-42 文件6-38的运行结果

6.9.3　String 类对正则表达式的支持

String 类提供了 3 个支持正则表达式操作的方法，如表 6-26 所示。

表 6-26　String 类支持正则表达式操作的方法

方法声明	功能描述
boolean matches(String regex)	匹配字符串 regex
String replaceAll(String regex, String replacement)	使用字符串 replacement 替换 regex
String[] split(String regex)	拆分字符串 regex

下面通过一个案例介绍这 3 个方法的使用，如文件 6-39 所示。

文件 6-39　Example39.java

```
1  public class Example39{
2      public static void main(String[] args) {
3          String str = "A1B22DDS34DSJ9D".replaceAll("\\d+","_");
4          System.out.println("字符串替换后为:"+str);
5          boolean te = "321123as1".matches("\\d+");
6          System.out.println("字符串是否匹配:"+te);
7          String[] s="SDS45d4DD4dDS88D".split("\\d+");
8          System.out.print("字符串拆分后为:");
9          for(int i=0;i<s.length;i++){
10             System.out.print(s[i]+"  ");
11         }
12     }
13 }
```

在文件 6-39 中，第 3 行代码调用 replaceAll()方法将匹配[0-9]的字符串全部替换为_。第 5 行代码调用 matches()方法判断字符串是否与自定义的模式匹配，如果匹配返回 true，否则返回 false。第 7 行代码调用 split()方法将字符串按自定义的模式拆分。

文件 6-39 的运行结果如图 6-43 所示。

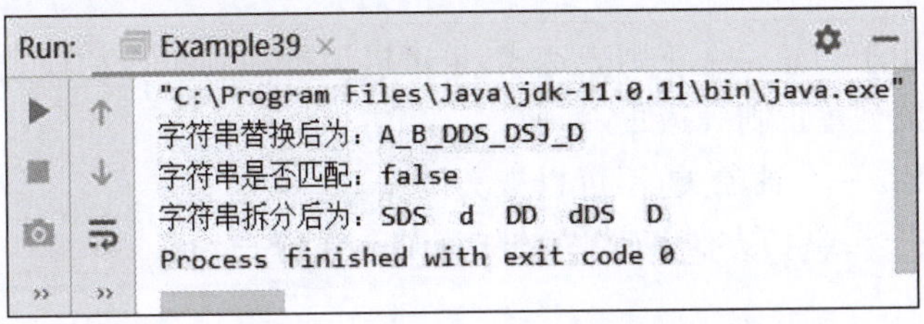

```
Run:  Example39
"C:\Program Files\Java\jdk-11.0.11\bin\java.exe"
字符串替换后为: A_B_DDS_DSJ_D
字符串是否匹配: false
字符串拆分后为: SDS  d  DD  dDS  D
Process finished with exit code 0
```

图 6-43　文件 6-39 的运行结果

需要注意的是，String 类的 matches(String regex)方法的调用与 Pattern 类和 Matcher 类中的同名方法一样，必须匹配所有字符才返回 true，否则返回 false。

6.10 本章小结

本章详细介绍了Java API的基础知识。主要内容如下：String类、StringBuffer类的使用和字符串类，String类、StringBuffer类和StringBuilder类的区别；System类和Runtime类的使用；Math类和Random类的使用；BigInteger类和BigDecimal类的使用；日期和时间类中的Date类和Calendar类；JDK 8新增的日期和时间类，包括Instant类、LocalDate类、LocalTime类、LocalDateTime类、Duration类和Period类以及日期格式化类DateFormat类和SimpleDateformat类；数字格式化类NumberDecimal类；基本数据类型对应的包装类；正则表达式，包括正则表达式语法、Pattern类、Matcher类和String类对正则表达式的支持等。熟练掌握Java中的常用API，对以后的实际开发大有裨益。

6.11 本章习题

一、填空题

1. 在Java中定义了3个类，用来封装对字符串的操作，分别是________、________和________。

2. Java中用于获取String字符串长度的方法是________。

3. Java中用于将日期格式化为字符串的类是________。

4. Java中用于产生随机数的类是位于java.util包中的________。

5. 已知sb为StringBuffer的一个实例，且sb.toString()的值为"abcde"，则执行sb.reverse()后，sb.toString()的值为________。

二、判断题

1. String对象和StringBuffer对象都是字符串变量，创建后都可以修改。 ( )

2. Math.round(double d)方法的作用是将一个数四舍五入并返回一个double类型的数。 ( )

3. Pattern类用于创建一个正则表达式，也可以说创建一个匹配模式，它的构造方法是私有的，不可以直接创建正则表达式。 ( )

4. Calendar类是一个抽象类，不可以被实例化。 ( )

5. String类的equals()方法和= =的作用是一样的。 ( )

三、选择题

1. 以下String类的方法中，( )会返回指定字符ch在字符串中最后一次出现位置的索引。

A. int indexOf(int ch)　　B. int lastIndexOf(int ch)

C. int indexOf(String str)　　D. int lastIndexOf(String str)

2. String s="itcast";则s.substring(3,4)返回的字符串是( )。

A. ca　　B. c　　C. a　　D. as

3. 下列选项中,可以正确实现 String 初始化的是(　　)。

A. String str = "abc";　　B. String str = 'abc';

C. String str = abc;　　D. String str = 0;

4. 阅读下面的程序片段:

```
1  String str1 = new String("java");
2  String str2 = new String("java");
3  StringBuffer str3 = new StringBuffer("java");
```

对于上面定义的变量,以下表达式的值为 true 的是(　　)。

A. str1==str2;　　B. str1.equals(str2);

C. str1==str3;　　D. 以上都不对

5. 下列选项中,(　　)是程序正确的输出结果。

```
1   class StringDemo{
2     public static void main(String[] args){
3       String s1 = "a";
4       String s2 = "b";
5       show(s1,s2);
6       System.out.println(s1+s2);
7     }
8     public static void show(String s1,String s2){
9       s1 = s1 +"q";
10      s2 = s2 + s1;
11    }
12  }
```

A. ab　　B. aqb　　C. aqbaq　　D. aqaqb

四、简答题

1. 简述 String、StringBuffer 和 StringBuilder 三者的区别。

2. 简述 8 种基本数据类型及其对应的包装类。

五、编程题

1. 每次随机生成 10 个 0～100 的随机正整数。

2. 计算从今天算起 100 天以后是几月几日,并格式化成××××年×月×日的形式打印出来。

提示:

(1) 调用 Calendar 类的 add()方法计算 100 天后的日期。

(2) 调用 Calendar 类的 getTime()方法返回 Date 类型的对象。

(3) 使用 FULL 格式的 DateFormat 对象,调用 format()方法格式化 Date 对象。

第7章 集 合

学习目标

- 了解集合的概念,能够说出集合用于做什么。
- 熟悉 Collection 接口,能够说出 Collection 接口中的常用方法。
- 掌握 List 接口的使用,能够使用 List 接口中的 ArrayList、LinkedList、Iterator 接口和 foreach 循环。
- 掌握 Set 接口的使用,能够使用 Set 接口中的 HashSet、LinkedHashSet 和 TreeSet。
- 掌握 Map 接口的使用,能够使用 Map 接口中的 HashMap、LinkedHashMap、TreeMap 和 Properties。
- 掌握常用工具类的使用,能够使用 Collections 工具类和 Arrays 工具类。
- 熟悉 Lambda 表达式,能够使用 Lambda 表达式替代匿名内部类。

在第 2 章介绍了数组。数组可以存储多个对象,但是数组只能存储相同类型的对象,如果要存储一批不同类型的对象,数组便无法满足需求了。为此,Java 提供了集合,集合可以存储不同类型的多个对象。本章将针对 Java 中的集合类进行详细讲解。

7.1 集合概述

为了存储不同类型的多个对象,Java 提供了一系列特殊的类,这些类可以存储任意类型的对象,并且存储的长度可变,这些类统称为集合。集合可以简单地理解为一个长度可变,可以存储不同数据类型的动态数组。集合都位于 java.util 包中,使用集合时必须导入 java.util 包。在学习具体的集合之前,先对集合中的接口和类有所了解。下面通过一张图来描述整个集合的核心继承体系,如图 7-1 所示。

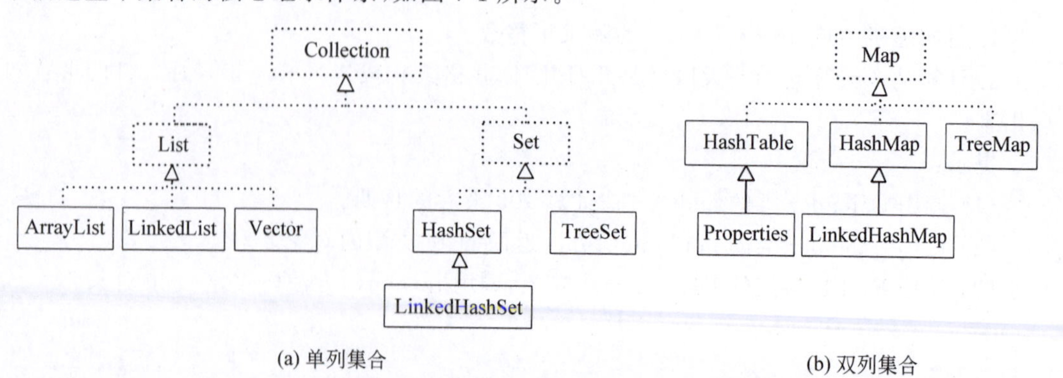

图 7-1 集合的核心继承体系

在图 7-1 中，虚线框里的是接口类型，实线框里的是具体的实现类。集合中的核心接口如表 7-1 所示。

表 7-1　集合中的核心接口

接　口	描　述
Collection	集合中最基本的接口，一般不直接使用该接口
List	Collection 的子接口，用于存储一组有序、不唯一的对象，是集合中常用的接口之一
Set	Collection 的子接口，用于存储一组无序、唯一的对象
Map	用于存储一组键值对象，提供键到值的映射

7.2　Collection 接口

思政阅读

Collection 接口是 Java 单列集合中的根接口，它定义了各种具体单列集合的共性，其他单列集合大多直接或间接继承该接口。Collection 接口的定义如下：

```
public interface Collection<E> extends Iterable<E>{
    //Query Operations
}
```

由 Collection 接口的定义可以看到，Collection 是 Iterable 的子接口，Collection 和 Iterable 后面的<E>表示它们都使用了泛型。Collection 接口的常用方法如表 7-2 所示。

表 7-2　Collection 接口的常用方法

方法声明	功能描述
boolean add(Object o)	向当前集合中添加一个元素
boolean addAll(Collection c)	将指定集合 c 中的所有元素添加到当前集合中
void clear()	删除当前集合中的所有元素
boolean remove(Object o)	删除当前集合中指定的元素
boolean removeAll(Collection c)	删除当前集合中包含的集合 c 中的所有元素
boolean isEmpty()	判断当前集合是否为空
boolean contains(Object o)	判断当前集合中是否包含某个元素
boolean containsAll(Collection c)	判断当前集合中是否包含指定集合 c 中的所有元素
Iterator iterator()	返回当前集合的迭代器。迭代器用于遍历集合中的所有元素
int size()	获取当前集合元素个数

在开发中，往往很少直接使用 Collcetion 接口，基本上都是使用其子接口，Collcetion 接口的子接口主要有 List、Set、Queue 和 SortedSet。

7.3 List 接口

7.3.1 List 接口简介

List 接口继承自 Collection 接口,List 接口实例中允许存储重复的元素,所有的元素以线性方式存储。在程序中可以通过索引访问 List 接口实例中存储的元素。另外,List 接口实例中存储的元素是有序的,即元素的存入顺序和取出顺序一致。

List 作为 Collection 集合的子接口,不但继承了 Collection 接口中的全部方法,而且增加了一些根据元素索引操作集合的特有方法。List 接口的常用方法如表 7-3 所示。

表 7-3 List 接口的常用方法

方法声明	功能描述
void add(int index,Object element)	将元素 element 插入 List 的索引 index 处
boolean addAll(int index,Collection c)	将集合 c 包含的所有元素插入 List 集合的索引 index 处
Object get(int index)	返回集合索引 index 处的元素
Object remove(int index)	删除索引 index 处的元素
Object set(int index, Object element)	将索引 index 处的元素替换成 element 对象,并将替换后的元素返回
int indexOf(Object o)	返回对象 o 在 List 中第一次出现的索引
int lastIndexOf(Object o)	返回对象 o 在 List 中最后一次出现的索引
List subList(int fromIndex, int toIndex)	返回从索引 fromIndex(包括)到 toIndex(不包括)的所有元素组成的子集合

List 接口的所有实现类都可以通过调用表 7-3 中的方法操作集合元素。

7.3.2 ArrayList

ArrayList 是 List 接口的一个实现类,它是程序中最常见的一种集合。ArrayList 内部封装了一个长度可变的数组对象,当存入的元素超过数组长度时,ArrayList 会在内存中分配一个更大的数组来存储这些元素,因此可以将 ArrayList 看作一个长度可变的数组。ArrayList 的元素插入过程如图 7-2 所示。

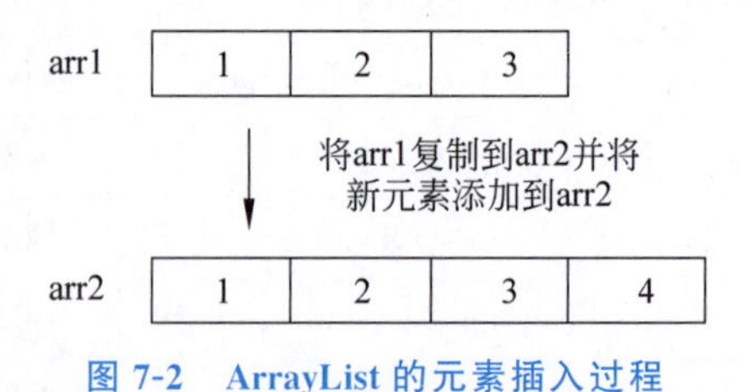

图 7-2 ArrayList 的元素插入过程

ArrayList 的大部分方法是从父类 Collection 和 List 继承的,其中 add()方法和 get()方法分别用于实现元素的存入和取出。下面通过一个案例介绍 ArrayList 的元素存取,如文件 7-1 所示。

文件 7-1 Example01.java

```
1  import java.util.*;
2  public class Example01 {
```

```
3      public static void main(String[] args) {
4          ArrayList list = new ArrayList();           //创建集合
5          list.add("张三");                           //向集合中添加元素
6          list.add("李四");
7          list.add("王五");
8          list.add("赵六");
9          //获取集合中元素的个数
10         System.out.println("集合的长度:" + list.size());
11         //取出并打印指定位置的元素
12         System.out.println("第 2 个元素是:" + list.get(1));
13         //删除索引为 3 的元素
14         list.remove(3);
15         System.out.println("删除索引为 3 的元素:"+list);
16         //替换索引为 1 的元素为李四 2
17         list.set(1,"李四 2");
18         System.out.println("替换索引为 1 的元素为李四 2:"+list);
19     }
20 }
```

在文件 7-1 中，第 4 行代码创建了 ArrayList 对象 list，第 5～8 行代码通过 list 对象调用 add(Object o)方法添加了 4 个元素，第 10 行代码通过 list 对象调用 size()方法获取集合中元素的个数并输出，第 12 行代码使用 list 对象调用 get()方法获取索引为 1 的元素并输出，第 14、15 行代码删除 list 对象索引为 3 的元素并输出删除后的 list 对象，第 17、18 行代码替换 list 对象中索引为 1 的元素为"李四 2"并输出。

文件 7-1 的运行结果如图 7-3 所示。

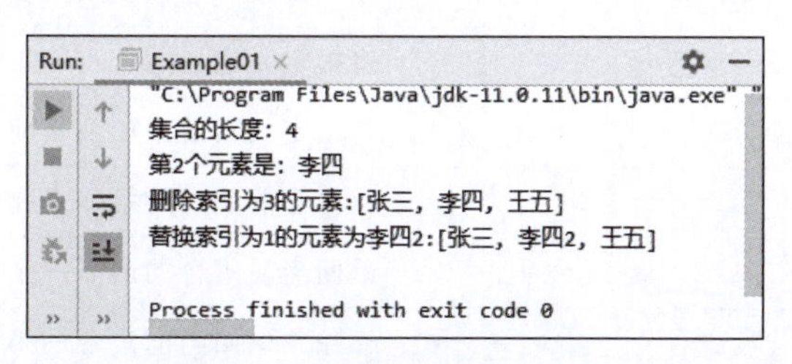

图 7-3　文件 7-1 的运行结果

从图 7-3 可以看出，索引为 1 的元素是集合中的第 2 个元素，这就说明集合和数组一样，索引的取值范围是从 0 开始的，最后一个索引是集合大小减 1。在访问元素时一定要注意索引不可超出此范围，否则程序会抛出索引越界异常(IndexOutOfBoundsException)。

由于 ArrayList 的底层是使用一个数组存储元素，在增加或删除指定位置的元素时，会创建新的数组，效率比较低，因此 Arraylist 集合不适合做大量的增删操作，而适合元素的查找。

7.3.3　LinkedList

7.3.2 节中讲解的 ArrayList 在查询元素时速度很快，但在增删元素时效率较低。为了克服这种局限性，可以使用 List 接口的另一个实现类——LinkedList。LinkedList 内部维护了一个双向循环链表，链表中的每一个元素都使用引用的方式记录它的前一个元素和后一个元素,从而可以将所有的元素彼此连接起来。当插入一个新元素时,只需要修改元素之间的引用关系即可;删除一个节点也是如此。正因为 LinkedList 具有这样的存储结构,所以其增删效率非常高。LinkedList 添加元素和删除元素的过程如图 7-4 所示。

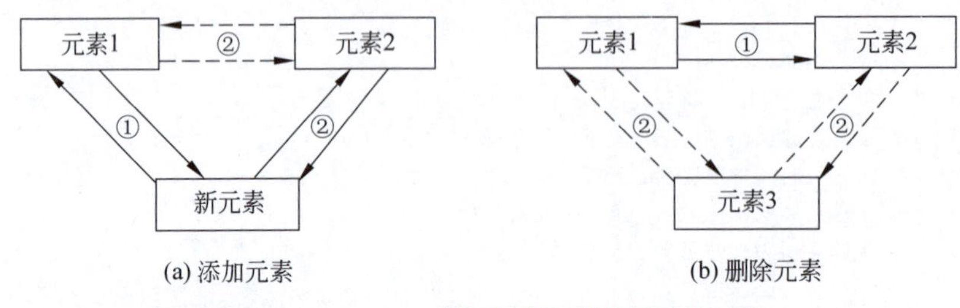

图 7-4 LinkedList 添加元素和删除元素的过程

图 7-4 中的实线箭头表示建立新的引用关系,虚线箭头表示删除引用关系。图 7-4(a)为添加元素,元素 1 和元素 2 在集合中为前后关系,在它们之间新增一个元素时,只需要让元素 1 记录它后面的元素为新元素,让元素 2 记录它前面的元素为新元素。图 7-4(b)为删除元素,要想删除元素 1 与元素 2 之间的元素 3,只需要让元素 1 与元素 2 变成前后引用关系。

针对元素的添加、删除和获取操作,LinkedList 定义了一些特有的方法,如表 7-4 所示。

表 7-4 LinkedList 特有的方法

方法声明	功能描述
void add(int index, E element)	在当前集合的索引 index 处插入元素 element
void addFirst(Object o)	将指定元素 o 插入当前集合的开头
void addLast(Object o)	将指定元素 o 添加到当前集合的结尾
Object getFirst()	返回当前集合的第一个元素
Object getLast()	返回当前集合的最后一个元素
Object removeFirst()	移除并返回当前集合的第一个元素
Object removeLast()	移除并返回当前集合的最后一个元素
boolean offer(Object o)	将指定元素 o 添加到当前集合的结尾
boolean offerFirst(Object o)	将指定元素 o 添加到当前集合的开头
boolean offerLast(Object o)	将指定元素 o 添加到当前集合的结尾
Object peekFirst()	获取当前集合的第一个元素
Object peekLast()	获取当前集合的最后一个元素
Object pollFirst()	移除并返回当前集合的第一个元素
Object pollLast()	移除并返回当前集合的最后一个元素
void push(Object o)	将指定元素 o 添加到当前集合的开头

表 7-4 列出的方法主要用于对集合中的元素进行添加、删除和获取操作。下面通过一

个案例介绍这些方法的使用，如文件 7-2 所示。

文件 7-2　Example02.java

```
1  import java.util.*;
2  public class Example02 {
3      public static void main(String[] args) {
4          LinkedList link = new LinkedList();          //创建集合
5          link.add("张三");
6          link.add("李四");
7          link.add("王五");
8          link.add("赵六");
9          System.out.println(link.toString());        //获取并打印集合中的元素
10         link.add(3, "Student");                     //向集合中索引为 3 处插入元素 Student
11         link.addFirst("First");                     //向集合的第一个位置插入元素 First
12         System.out.println(link);
13         System.out.println(link.getFirst());        //取出集合中第一个元素
14         link.remove(3);                              //移除集合中索引为 3 的元素
15         link.removeFirst();                          //移除集合中第一个元素
16         System.out.println(link);
17     }
18 }
```

在文件 7-2 中，第 4 行代码创建了一个 LinkedList 集合，第 5～8 行代码在集合中存入 4 个元素，第 10、11 行代码通过调用 add()和 addFirst()方法分别在集合中索引为 3 的位置和第一个位置(索引为 0)插入元素，第 14、15 行代码调用 remove()和 removeFirst()方法将集合中索引为 3 和 0 的元素移除。这样就完成了元素的增删操作。

文件 7-2 的运行结果如图 7-5 所示。

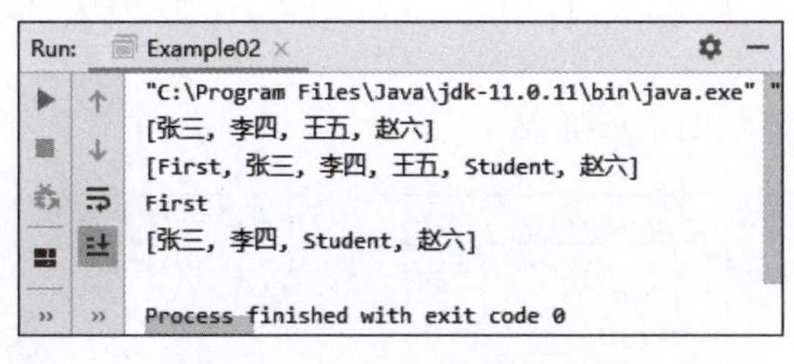

图 7-5　文件 7-2 的运行结果

7.4　集合遍历

在实际开发中，经常需要按照某种次序对集合中的每个元素进行访问，并且仅访问一次，这种对集合的访问也称为集合的遍历。针对这种需求，JDK 提供了 Iterator 接口和 foreach 循环。本节将对 Iterator 接口和 foreach 循环遍历集合进行详细讲解。

7.4.1　Iterator 接口

Iterator 接口是 Java 集合框架中的一员，但它与 Collection 接口和 Map 接口有所不同，

Collection 接口和 Map 接口主要用于存储元素,而 Iterator 接口主要用于迭代访问(遍历)集合中的元素,通常情况下 Iterator 对象也被称为迭代器。

下面通过一个案例介绍如何使用 Iterator 接口遍历集合中的元素,如文件 7-3 所示。

文件 7-3　Example03.java

```
1  import java.util.*;
2  public class Example03 {
3      public static void main(String[] args) {
4          ArrayList list = new ArrayList();         //创建集合
5          list.add("张三");                          //向集合中添加字符串
6          list.add("李四");
7          list.add("王五");
8          list.add("赵六");
9          Iterator it = list.iterator();            //获取 Iterator 对象
10         while (it.hasNext()) {                    //判断集合中是否存在下一个元素
11             Object obj = it.next();               //取出集合中的元素
12             System.out.println(obj);
13         }
14     }
15 }
```

文件 7-3 演示的是使用 Iterator 遍历集合的整个过程。第 4~8 行代码创建了一个 ArrayList 集合 list,并调用 add()方法添加了 4 个元素。第 9 行代码通过调用 ArrayList 的 iterator()方法获得了一个迭代器对象。第 10~13 行代码使用迭代器对象 it 遍历集合。首先使用 hasNext()方法判断集合中是否存在下一个元素。如果集合中存在下一个元素,则调用 next()方法将元素取出;否则说明已到达集合末尾,停止遍历元素。在调用 next()方法获取元素时,必须保证要获取的元素存在;否则,程序会抛出无此元素异常(NoSuchElementException)。

文件 7-3 的运行结果如图 7-6 所示。

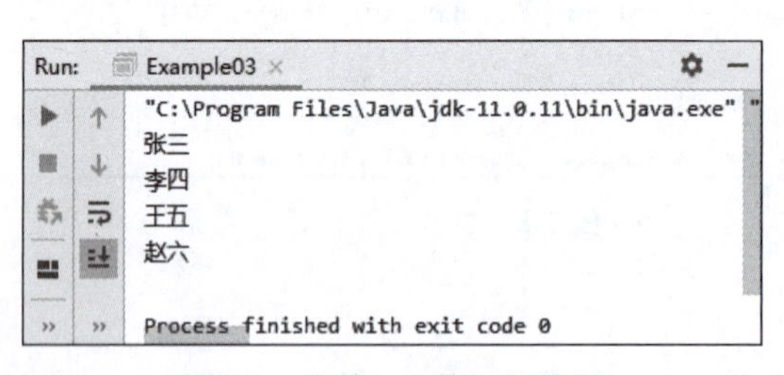

图 7-6　文件 7-3 的运行结果

Iterator 对象在遍历集合时,内部采用指针的方式来跟踪集合中的元素。Iterator 遍历集合中的元素的过程如图 7-7 所示。

在图 7-7 中,在调用 Iterator 的 next()方法之前,Iterator 的指针位于第一个元素之前,不指向任何元素;第一次调用 Iterator 的 next()方法时,Iterator 的指针会向后移动一位,指向第一个元素并将该元素返回;当第二次调用 next()方法时,Iterator 的指针会指向第二个元素并将该元素返回;以此类推,直到 hasNext()方法返回 false,表示已经遍历完集合中所有的元素,终止对元素的遍历。

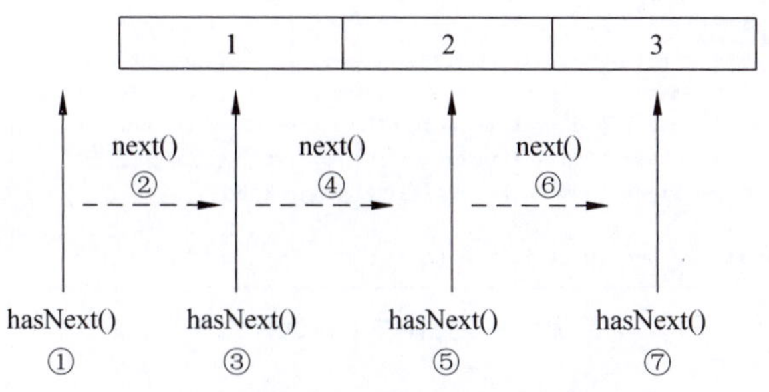

图 7-7 迭代器遍历集合中的元素的过程

需要注意的是，通过 Iterator 获取集合中的元素时，这些元素的类型都是 Object 类型。如果想获取特定类型的元素，则需要对数据类型进行强制转换。

脚下留心：并发修改异常

在使用 Iterator 对集合中的元素进行遍历时，如果调用了集合对象的 remove()方法删除元素，然后继续使用 Iterator 遍历元素，会出现异常。

下面通过一个案例演示这种异常。假设在一个集合中存储了一所学校所有学生的姓名，由于一个名为张三的学生中途转学，这时就需要在迭代集合时找出该元素并将其删除，具体代码如文件 7-4 所示。

文件 7-4 Example04.java

```
1  import java.util.*;
2  public class Example04 {
3      public static void main(String[] args) {
4          ArrayList list = new ArrayList();          //创建集合
5          list.add("张三");
6          list.add("李四");
7          list.add("王五");
8          Iterator it = list.iterator();             //获得 Iterator 对象
9          while (it.hasNext()) {                     //判断集合是否有下一个元素
10             Object obj = it.next();                //获取集合中的元素
11             if ("张三".equals(obj)) {               //判断集合中的元素是否为"张三"
12                 list.remove(obj);                  //删除集合中找到的元素
13             }
14         }
15         System.out.println(list);
16     }
17 }
```

文件 7-4 的运行结果如图 7-8 所示。

文件 7-4 在运行时抛出了并发修改异常(ConcurrentModificationException)。这个异常是 Iterator 对象抛出的，出现异常的原因是集合在 Iterator 运行期间删除了元素，会导致 Iterator 预期的迭代次数发生改变，Iterator 的迭代结果不准确。

要解决上述问题，可以采用以下两种方法：

(1) 从业务逻辑上讲，只想将姓名为张三的学生删除，至于后面还有多少学生并不需要关心，因此只需找到该学生后跳出循环，不再迭代即可，也就是在第 12 行代码下面增加

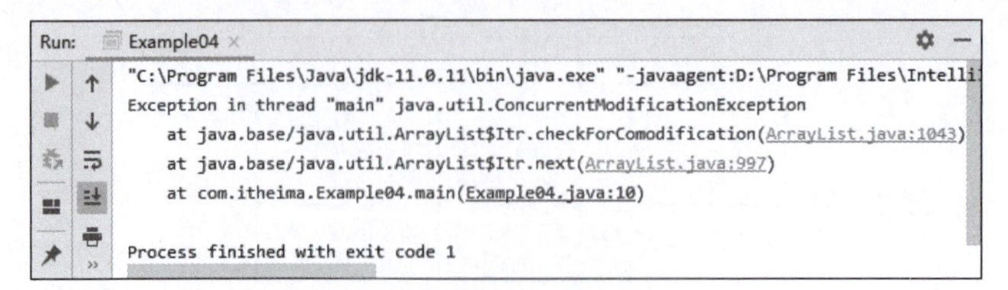

图 7-8　文件 7-4 的运行结果

break 语句,代码如下。

```
if ("张三".equals(obj)) {
    list.remove(obj);
    break;
}
```

在使用 break 语句跳出循环以后,由于不再使用 Iterator 对集合中的元素进行遍历,所以在集合中删除元素对程序没有任何影响,就不会再出现异常。

(2) 如果需要在集合的迭代期间对集合中的元素进行删除,可以使用 Iterator 本身的删除方法,将文件 7-4 中的第 12 行代码替换成 it.remove()即可解决这个问题,代码如下:

```
if ("张三".equals(obj)) {
    it.remove();
}
```

修改代码后再次运行文件 7-4,运行结果如图 7-9 所示。

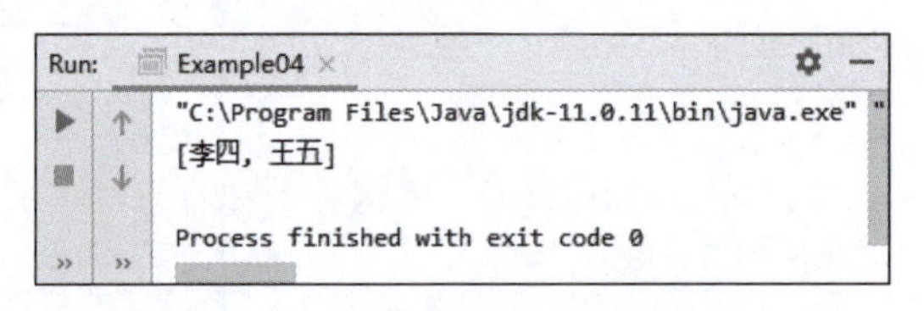

图 7-9　文件 7-4 修改后的运行结果

根据图 7-9 的运行结果可以看出,学生张三确实被删除了,并且没有出现异常。由此可以得出结论:调用 Iterator 对象的 remove()方法删除元素所导致的迭代次数变化对于 Iterator 对象本身来讲是可预知的。

7.4.2　foreach 循环

虽然 Iterator 可以用来遍历集合中的元素,但在写法上比较烦琐。为了简化书写,从 JDK 5 开始,JDK 提供了 foreach 循环,它是一种更加简洁的 for 循环,主要用于遍历数组或集合中的元素,语法格式如下:

```
for(容器中元素类型 临时变量:容器变量) {
    执行语句
}
```

由上述 foreach 循环语法格式可知，与 for 循环相比，foreach 循环不需要获得集合的长度，也不需要根据索引访问集合中的元素，就能够自动遍历集合中的元素。下面通过一个案例演示 foreach 循环的用法，如文件 7-5 所示。

文件 7-5　Example05.java

```
1  import java.util.*;
2  public class Example05 {
3      public static void main(String[] args) {
4          ArrayList list = new ArrayList();          //创建集合
5          list.add("张三");                           //向集合中添加字符串元素
6          list.add("李四");
7          list.add("王五");
8          for (Object obj : list) {                   //使用 foreach 循环遍历集合
9              System.out.println(obj);                //取出并打印集合中的元素
10         }
11     }
12 }
```

在文件 7-5 中，第 4～7 行代码声明了 ArrayList 集合并向集合中添加了 3 个元素，第 8～10 行代码使用 foreach 循环遍历集合并打印。

文件 7-5 的运行结果如图 7-10 所示。

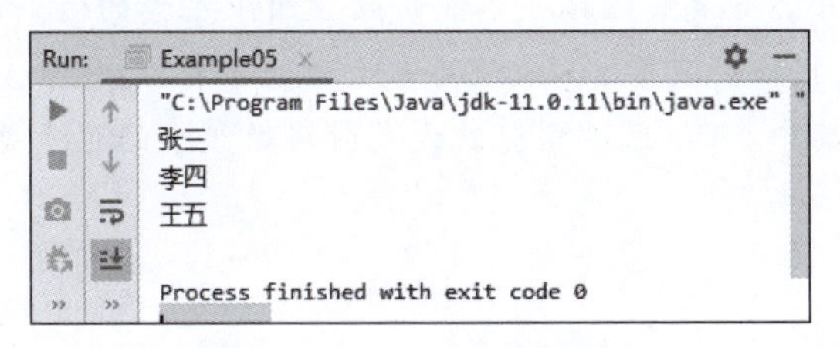

图 7-10　文件 7-5 的运行结果

foreach 循环在遍历集合时语法非常简洁，没有循环条件，也没有迭代语句，所有这些工作都交给 Java 虚拟机执行了。foreach 循环的次数是由集合中元素的个数决定的，每次循环时，foreach 都通过临时变量将当前循环的元素记住，从而将集合中的元素分别打印出来。

脚下留心：foreach 循环缺陷

foreach 循环虽然书写起来很简洁，但在使用时也存在一定的局限性。当使用 foreach 循环遍历集合和数组时，只能访问其中的元素，不能对其中的元素进行修改。下面以一个 String 类型的数组为例演示 foreach 循环的缺陷，如文件 7-6 所示。

文件 7-6　Example06.java

```
1  public class Example06 {
2      static String[] strs = { "aaa", "bbb", "ccc" };
3      public static void main(String[] args) {
4          //foreach 循环遍历数组
5          for (String str : strs) {
6              str = "ddd";
7          }
```

```
8           System.out.println("foreach 循环修改后的数组:" + strs[0] + "," +
9           strs[1] + ","+ strs[2]);
10          //for 循环遍历数组
11          for (int i = 0; i < strs.length; i++) {
12              strs[i] = "ddd";
13          }
14          System.out.println("普通 for 循环修改后的数组:" + strs[0] + "," +
15          strs[1] + ","+ strs[2]);
16      }
17  }
```

文件 7-6 分别使用 foreach 循环和普通 for 循环修改数组中的元素。文件 7-6 的运行结果如图 7-11 所示。

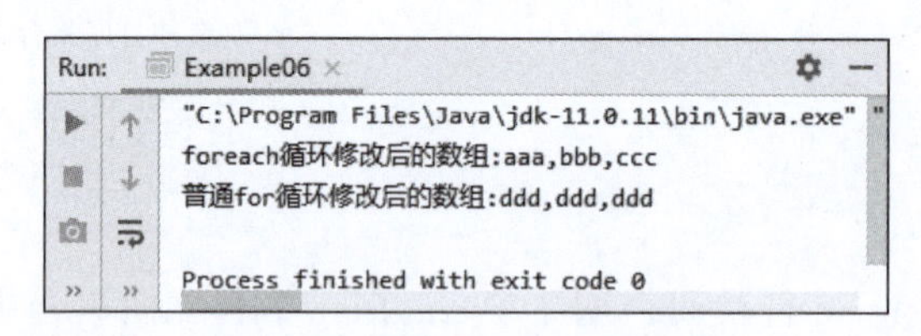

图 7-11 文件 7-6 的运行结果

从图 7-11 可以看出,foreach 循环并不能修改数组中元素的值。其原因是:第 6 行代码中的 str = "ddd"只是将临时变量 str 赋值为一个新的字符串,这和数组中的元素没有任何关系;而在普通 for 循环中,可以通过索引的方式引用数组中的元素并修改其值。

7.5 Set 接口

7.5.1 Set 接口简介

Set 接口也继承自 Collection 接口,它的方法与 Collection 接口的方法基本一致,并没有对 Collection 接口进行功能上的扩充。与 List 接口不同的是,Set 接口中的元素是无序的,并且都会以某种规则保证存入的元素不出现重复。

Set 接口常见的实现类有 3 个,分别是 HashSet、LinkedHashSet 和 TreeSet。其中,HashSet 根据对象的哈希值确定元素在集合中的存储位置,具有良好的存取和查找性能;LinkedHashSet 是链表和哈希表组合的一个数据存储结构;TreeSet 则以二叉树的方式存储元素,它可以对集合中的元素进行排序。接下来将对 Set 接口的这 3 个实现类进行详细讲解。

7.5.2 HashSet

HashSet 是 Set 接口的一个实现类,它存储的元素是不可重复的。当向 HashSet 中添加一个元素时,首先会调用 hashCode()方法确定元素的存储位置,然后再调用 equals()方法确保该位置没有重复元素。Set 接口与 List 接口存取元素的方式是一样的,但是 Set 集合中的元素是无序的。

下面通过一个案例演示 HashSet 的应用，如文件 7-7 所示。

文件 7-7　Example07.java

```
1  import java.util.*;
2  public class Example07 {
3      public static void main(String[] args) {
4          HashSet hset = new HashSet();            //创建集合
5          hset.add("张三");                          //向集合中添加字符串
6          hset.add("李四");
7          hset.add("王五");
8          hset.add("李四");                          //向集合中添加重复元素
9          Iterator it = hset.iterator();           //获取 Iterator 对象
10         while (it.hasNext()) {                   //通过 while 循环判断集合中是否有元素
11         Object obj = it.next();                  //调用 Iterator 的 next()方法获取元素
12             System.out.println(obj);
13         }
14     }
15 }
```

在文件 7-7 中，第 4～8 行代码创建了 HashSet 集合 hset，并调用 add()方法向集合中依次添加了 4 个字符串。第 9 行代码获取了迭代器对象 it。第 10～13 行代码通过 Iterator 遍历集合中的所有的元素并输出。

文件 7-7 的运行结果如图 7-12 所示。

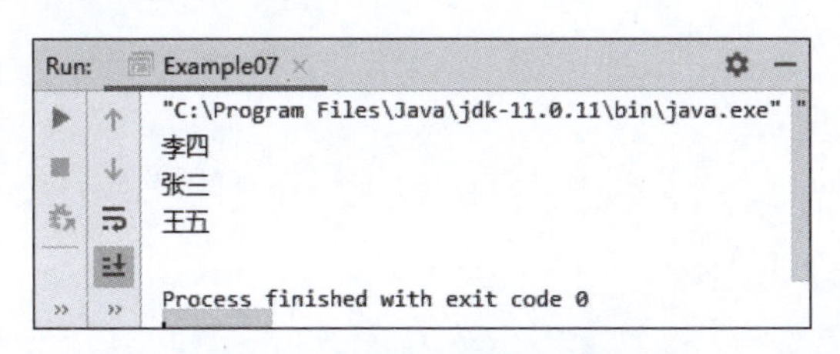

图 7-12　文件 7-7 的运行结果

从图 7-12 可以看出，取出元素的顺序与添加元素的顺序并不一致，并且重复存入的字符串对象"李四"被去除了，只添加了一次。

HashSet 之所以能确保不出现重复的元素，是因为它在存入元素时做了很多工作。当调用 HashSet 的 add()方法存入元素时，首先调用 hashCode()方法获得该元素的哈希值，然后根据哈希值计算存储位置。如果该位置上没有元素，则直接将元素存入；如果该位置上有元素，则调用 equals()方法将要存入的元素和该位置上的元素进行比较，根据返回结果确定是否存入元素。如果返回的结果为 false，就将该元素存入集合；如果返回的结果为 true，则说明有重复元素，就将要存入的重复元素舍弃。

HashSet 存入元素的流程如图 7-13 所示。

根据前面的分析不难看出，当向集合中存入元素时，为了保证集合正常工作，要求在存入元素时重写 Object 类中的 hashCode()和 equals()方法。在文件 7-7 中，将字符串存入集合时，String 类已经重写了 hashCode()和 equals()方法。下面通过一个案例演示如何向集合中存储自定义类对象，如文件 7-8 所示。

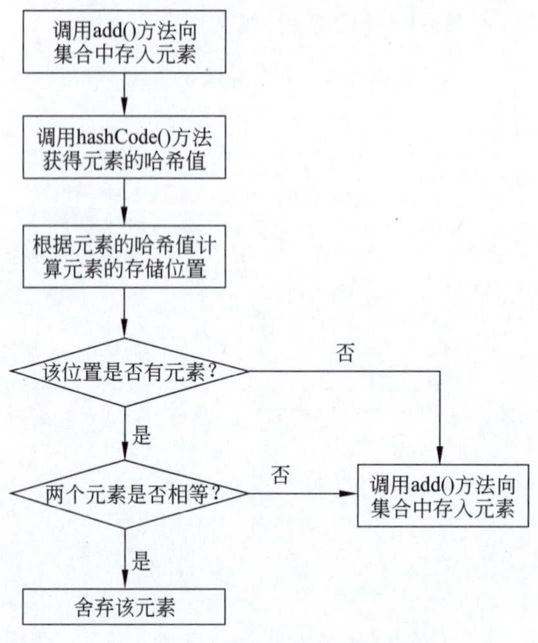

图 7-13 HashSet 存入元素的流程

文件 7-8 Example08.java

```
1  import java.util.*;
2  class Student {
3      String id;
4      String name;
5      public Student(String id,String name) {          //创建构造方法
6          this.id=id;
7          this.name = name;
8      }
9      public String toString() {                       //重写 toString()方法
10         return id+":"+name;
11     }
12 }
13 public class Example08 {
14     public static void main(String[] args) {
15         HashSet hs = new HashSet();                  //创建集合
16         Student stu1 = new Student("1", "张三");     //创建 Student 对象
17         Student stu2 = new Student("2", "李四");
18         Student stu3 = new Student("2", "李四");
19         hs.add(stu1);
20         hs.add(stu2);
21         hs.add(stu3);
22         System.out.println(hs);
23     }
24 }
```

在文件 7-8 中,第 15 行代码创建了一个 HashSet 集合,第 16～18 行代码分别创建了 3 个 Student 对象,第 19～22 行代码分别将 3 个 Student 对象存入集合中并输出。

文件 7-8 的运行结果如图 7-14 所示。

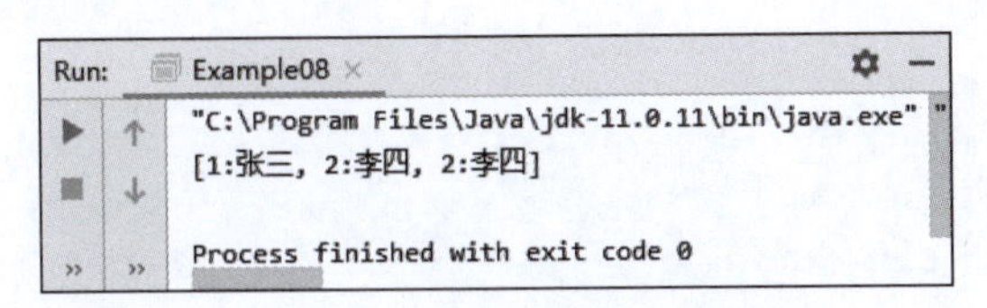

图 7-14　文件 7-8 的运行结果

由图 7-14 可知，运行结果中出现了两个相同的学生信息——“2：李四”，这样的学生信息应该被视为重复元素，不允许同时出现在集合中。文件 7-8 之所以没有去掉这样的重复元素，是因为在定义 Student 类时没有重写 hashCode()和 equals()方法。

下面改写文件 7-8 中的 Student 类，假设 id 值相同的学生就是同一个学生，改写后的代码如文件 7-9 所示。

文件 7-9　Example09.java

```
1  import java.util.*;
2  class Student {
3      private String id;
4      private String name;
5      public Student(String id, String name) {
6          this.id = id;
7          this.name = name;
8      }
9      //重写 toString()方法
10     public String toString() {
11         return id + ":" + name;
12     }
13     //重写 hashCode()方法
14     public int hashCode() {
15         return id.hashCode();                   //返回 id 属性的哈希值
16     }
17     //重写 equals()方法
18     public boolean equals(Object obj) {
19         if (this == obj) {                      //判断是否同一个对象
20             return true;                        //如果是,直接返回 true
21         }
22         if (!(obj instanceof Student)) {        //判断对象是否为 Student 类型
23             return false;
24         }
25         Student stu = (Student) obj;            //将对象转换为 Student 类型
26         boolean b = this.id.equals(stu.id);     //判断 id 值是否相同
27         return    b;                            //返回判断结果
28     }
29 }
30 public class Example09 {
31     public static void main(String[] args) {
32         HashSet hs = new HashSet();             //创建集合对象
33         Student stu1 = new Student("1", "张三");  //创建 Student 对象
```

```
34          Student stu2 = new Student("2", "李四");
35          Student stu3 = new Student("2", "李四");
36          hs.add(stu1);                                   //向集合中存入对象
37          hs.add(stu2);
38          hs.add(stu3);
39          System.out.println(hs);                         //打印集合中的元素
40      }
41  }
```

在文件 7-9 中,Student 类重写了 Object 类的 hashCode()和 equals()方法。第 14～16 行代码重写了 hashcode()方法,在 hashCode()方法中返回 id 属性的哈希值。第 18～28 行代码重写了 equals()方法,在 equals()方法中比较对象的 id 值是否相等,并返回结果。第 38 行代码通过调用 HashSet 的 add()方法添加 stu3 对象,发现它的 id 属性的哈希值与 stu2 对象相同,而且 stu2.equals(stu3)返回 true,HashSet 认为这两个对象相同,因此重复的 stu3 对象被成功去除了。

文件 7-9 的运行结果如图 7-15 所示。

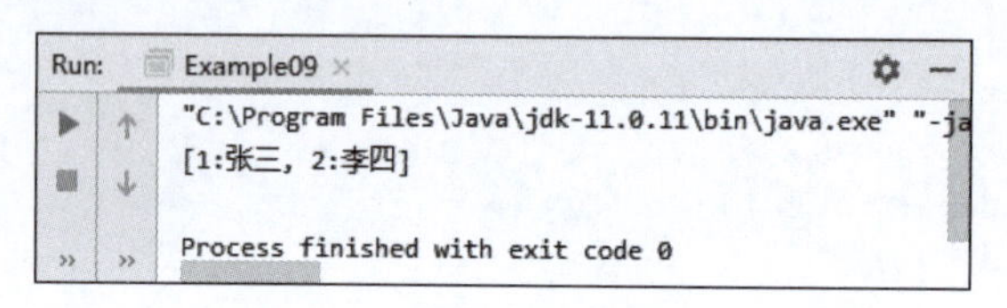

图 7-15　文件 7-9 的运行结果

7.5.3 LinkedHashSet

HashSet 存储的元素是无序的,如果想让元素的存取顺序一致,可以使用 Java 提供的 LinkedHashSet 类,LinkedHashSet 类是 HashSet 的子类,与 LinkedList 一样,它也使用双向链表来维护内部元素的关系。

下面通过一个案例学习 LinkedHashSet 类的用法,如文件 7-10 所示。

文件 7-10　Example10.java

```
1   import java.util.Iterator;
2   import java.util.LinkedHashSet;
3   public class Example10 {
4       public static void main(String[] args) {
5           LinkedHashSet set = new LinkedHashSet();
6           set.add("张三");                              //向集合中添加字符串
7           set.add("李四");
8           set.add("王五");
9           Iterator it = set.iterator();                 //获取 Iterator 对象
10          while (it.hasNext()){                         //通过 while 循环判断集合中是否有元素
11              Object obj = it.next();
12              System.out.println(obj);
13          }
14      }
15  }
```

在文件7-10中,第5～8行代码创建了一个LinkedHashSet集合并存入了3个元素,第9～13行代码使用Iterator将元素取出。

文件7-10的运行结果如图7-16所示。

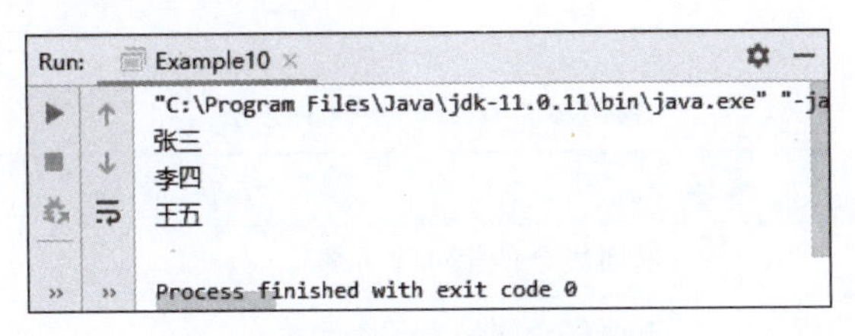

图7-16　文件7-10的运行结果

由图7-16可知,元素遍历的顺序和存入的顺序是一致的。

7.5.4 TreeSet

TreeSet是Set接口的另一个实现类,它内部采用二叉树存储元素,这样的结构可以保证集合中没有重复的元素,并且可以对元素进行排序。所谓二叉树就是每个节点最多有两个子节点的有序树。一个节点及其子节点组成的树称为子树,通常左侧的子树称为左子树,右侧的子树称为右子树,其中左子树上的元素都小于它的根节点,而右子树上的元素都大于它的根节点。二叉树中元素的存储结构如图7-17所示。

图7-17所示是一个二叉树模型。在二叉树中,对于同一层的元素,左边的元素总是小于右边的元素。为了使初学者更好地理解TreeSet中二叉树存放元素的原理,接下来分析二叉树中元素的存储过程。当二叉树中存入新元素时,新元素首先会与第1个元素(最顶层元素)进行比较。如果小于第1个元素,就执行左边的分支,继续和该分支的元素进行比较;如果大于第1个元素,就执行右边的分支,继续和该分支的元素进行比较。如此进行下去,直到与最后一个元素进行比较。如果新元素小于最后一个元素,就将其放在最后一个元素的左子树上,如果大于最后一个元素就将其放在最后一个元素的右子树上。

上面通过文字描述的方式对二叉树的存储原理进行了讲解,接下来通过一个具体的例子演示二叉树的存储方式。假设向集合中存入8个元素,依次为13、8、17、17、1、11、15、25,如果以二叉树的方式存储,在集合中会形成树状结构,如图7-18所示。

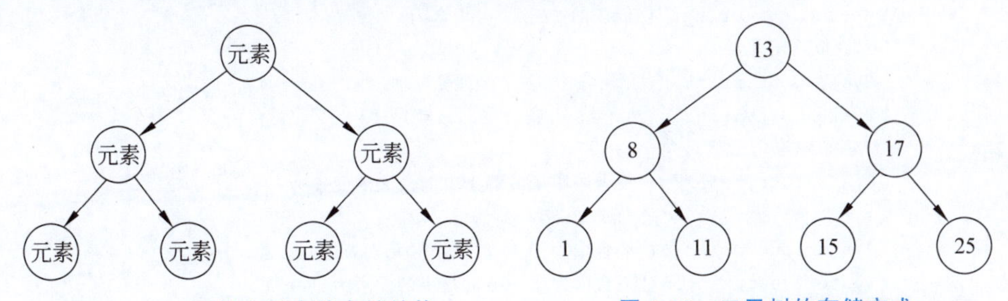

图7-17　二叉树中元素的存储结构　　图7-18　二叉树的存储方式

从图7-18可以看出,在向集合中依次存入元素时,首先将第一个元素放在二叉树的最顶端。随后存入的元素与第一个元素比较。如果小于第一个元素,就将该元素放左子树上;如果大于第一个元素,就将该元素放在右子树上。以此类推,按照左子树元素小于右子树元素的顺序进行排序。当二叉树中已经存入一个为 17 的元素,再向集合中存入一个为 17 的元素时,TreeSet 会将重复的元素去掉。

针对 TreeSet 存储元素的特殊性,TreeSet 在继承 Set 接口的基础上实现了一些特有的方法,如表 7-5 所示。

表 7-5 TreeSet 特有的方法

方法声明	功能描述
Object first()	返回集合的第一个元素
Object last()	返回集合的最后一个元素
Object lower(Object o)	返回集合中小于给定元素的最大元素,如果没有返回 null
Object floor(Object o)	返回集合中小于或等于给定元素的最大元素,如果没有返回 null
Object higher(Object o)	返回集合中大于给定元素的最小元素,如果没有返回 null
Object ceiling(Object o)	返回集合中大于或等于给定元素的最小元素,如果没有返回 null
Object pollFirst()	移除并返回集合的第一个元素
Object pollLast()	移除并返回集合的最后一个元素

了解了 TreeSet 存储元素的原理和常用元素操作方法后,接下来通过一个案例演示 TreeSet 常用方法的使用,如文件 7-11 所示。

文件 7-11 Example11.java

```
1   import java.util.TreeSet;
2   public class Example11 {
3       public static void main(String[] args) {
4           //创建集合
5           TreeSet ts = new TreeSet();
6           //向集合中添加元素
7           ts.add(3);
8           ts.add(29);
9           ts.add(101);
10          ts.add(21);
11          System.out.println("创建的 TreeSet 集合为:"+ts);
12          //获取首尾元素
13          System.out.println("TreeSet 集合首元素为:"+ts.first());
14          System.out.println("TreeSet 集合尾部元素为:"+ts.last());
15          //比较并获取元素
16          System.out.println("集合中小于或等于 9 的最大的元素为:"
17                              +ts.floor(9));
18          System.out.println("集合中大于 10 的最小的元素为:"+ts.higher(10));
19          System.out.println("集合中大于 100 的最小的元素为:"
20                              +ts.higher(100));
21          //删除元素
22          Object first = ts.pollFirst();
23          System.out.println("删除的第一个元素为:"+first);
24          System.out.println("删除第一个元素后 TreeSet 集合变为:"+ts);
```

```
25      }
26  }
```

文件 7-11 中,第 5 行代码创建了一个 TreeSet 集合对象 ts;并在第 7～10 行代码向 TreeSet 集合中添加了 4 个元素;第 13～14 行代码分别获取了 TreeSet 集合中的首尾元素;第 16～20 行代码分别获取了 TreeSet 集合中小于或等于 9 的最大的一个元素、大于 10 的最小的一个元素和大于 100 的最小的一个元素;第 22～24 行代码删除了第一个元素并打印删除后的 TreeSet 集合。

文件 7-11 的运行结果如图 7-19 所示。

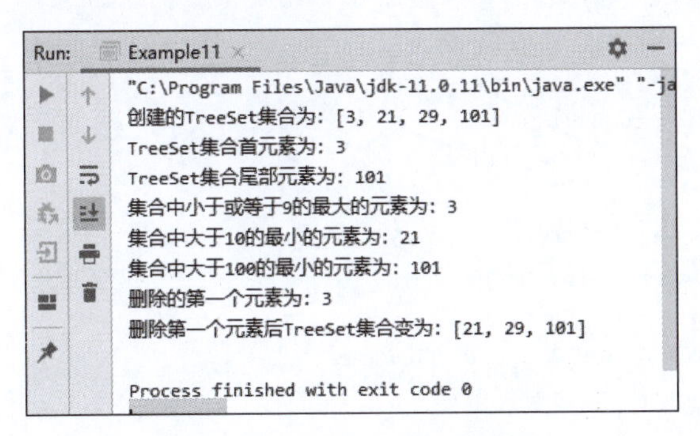

图 7-19　文件 7-11 的运行结果

从图 7-19 可以看出,使用 TreeSet 的方法正确完成了集合元素的操作。另外,从输出结果也可以看出,向 TreeSet 集合添加元素时,不论元素的添加顺序如何,这些元素都能够按照一定的顺序排列。其原因是:每次向 TreeSet 集合中存入一个元素时,就会将该元素与其他元素进行比较,最后将它插入有序的对象序列中。集合中的元素在进行比较时都会调用 compareTo()方法,该方法是在 Comparable 接口中定义的,因此要想对集合中的元素进行排序,就必须实现 Comparable 接口。Java 中大部分的类实现了 Comparable 接口,并默认实现了该接口中的 CompareTo()方法,如 Integer、Double 和 String 等。

在实际开发中,除了会向 TreeSet 集合中存储一些 Java 中默认类型的数据外,还会存储一些用户自定义的类型的数据,如 Student 类型的数据、Teacher 类型的数据等。由于这些自定义类型的数据没有实现 Comparable 接口,因此也就无法直接在 TreeSet 集合中进行排序操作。为了解决这个问题,Java 提供了两种 TreeSet 集合的排序规则,分别为自然排序和自定义排序。在默认情况下,TreeSet 集合都采用自然排序。接下来对这两种排序规则进行详细讲解。

1. 自然排序

自然排序要求向 TreeSet 集合中存储的元素所在类必须实现 Comparable 接口,并重写 compareTo()方法,然后 TreeSet 集合就会对该类型的元素使用 compareTo()方法进行比较。compareTo()方法将当前对象与指定的对象按顺序进行比较,返回值为一个整数,其中,返回负整数、零或正整数分别表示当前对象小于、等于或大于指定对象,默认根据比较结果顺序排列。

下面通过一个案例介绍对自定义的 Student 对象使用 compareTo()方法实现对象元素的顺序存取,如文件 7-12 所示。

文件 7-12 Example12.java

```
1   import java.util.TreeSet;
2   class Student implements Comparable{
3       private String name;
4       private int age;
5       public Student(String name, int age) {
6           this.name = name;
7           this.age = age;
8       }
9       //重写 toString()方法
10      public String toString() {
11          return name + ":" + age;
12      }
13      //重写 Comparable 接口的 compareTo()方法
14      public int compareTo(Object obj) {
15        Student stu = (Student)obj;
16        //定义比较方式,先比较 age,再比较 name
17        if(this.age - stu.age > 0){
18              return 1;
19        }
20        if(this.age - stu.age == 0){
21              return this.name.compareTo(stu.name);
22          }
23        return -1;
24      }
25  }
26  public class Example12 {
27      public static void main(String[] args) {
28          TreeSet ts = new TreeSet();
29          ts.add(new Student("Lucy",18));
30          ts.add(new Student("Tom",20));
31          ts.add(new Student("Bob",20));
32          ts.add(new Student("Tom",20));
33          System.out.println(ts);
34      }
35  }
```

在文件 7-12 中,第 2~25 行代码定义了 Student 类,它是 Comparable 接口的实现类。其中第 14~24 行代码重写了 Comparable 接口的 compareTo()方法,用于将传入的参数与当前参数进行比较,当参数的 age 属性值不同时,根据比较结果返回-1 和 1;当参数的 age 属性值相同时,则对参数的 name 属性值进行比较,返回属性值的 ASCII 码值的差。因此,从运行结果可以看出,学生 Student 对象首先按照年龄升序排序,年龄相同时会按照姓名升序排序,并且 TreeSet 集合会将重复的元素去掉。

文件 7-12 的运行结果如图 7-20 所示。

由图 7-20 可知,Student 对象 stu 首先按照年龄升序排序,年龄相同时会按照姓名升序

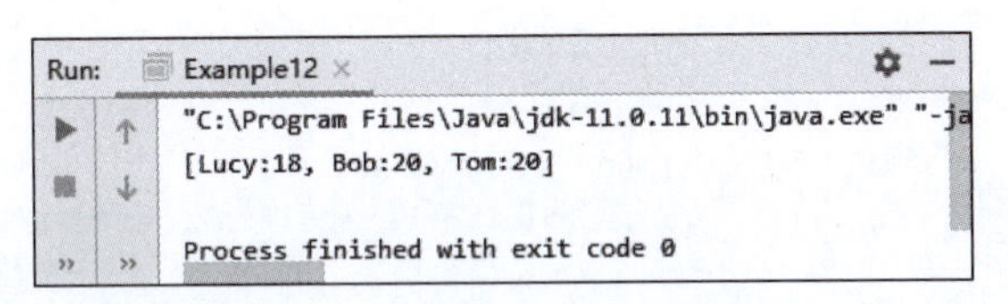

图 7-20　文件 7-12 的运行结果

排序，并且 TreeSet 集合会将重复元素去掉。

TreeSet 集合按照元素存入顺序的倒序进行元素存储。文件 7-12 只演示了 compareTo() 方法返回负数的情况，其他两种情况读者可自己运行程序并观察效果。

2. 自定义排序

有时如果不想实现 Comparable 接口或者不想按照实现了 Comparable 接口的类中 compareTo()方法的规则进行排序，可以通过自定义比较器的方式对 TreeSet 集合中的元素自定义排序规则。实现 Comparator 接口的类都是一个自定义比较器，可以在自定义比较器的 compare()方法中自定义排序规则。

接下来的案例在 TreeSet 集合中自定义排序。排序规则是：先根据 Student 的 id 升序排列；如果 id 相同，则根据 name 进行升序排列。完整代码如文件 7-13 所示。

文件 7-13　Example13.java

```
1   import java.util.Comparator;
2   import java.util.TreeSet;
3   class Student{                                          //创建 Student 类
4       private String id;
5       private String name;
6       public Student(String id, String name) {
7           this.id = id;
8           this.name = name;
9       }
10      public String getId() {
11          return id;
12      }
13
14      public String getName() {
15          return name;
16      }
17
18      //重写 toString()方法
19      public String toString() {
20          return id + ":" + name;
21      }
22  }
23 public  class Example13 {
24      public static void main(String[] args) {
25          TreeSet ts = new TreeSet(new Comparator() {
26              @Override
27              public int compare(Object o1, Object o2) {     //重写
```

```
28                Student stu1= (Student)o1;
29                Student stu2= (Student)o2;
30                if(!stu1.getId().equals(stu2.getId())){
31                    return  stu1.getId().compareTo(stu2.getId());
32                }
33                else{
34                    return  stu1.getName().compareTo(stu2.getName());
35                }
36            }
37        });
38        ts.add(new Student("2", "Mary"));                    //向 ts 集合中添加元素
39        ts.add(new Student("1","Jack"));
40        ts.add(new Student("3", "Lisa"));
41        ts.add(new Student("2", "Lily"));
42        System.out.println(ts);
43    }
44 }
```

在文件 7-13 中,第 25~37 行代码创建了一个 TreeSet 集合并通过匿名内部类的方式实现了 Comparator 接口,在内部类中重写了 Comparator 接口的 compare()方法。在 compare()方法中,首先比较 Student 的 id。如果 id 不相同,则根据 id 升序排序;如果 id 相同,则根据 name 升序排列。

文件 7-13 的运行结果如图 7-21 所示。

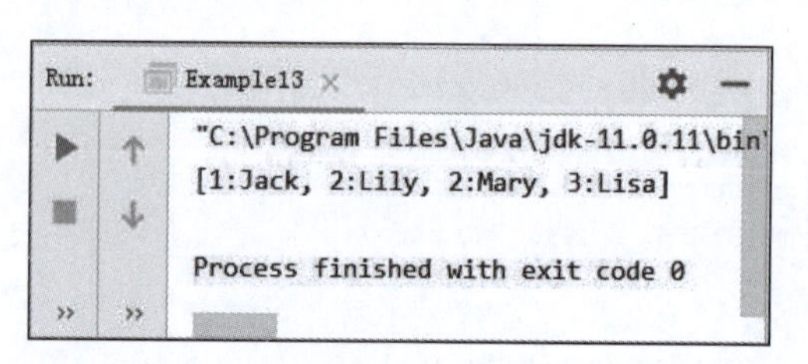

图 7-21 文件 7-13 的运行结果

7.6 Map 接口

数学中的函数描述了自变量到因变量的映射。Map 接口借鉴了数学中函数的思想——Map 接口中的每个元素都是由键到值的映射,即 Map 接口中的每个元素都由一个键值对组成。本节将对 Map 接口进行详细讲解。

7.6.1 Map 接口简介

Map 接口是一种双列集合,它的每个元素都包含一个键对象 Key 和一个值对象 Value,键和值之间存在一种对应关系,称为映射。Map 中的键不允许重复,访问 Map 集合中的元素时,只要指定了键,就能找到对应的值。

Map 接口定义了一系列方法用于访问元素,常用方法如表 7-6 所示。

表 7-6　Map 接口的常用方法

方法声明	功能描述
void put(Object key, Object value)	将指定的值和键存入集合并进行映射关联
Object get(Object key)	返回指定的键映射的值；如果此映射不包含该键的映射关系，则返回 null
void clear()	移除所有的键值对元素
V remove(Object key)	根据键删除对应的值，返回被删除的值
int size()	返回集合中的键值对的个数
boolean containsKey(Object key)	如果此映射包含指定键的映射关系，则返回 true
boolean containsValue(Object value)	如果此映射将一个或多个键映射到指定值，则返回 true
Set keySet()	返回此映射中包含的键的 Set 集合
Collection<V> values()	返回此映射中包含的值的 Collection 集合
Set<Map.Entry<K,V>>entrySet()	返回此映射中包含的映射关系的 Set 集合

7.6.2　HashMap

HashMap 是 Map 接口的一个实现类，HashMap 中的大部分方法都是 Map 接口方法的实现。在开发中，通常把 HashMap 集合对象的引用赋值给 Map 接口变量，接口变量就可以调用 HashMap 类实现的接口方法。HashMap 集合用于存储键值映射关系，但 HashMap 集合没有重复的键并且元素无序。

下面通过一个案例介绍 HashMap 的用法，如文件 7-14 所示。

文件 7-14　Example14.java

```
1  import java.util.*;
2  public class Example14 {
3      public static void main(String[] args) {
4          Map map = new HashMap();                          //创建 HashMap 集合
5          map.put("1", "张三");                              //存储键和值
6          map.put("2", "李四");
7          map.put("3", "王五");
8          System.out.println("1:" + map.get("1"));          //根据键获取值
9          System.out.println("2:" + map.get("2"));
10         System.out.println("3:" + map.get("3"));
11     }
12 }
```

在文件 7-14 中，第 4～7 行代码创建了 HashMap 集合 map 并通过 put()方法向集合中加入 3 个元素。第 8～10 行代码调用 get()方法，并向 get()方法中传入字符串参数作为键，通过键获取对应的值。

文件 7-14 的运行结果如图 7-22 所示。

前面已经讲过，HashMap 集合中的键具有唯一性，现在向 map 中存储一个相同的键，

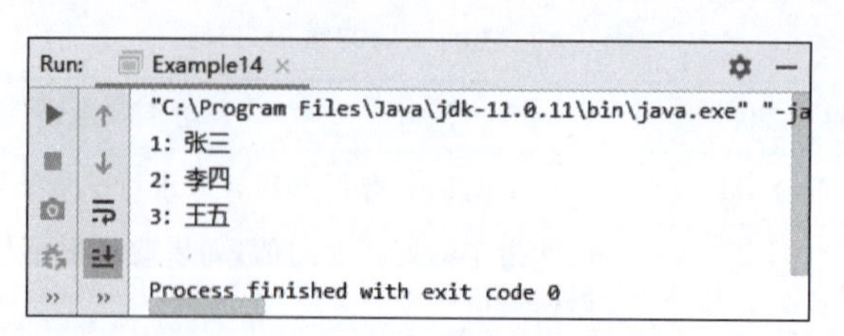

图 7-22 文件 7-14 的运行结果

看看会出现什么情况。修改文件 7-14,在第 7 行代码下面增加一行代码,如下所示:

```
map.put("3", "赵六");
```

再次运行文件 7-14,运行结果如图 7-23 所示。

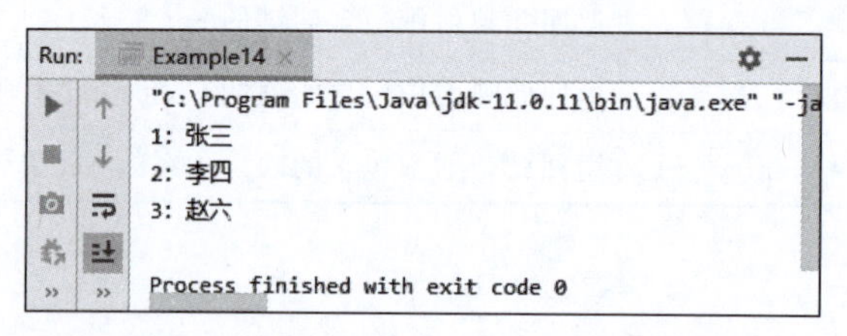

图 7-23 文件 7-14 修改后的运行结果

由图 7-23 可知,map 中仍然只有 3 个元素,只是第二次添加的值"赵六"覆盖了原来的值"王五"。这也证实了 HashMap 集合中的键必须是唯一的,不能重复,如果存储了相同的键,后存储的值则会覆盖原有的值。简而言之:键相同,值覆盖。

在程序开发中,取出 HashMap 集合中所有的键和值时有两种方式。第一种方式就是先遍历 HashMap 集合中所有的键,再根据键获取对应的值。

下面通过一个案例演示第一种方式,如文件 7-15 所示。

文件 7-15 Example15.java

```
1  import java.util.*;
2  public class Example15 {
3      public static void main(String[] args) {
4          Map map = new HashMap();                    //创建 HashMap 集合
5          map.put("1", "张三");                        //存储键和值
6          map.put("2", "李四");
7          map.put("3", "王五");
8          Set keySet = map.keySet();                  //获取键的集合
9          Iterator it = keySet.iterator();            //获取 Iterator 对象
10         while (it.hasNext()) {
11             Object key = it.next();
12             Object value = map.get(key);            //获取每个键对应的值
13             System.out.println(key + ":" + value);
14         }
15     }
16 }
```

在文件7-15中，第8～14行代码使用iterator()方法遍历map集合中所有的键，再根据键获取对应的值。首先调用map对象的KeySet()方法，获得map中所有键的Set集合，然后通过Iterator遍历上述Set集合的每一个元素，即每一个键，最后调用get()方法，根据键获取对应的值。

文件7-15的运行结果如图7-24所示。

```
Run:    Example15
"C:\Program Files\Java\jdk-11.0.11\bin\java.exe" "-ja
1:张三
2:李四
3:王五

Process finished with exit code 0
```

图7-24　文件7-15的运行结果

HashMap集合的第二种遍历方式是：先获取集合中所有的映射关系，然后从映射关系中取出键和值。下面通过一个案例演示这种遍历方式，如文件7-16所示。

文件7-16　Example16.java

```
1  import java.util.*;
2  public class Example16 {
3      public static void main(String[] args) {
4          Map map = new HashMap();                    //创建HashMap集合
5          map.put("1", "张三");                       //存储键和值
6          map.put("2", "李四");
7          map.put("3", "王五");
8          Set entrySet = map.entrySet();
9          Iterator it = entrySet.iterator();          //获取Iterator对象
10         while (it.hasNext()) {
11             //获取集合中键值对映射关系
12             Map.Entry entry = (Map.Entry) (it.next());
13             Object key = entry.getKey();            //获取entry中的键
14             Object value = entry.getValue();        //获取entry中的值
15             System.out.println(key + ":" + value);
16         }
17     }
18 }
```

在文件7-16中，第8～16行代码使用iterator()方法先获取集合中所有的映射关系，然后从映射关系中取出键和值。接下来，首先调用Map对象的entrySet()方法获得Set集合，Set集合中存放Map.Entry类型的元素(Entry是Map的内部接口)，每个Map.Entry对象代表集合中的一个键值对。然后遍历Set集合，获得每一个映射对象，并分别调用映射对象的getKey()和getValue()方法获取键和值。

文件7-16的运行结果如图7-25所示。

HashMap还提供了一些操作集合的常用方法。例如，values()方法用于获取集合中所有的值，返回值类型为Collection；size()方法用于获取集合的大小；containsKey()方法用于判断是否包含传入的键；containsValue()方法用于判断是否包含传入的值；remove()方法

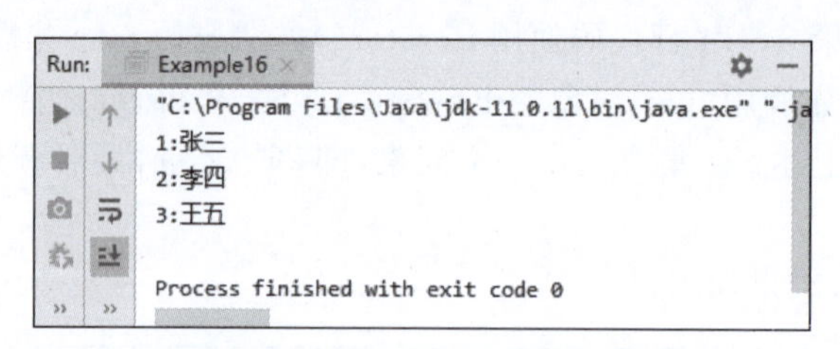

图 7-25 文件 7-16 的运行结果

用于根据 key 移除集合中的与该键对应的值。下面通过一个案例演示这些方法的使用,如文件 7-17 所示。

文件 7-17 Example17.java

```
1  import java.util.*;
2  public class Example17 {
3      public static void main(String[] args) {
4          Map map = new HashMap();                    //创建 HashMap 集合
5          map.put("1", "张三");                         //存储键和值
6          map.put("3", "李四");
7          map.put("2", "王五");
8          map.put("4", "赵六");
9          System.out.println("集合大小为:"+map.size());
10         System.out.println("判断是否包含传入的键(2):"+map.containsKey("2"));
11         System.out.println("判断是否包含传入的值(王五):"+map.containsValue("王五"));
12         System.out.println("移除键为 1 的值:"+map.remove("1"));
13         Collection values = map.values();
14         Iterator it = values.iterator();
15         while (it.hasNext()) {
16             Object value = it.next();
17             System.out.println(value);
18         }
19     }
20 }
```

在文件 7-17 中,第 4~8 行代码创建了一个 HashMap 集合并通过 put()方法向集合中加入 4 个元素。第 9 行代码通过 size()方法获取集合的大小。第 10、11 行代码通过 containsKey(Object key)方法和 containsValue(Object value)方法分别判断集合中是否包含键为 2 的元素和值为王五的元素。第 12 行代码通过 remove(Object key)方法删除键为 1 的元素对应的值。第 13~18 行代码通过 values()方法获取包含集合中所有值的 Collection 集合,然后通过 Iterator 输出集合中的每一个值。

文件 7-17 的运行结果如图 7-26 所示。

7.6.3 LinkedHashMap

HashMap 集合遍历元素的顺序和存入的顺序是不一致的。如果想让集合中的元素遍历顺序与存入顺序一致,可以使用 LinkedHashMap 集合。LinkedHashMap 是 HashMap 的子类。与 LinkedList 一样,LinkedHashMap 集合也使用双向链表维护内部元素的关系,

```
Run: Example17
"C:\Program Files\Java\jdk-11.0.11\bin\java.exe" "-ja
集合大小为：4
判断是否包含传入的键（2）：true
判断是否包含传入的值（王五）：true
移除键为1的值：张三
王五
李四
赵六

Process finished with exit code 0
```

图 7-26　文件 7-17 的运行结果

使集合元素遍历顺序与存入顺序一致。

下面通过一个案例介绍 LinkedHashMap 的用法，如文件 7-18 所示。

文件 7-18　Example18.java

```
1   import java.util.*;
2   public class Example18 {
3       public static void main(String[] args) {
4           Map map = new LinkedHashMap();             //创建 LinkedHashMap 集合
5           map.put("3", "李四");                       //存储键和值
6           map.put("2", "王五");
7           map.put("4", "赵六");
8           Set keySet = map.keySet();
9           Iterator it = keySet.iterator();
10          while (it.hasNext()) {
11              Object key = it.next();
12              Object value = map.get(key);           //获取每个键对应的值
13              System.out.println(key + ":" + value);
14          }
15      }
16  }
```

在文件 7-18 中，第 4～7 行代码创建了一个 LinkedHashMap 集合并存入 3 个元素。第 10～14 行代码使用 Iterator 遍历集合中的元素，通过元素的键获取对应的值并打印。

文件 7-18 的运行结果如图 7-27 所示。

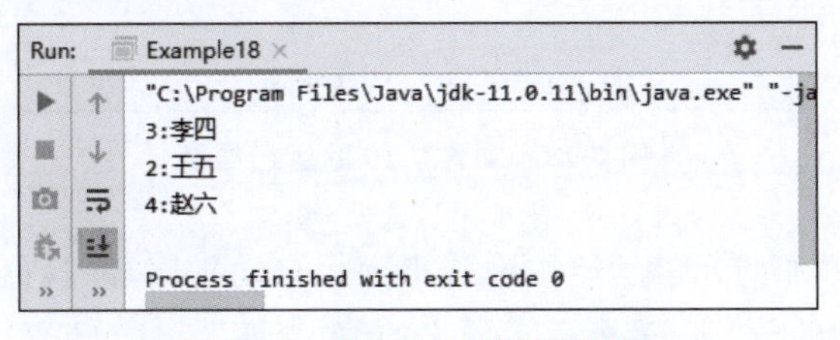

图 7-27　文件 7-18 的运行结果

由图 7-27 可知，元素遍历的顺序和存入的顺序是一致的。

7.6.4　TreeMap

HashMap 集合存储的元素的键是无序的和不可重复的,为了对集合中的元素的键进行排序,Map 接口还提供了一个可以对集合中元素的键进行排序的实现类——TreeMap。下面通过一个案例演示 TreeMap 的用法,如文件 7-19 所示。

文件 7-19　Example19.java

```
1  import java.util.Iterator;
2  import java.util.Set;
3  import java.util.TreeMap;
4  public class Example19 {
5      public static void main(String[] args) {
6          Map map = new TreeMap();                    //创建 TreeMap 集合
7          map.put(3, "李四");                          //存储键和值
8          map.put(2, "王五");
9          map.put(4, "赵六");
10         map.put(3, "张三");
11         Set keySet = map.keySet();
12         Iterator it = keySet.iterator();
13         while (it.hasNext()) {
14             Object key = it.next();
15             Object value = map.get(key);            //获取每个键对应的值
16             System.out.println(key+":"+value);
17         }
18     }
19 }
```

在文件 7-19 中,第 6～10 行代码通过 Map 接口的 put(Object key,Object value)方法向集合中加入 4 个元素。第 13～17 行代码使用 Iterator 遍历集合中的元素,通过元素的键获取对应的值并打印。

文件 7-19 的运行结果如图 7-28 所示。

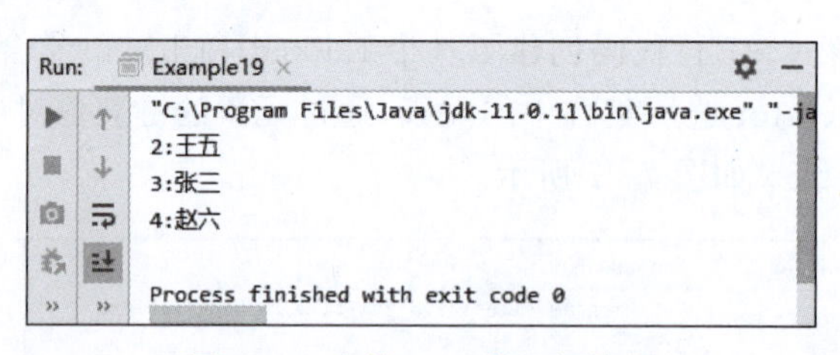

图 7-28　文件 7-19 的运行结果

由图 7-28 可知,添加的元素已经按键从小到大自动排序,并且值重复存入的整数 3 只有一个,只是后来添加的值"张三"覆盖了原来的值"李四"。这也证实了 TreeMap 中的键必须是唯一的并且有序,如果存在相同的键,后存储的值会覆盖原有的值。

TreeMap 集合之所以可以对添加的元素的键进行排序,其实现同 TreeSet 一样,TreeMap 集合的排序也分自然排序与自定义排序两种。下面通过一个案例实现按键值排序,在该案例中,键是自定义类,值是 String 类,如文件 7-20 所示。

文件 7-20 Example20.java

```
1  import java.util.*;
2  class Student {
3      private String name;
4      private int age;
5      public String getName() {
6          return name;
7      }
8      public void setName(String name) {
9          this.name = name;
10     }
11     public int getAge() {
12         return age;
13     }
14     public void setAge(int age) {
15         this.age = age;
16     }
17     public Student(String name, int age) {
18         super();
19         this.name = name;
20         this.age = age;
21     }
22     @Override
23     public String toString() {
24         return "Student [name=" + name + ", age=" + age + "]";
25     }
26 }
27 public class Example20 {
28     public static void main(String[] args) {
29         TreeMap tm = new TreeMap(new Comparator<Student>() {
30             @Override
31             public int compare(Student s1, Student s2) {
32                 int age=s1.getAge() - s2.getAge();              //按照年龄比较
33                 return age == 0 ? s1.getName().compareTo(s2.getName()) : age;
34             }
35         });
36         tm.put(new Student("张三", 23), "北京");
37         tm.put(new Student("李四", 13), "上海");
38         tm.put(new Student("赵六", 43), "深圳");
39         tm.put(new Student("王五", 33), "广州");
40         Set keySet = tm.keySet();
41         Iterator it = keySet.iterator();
42         while (it.hasNext()) {
43             Object key = it.next();
44             Object value = tm.get(key);                     //获取每个键对应的值
45             System.out.println(key+":"+value);
46         }
47     }
48 }
```

在文件 7-20 中,第 2～26 行代码定义了一个 Student 类。第 29～35 行代码定义了一个 TreeMap 集合,并在该集合中通过匿名内部类的方式实现了 Comparator 接口,然后重写了 compare()方法,在 compare()方法中通过三目运算符的方式定义排序方式为先按照年龄排序,年龄相同再按照姓名排序。第 36～46 行代码通过 Map 接口的 put(Object key,Object value)方法向集合中加入 4 个键为 Student 对象、值为 String 类型的元素,并使用 Iterator 输出集合中的元素。

文件 7-20 的运行结果如图 7-29 所示。

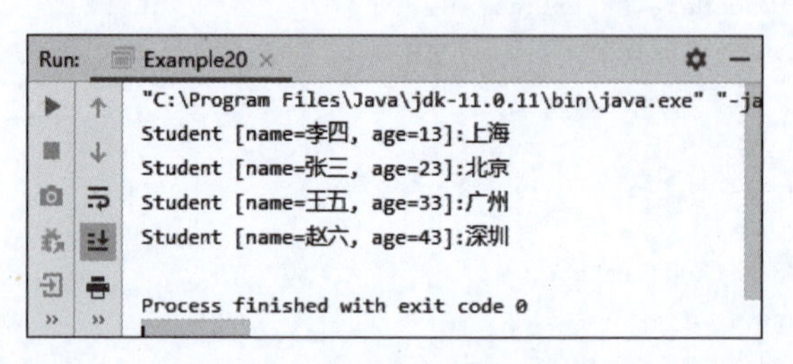

图 7-29 文件 7-20 的运行结果

7.6.5 Properties

Map 接口还有一个实现类——HashTable,它和 HashMap 十分相似,区别在于 HashTable 类是线程安全的。HashTable 类存取元素时速度很慢,目前基本上被 HashMap 类所取代。但 HashTable 类有一个很重要的子类——Properties,应用非常广泛。

Properties 主要用于存储字符串类型的键和值。在实际开发中,经常使用 Properties 集合存储应用的配置项。假设有一个文本编辑工具,要求默认背景色是红色,字体大小为 14px,语言为中文,其配置项如下面的代码所示:

```
Backgroup-color = red
Font-size = 14px
Language = chinese
```

在程序中可以使用 Properties 集合对这些配置项进行存储。下面通过一个案例演示应用配置项的存取,如文件 7-21 所示。

文件 7-21 Example21.java

```
1   import java.util.*;
2   public class Example21 {
3       public static void main(String[] args) {
4           Properties p=new Properties();                       //创建 Properties 集合
5           p.setProperty("Backgroup-color", "red");
6           p.setProperty("Font-size", "14px");
7           p.setProperty("Language", "chinese");
8           Enumeration names = p.propertyNames();               //获取 Enumeration 对象的所有键
9           while(names.hasMoreElements()){                      //循环遍历所有的键
10              String key=(String) names.nextElement();
11              String value=p.getProperty(key);                 //获取键对应的值
```

```
12              System.out.println(key+" = "+value);
13          }
14      }
15  }
```

在文件 7-21 的 Properties 类中，针对字符串的存取提供了两个专用的方法——setProperty() 和 getProperty()。setProperty() 方法用于将配置项的键和值添加到 Properties 集合当中。在第 8 行代码中通过调用 Properties 类的 propertyNames() 方法得到一个包含所有键的 Enumeration 对象，然后在遍历所有的键时，通过调用 getProperty() 方法获得键对应的值。

文件 7-21 的运行结果如图 7-30 所示。

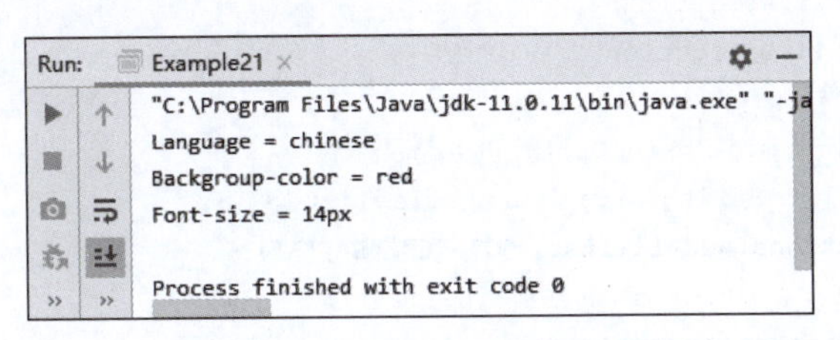

图 7-30　文件 7-21 的运行结果

7.7　常用工具类

在实际开发中，经常需要按某种条件对容器或数组进行查找、替换、排序、反转甚至是打乱等操作。虽然可以编写代码实现这些操作，但这样无疑增加了开发工作量，并且性能也得不到保证。为此，Java 集合提供了两个常用的容器工具类——Collections 和 Arrays，这两个类提供了很多静态方法，通过调用这些静态方法完成上述操作。本节将针对 Collections 工具类和 Arrays 工具类进行详细讲解。

7.7.1　Collections 工具类

Collections 工具类位于 java.util 包中，它提供了大量的静态方法用于对集合中的元素进行排序、查找和修改等操作。下面对 Collections 工具类的常见操作进行讲解。

1. 添加、排序操作

Collections 类提供了一系列方法用于对 List 集合进行添加和排序操作，常用的方法如表 7-7 所示。

表 7-7　Collections 类常用的添加和排序方法

方法声明	功能描述
static <T> boolean addAll(Collection <? super T> c, T... elements)	将所有指定元素添加到指定集合 c 中。T... elements 代表可变参数
static void reverse(List list)	反转指定 List 集合中元素的顺序

续表

方法声明	功能描述
static void shuffle(List list)	随机打乱 List 集合中元素的顺序
static void sort(List list)	根据元素的自然顺序(从小到大)对 List 集合中的元素进行排序
static void swap(List list,int i,int j)	将指定 List 集合中索引为 i 的元素和索引为 j 的元素交换

下面通过一个案例介绍表 7-7 中的方法,如文件 7-22 所示。

文件 7-22 Example22.java

```
1  import java.util.ArrayList;
2  import java.util.Collections;
3  public class Example22 {
4      public static void main(String[] args) {
5          ArrayList<String> list = new ArrayList<>();
6          Collections.addAll(list, "C","Z","B","K");           //添加元素
7          System.out.println("排序前: " + list);
8          Collections.reverse(list);                           //反转集合
9          System.out.println("反转后: " + list);
10         Collections.sort(list);                              //按自然顺序排序
11         System.out.println("按自然顺序排序后: " + list);
12         Collections.shuffle(list);                           //随机打乱集合元素
13         System.out.println("按随机顺序排序后:  " + list);
14         Collections.swap(list, 0, list.size()-1);            //将集合首尾元素交换
15         System.out.println("集合首尾元素交换后: " + list);
16     }
17 }
```

文件 7-22 的运行结果如图 7-31 所示。

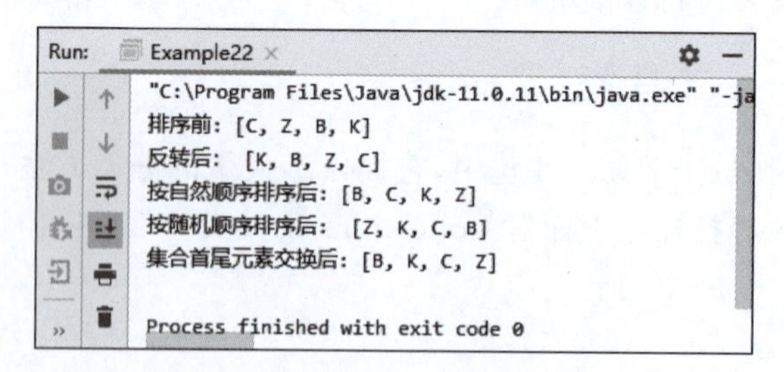

图 7-31 文件 7-22 的运行结果

2. 查找、替换操作

Collections 类还提供了一些常用方法用于对 Set 集合、List 集合和 Map 集合等进行查找和替换操作,常用的方法如表 7-8 所示。

表 7-8　Collections 类常用的查找和替换方法

方法声明	功能描述
static int binarySearch(List list, Object key)	使用二分法搜索指定对象在 List 集合中的索引,要求查找的 List 集合中的元素必须是有序的
static Object max(Collection col)	根据元素的自然顺序,返回给定集合中最大的元素
static Object min(Collection col)	根据元素的自然顺序,返回给定集合中最小的元素
staticboolean replaceAll(List list, Object oldVal, Object newVal)	用新值(newVal)替换 List 集合中所有的旧值(oldVal)

下面通过一个案例介绍 Collections 类中常用的方法,如文件 7-23 所示。

文件 7-23　Example23.java

```
1  import java.util.ArrayList;
2  import java.util.Collections;
3  public class Example23 {
4      public static void main(String[] args) {
5          ArrayList<Integer> list = new ArrayList<>();
6          Collections.addAll(list, -3,2,9,5,8);       //向集合中添加所有指定元素
7          System.out.println("集合中的元素: " + list);
8          System.out.println("集合中的最大元素: " + Collections.max(list));
9          System.out.println("集合中的最小元素: " + Collections.min(list));
10         Collections.replaceAll(list, 8, 0);         //将集合中的 8 用 0 替换
11         System.out.println("替换后的集合: " + list);
12         Collections.sort(list);                     //使用二分查找前,必须保证元素有序
13         System.out.println("集合排序后为: "+list);
14         int index = Collections.binarySearch(list, 9);
15         System.out.println("集合通过二分查找方法查找元素 9 所在索引为:"+index);
16     }
17 }
```

文件 7-23 的运行结果如图 7-32 所示。

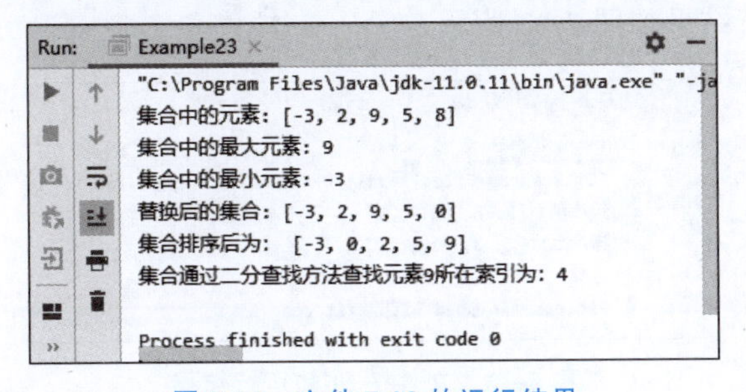

图 7-32　文件 7-23 的运行结果

Collections 工具类中还有其他一些方法,有兴趣的读者可以根据需要查询 API 帮助文档。

7.7.2　Arrays 工具类

在 java.util 包中,除了针对集合操作提供了集合工具类 Collections 以外,还针对数组

操作提供了数组工具类 Arrays。Arrays 工具类提供了大量针对数组操作的静态方法,下面就对其中一些常用方法进行讲解。

1. 使用 sort()方法排序

要对数组进行排序,就需要自定义一个排序方法。此外,也可以调用 Arrays 工具类中的静态方法 sort()实现数组排序。下面通过一个案例介绍 sort()方法的使用,如文件 7-24 所示。

文件 7-24 Example24.java

```
1  import java.util.Arrays;
2  public class Example24 {
3      public static void main(String[] args) {
4          int[] arr = { 9, 8, 3, 5, 2 };                //初始化数组
5          System.out.print("排序前:");
6          printArray(arr);                              //打印排序前的数组
7          Arrays.sort(arr);                             //调用 Arrays 的 sort()方法排序
8          System.out.print("排序后:");
9          printArray(arr);                              //打印排序后的数组
10     }
11     //定义打印数组元素方法
12     public static void printArray(int[] arr) {
13         System.out.print("[");
14         for (int x = 0; x < arr.length; x++) {
15             if (x != arr.length - 1) {
16                 System.out.print(arr[x] + ", ");
17             } else {
18                 System.out.println(arr[x] + "]");
19             }
20         }
21     }
22 }
```

文件 7-24 的运行结果如图 7-33 所示。

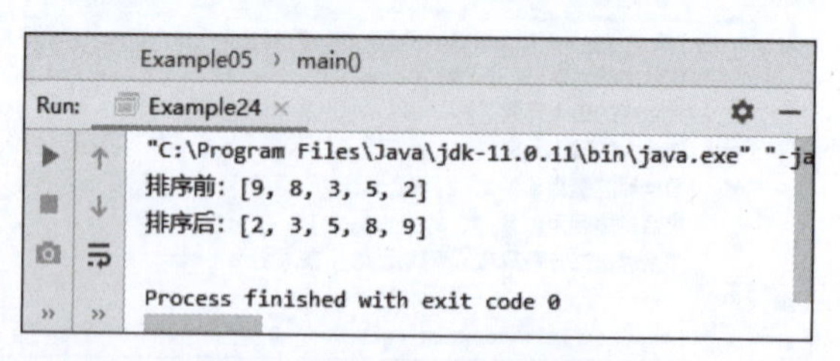

图 7-33 文件 7-24 的运行结果

由图 7-33 可知,使用 Arrays 的 sort()方法时会按照自然顺序对数组元素从小到大排序,使用非常方便。针对数组排序,数组工具类 Arrays 还提供了多个重载的 sort()方法,既可以按照自然顺序排序,也可以通过传入比较器参数按照自定义规则排序,同时还支持选择排序的元素范围。

2. 使用 binarySearch()方法查找元素

在程序开发中,经常会在数组中查找某些特定的元素。如果数组中的元素较多,查找某个元素时效率会非常低。为此,Arrays 工具类中提供了 binarySearch()方法用于查找元素。

binarySearch()方法声明格式如下:

```
binarySearch(Object[] a, Object key);
```

在上述语法中,参数 a 是被查询的集合,参数 key 是被查询的元素值。bianrySearch()方法只能针对有序数组进行元素查找,因为该方法采用的是二分查找。所谓二分查找就是每次将指定元素和数组中间位置的元素比较,从而排除其中的一半元素,这样的查找是非常高效的。二分查找的过程如图 7-34 所示。

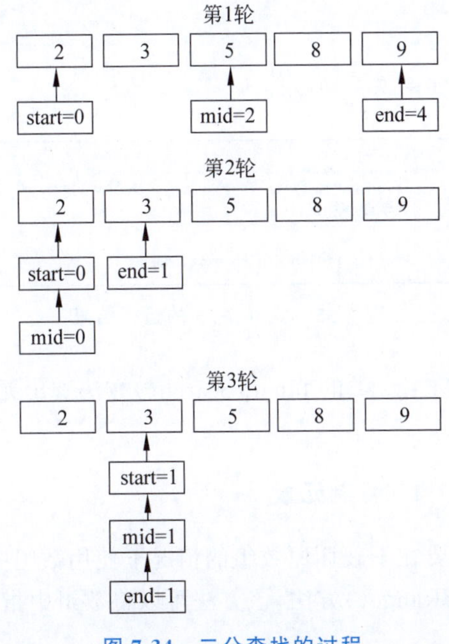

图 7-34 二分查找的过程

图 7-34 中的 start、end 和 mid 分别代表在数组中查找区间的开始索引、结束索引和中间索引,其中 mid=(start+end)/2。假设查找的元素为 key,则查找过程如下。

第 1 步,比较开始索引 start 和结束索引 end,如果 start≤end,则 key 和 arr[mid]进行比较。如果两者相等,说明找到了该元素;如果不相等,则进入第 2 步。

第 2 步,如果 key<arr[mid],表示查找的值处于索引 start 和 mid 之间,此时执行第 3 步;否则表示要查找的值处于索引 mid 和 end 之间,此时执行第 4 步。

第 3 步,将查找区间的结束索引 end 置为 mid-1,开始索引 start 不变,中间索引 mid 重新置为(start+end)/2,继续查找,直到 start>end,表示查找的元素不存在,此时执行第 5 步。

第 4 步,将查找区间的开始索引 start 置为 mid+1,结束索引 end 不变,中间索引 mid 重新置为(start+end)/2,继续查找,直到 start>end,表示查找的元素不存在,此时执行第

5步。

第5步,返回"插入点－(start＋1)"。插入点指的是大于key值的第一个元素在数组中的位置。如果数组中所有元素的值都小于要查找的对象,插入点就等于－array.length。

接下来通过一个案例介绍binarySearch()方法的使用,如文件7-25所示。

文件7-25 Example25.java

```
1  import java.util.Arrays;
2  public class Example25 {
3      public static void main(String[] args) {
4          int[] arr = { 9, 8, 3, 5, 2 };
5          Arrays.sort(arr);                                  //对数组进行排序
6          int index = Arrays.binarySearch(arr, 3);           //查找指定元素 3
7          System.out.println("元素 3 的索引是:" + index);
8      }
9  }
```

文件7-25的运行结果如图7-35所示。

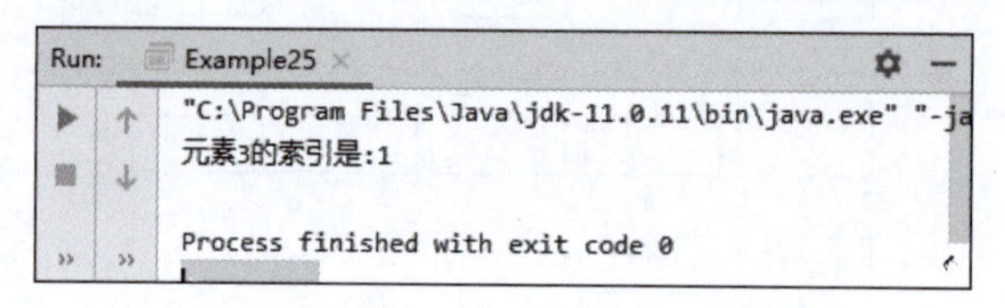

图7-35 文件7-25的运行结果

由图7-35可知,使用Arrays类的binarySearch()方法查出元素3在数组中的索引为1(排序后的数组索引)。

3. 使用copyOfRange()方法复制元素

在程序开发中,经常需要在不破坏原数组的情况下使用数组中的部分元素,这时可以使用Arrays工具类的copyOfRange()方法,该方法可以将数组中指定范围的元素复制到一个新的数组中。

copyOfRange()方法声明格式如下:

```
copyOfRange(int[] original, int from,int to);
```

在上述语法中,参数original表示被复制的数组,from表示被复制元素的开始索引(包括),to表示被复制元素的结束索引(不包括)。

下面通过一个案例介绍如何通过调用copyOfRange()方法实现数组的复制,如文件7-26所示。

文件7-26 Example26.java

```
1  import java.util.Arrays;
2  public class Example26 {
3      public static void main(String[] args) {
```

```
4         int[] arr = { 9, 8, 3, 5, 2 };
5         //复制一个指定范围的数组
6         int[] copied = Arrays.copyOfRange(arr, 1, 7);
7         for (int i = 0; i < copied.length; i++) {
8             System.out.print(copied[i] + " ");
9         }
10    }
11 }
```

在文件 7-26 中，使用 Arrays 类的 copyOfRange(arr, 1, 7)方法将数组 arr 中的元素 arr[1](包括开始索引对应的元素)～arr[7](不包括结束索引对应的元素)复制到新数组 copied 中。由于原数组 arr 的最大索引为 4，因此只有 arr[1]到 arr[4]这四个元素，即 8、3、5、2，复制到新数组 copied 中，copied 的另外两个元素放入了 int 类型数组的默认值 0。

文件 7-26 的运行结果如图 7-36 所示。

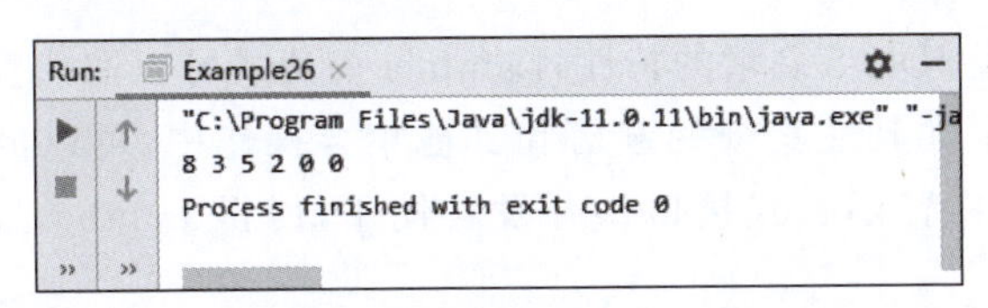

图 7-36　文件 7-26 的运行结果

4. 使用 fill()方法替换元素

在程序开发中，有时需要将一个数组中的所有元素替换成同一个元素，此时可以使用 Arrays 工具类的 fill()方法，该方法可以将指定的值赋给数组中的每一个元素。

fill()方法声明格式如下：

```
fill(Object[] a,Object val);
```

在上述语法中，参数 a 表示要替换元素的数组，val 表示用于替换元素的新值。

下面通过一个案例演示如何调用 fill()方法实现元素替换，如文件 7-27 所示。

文件 7-27　Example27.java

```
1  import java.util.Arrays;
2  public class Example27 {
3      public static void main(String[] args) {
4          int[] arr = { 1, 2, 3, 4 };
5          Arrays.fill(arr, 8);                    //用 8 替换数组中的每个元素
6          for (int i = 0; i < arr.length; i++) {
7              System.out.println(i + ": " + arr[i]);
8          }
9      }
10 }
```

文件 7-27 的运行结果如图 7-37 所示。

从图 7-37 可以看出，在调用了 Arrays 工具类的 fill(arr,8)方法后，数组 arr 中的元素

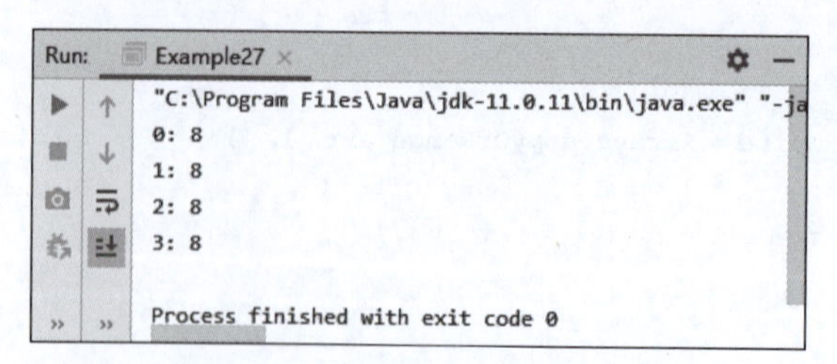

图 7-37　文件 7-27 的运行结果

全部被替换为 8。

Arrays 工具类中还有其他一些方法,有兴趣的读者可以根据需要查询 API 帮助文档。

7.8　Lambda 表达式

Lambda 表达式是 JDK 8 新增的特性,Lambda 表达式可以取代大部分匿名内部类,写出更优雅的 Java 代码,尤其在集合的遍历和其他集合操作中,可以极大地优化代码结构。JDK 也提供了大量的内置函数式接口供开发者使用,使得 Lambda 表达式的运用更加方便、高效。

Lambda 表达式由参数列表、箭头符号(->)和方法体组成。方法体既可以是一个表达式,也可以是一个语句块。其中,表达式会被执行,然后返回执行结果;语句块中的语句会被依次执行,就像方法中的语句一样。Lambda 表达式常用的语法格式如表 7-9 所示。

表 7-9　Lambda 表达式常用的语法格式

语法格式	描　述
() -> System.out.println("Hello Lambda!");	无参数,无返回值
(x) -> System.out.println(x)	有一个参数,无返回值
x -> System.out.println(x)	若只有一个参数,小括号可以省略不写
Comparator<Integer> com = (x, y) -> { System.out.println("函数式接口"); return Integer.compare(x, y);};	有两个以上的参数,有返回值,并且 Lambda 方法体中有多条语句
Comparator<Integer> com = (x, y) -> Integer.compare(x, y);	若 Lambda 方法体中只有一条语句,return 和大括号都可以省略不写
(Integer x, Integer y) -> Integer.compare(x, y);	Lambda 表达式的参数列表的数据类型可以省略不写,因为 Java 虚拟机的编译器可以通过上下文推断出数据类型,即"类型推断"

表 7-9 中给出了 6 种 Lambda 表达式的语法格式。下面通过一个案例介绍 Lambda 表达式的使用,如文件 7-28 所示。

文件 7-28　Example28.java

```
1    import java.util.Arrays;
2    public class Example28 {
```

```
3       public static void main(String[] args) {
4           String[] arr = {"program", "creek", "is", "a", "java", "site"};
5           Arrays.sort(arr, (m, n) -> Integer.compare(m.length(), n.length()));
6           System.out.println("Lambda 语句体中只有一条语句,参数类型可推断:"+
7                               Arrays.toString(arr));
8           Arrays.sort(arr, (String m, String n) -> {
9           if (m.length() > n.length())
10                  return -1;
11              else
12                  return 0;
13          });
14          System.out.println("Lambda 语句体中有多条语句:"+Arrays.toString(arr));
15      }
16  }
```

在文件 7-28 中,第 4 行代码定义了字符串数组 arr。第 5～13 行代码使用了两种 Lambda 表达式语法对字符串数组 arr 进行排序。其中,第 5 行代码通过调用 compare()方法比较字符串的长度进行排序,第 8～13 行代码使用 if…else 语句比较字符串的长度进行排序。

文件 7-28 的运行结果如图 7-38 所示。

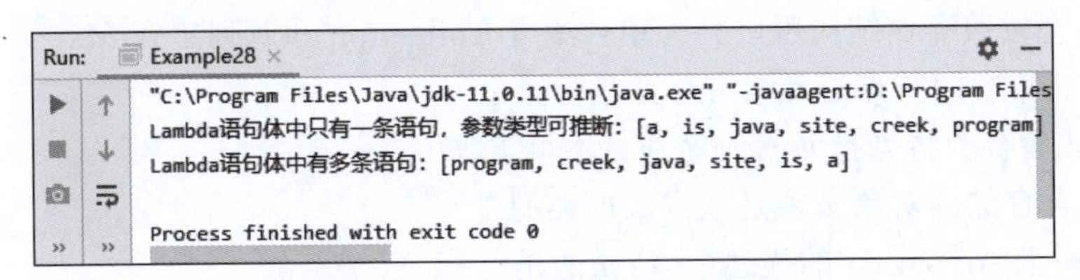

图 7-38　文件 7-28 的运行结果

7.9　本章小结

本章详细介绍了几种 Java 常用集合类。本章主要内容如下：集合的概念和 Collection 接口;List 接口,包括 ArrayList、LinkedList、Iterator 和 foreach 循环;Set 接口,包括 HashSet、LinkedHashSet 和 TreeSet;Map 接口,包括 HashMap、LinkedHashMap、TreeMap 和 Properties;集合的常用工具类,包括 Collections 工具类和 Arrays 工具类;Lambda 表达式。通过本章的学习,读者应该熟练掌握各种集合类的使用场景以及需要注意的细节,同时掌握 Lambda 表达式的使用。熟练掌握本章知识,对 Java 实际开发非常重要。

7.10　本章习题

一、填空题

1. ________是所有单列集合的父接口,它定义了单列集合(List 和 Set)通用的一些方法。

2. 使用 Iterator 遍历集合时,首先需要调用________方法判断是否存在下一个元素。

若存在下一个元素,则调用________方法取出该元素。

3. 如果要对 TreeSet 集合中的对象进行排序,必须实现________接口。

4. Map 集合中的元素都是成对出现的,并且都是以________、________的映射关系存在的。

5. ArrayList 内部封装了一个长度可变的________。

二、判断题

1. Set 集合是通过键值对的方式来存储对象的。 (　　)
2. ArrayList 集合查询元素的速度很快,但是增删改查效率较低。 (　　)
3. Set 接口主要有两个实现类,分别是 HashSet 和 TreeSet。 (　　)
4. 使用 Collections 工具类中的 sort()方法可以对 List 集合进行排序。 (　　)
5. java.util.TreeMap 底层结构是红黑树(二叉树),以此保证存储数据的键的唯一性。 (　　)

三、选择题

1. 下列关于集合的描述中,错误的是(　　)。
   A. 集合按照存储结构可以分为单列集合 Collection 和双列集合 Map
   B. List 集合的特点是元素有序并且可重复
   C. Set 集合的特点是元素无序并且不可重复
   D. 集合存储的对象必须是基本数据类型
2. 下列关于 ArrayList 的描述中,错误的是(　　)。
   A. ArrayList 集合可以看作一个长度可变的数组
   B. ArrayList 集合不适合做大量的增删操作
   C. ArrayList 集合查找元素非常便捷
   D. ArrayList 集合中元素的索引从 1 开始
3. 下面关于 java.util.HashMap 类中的方法描述错误的是(　　)。
   A. containsKey(Object key)表示如果此映射包含指定的键则返回 true
   B. remove(Object key)表示从此映射中移除指定键的映射关系(如果存在)
   C. values()表示返回此映射包含的键的 Collection 视图
   D. size()表示返回此映射中的键值映射关系数
4. 使用 Iterator 时,判断是否存在下一个元素可以使用(　　)方法。
   A. hasNext()　　B. hash()　　C. hasPrevious()　　D. next()
5. 阅读下面的代码:

```
public class Example{
    public static void main(String[] args) {
        String[] strs = { "Tom", "Jerry", "Donald" };
        //foreach 循环遍历数组
        for (String str : strs) {
            str = "Tuffy";
        }
```

```
        System.out.println(strs[0]+ "," + strs[1] + "," + strs[2]);
    }
}
```

程序的运行结果是(　　)。

A. Tom,Jerry　　　　B. Tom,Jerry,Tuffy

C. Tom,Jerry,Donald　　　　D.以上都不对

四、简答题

1. 简述集合 List、Set 和 Map 的区别。

2. 为什么 ArrayList 的增删操作比较慢,而查找操作比较快。

五、编程题

1. 编写程序,向 ArrayList 集合中添加元素,然后遍历并输出这些元素。

2. 请按照下列要求编写程序。

(1) 编写一个 Student 类,包含 name 和 age 属性,提供有参构造方法。

(2) 在 Student 类中,重写 toString()方法,输出 age 和 name 的值。

(3) 在 Student 类中,重写 hashCode()和 equals()方法。

- hashCode()的返回值是 name 的哈希值与 age 的和。
- equals()判断对象的 name 和 age 是否相同,相同则返回 true,不同则返回 false。

(4) 编写一个测试类,创建一个 HashSet<Student>对象 hs,向 hs 中添加多个 Student 对象,假设有两个 Student 对象相等。输出 HashSet 集合,观察 Student 对象是否添加成功。

第8章 泛 型

学习目标

- 了解泛型,能够说出泛型的作用和优点。
- 掌握泛型类,能够独立定义和使用泛型类。
- 掌握泛型接口,能够独立定义和使用泛型接口,并且能够使用两种方式定义泛型接口的子类。
- 掌握泛型方法,能够独立定义并使用泛型方法。
- 掌握类型通配符,能够正确定义类型通配符的上限和下限。

通过前面的学习,读者可以了解到,把一个对象存入集合后,再次取出该对象时,该对象的编译类型就变成了 Object 类型(尽管其在运行时类型没有改变)。集合设计成这样,提高了它的通用性,但是也带来了一些类型不安全和烦琐的问题。例如,集合可以同时存储任何类型的对象,通常对取出之后的对象都需要进行强制类型转换,而且如果不知道实际参数类型,就无法进行强制类型转换。为了解决这些问题,从 JDK 5 版本开始引入了泛型。本章将围绕泛型的相关内容进行讲解。

8.1 泛型基础

8.1.1 泛型概述

泛型是在 JDK 5 中引入的一个新特性,其本质是参数化类型,也就是将具体的类型形参化。参数化的类型(可以称之为类型形参)在使用或者调用时传入具体的类型(类型实参),类似于调用方法时传入实参才能确定方法形参的具体值。泛型的声明由一对尖括号和类型形参组成,类型形参定义在尖括号中,定义类、接口和方法时使用泛型声明,这样定义的类、接口和方法分别称为泛型类、泛型接口和泛型方法。

JDK 5 之后的类库中很多重要的类和接口都引入了泛型,例如集合体系中的类和接口。下面分别演示未引入泛型和使用泛型编程的区别,体验泛型具体有什么好处。

未引入泛型之前,如果想要创建一个只保存 Integer 类型的 List 集合,代码一般如文件 8-1 所示。

文件 8-1 Example01.java

```
1   public class Example01{
2       public static void main(String[] args) {
```

```
3           //创建一个只保存 Integer 类型的 List 集合
4           List intList = new ArrayList();
5           intList.add(1);
6           intList.add(2);
7           //因为失误存放了非字符串数据
8           intList.add("3");
9           for (int i = 0; i < intList.size(); i++) {
10              /* 因为 List 集合默认取出的全部 Object 对象,所以使用之前需要进行强制类型转换
11               * 集合内最后一个元素进行转换时将出现类型转换异常
12               **/
13              Integer num= (Integer) intList.get(i);
14          }
15      }
16  }
```

在文件 8-1 中,第 4 行代码创建了一个只保存 Integer 类型的 List 集合。第 5～8 行代码向集合中存放数据,由于存放数据时并没有出现编译异常,操作者认为存入的数据类型都符合要求,但是在执行第 13 行代码时却会出现异常。

要解决上述问题,可以自定义一个类,重写集合中的 add()方法和 get()方法,以模拟集合的数据存取,具体如文件 8-2 所示。

文件 8-2　Example02.java

```
1   //定义一个只存放 Integer 类型的类
2   class IntList {
3       private List intList=new ArrayList();
4       //添加元素的方法
5       public boolean add(Integer e) {
6           return intList.add(e);
7       }
8       //获取元素的方法
9       public Integer get(int index) {
10          return (Integer) intList.get(index);
11      }
12      //获取元素个数的方法
13      public int size() {
14          return intList.size();
15      }
16  }
17
18  public class Example02 {
19      public static void main(String[] args) {
20          //创建一个只保存字符串的 Integer 集合
21          IntList intList = new IntList();
22          intList.add(1);
23          intList.add(2);
24          //存放 Integer 类型之外的数据,将出现编译时异常
25          intList.add("E");
26          for (int i = 0; i < intList.size(); i++) {
```

```
27                /*由于限制了存入 intList 中的数据类型,并且重写了 get()方法,
28                此时获取 intList 中的元素不用进行强制类型转换*/
29                Integer num = intList.get(i);
30            }
31        }
32 }
```

在文件 8-2 中,第 2～16 行代码定义了 IntList 类,该类可以像 ArrayList 一样对数据进行存取,并且限定存入数据的类型为 Integer,获取元素的方法也完成了类型转换。此时第 25 行代码因为不符合存入数据所要求的数据类型,会出现编译时异常。

文件 8-2 解决了文件 8-1 中编译时不检查类型异常以及每次获取数据时都需要进行强制类型转换(转换时还可能出现类型转换异常)的问题。但是 IntList 类的代码复用性不强,如果需要只存储 String 类型,还需要按照 IntList 类的方式重新定义一个类。

集合引入泛型之后,可以很容易解决上述所有问题。因为使用泛型编程,会在使用或者调用时传入具体的类型,此时才确定最终的数据类型,所以集合需要存储什么类型的数据,在创建集合时传入对应的类型即可。定义泛型时类型形参由一对尖括号(<>)括在中间;使用或者调用泛型时,需要将类型实参写在尖括号内。

下面使用泛型优化文件 8-1,具体如文件 8-3 所示。

文件 8-3 Example03.java

```
1  public class Example03 {
2      public static void main(String[] args) {
3          //创建一个只保存 Integer 类型的 List 集合
4          List<Integer> intList = new ArrayList<Integer>();
5          intList.add(1);
6          intList.add(2);
7          //下面的代码将出现编译时异常
8          intList.add("3");
9          for (int i = 0; i < intList.size(); i++) {
10             //下面的代码无须进行强制类型转换
11             Integer num=intList.get(i);
12         }
13     }
14 }
```

在文件 8-3 中,第 4 行代码的 List<Integer>指定创建的集合 intList 的类型形参为 Integer,也就是创建后的 intList 集合中只能保存 Integer 类型的元素。第 11 行代码不用进行强制类型转换,因为此时 intList 集合会记住集合内所有元素都是 Integer 类型。如果需要创建一个只保存 String 类型的 List 集合,只需在创建集合时使用类型形参<String>替换<Integer>即可。

8.1.2 使用泛型的好处

通过 8.1.1 节案例的演示,可以看出使用泛型有如下好处。

（1）提高类型的安全性。

使用泛型后，将类型的检查从运行期提前到编译期。在编译期进行类型检查，可以更早、更容易地找出因为类型限制而导致的类型转换异常，从而提高程序的可靠性。

（2）消除强制类型转换。

使用泛型后，程序会记住当前的类型形参，从而无须对传入的实参值进行强制类型转换，使得代码更加清晰和简洁，可读性更高。

（3）提高代码复用性。

使用泛型后，可以更好地将程序中通用的代码提取出来，在使用时传入不同类型的参数，避免了多次编写相同功能的代码，提高了代码的复用性。

（4）拥有更高的运行效率。

使用泛型前，传入的实际参数值作为 Object 类型传递时，需要进行封箱和拆箱操作，会增加程序运行的开销；使用泛型后，类型形参中都需要使用引用数据类型，即传入的实际参数的类型都是对应的引用数据类型，避免了封箱和拆箱操作，减少了程序运行的开销，提高了程序的运行效率。

8.2 泛型类

定义类时，在类名后加上用尖括号括起来类型形参，这个类就是泛型类。创建泛型类的实例对象时传入不同的类型实参，就可以动态生成任意多个该泛型类的子类。在 JDK 类包中泛型类最典型的应用就是各种容器类，如 ArrayList、HashMap 等。定义泛型类的格式具体如下：

```
[访问权限] class 类名<类型形参变量 1,类型形参变量 2,…,类型形参变量 n>{
    …
}
```

上述语法格式中，类名＜类型形参变量＞是一个整体的数据类型，通常称为泛型类型；类型形参变量没有特定的意义，可以是任意一个字母，但是为了提高可读性，建议使用有意义的字母。一般情况下使用得较多的字母及意义如下：

- E：表示 Element（元素），常用在 Java Collection 中，如 List＜E＞、Iterator＜E＞、Set＜E＞。
- K，V：表示 Key 和 Value（Map 的键值对）。
- N：表示 Number（数字）。
- T：表示 Type（类型），如 String、Integer 等。

定义泛型类时，类的构造方法名称还是类的名称。类型形参变量可以用于属性的类型、方法的返回值类型和方法的参数类型。

创建泛型类的对象时，不强制要求传入类型实参。如果传入类型实参，类型形参会根据传入的类型实参做相应的限制，此时泛型才会起到应有的限制作用；如果不传入类型实参，在泛型类中使用类型形参的方法或成员变量定义的类型可以为任何类型。

下面通过自定义一个泛型类演示泛型的使用，具体如文件 8-4 所示。

文件 8-4 Example04.java

```
1  //定义泛型类 Goods
2  class Goods<T> {
3      //类型形参变量作用于属性的类型
4      private T info ;
5      //类型形参变量作用于构造方法的参数类型
6      public Goods(T info) {
7          this.info = info;
8      }
9      //类型形参变量作用于方法的参数类型
10     public void setInfo(T info){
11         this.info = info ;
12     }
13     //类型形参变量作用于方法的返回值类型
14     public T getInfo(){
15         return this.info ;
16     }
17 }
18 public class Example04 {
19     public static void main(String[] args) {
20         //创建 Goods 对象
21         Goods goods = new Goods<Integer>(666);
22         System.out.println(goods.getInfo()+"..."+goods.getInfo().getClass());
23         goods.setInfo("热卖商品");
24         System.out.println(goods.getInfo()+"..."+goods.getInfo().getClass());
25     }
26 }
```

在文件 8-4 中,第 2～17 行代码定义了泛型类 Goods。其中,在第 4、6、10、14 行代码中分别将类型形参变量作用于属性的类型、构造方法的参数类型、方法的参数类型和方法的返回值类型。第 21 行代码创建了 Goods 类的对象 goods。因为传给类型形参变量 T 的类型实参是 Integer,所以此时构造方法的实参必须是 Integer 类型,否则会编译出错。Object 中的 getClass()方法可以获取对象的运行时类。第 22 行代码输出 getInfo()方法的调用结果及调用结果所属的运行时类。第 23 行代码调用 setInfo()方法,传入的实参为 String 类型。

运行文件 8-4 中的 main()方法,运行结果如图 8-1 所示。

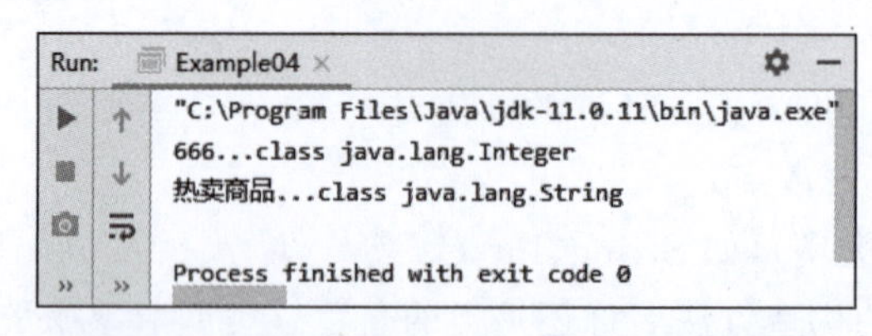

图 8-1 文件 8-4 中 main()方法的运行结果

从图 8-1 可以看出,控制台打印了两行信息,分别是“666...class java.lang.Integer”和“热卖商品...class java.lang.String”。可以看出,执行文件 8-4 中的第 22 行代码时,属性 info 的值为 666,类型为 Integer;执行文件 8-4 中的第 24 行代码时,属性 info 的值为"热卖商品",类型为 String。说明类型形参会根据类型实参来确定。

8.3　泛型接口

定义泛型接口和定义泛型类的语法格式类似,在接口名称后面加上用尖括号括起来类型形参即可。与集合相关的很多接口也是泛型接口,如 Collection、List 等。定义泛型接口的基本语法格式如下:

```
[访问权限] interface 接口名称<类型形参变量>{}
```

按照上面的格式定义一个泛型接口,代码如下:

```
interface Info<T> {
    public T getVar();
}
```

泛型接口定义完成后,就可以定义泛型接口的实现类了。泛型接口的实现类有两种定义方式:一种是使用非泛型类实现泛型接口,另一种是使用泛型类实现泛型接口。下面分别对这两种方式进行详细讲解。

1. 使用非泛型类实现泛型接口

当使用非泛型类实现接口时,需要明确接口的泛型类型,也就是需要将类型实参传入接口。此时实现类重写接口中使用泛型的地方,都需要将类型形参替换成传入的类型实参,这样就可以直接使用泛型接口的类型实参,具体如文件 8-5 和文件 8-6 所示。

定义一个泛型接口,如文件 8-5 所示。

文件 8-5　Inter.java

```
public interface Inter<T> {
    public abstract void show(T t);
}
```

定义泛型接口的实现类,在泛型接口后指定类型实参以明确接口的泛型类型,如文件 8-6 所示。

文件 8-6　InterImpl.java

```
public class InterImpl implements Inter<String>{
    @Override
    public void show(String s) {
        System.out.println(s);
    }
}
```

在文件 8-6 中,在接口后面传入的类型实参类型为 String。这样,在 InterImpl 实现类中重写 Inter 接口中的 show()方法时,就需要指明 show()方法的参数类型为 String。

定义好泛型接口和泛型接口的实现类后，对泛型接口及泛型接口实现类的使用进行测试，此时创建 Inter 对象时传入的类型实参必须是 String 类型，否则会出现编译时异常，如文件 8-7 所示。

文件 8-7　Example05.Java

```
public class Example05{
    public static void main(String[] args) {
        Inter<String> inter = new InterImpl();
        inter.show("hello");
    }
}
```

运行文件 8-7 中的 main()方法，运行结果如图 8-2 所示。

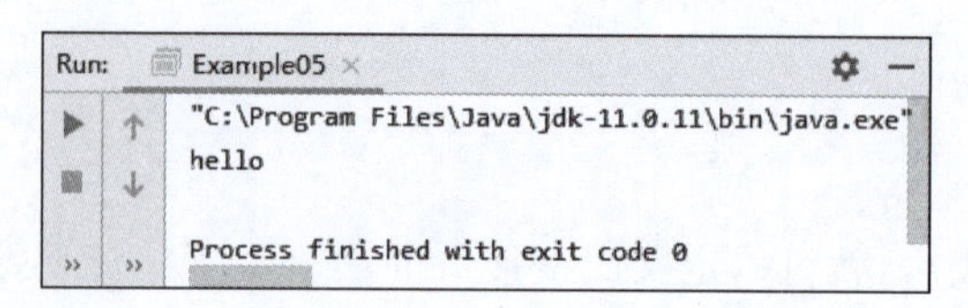

图 8-2　文件 8-7 中 main()方法的运行结果

2. 使用泛型类实现泛型接口

当使用泛型类实现泛型接口时，需要将泛型的声明加在实现类中，并且泛型类和泛型接口使用的必须是同一个类型形参变量，否则会出现编译时异常。

下面修改文件 8-6，使用泛型类实现泛型接口，修改后的代码如文件 8-8 所示。

文件 8-8　InterImpl.java

```
public class InterImpl<T> implements Inter<T>{
    @Override
    public void show(T t) {
        System.out.println(t);
    }
}
```

重新编辑文件 8-7，在 main()方法中创建 Inter 对象时传入不同的类型实参，并分别调用 show()方法进行输出验证，编辑后的代码如文件 8-9 所示。

文件 8-9　Example06.java

```
public class Example06 {
    public static void main(String[] args) {
        Inter<String> inter = new InterImpl();
        inter.show("hello");
        Inter<Integer> ii = new InterImpl();
        ii.show(12);
    }
}
```

运行文件 8-9 中的 main()方法，运行结果如图 8-3 所示。

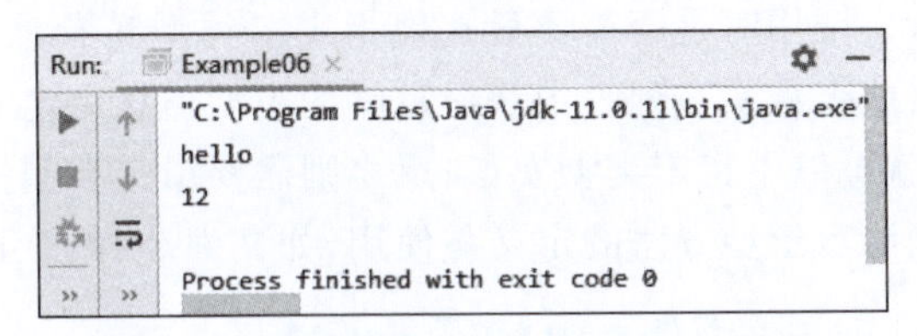

图 8-3　文件 8-9 中 main()方法的运行结果

从图 8-3 可以看出，分别在控制台打印 hello 和 12。这说明，和使用非泛型类实现接口相比，使用泛型类实现接口，在创建对象时类型实参可以为任意类型。

8.4　泛型方法

8.4.1　泛型方法概述

泛型方法是将类型形参的声明放在修饰符和返回值类型之间的方法。在 Java 程序中，定义泛型方法常用的格式如下：

```
[访问权限修饰符] [static] [final] <类型形参>返回值类型 方法名 (形参列表){}
```

定义泛型方法时，需要注意以下 6 点：

(1) 访问权限修饰符(包括 private、public、protected)、static 和 final 都必须写在类型形参的前面。

(2) 返回值类型必须写在类型形参的后面。

(3) 泛型方法可以在用泛型类中，也可以用在普通类中。

(4) 泛型类中的任何方法本质上都是泛型方法，所以在实际使用中很少会在泛型类中用上面的形式定义泛型方法。

(5) 类型形参可以用在方法体中修饰局部变量，也可以修饰方法的返回值。

(6) 泛型方法可以是实例方法(没有用 static 修饰，也叫非静态方法)，也可以是静态方法。

泛型方法也能提高代码的重用性和程序的安全性。Java 语言的编程原则是尽量设计泛型方法解决问题，如果设计泛型方法可以取代整个类的泛型化，就应该优先采用泛型方法。

8.4.2　泛型方法的应用

在 8.4.1 节中介绍了泛型方法的定义格式，下面对 Java 程序中如何使用泛型方法进行介绍。泛型方法的使用通常有如下两种形式：

```
对象名|类名.<类型实参>方法名(实参列表);
对象名|类名.方法名(类型实参列表);
```

如果泛型方法是实例方法，则需要使用对象名进行调用；如果泛型方法是静态方法，可以使用类名进行调用。可以看出,上述两种调用泛型方法的形式的差别在于方法名之前是否显式地指定类型实参。调用时是否需要显式地指定了类型实参,要根据泛型方法的声明形式以及调用时编译器能否从实参列表中获得足够的类型信息决定。如果编译器能够根据实参推断出参数类型,就可以不指定类型实参;反之则需要指定类型实参。

下面通过一个案例演示泛型方法的定义与使用,如文件 8-10 所示。

文件 8-10 Example07.java

```
1  class Student {
2      //静态泛型方法
3      public static <T> void staticMethod(T t) {
4          System.out.println(t + "..." + t.getClass());
5      }
6      //泛型方法
7      public <T> void otherMethod(T t) {
8          System.out.println(t + "..." + t.getClass());
9      }
10 }
11 public class Example07 {
12     public static void main(String[] args) {
13         //使用形式一调用静态泛型方法
14         Student.staticMethod("staticMethod");
15         //使用形式二调用静态泛型方法
16         Student.<String>staticMethod("staticMethod");
17         Student stu = new Student();
18         //使用形式一调用普通的泛型方法
19         stu.otherMethod(666);
20         //使用形式二调用普通的泛型方法
21         stu.<Integer>otherMethod(666);
22     }
23 }
```

在文件 8-10 中,第 1～10 行代码定义了非泛型类 Student。其中,第 3～5 行代码定义了静态的泛型方法 staticMethod(),执行该方法时,会将传入的参数值和运行时类在控制台打印输出;第 7～9 行代码定义了普通的泛型方法 otherMethod(),执行该方法时,也会将传入的参数值和运行时类在控制台打印输出。第 13～21 行代码分别使用形式一和形式二调用 Student 类的 staticMethod()方法和 otherMethod()方法。

执行文件 8-10 中的 main()方法,运行结果如图 8-4 所示。

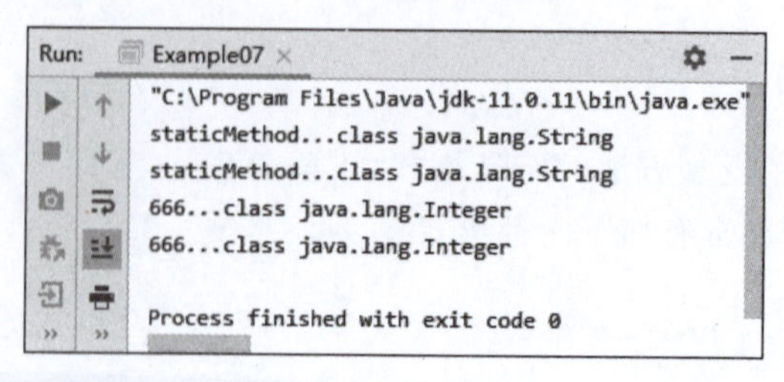

图 8-4 文件 8-10 中 main()方法的运行结果

从图 8-4 可以看出,文件 8-10 中第 14 行代码和第 16 行代码执行结果一样,第 19 行代码和第 21 行代码执行结果一样。说明泛型方法可以在非泛型类中定义,并且可以在调用泛型方法的时候确定泛型的具体类型。上述结果中虽然使用形式一和形式二的输出结果一致,但是形式一隐式传入类型实参,不能直观地看出调用的方法是泛型方法,不利于代码的阅读和维护。因此,通常建议使用第二种形式调用泛型方法。

8.5　类型通配符

一般情况下,创建泛型类的实例对象时,应该为泛型类传入一个类型实参,以确定该泛型类的泛型类型。有时候,使用泛型类或者接口时传递的类型实参是不确定的,使用固定的类型形参接收类型实参存在局限性,此时就可以使用类型通配符接收不同的类型实参。

8.5.1　类型通配符概述

类型通配符用一个问号(?)表示,类型通配符可以匹配任何类型的类型实参。下面用一个案例演示类型通配符的使用,具体如文件 8-11 所示。

文件 8-11　Example08.java

```
1  //定义泛型类 Person
2  class Person<T> {
3      private T info;
4      public Person(T info) {
5          this.info = info;
6      }
7      public T getInfo() {
8          return info;
9      }
10 }
11
12 public class Example08{
13     public static void main(String[] args) {
14         //创建 Person 对象,传入 String 类型的类型实参
15         Person<? > person = new Person<String>("M1");
16         System.out.println( person.getInfo()+"..."+person.getInfo().getClass());
17         //创建 Person 对象,传入 Integer 类型的类型实参
18         person=new Person<Integer>(666);
19         System.out.println( person.getInfo()+"..."+person.getInfo().getClass());
20     }
21 }
```

在文件 8-11 中,第 2～10 行代码定义了泛型类 Person,其中 getInfo()方法用来返回创建 Person 类的对象时传入的数据。第 15 行代码创建了 Person 对象 person,并在构造方法中传入 String 类型的数据 M1。第 18 行代码重新给 person 对象赋值,向被赋值的对象构造方法中传入 Integer 类型的数据 666。

执行文件 8-11 中的 main()方法,运行结果如图 8-5 所示。

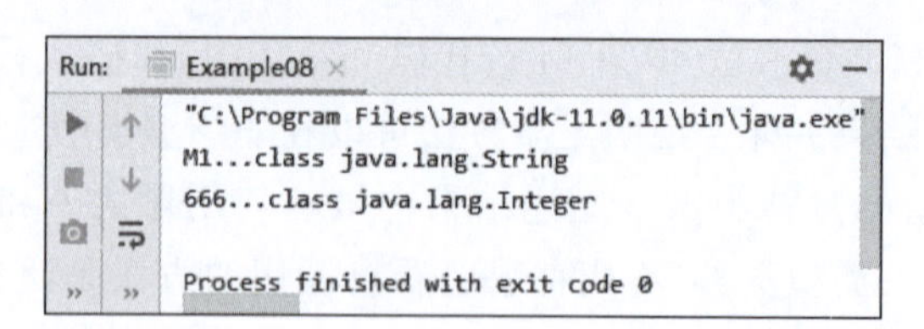

图 8-5　文件 8-11 中 main()方法的运行结果

从图 8-5 可以看出,控制台成功输出了两条信息,说明泛型类 Person 的对象接收了两种不同的类型实参。

如果创建 Person 对象时不使用类型通配符,而是使用指定的类型实参,会出现编译时异常,具体如图 8-6 所示。

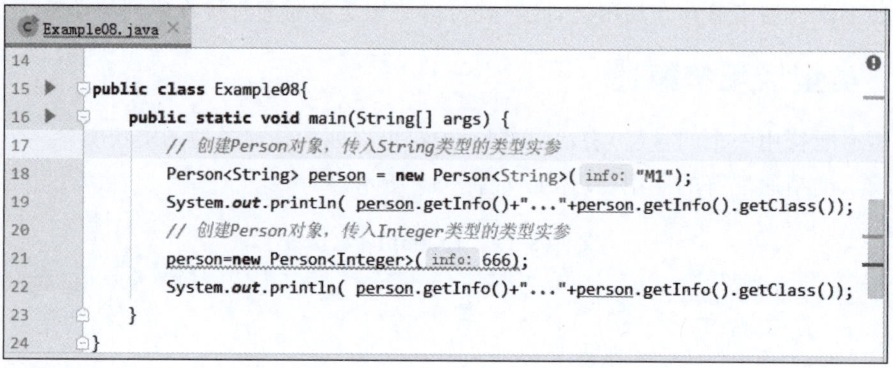

```
Example08.java
14
15 public class Example08{
16     public static void main(String[] args) {
17         // 创建Person对象, 传入String类型的类型实参
18         Person<String> person = new Person<String>( info: "M1");
19         System.out.println( person.getInfo()+"..."+person.getInfo().getClass());
20         // 创建Person对象, 传入Integer类型的类型实参
21         person=new Person<Integer>( info: 666);
22         System.out.println( person.getInfo()+"..."+person.getInfo().getClass());
23     }
24 }
```

图 8-6　使用指定的类型实参接收多种类型实参

这个时候,可能有的读者会提出,可以使用 Object 代替类型通配符接收所有的类型。下面使用 Object 代替文件 8-11 中的类型通配符,修改后也出现了编译时异常,具体如 8-7 所示。

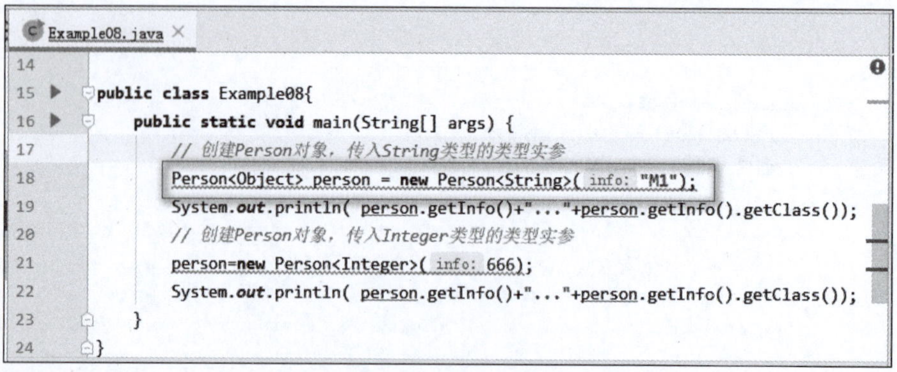

```
Example08.java
14
15 public class Example08{
16     public static void main(String[] args) {
17         // 创建Person对象, 传入String类型的类型实参
18         Person<Object> person = new Person<String>( info: "M1");
19         System.out.println( person.getInfo()+"..."+person.getInfo().getClass());
20         // 创建Person对象, 传入Integer类型的类型实参
21         person=new Person<Integer>( info: 666);
22         System.out.println( person.getInfo()+"..."+person.getInfo().getClass());
23     }
24 }
```

图 8-7　使用 Object 代替类型通配符

这是因为在泛型中类名和泛型的声明是一个整体类型,Person<Object>并不是 Person<String>的父类。

8.5.2　类型通配符的限定

前面使用类型通配符的时候,实际上是任意设置的,只要是类就可以设置。但是有时候

需要对类型通配符的使用进行限定，主要限定类型通配符的上限和下限。

1. 设定类型通配符的上限

当使用 Person<?>时，表示泛型类 Person 可以接收所有类型的类型实参。但有时不想让某个泛型类接收所有类型的类型实参，只想接收指定的类型及其子类，这时可以为类型通配符设定上限。设定类型通配符的上限的语法格式如下：

```
<? extends 类>
```

下面根据上述语法格式演示如何设定类型通配符的上限，具体如文件 8-12 所示。

文件 8-12　Example09.java

```
1   public class Example09 {
2       //设定类型通配符的上限，此时传入的类型实参必须是 Number 类型或者其子类
3       public static void getElement(Collection<? extends Number> coll){}
4       public static void main(String[] args) {
5           //创建 Collection 对象，传入 Number 类型的类型实参
6           Collection<Number> list1 = new ArrayList<Number>();
7           //创建 Collection 对象，传入 Integer 类型的类型实参
8           Collection<Integer> list2 = new ArrayList<Integer>();
9           //创建 Collection 对象，传入 String 类型的类型实参
10          Collection<String> list3 = new ArrayList<String>();
11          getElement(list1);
12          getElement(list2);
13          getElement(list3);
14      }
15  }
```

在文件 8-12 中，第 3 行代码定义了方法 getElement()，设定类型通配符的上限为 Number，设定后调用该方法时传入的类型实参必须是 Number 类型或其子类。第 6～10 行创建了 3 个 Collection 对象，分别传入了 Number 类型、Integer 类型和 String 类型的类型实参。第 11～13 行代码分别以上面创建的 3 个 Collection 对象作为参数调用 getElement()方法。由于第 13 行代码中的 list3 在创建时传入的 String 类型不是 Number 的子类，出现编译时异常。

2. 设定类型通配符的下限

设定类型通配符时，除了可以设定类型通配符的上限，也可以对类型通配符的下限进行设定。设定类型通配符的下限后，类型实参只能是设定的类型或其父类型。设定类型通配符的下限的语法格式如下：

```
<? super 类>
```

下面根据上述语法格式，对文件 8-12 的内容进行修改，演示如何设定类型通配符的下限，修改后的代码如文件 8-13 所示。

文件 8-13 Example10.java

```
1  public class Example10{
2      //设定类型通配符的下限,此时传入的类型实参必须是 Number 类型或其父类
3  public static void getElement(Collection<? super Number> coll){}
4  public static void main(String[] args) {
5          //创建 Collection 对象,传入 Number 类型的类型实参
6          Collection<Number> list1 = new ArrayList<Number>();
7          //创建 Collection 对象,传入 Object 类型的类型实参
8          Collection<Object> list2 = new ArrayList<Object>();
9          //创建 Collection 对象,传入 Integer 类型的类型实参
10         Collection<Integer> list3 = new ArrayList<Integer>();
11         getElement(list1);
12         getElement(list2);
13         getElement(list3);
14     }
15 }
```

在文件 8-13 中,第 3 行代码定义了方法 getElement(),设定类型通配符的下限为 Number,设定后调用该方法时传入的类型实参必须是 Number 类型或其父类。第 6～10 行创建了 3 个 Collection 对象,分别传入了 Number 类型、Object 类型和 Integer 类型的类型实参。第 11～13 行代码分别以上面创建的 3 个 Collection 对象作为参数调用 getElement() 方法。由于第 13 行代码中的 list3 在创建时传入的 Integer 类型不是 Number 的父类,出现编译时异常。

8.6 本章小结

本章主要介绍了泛型的相关知识。首先介绍了泛型的基础知识,包括了泛型概述、使用泛型的好处;其次介绍了泛型类和泛型接口;再次介绍了泛型方法,包括了泛型方法的定义和泛型方法的使用;最后介绍了泛型的类型通配符,包括类型通配符概述和类型通配符的限定。通过本章的学习,读者应该对 Java 中的泛型有一定的了解。

8.7 本章习题

一、填空题

1. 泛型使用?表示________。

2. 泛型可以用在类、接口和方法的定义中,分别称为________、________和________。

3. 在 Java 程序中,经常会有参数类型或返回值类型不确定的方法,这种方法在 Java 中统称为________。

4. 泛型接口的实现类有两种定义方式,一种是直接接口中明确地给出泛型类型,另一种是直接在________后声明泛型。

二、判断题

1. 在泛型<T>中，T 不可以使用其他字母代替。 （ ）
2. 在实际应用中，只有泛型类被使用时，该类所属的类型才能确定。 （ ）
3. 合理使用泛型可以避免在程序中进行强制类型转换。 （ ）
4. 定义泛型方法时，返回值类型必须写在类型参数的后面。 （ ）
5. 在泛型中，类型参数可以用在方法体中修饰局部变量，也可以修饰方法的返回值。 （ ）

三、选择题

1. 下列关于泛型的说法中，错误的是（ ）。
   A. 泛型是 JDK 5 的新特性
   B. ArrayList<E>中的 E 称为类型变量或类型参数
   C. 泛型中的通配符?用于表示任意类型
   D. 在对泛型类型进行参数化时，类型参数的实例必须是基本类型
2. 下列选项中，（ ）可以正确地定义一个泛型。
   A. ArrayList<String> list = new ArrayList<String>()；
   B. ArrayList list<String> = new ArrayList ()；
   C. ArrayList list<String> = new ArrayList<String>()；
   D. ArrayList<String> list = new ArrayList ()；
3. Java 中，在没有引入泛型之前，集合把所有对象当成（ ）类型的数据进行处理。
   A. Object　　B. String　　C. int　　D. 数组
4. 在 Java 程序开发中，使用泛型进行程序开发的优点有（ ）。（多选）
   A. 提高代码的可重用性
   B. 提高代码的可读性
   C. 在编译器进行类型检查以保证类型安全
   D. 以类型转换异常的形式保证类型安全

四、简答题

简述泛型的优点。

五、编程题

按照下列提示编写一个泛型接口以及其实现类。

（1）创建泛型接口 Generic<T>，并创建抽象方法 get(T t)。

（2）创建实现类 GenericImpl<T>，并实现 get(T t)方法。

第9章 反射机制

学习目标

- 了解反射,能够说出反射的概念和优点。
- 了解 Class 类,能够说出 Class 类实例化对象的 3 种方式。
- 熟悉 Class 类的基本使用,能够分别通过无参构造方法和有参构造方法实例化对象。
- 掌握类结构的获取,能够通过反射获取类的父类、全部构造方法、全部方法、全部属性以及实现的全部接口。
- 熟悉反射的基本应用,能够通过反射调用类中的 setter、getter 方法,操作类中的属性。

在 Java 中,如果定义了一个类,则可以通过类的实例化操作创建对象,并通过对象获取对应的类信息。反射机制是 Java 中非常重要的一个知识点,应用面很广,Java 中的大部分类库以及框架底层都用到了反射机制,反射机制是 Java 框架设计的灵魂。本章将针对 Java 的反射机制进行详细讲解。

9.1 反射概述

在日常生活中,反射是一种物理现象。例如,通过照镜子可以反射出自己的容貌,水面可以反射出景物,等等,这些都是反射。通过反射,可以将一个虚像映射到实物,这样就可以获取实物的某些形态特征。Java 程序中也有反射,Java 程序中的反射也是同样的道理,常规情况下程序通过类创建对象,反射就是将这一过程反转,通过实例化对象来获取所属类的信息。

Java 的反射机制可以动态获取程序信息以及动态调用对象的功能,它主要有以下 4 个作用:

(1) 在程序运行状态中,构造任意一个类的对象。

(2) 在程序运行状态中,获取任意一个对象所属的类的信息。

(3) 在程序运行状态中,调用任意一个类的成员变量和方法。

(4) 在程序运行状态中,获取任意一个对象的属性和方法。

反射机制的优点是可以实现动态创建对象和动态编译,特别是在 Java EE 的开发中,反射的灵活性表现得十分明显。例如,一个大型软件,不可能一次就把程序设计得很完美,当这个程序编译、发布上线后,需要更新某些功能时,如果采用静态编译,就需要把整个程序重新编译一次，同时也需要用户把以前的软件卸载，再重新安装新的版本。而采用反射机制，程序可以在运行时动态地创建和编译对象，不需要用户重新安装软件，即可实现功能的更新。

9.2　认识 Class 类

在 1.5 节中学习了 Java 程序的运行机制，Java 虚拟机编译.java 文件生成对应的.class 文件(也称字节码文件)，然后将.class 文件加载到内存中执行。在执行.class 文件的时候可能需要用到其他类(其他.class 文件内容)，这个时候就需要获取其他类的信息(反射)。Java 虚拟机在加载.class 文件时会产生一个 Class 类的对象代表该.class 文件，从 Class 对象中可以获得.class 文件内容，即获得类的信息。因此，要想完成反射操作，就必须先认识 Class 类。

Class 类提供了很多方法，通过 Class 类的方法可以获取一个类的相应信息，包括该类的方法、属性等。Class 类的常用方法如表 9-1 所示。

表 9-1　Class 类的常用方法

方法声明	功能描述
forName(String className)	获取与给定字符串名称的类或接口相关联的 Class 对象
getConstructors()	获取类中所有 public 修饰的构造方法对象
getDeclaredFields()	获取所有成员变量对应的字段类对象，包括 public、protected、default 和 private 修饰的字段，但不包括从父类继承的字段
getFields()	获取所有 public 修饰的成员变量对应的字段类对象，包括从父类继承的字段
getMethods()	获取所有 public 修饰的成员方法对应的方法类对象，包括从父类继承的方法
getMethod(String name, Class...parameter Type)	根据方法名和参数类型获得对应的方法类对象，并且只能获得 public 修饰的方法类对象
getInterfaces()	获取当前类实现的全部接口
getClass()	获取调用该方法的 Class 对象
getName()	获取类的完整名称，名称中包含包的名称
getPackage()	获取类所属的包名称
getSuperclass()	获取类的父类
newInstance()	创建 Class 对象关联类的对象
getComponentType()	获取数组的对应 Class 对象
isArray()	判断此 Class 对象是否是一个数组

因为 Class 类本身并没有定义任何构造方法，所以 Class 类不能直接使用构造方法进行对象的实例化，使用 Class 类进行对象的实例化可以使用以下 3 种方式：

(1) 根据全限定类名获取：Class.forName("全限定类名")。

(2) 根据对象获取：对象名.getClass()。

(3) 根据类名获取：类名.class。

下面通过一个案例演示 Class 类的 3 种实例化方式，如文件 9-1 所示。

文件 9-1 Example01.java

```
1  class A{
2  }
3  class Example01 {
4      public static void main(String args[]) {
5          Class<? > c1 = null;                              //声明 Class 对象 c1
6          Class<? > c2 = null;                              //声明 Class 对象 c2
7          Class<? > c3 = null;                              //声明 Class 对象 c3
8          try{
9              c1 = Class.forName("com.itheima.A");          //通过方式(1)实例化 c1 对象
10         }catch(ClassNotFoundException e) {
11             e.printStackTrace();
12         }
13         c2 = new A().getClass();                          //通过方式(2)实例化 c2 对象
14         c3 = A.class;                                     //通过方式(3)实例化 c3 对象
15         System.out.println("类名称:"+c1.getName());
16         System.out.println("类名称:"+c2.getName());
17         System.out.println("类名称:"+c3.getName());
18     }
19 }
```

在文件 9-1 中，第 9 行代码调用 forName()方法实例化 Class 对象 c1，第 13 行代码使用对象名调用 getClass()方法的方式实例化 Class 对象 c2，第 14 行代码使用“类名.class”的方式实例化 Class 对象 c3。

文件 9-1 的运行结果如图 9-1 所示。

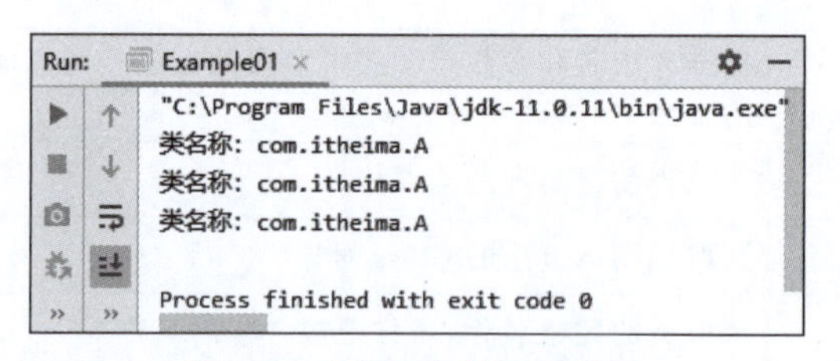

图 9-1 文件 9-1 的运行结果

由图 9-1 可知，3 种实例化 Class 对象的结果是一样的，但是类名.class 是 JVM 使用类装载器，将类装入内存（如果类还没有装入内存），不做类的初始化工作，返回 Class 的对象；Class.forName("类名字符串")会进行类的静态初始化，返回 Class 的对象；实例对象.getClass()返回实例对象运行时所属类的 Class 对象。

Class 对象实例化其实就是使用其他类的信息初始化 Class 对象。例如，文件 9-1 中的第 9 行代码就是使用 com.itheima.A 类初始化 Class 对象 c1，这样对象 c1 中保存的就是 com.itheima.A 类的信息，即对象 c1 对应的.class 文件中保存的是 com.itheima.A 类的信息。通过对象 c1 调用相应的方法就可以获取 com.itheima.A 类的信息。

9.3 Class 类的使用

9.2 节介绍了 Class 类的实例化过程。那么到底该如何使用 Class 类呢？实际上 Class 类在开发中最常见的用法就是将 Class 类对象实例化为自定义类对象，即通过一个给定的字符串(全限定类名)实例化一个本类的对象。将 Class 对象实例化为本类对象时，可以通过无参构造方法完成，也可以通过有参构造方法完成，本节将对这两种实例化方式进行讲解。

9.3.1 通过无参构造方法实例化对象

如果想通过 Class 类实例化其他类的对象，则可以调用 newInstance()方法，在调用 newInstance()方法实例化其他类的对象时，必须保证被实例化的类中存在无参构造方法。下面通过一个案例演示 Class 类通过无参构造方法实例化对象，代码如文件 9-2 所示。

文件 9-2 Example02.java

```
1  class Person{
2      private String name;
3      private int age;
4      public String getName() {
5          return name;
6      }
7      public void setName(String name) {
8          this.name = name;
9      }
10     public int getAge() {
11         return age;
12     }
13     public void setAge(int age) {
14         this.age = age;
15     }
16     public String toString() {
17         return "姓名:"+this.name+",年龄:"+this.age;
18     }
19 }
20 class Example02 {
21     public static void main(String args[]){
22         Class<?> c = null;                              //声明 Class 类对象 c
23         try{
24             c = Class.forName("com.itheima.Person");    //调用 forName()方法实例化 c
25         }catch(ClassNotFoundException e){
26             e.printStackTrace();
27         }
28         Person per = null;                              //声明 Person 类对象 per
29         try{
30             per = (Person)c.newInstance();     //通过 c 调用 newInstance()方法实例化 per
31         }catch (Exception e){
```

```
32              e.printStackTrace();
33          }
34          per.setName("张三");
35          per.setAge(30);
36          System.out.println(per);
37      }
38  }
```

在文件 9-2 中,第 1～19 行代码创建了 Person 类,在 Person 类中定义了 name 和 age 属性并编写了 name 与 age 的 getter 和 setter 方法。第 24 行代码调用 Class.forName()方法实例化 Class 对象,将 Person 的全限定类名作为参数传入,第 30 行代码通过 Class 对象 c 调用 newInstance()方法实例化对象 per,在调用 newInstance()方法时传入完整的"包.类"名称作为参数。第 34、35 行代码通过 per 对象调用 setter 方法为属性赋值。

文件 9-2 的运行结果如图 9-2 所示。

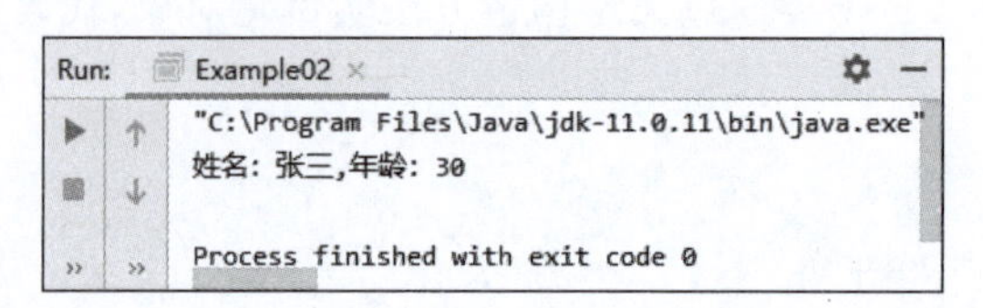

图 9-2 文件 9-2 的运行结果

需要注意的是,在调用 newInstance()方法实例化类对象时,被实例化对象的类中必须存在无参构造方法,否则无法实例化对象。下面通过一个案例演示没有无参构造方法时如何通过 newInstance()方法实例化对象,如文件 9-3 所示。

文件 9-3 Example03.java

```
1   class Person{
2       private String name;
3       private int age;
4       public Person(String name,int age){             //定义有参构造方法
5           this.setName(name);
6           this.setAge(age);
7       }
8       public String getName() {
9           return name;
10      }
11      public void setName(String name) {
12          this.name = name;
13      }
14      public int getAge() {
15          return age;
16      }
17      public void setAge(int age) {
18          this.age = age;
19      }
20      public String toString() {
21          return "姓名:"+this.name+",年龄:"+this.age;
```

```
22      }
23  }
24  class Example03 {
25      public static void main(String args[]) {
26          Class<?> c = null;
27          try{
28              c = Class.forName("com.itheima.Person");
29          }catch(ClassNotFoundException e) {
30              e.printStackTrace();
31          }
32          Person per = null;
33          try{
34              per = (Person)c.newInstance();
35          }catch (Exception e) {
36              e.printStackTrace();
37          }
38      }
39  }
```

在文件 9-3 中，因为 Person 类中并没有无参构造方法，所以第 34 行代码对 Person 类的对象 per 无法直接使用 newInstance()方法实例化。

文件 9-3 的运行结果如图 9-3 所示。

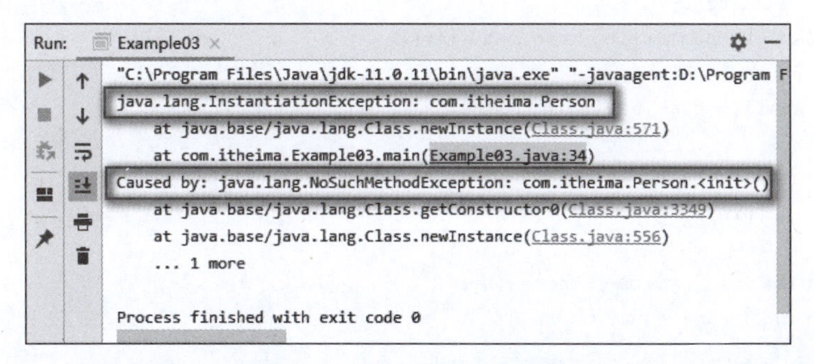

图 9-3　文件 9-3 的运行结果

由图 9-3 可知，报错信息提示 Person 类中没有发现无参构造方法，无法使用 newInstance()方法实例化 Person 类的对象。因此，在使用 Class 类实例化其他类对象时一定要在其他类中编写无参构造方法。

9.3.2　通过有参构造方法实例化对象

如果类中没有无参构造方法，则可以通过有参构造方法实例化对象。通过有参构造方法实例化对象时，需要明确调用的构造方法，并传递相应的参数。通过有参构造方法实例化对象的操作步骤如下：

(1) 通过调用 Class 类中的 getConstructors()方法获取要实例化的类中的全部构造方法。

(2) 获取实例化使用的有参构造方法对应的 Constructor 对象。

(3) 通过 Constructor 类实例化对象。

上述操作步骤中使用了 Constructor 类,该类用于存储要实例化的类的构造方法。Constructor 类的常用方法如表 9-2 所示。

表 9-2 Constructor 类的常用方法

方法声明	功能描述
getModifiers()	获取构造方法的修饰符
getName()	获取构造方法的名称
getParameterTypes()	获取构造方法中参数的类型
toString()	返回此构造方法的信息
newInstance(Object…initargs)	通过该构造方法的指定参数列表创建一个该类的对象,如果未设置参数则表示采用默认无参的构造方法。Object…initargs 代表 Object 类型的可变参数

下面通过一个案例演示如何使用有参构造方法实例化对象,如文件 9-4 所示。

文件 9-4 Example04.java

```
1  import java.lang.reflect.Constructor;
2  class Person{
3      private String name;
4      private int age;
5      public Person(String name,int age){
6          this.setName(name);
7          this.setAge(age);
8      }
9      public String getName() {
10         return name;
11     }
12     public void setName(String name) {
13         this.name = name;
14     }
15     public int getAge() {
16         return age;
17     }
18     public void setAge(int age) {
19         this.age = age;
20     }
21     public String toString() {
22         return "姓名:"+this.name+",年龄:"+this.age;
23     }
24 }
25 class Example04 {
26     public static void main(String args[]){
27         Class<?> c = null;
28         try{
29             c = Class.forName("com.itheima.Person");  //实例化对象 c
30         }catch(ClassNotFoundException e){
```

```
31              e.printStackTrace();
32          }
33          Person per = null;
34          Constructor<?> cons[] = null;                    //声明 Constructor 类对象数组 cons
35          cons = c.getConstructors();                      //获取 Person 类的全部构造方法
36          try{
37              per = (Person)cons[0].newInstance("张三",30);   //实例化 Person 对象 per
38          }catch (Exception e){
39              e.printStackTrace();
40          }
41          System.out.println(per);
42      }
43  }
```

在文件 9-4 中,第 5～8 行代码定义了 Person 类的有参构造方法。第 34、35 行代码通过 Class 类获取 Person 类的全部构造方法,并以对象数组的形式返回。第 37 行代码调用了 newInstance()方法实例化 Person 对象 per。对象数组 cons 中存储了 Person 类的全部构造方法,因为在 Person 类中只有一个构造方法,所以对象数组 cons 中其实只有一个构造方法,cons[0]表示 Person 类的第一个构造方法。在调用 Person 类的有参构造方法实例化对象 per 时,必须考虑到构造方法中参数的类型顺序,Person 中的构造方法第一个参数的类型为 String,第二个参数的类型为 Integer,因此,第 37 行代码先传入 String 类型的"张三",再传入 Integer 类型的 30。

文件 9-4 的运行结果如图 9-4 所示。

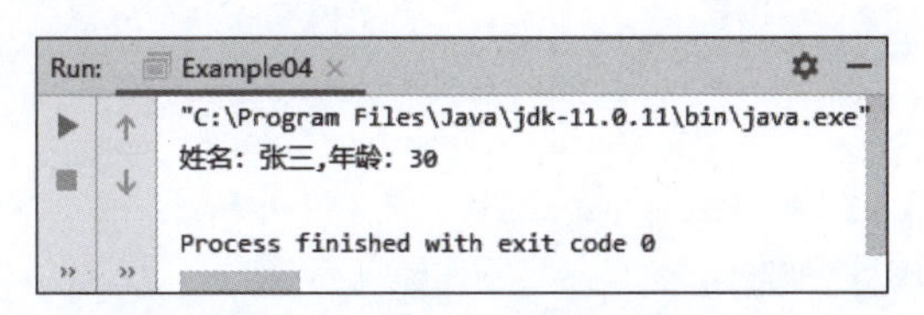

图 9-4　文件 9-4 的运行结果

9.4　通过反射获取类结构

在实际开发中,通过反射可以得到一个类的完整结构,包括类的构造方法、类的属性和类的方法。通过反射获取类结构需要使用 java.lang.reflect 包中的以下 3 个类:

(1) Constructor:用于获取类中的构造方法。

(2) Field:用于获取类中的属性。

(3) Method:用于获取类中的方法。

Constructor 类、Field 类和 Method 类都是 AccessibleObject 类的子类,AccessibleObject 类的继承关系如图 9-5 所示。

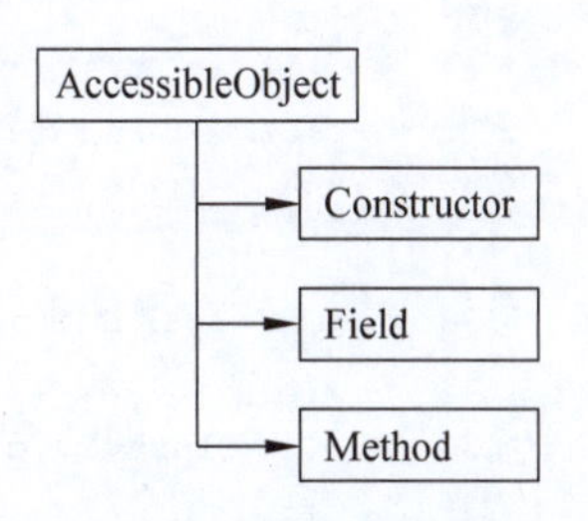

图 9-5　AccessibleObject 类的继承关系

9.4.1 获取类实现的全部接口

要获取一个类实现的全部接口，可以调用 Class 类中的 getInterfaces()方法。getInterfaces()方法声明格式如下：

```
public Class[] getInterfaces();
```

getInterfaces()方法返回一个 Class 类的对象数组，其中存储的是类实现的接口。使用对象数组中的元素(接口)调用 Class 类中的 getName()方法可以获取接口的名称。

下面通过一个案例讲解如何通过 getInterfaces()方法获取一个类所实现的全部接口，如文件 9-5 所示。

文件 9-5 Example05.java

```
1  interface China{
2      public static final String NATION = "CHINA";
3      public static final String AUTHOR = "张三";
4  }
5  class Person implements China{
6      private String name;
7      private int age;
8      public Person(String name,int age){
9          this.setName(name);
10         this.setAge(age);
11     }
12     public String getName() {
13         return name;
14     }
15     public void setName(String name) {
16         this.name = name;
17     }
18     public int getAge() {
19         return age;
20     }
21     public void setAge(int age) {
22         this.age = age;
23     }
24     public String toString() {
25         return "姓名:"+this.name+",年龄:"+this.age;
26     }
27 }
28 public class Example05 {
29     public static void main(String args[]){
30         Class<?> c = null;
31     try{
32         c = Class.forName("com.itheima.Person");
33     }catch(ClassNotFoundException e){
34         e.printStackTrace();
35 }
```

```
36 Class<?> cons[] = c.getInterfaces();
37 for (int i = 0;i < cons.length; i++){
38             System.out.println("实现的接口名称:"+ cons[i].getName());
39         }
40     }
41 }
```

在文件 9-5 中，第 1～4 行代码定义了 China 接口，并在 China 接口中定义了两个常量——NATION 和 AUTHOR。第 5～27 行代码定义了 Person 类并实现了 China 接口。因为一个类可能实现了多个接口，所以第 36～39 行代码以 Class 数组的形式将全部接口对象返回，并利用循环的方式将数组的内容依次输出。

文件 9-5 的运行结果如图 9-6 所示。

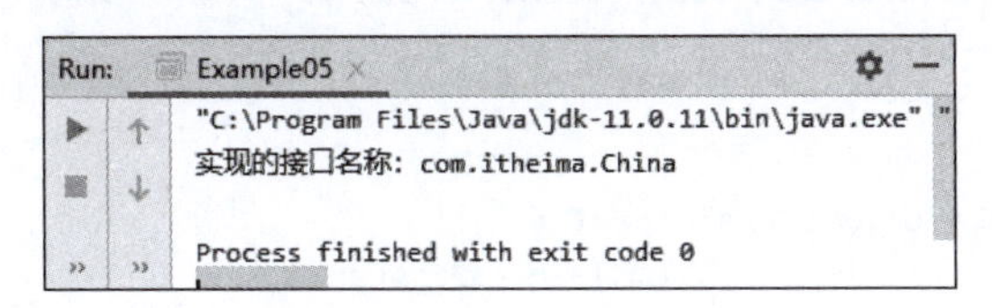

图 9-6 文件 9-5 的运行结果

9.4.2 获取父类

如果要获取一个类的父类，可以调用 Class 类中的 getSuperclass()方法。getSuperclass()方法声明格式如下：

```
public Class<? Super T> getSuperclass();
```

getSuperclass()方法返回一个 Class 类的实例，通过该实例调用 Class 类中的 getName()方法可以获取类的名称。

下面通过一个案例讲解如何调用 getSuperclass()方法获取一个类的父类，如文件 9-6 所示。

文件 9-6 Example06.java

```
1  class Person {
2      private String name;
3      private int age;
4      public Person(String name,int age){
5          this.setName(name);
6          this.setAge(age);
7      }
8      public String getName() {
9          return name;
10     }
11     public void setName(String name) {
12         this.name = name;
13     }
14     public int getAge() {
```

```
15          return age;
16      }
17      public void setAge(int age) {
18          this.age = age;
19      }
20      public String toString() {
21          return "姓名:"+this.name+",年龄:"+this.age;
22      }
23  }
24  public class Example06 {
25      public static void main(String args[]){
26          Class<?> c1 = null;                         //声明 Class 类的对象
27      try{
28          c1 = Class.forName("com.itheima.Person");   //实例化 Class 类的对象
29      }catch(ClassNotFoundException e){
30          e.printStackTrace();
31      }
32      Class<?> c2 = c1.getSuperclass();               //取得 Person 类的父类
33          System.out.println("父类名称:"+ c2.getName());
34      }
35  }
```

在文件 9-6 中,第 1～23 行代码定义了 Person 类,在其中定义了属性和方法。第 26 行代码声明了 Class 对象 c1。第 28 行代码将 Person 类的全限定类名作为参数传入 forName()方法中,通过调用 forName()方法进行 Class 对象的实例化,并将实例化后的值返回给 Class 对象 c1。第 32 行代码通过 c1 对象调用 getSuperclass()方法获取 Person 类的父类,并赋值给 Class 类的对象 c2。第 33 行代码通过 c2 对象调用 getName()方法获取 Psrson 类的父类名称并输出。

文件 9-6 的运行结果如图 9-7 所示。

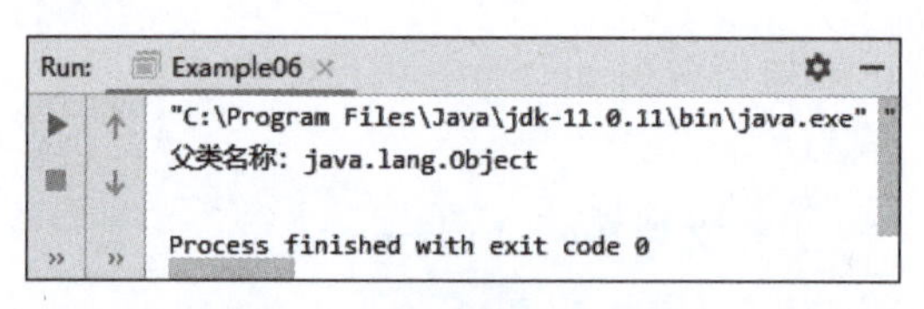

图 9-7 文件 9-6 的运行结果

由图 9-7 可知,Person 类在编写时没有显式地继承一个父类,所以会默认继承 Object 类。

9.4.3 获取全部构造方法

类的构造方法的获取在 9.3.2 节已经讲解,获取类的构造方法需要调用 Class 类的 getConstructors()方法。调用 getConstructors()方法获取的构造方法需要存储到 Constructor 类的数组中。通过调用 Constructor 类的方法可以获取构造方法的详细信息,如构造方法的权限、名称、参数信息等。

下面通过一个案例讲解如何使用 Constructor 类的常用方法获取一个类中的全部构造

方法。如文件 9-7 所示。

文件 9-7 Example07.java

```
1  import java.lang.reflect.Constructor;
2  class Person{
3      private String name;
4      private int age;
5      public Person(){}                                    //无参构造方法
6      public Person(String name) {                         //有一个参数的构造方法
7          this.name = name;
8      }
9      public Person(String name, int age){                 //有两个参数的构造方法
10         this.setName(name);
11         this.setAge(age);
12     }
13     public String getName() {
14         return name;
15     }
16     public void setName(String name) {
17         this.name = name;
18     }
19     public int getAge() {
20         return age;
21     }
22     public void setAge(int age) {
23         this.age = age;
24     }
25     public String toString() {
26         return "姓名:"+this.name+",年龄:"+this.age;
27     }
28 }
29 public class Example07 {
30     public static void main(String args[]){
31         Class<?> c1 = null;                              //声明 Class 对象 c1
32         try{
33             c1 = Class.forName("com.itheima.Person");    //实例化 c1
34         }catch(ClassNotFoundException e){
35             e.printStackTrace();
36         }
37         //获取全部构造方法,存储到 Constructor 类的数组 con 中
38         Constructor<?> con[]  = c1.getConstructors();
39         for (int i = 0;i < con.length;i++){              //循环打印构造方法信息
40             //获取构造方法详细信息并输出
41             Class<?> p[] = con[i].getParameterTypes();
42             System.out.print("构造方法:");
43             System.out.print(con[i].getModifiers()+" ");  //获取构造方法权限
44             System.out.print(con[i].getName());          //获取构造方法名称
45             System.out.print("(");
46             for (int j = 0;j < p.length; j++){
47                 //打印构造方法参数信息
```

```
48                  System.out.print(p[j].getName()+ " arg" +i);
49                  if (j < p.length-1){
50                      System.out.print(",");
51                  }
52              }
53              System.out.println("){}");
54          }
55      }
56  }
```

在文件 9-7 中,第 2～28 行代码定义了 Person 类,在类中定义了 3 个构造方法和其他成员。第 31 行代码声明了一个 Class 对象 c1。第 33 行代码将 Person 类的全限定类名作为参数传入 forName()方法中,通过调用 forName()方法进行 Class 对象的实例化,并将实例化后的值返回给 Class 对象 c1。第 38 行代码调用 Class 类的 getConstructors()方法获取 Person 类的全部构造方法,并将获取的构造方法存储到 Constructor 类的数组 con 中。第 39～54 行代码遍历 con 数组,并调用 Constructor 类的方法获取构造方法的详细信息。

文件 9-7 的运行结果如图 9-8 所示。

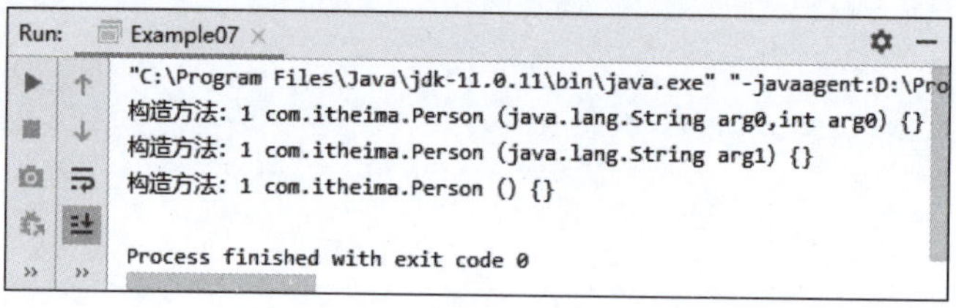

```
Run:  Example07
"C:\Program Files\Java\jdk-11.0.11\bin\java.exe" "-javaagent:D:\Pro
构造方法: 1 com.itheima.Person (java.lang.String arg0,int arg0) {}
构造方法: 1 com.itheima.Person (java.lang.String arg1) {}
构造方法: 1 com.itheima.Person () {}

Process finished with exit code 0
```

图 9-8　文件 9-7 的运行结果

由图 9-8 可知,控制台输出了 Person 类的所有构造方法名称及参数信息。在获取构造方法权限时可以发现,getModifiers()方法返回的是一个数字 1 而不是 public,这是因为 Java 源代码中方法的权限修饰符是使用数字标识的,如果要把表示权限的数字转换成用户可以看懂的关键字,则需要调用 java.lang.reflect 包中 Modifier 类的 toString()方法。要调用 Modifier 类的 toString()方法将数字还原成权限修饰符,只需要将文件 9-7 中的第 43 行代码替换成如下代码:

```
int mo = con[i].getModifiers();
System.out.print(Modifier.toString(mo) + " ");
```

代码替换后,再次运行文件 9-7,运行结果如图 9-9 所示。

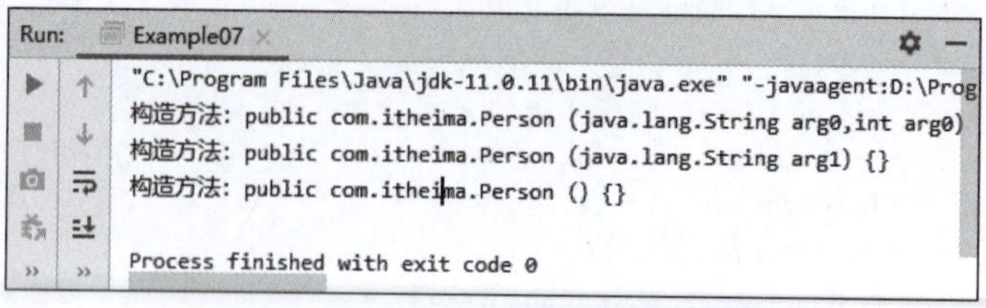

```
Run:  Example07
"C:\Program Files\Java\jdk-11.0.11\bin\java.exe" "-javaagent:D:\Prog
构造方法: public com.itheima.Person (java.lang.String arg0,int arg0)
构造方法: public com.itheima.Person (java.lang.String arg1) {}
构造方法: public com.itheima.Person () {}

Process finished with exit code 0
```

图 9-9　文件 9-7 修改后的运行结果

由图 9-9 可知，Modifier 类的 toString()方法将权限修饰符从数字 1 还原成关键字 public。

9.4.4　获取全部方法

要获取类中的所有 public 修饰的成员方法对象，可以使用 Class 类中的 getMethods()方法，该方法返回一个 Method 类的对象数组。如果想要进一步获取方法的具体信息，如方法的参数、抛出的异常声明等，可以调用 Method 类提供的一系列方法。Method 类的常用方法如表 9-3 所示。

表 9-3　Method 类的常用方法

方法声明	功能描述
getModifiers()	获取方法的权限修饰符
getName()	获取方法的名称
getParameterTypes()	获取方法的全部参数的类型
getReturnType()	获取方法的返回值类型
getExceptionType()	获取方法抛出的全部异常类型
newInstance(Object…initargs)	通过反射调用类中的方法

下面通过一个案例演示类的全部方法的获取，如文件 9-8 所示。

文件 9-8　Example08.java

```
1   import java.lang.reflect.Method;
2   import java.lang.reflect.Modifier;
3   class Person{
4       private String name;
5       private int age;
6       public Person(String name,int age){
7           this.setName(name);
8           this.setAge(age);
9       }
10      public String getName() {
11          return name;
12      }
13      public void setName(String name) {
14          this.name = name;
15      }
16      public int getAge() {
17          return age;
18      }
19      public void setAge(int age) {
20          this.age = age;
21      }
22      public String toString() {
23          return "姓名:"+this.name+",年龄:"+this.age;
24      }
```

```
25 }
26 public class Example08{
27     public static void main(String args[]) {
28         Class<? > c = null;                                  //声明 Class 对象 c
29         try{
30             c = Class.forName("com.itheima.Person");         //实例化 Class 对象 c
31         }catch(ClassNotFoundException e) {
32             e.printStackTrace();
33         }
34         //获取全部方法,存储到 Method 类数组对象 m 中
35         Method m[] = c.getMethods();
36         for (int i = 0;i < m.length; i++) {                  //遍历数组 m,循环输出方法信息
37             Class<? > r = m[i].getReturnType();              //获取方法的返回值类型
38             Class<? > p[] = m[i].getParameterTypes();        //获取全部的参数类型
39             int xx = m[i].getModifiers();                    //获取方法的权限修饰符
40             System.out.print(Modifier.toString(xx)+" ");     //还原修饰符
41             System.out.print(r.getName()+" ");               //获取方法名称
42             System.out.print(m[i].getName());
43             System.out.print("(");
44             for (int x = 0; x<p.length;x++) {                //循环输出方法的参数
45                 System.out.print(p[x].getName()+" "+"arg"+x);
46                 if (x<p.length-1) {
47                     System.out.print(",");
48                 }
49             }
50             //获取方法抛出的全部异常
51             Class<? > ex[] = m[i].getExceptionTypes();
52             if(ex.length>0) {                                //判断是否有异常
53                 System.out.print(") throws ");
54             }else{
55                 System.out.print(") ");
56             }
57             for (int j = 0;j<ex.length;j++) {
58                 System.out.print(ex[j].getName());           //输出异常信息
59                 if(j<ex.length-1) {
60                     System.out.print(",");
61                 }
62             }
63             System.out.println();
64         }
65     }
66 }
```

在文件 9-8 中,第 3～25 行代码定义了 Person 类,并在 Person 类中声明了 name 和 age 属性以及其 getter 和 setter 方法。第 28～33 行代码声明了 Class 对象 c 并在 try…catch 语句中对其进行了实例化。第 35 行代码通过 Class 对象 c 调用 getMethods()方法获取了 Person 类的所有方法,并将获取的所有方法存储到 Method 类的数组 m 当中。第 36～64 行代码输出 Person 类中的所有方法信息,包括方法的返回值类型、权限参数类型、修饰符、方法名称、参数、抛出的全部异常等。

文件 9-8 的运行结果如图 9-10 所示。

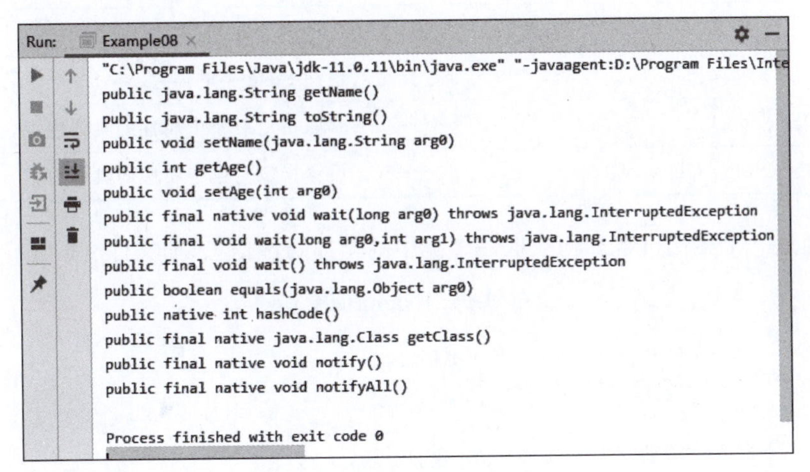

图 9-10　文件 9-8 的运行结果

由图 9-10 可知，控制台不仅输出了 Person 类的方法的信息，也输出了 Object 类中继承而来的方法的信息。

9.4.5　获取全部属性

通过反射也可以获取一个类中的全部属性，类中的属性包括两种：从父类继承的属性和本类定义的属性。针对这两种属性，Java 提供了两种获取方式，分别如下：

(1) 获取本类中，以及实现的接口或继承的父类中的公共属性，需要调用 getFields()方法。getFields()方法声明格式如下：

```
public Field[] getFields() throws SecurityException;
```

(2) 获取本类中的全部属性，需要调用 getDeclaredFields()方法。getDeclareFields()方法声明格式如下：

```
public Field[] getDeclaredFields throws SecurityException;
```

上述两个方法返回的都是 Field 数组，Field 数组中的每一个 Field 对象表示类中的一个属性。如果要获取属性的详细信息，就需要调用 Field 类提供的一系列方法。Field 类的常用方法如表 9-4 所示。

表 9-4　Field 类的常用方法

方 法 声 明	功 能 描 述
getModifiers()	获取属性的权限修饰符
getName()	获取属性的名称
isAccessible()	判断属性是否可被外部访问
setAccessible(Boolean flag)	设置属性是否可被外部访问

续表

方法声明	功能描述
toString()	返回 Field 类的信息
get(Object obj)	获取指定对象中属性的具体内容
set(Object obj, Object value)	设置指定对象中属性的具体内容

下面通过一个案例讲解如何获取一个类中的全部属性信息,如文件 9-9 所示。

文件 9-9 Example09.java

```
1  import java.lang.reflect.Field;
2  import java.lang.reflect.Modifier;
3  class Person{
4      private String name;
5      private int age;
6      public Person(String name,int age){
7          this.setName(name);
8          this.setAge(age);
9      }
10     public String getName() {
11         return name;
12     }
13     public void setName(String name) {
14         this.name = name;
15     }
16     public int getAge() {
17         return age;
18     }
19     public void setAge(int age) {
20         this.age = age;
21     }
22     public String toString() {
23         return "姓名:"+this.name+",年龄:"+this.age;
24     }
25 }
26 public class Example09{
27     public static void main(String[] args){
28         Class<?> c1 = null;
29         try{
30             c1 = Class.forName("com.itheima.Person");
31         }catch (ClassNotFoundException e){
32             e.printStackTrace();
33         }
34         {
35             //获取本类属性,存储到 Field 类数组 f 当中
36             Field f[] = c1.getDeclaredFields();
37             for (int i = 0;i<f.length;i++){                 //循环输出属性信息
38                 Class<?> r = f[i].getType();                //获取属性的类型
39                 int mo = f[i].getModifiers();               //获取属性的权限修饰符
```

```
40                String priv = Modifier.toString(mo);          //转换属性的权限修饰符
41                System.out.print("本类属性:");
42                System.out.print(priv+" ");                   //输出属性的权限修饰符
43                System.out.print(r.getName()+" ");            //输出属性的类型
44                System.out.print(f[i].getName());             //输出属性的名称
45                System.out.println(";");
46            }
47        }
48    }
49 }
```

在文件 9-9 中,第 3～25 行代码定义了 Person 类,并在 Person 类中定义了 name 和 age 属性以及相应的 getter 和 setter 方法。第 30 行代码实例化了 Class 对象 c1。第 36 行代码通过调用 Class 类的 getDeclaredFields()方法获取 Person 类的所有属性,并存入 Field 数组 f 中。第 37～46 行代码通过 for 循环输出 Field 数组中 Person 类的属性信息。

文件 9-9 的运行结果如图 9-11 所示。

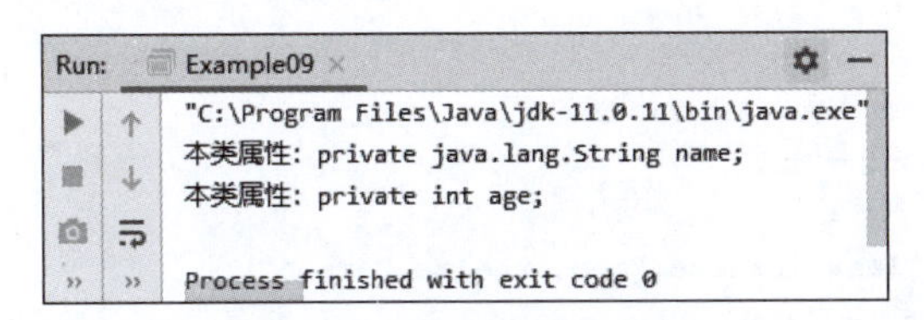

图 9-11　文件 9-9 的运行结果

9.4.6　通过反射调用类中的方法

通过反射调用类中的方法时,需要使用 Method 类完成,具体操作步骤如下:

(1) 通过调用 Class 类的 getMethod()方法获取一个 Method 类的对象。调用 getMethod()方法时需要传入方法名称作为参数。

(2) 通过获取的 Method 对象调用 invoke()方法,执行目标方法。调用 invoke()方法时,需要传递 Class 对象的实例作为参数。

下面通过一个案例讲解如何通过反射调用类中的方法,如文件 9-10 所示。

文件 9-10　Example10.java

```
1  import java.lang.reflect.Method;
2  class Person {
3      private String name;
4      private int age;
5      public Person(){}
6      public Person(String name){
7          this.name = name;
8      }
9      public Person(String name,int age){
10         this.setName(name);
11         this.setAge(age);
12     }
```

```
13      public String getName() {
14          return name;
15      }
16      public void setName(String name) {
17          this.name = name;
18      }
19      public int getAge() {
20          return age;
21      }
22      public void setAge(int age) {
23          this.age = age;
24      }
25      public void sayHello(){
26          System.out.println("Hello World!");
27      }
28      public String toString() {
29          return "姓名:"+this.name+",年龄:"+this.age;
30      }
31  }
32  public class Example10 {
33      public static void main(String args[]){
34          Class<?> c = null;
35          try{
36              c = Class.forName("com.itheima.Person");
37          }catch(ClassNotFoundException e){
38              e.printStackTrace();
39          }
40          try{
41              Method met = c.getMethod("sayHello");
42              met.invoke(c.newInstance());
43          }catch(Exception e){
44              e.printStackTrace();
45          }
46      }
47  }
```

在文件9-10中,第2～31行代码定义了Person类,并声明了Person类的属性以及方法。第34行代码声明了Class类的对象c。第36行代码将Person类的全限定类名作为参数传入forName()方法中,通过forName()方法进行Class类的对象的实例化,并将实例化后的值返回给Class类的对象c。第41行代码通过Class类的getMethod()方法根据类中的方法名称sayHello获取Method对象met,对象met中保存的是sayHello()方法的信息。第42行代码通过对象met调用invoke()方法执行sayHello()方法。需要注意的是,在调用invoke()方法时,必须传入一个类的实例化对象作为参数。

文件9-10的运行结果如图9-12所示。

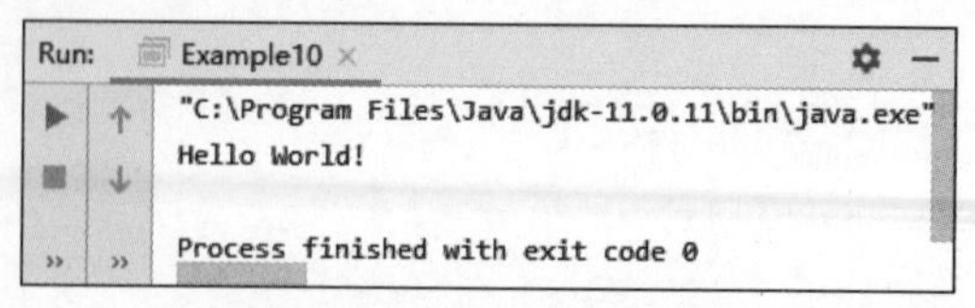

图9-12　文件9-10的运行结果

9.5　反射的应用

通过 9.4 节的学习，我们已经知道，反射可以获取一个类的完整结构；但在实际应用中，更多的是通过反射动态地访问类中的指定方法或指定属性。本节将对反射机制的实际应用进行详细讲解。

9.5.1　通过反射调用类中的 getter/setter 方法

在第 3 章读者就了解到类中的属性必须封装，封装之后的属性要通过 setter 方法设置属性值，通过 getter 方法获取属性值。在使用反射调用类中方法的操作中，最重要的是调用类中的 getter/setter 方法。

getter/setter 方法的调用过程与 9.4.6 节中类方法的调用过程类似，但因为 getter/setter 方法需要访问属性，所以稍显复杂。下面通过一个案例讲解如何使用反射调用类中的 getter/setter 方法，如文件 9-11 所示。

文件 9-11　Example11.java

```
1   import java.lang.reflect.Method;
2   class Person{
3       private String name;
4       private int age;
5       public Person(){}
6       public Person(String name){
7           this.name = name;
8       }
9       public Person(String name,int age){
10          this.setName(name);
11          this.setAge(age);
12      }
13      public String getName() {
14          return name;
15      }
16      public void setName(String name) {
17          this.name = name;
18      }
19      public int getAge() {
20          return age;
21      }
22      public void setAge(int age) {
23          this.age = age;
24      }
25      public String toString() {
26          return "姓名:"+this.name+",年龄:"+this.age;
27      }
28  }
29  public class Example11 {
30      public static void main(String args[]){
```

```
31          Class<?> c = null;
32          Object obj = null;
33          try{
34              c = Class.forName("com.itheima.Person");         //对象 c 为 Class 类型
35          }catch(ClassNotFoundException e){
36              e.printStackTrace();
37          }
38          try{
39              obj = c.newInstance();                           //实例化 Class 类的对象
40          }catch(InstantiationException e){
41              e.printStackTrace();
42          }catch(IllegalAccessException e){
43              e.printStackTrace();
44          }
45          setter(obj,"name","张三",String.class);
46          setter(obj,"age",18,int.class);
47          System.out.print("姓名:");
48          getter(obj,"name");
49          System.out.print("年龄:");
50          getter(obj,"age");
51      }
52  public static void setter(Object obj,String att,Object value,Class<?>
53                                  type){
54          try {
55              Method met= obj.getClass().getMethod("set"+initStr(att),type);
56              met.invoke(obj,value);
57          }catch(Exception e){
58              e.printStackTrace();
59          }
60      }
61      public static void getter(Object obj,String att){
62          try {
63              Method met= obj.getClass().getMethod("get"+initStr(att));
64              System.out.println(met.invoke(obj));
65          }catch(Exception e){
66              e.printStackTrace();
67          }
68      }
69      public static String initStr(String old){
70          String str= old.substring(0,1).toUpperCase()+old.substring(1);
71          return str;
72      }
73  }
```

在文件 9-11 中,通过反射完成了类中 setter 方法及 getter 方法的调用。下面将文件 9-11 的实现思路分步骤进行说明。

(1) 设置方法名称。第 45、46 行代码在设置方法名称时直接使用了属性名称,例如 name 和 age。但实际需要的方法名称是 setName()、getName()、setAge()、getAge(),所有属性名称的首字母必须大写。为了解决这个问题,程序中单独定义了 initStr()方法,通过此方法将字符串中的首字母转换成大写，随后将字符串连接到 set 字符串及 get 字符串之后，找到对应的方法。

(2) 调用 setter()方法时，传入了实例化对象、要操作的属性名称、要设置的参数内容以及具体的参数类型，这样做是为了满足 getMethod()方法和 invoke()方法的调用要求。

(3) 在调用 getter()方法时，同样传入了一个实例化对象，因为其 getter 方法本身不需要接收任何参数，所以只传入了属性名称。

对文件 9-11 中的程序，读者只需要了解基本操作原理即可。在实际的开发中，很多框架会为开发者预告实现以上功能。

文件 9-11 的运行结果如图 9-13 所示。

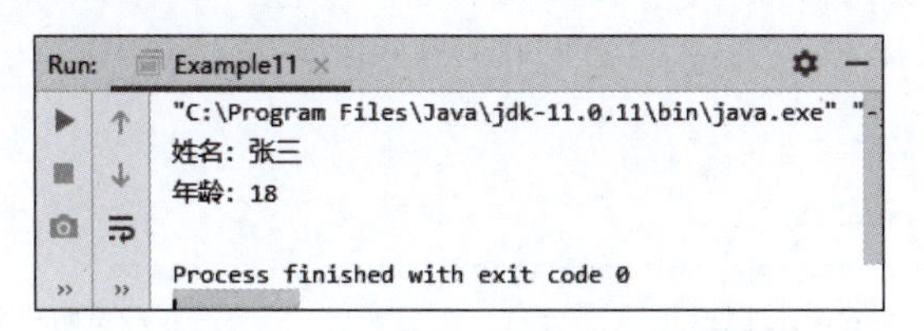

图 9-13　文件 9-11 的运行结果

9.5.2　通过反射操作属性

思政阅读

在反射操作中，虽然可以通过调用类中的 getter/setter 方法访问类的属性，但是这样操作起来太烦琐。除了调用 getter/setter 方法访问类的属性之外，反射机制也可以直接通过 Field 类操作类中的属性，通过 Field 类提供的 set()方法和 get()方法可以直接设置、获取类的属性值。

通过调用 Field 类的 getter/setter 方法访问类的属性时，首先要调用 Field 类中的 setAccessible()方法将需要操作的属性权限设置成可以被外部访问。

下面通过一个案例讲解如何使用反射直接操作类的属性。如文件 9-12 所示。

文件 9-12　Example12.java

```
1   import java.lang.reflect.Field;
2   class Person {
3       private String name;
4       private int age;
5       public Person(){}
6       public Person(String name){
7           this.name = name;
8       }
9       public Person(String name,int age){
10          this.setName(name);
11          this.setAge(age);
12      }
13      public String getName() {
14          return name;
15      }
16      public void setName(String name) {
```

```
17              this.name = name;
18          }
19          public int getAge() {
20              return age;
21          }
22          public void setAge(int age) {
23              this.age = age;
24          }
25          public void sayHello() {
26              System.out.println("Hello World!");
27          }
28          public String toString() {
29              return "姓名:"+this.name+",年龄:"+this.age;
30          }
31  }
32  public class Example12 {
33          public static void main(String args[]) throws Exception{
34              Class<? > c = null;                                    //声明一个 Class 类的对象
35              Object obj = null;                                     //声明一个 Object 类的对象
36              c = Class.forName("com.itheima.Person");               //实例化 Class 类的对象
37              obj = c.newInstance();                                 //实例化 Object 类的对象
38              Field nameField = null;                                //表示 name 属性
39              Field ageField = null;                                 //表示 age 属性
40              nameField = c.getDeclaredField("name");                //获取 name 属性
41              ageField = c.getDeclaredField("age");                  //获取 age 属性
42              nameField.setAccessible(true);                         //将 name 属性设置为可被外部访问
43              nameField.set(obj,"张三");                              //设置 name 属性值
44              ageField.setAccessible(true);                          //将 age 属性设置为可被外部访问
45              ageField.set(obj,30);                                  //设置 age 属性值
46              System.out.println("姓名:"+nameField.get(obj));
47              System.out.println("年龄:"+ageField.get(obj));
48          }
49  }
```

在文件 9-12 中，第 2～31 行代码定义了 Person 类，并声明了 Person 类的属性以及方法。第 34、35 行代码声明了 Class 类的对象 c 和 Object 类的对象 obj。第 36 行代码将 Person 类的全限定类名作为参数传入 forName()方法中，调用 forName()方法完成 Class 类的对象的实例化，并将实例化后的值返回给 Class 类的对象 c。第 37 行代码实例化 Object 类的对象 obj。第 40、41 行代码通过调用 Class 类的 getDeclaredField()方法获取 Person 类的 name 属性和 age 属性。第 42～45 行代码将 name 属性和 age 属性设置为可被外部访问，并设置 name 属性和 age 属性的值。

需要注意的是，以上程序在扩大类属性的访问权限后直接进行了属性的操作，所以在 Person 类中并不需要编写 getter 方法和 setter 方法，但是在实际开发中，这种直接操作属性的方式是不安全的，读者在以后的开发中，不要直接操作属性，而要通过 getter 方法和 setter 方法操作属性。文件 9-12 只是演示通过反射可以直接访问类中的属性。

文件 9-12 的运行结果如图 9-14 所示。

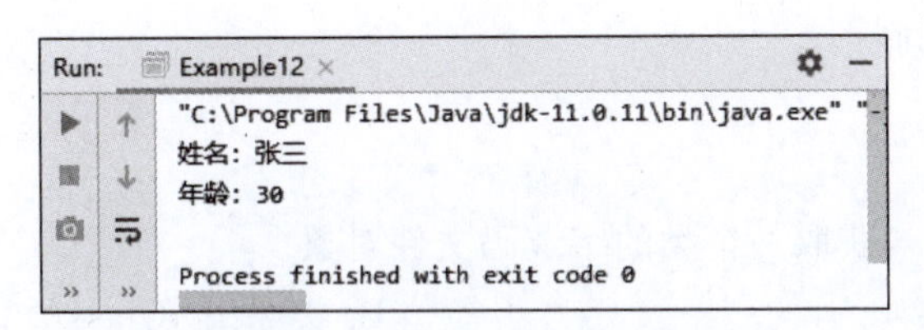

图 9-14　文件 9-12 的运行结果

9.6　本章小结

本章主要介绍了 Java 的反射机制。本章内容如下：反射机制原理；Class 类；Class 类的使用，包括通过无参构造方法实例化对象和通过有参构造方法实例化对象；通过反射获取类结构，包括获取接口、获取父类、获取构造方法、获取全部方法、获取全部属性和通过反射调用类中的方法；反射的应用，包括通过反射调用类中的 getter 和 setter 方法和通过反射操作类中的属性。通过本章的学习，读者应该对 Java 的反射有一定的了解。掌握好这些知识，对以后的实际开发大有裨益。

9.7　本章习题

一、填空题

1. 反射机制的优点是可以实现________创建对象和编译。

2. 如果想通过 Class 类实例化其他类的对象，则可以使用________方法，但是必须保证被实例化的类中存在一个无参构造方法。

3. 通过反射可以得到一个类中的所有方法，需要用到 java.lang.reflect 包中的________类。

4. 在反射操作中，通过________方法可以取得本类中的全部属性。

5. Java 虚拟机在加载.class 文件时会产生一个________对象代表该文件，从该对象中可以获得类的信息。

二、判断题

1. 将 Class 对象实例化为本类对象时，可以通过无参构造方法完成，也可以通过有参构造方法完成。（　　）

2. 要取得一个类中的全部方法，可以使用 Class 类中的 getMethods()方法。（　　）

3. 在反射机制中，把类中的成员（构造方法、成员方法和成员变量）都封装成对应的类进行表示。（　　）

4. Class 类的对象用于表示当前运行的 Java 应用程序中的类和接口，Class 类是一个未继承 Object 类的特殊类。（　　）

5. 在运行状态中，对于任意一个类，都能够知道这个类的所有属性和方法；对于任意一个对象，都能够调用它的任意一个方法。这种动态获取信息以及动态调用对象的方法的功

能称为 Java 的反射机制。 ( )

三、选择题

1. 可以通过( )获取一个类的字节码文件对象。
   A. 对象名.class　　B. 类名.getClass()
   C. Object 类中的 forName()方法　　D. 以上说法都不正确
2. 下列关于反射机制的说法中错误的是( )。
   A. 反射可以获取类中所有的属性和方法
   B. 反射可以构造类的对象,并获取其私有属性的值
   C. 反射机制指在程序编译期间通过.class 文件加载并使用一个类的过程
   D. 暴力反射可以获取类中私有的属性和方法
3. 以下方法中( )是在 Class 类中定义的。(多选)
   A. getConstructors()　　B. getPrivateMethods()
   C. getDeclaredFields()　　D. getImports()
   E. setField()
4. 使用反射机制获取一个类的属性时,下列关于 getField()方法的说法中正确的是( )。
   A. 该方法需要一个 String 类型的参数指定要获取的属性名
   B. 该方法只能获取私有属性
   C. 该方法能够获取所有属性
   D. 该方法可以获取私有属性,但使用前必须先调用 setAccessible(true)方法
5. 假定 Tester 类有如下 test()方法:

```
public int test(int p1, Integer p2)
```

以下代码中( )能正确地动态调用一个 Tester 对象的 test()方法。

A.
```
Class classType=Tester.class;
Object tester=classType.newInstance();
Method addMethod=classType.getMethod("test",new Class[]{int.class,int.class});
Object result=addMethod.invoke(tester,new Object[]{new Integer(100),new Integer
(200)});
```

B.
```
Class classType=Tester.class;
Object tester=classType.newInstance();
Method addMethod=classType.getMethod("test",new Class[]{int.class,int.class});
int result=addMethod.invoke(tester,new Object[]{new Integer(100),new Integer(200)});
```

C.
```
Class classType=Tester.class;
Object tester=classType.newInstance();
Method addMethod=classType.getMethod("test",new Class[]{int.class,Integer.class});
Object result=addMethod.invoke(tester,new Object[]{new Integer(100),new Integer
(200)});
```

D.
```
Class classType=Tester.class;
Object tester=classType.newInstance();
Method addMethod=classType.getMethod("test",new Class[]{int.class,Integer.class});
```

```
Integer result= addMethod.invoke(tester, new Object[]{new Integer(100), new Integer
(200)});
```

四、简答题

1. 简述反射机制。
2. 简述实例化 Class 对象的 3 种方式。

第 10 章 I/O

学习目标

- 掌握 File 类的使用，能够创建 File 对象，并调用 File 类的常用方法实现目录遍历以及目录和文件的删除。
- 掌握字节流的使用，能够使用 InputStream 读文件以及使用 OutputStream 写文件，并完成文件的复制。
- 掌握字符流的使用，能够使用 FileReader 读文件以及使用 FileWriter 写文件。
- 熟悉转换流的使用，能够将字节流和字符流进行相互转换。
- 熟悉缓冲流的使用，能够正确使用字节缓冲流和字符缓冲流。
- 了解序列化和反序列化，能够说出序列化和反序列化的概念及作用。

I/O 操作主要是指使用 Java 程序完成输入(Input)、输出(Output)操作。输入是指将文件内容以数据流的形式读入内存，输出是指通过 Java 程序将内存中的数据写入文件，输入输出操作在实际开发中应用较为广泛。本章将针对 I/O 的相关操作进行讲解。

10.1 File 类

java.io 包中的 File 类是唯一一个可以代表磁盘文件的对象，它定义了一些用于操作文件的方法。通过调用 File 类提供的各种方法，可以创建、删除或者重命名文件，判断硬盘上某个文件是否存在，查询文件最后修改时间，等等。本节将针对 File 类进行详细讲解。

10.1.1 创建 File 对象

File 类提供了多个构造方法用于创建 File 对象。File 类的常用构造方法如表 10-1 所示。

表 10-1 File 类的常用构造方法

方法声明	功能描述
File(String pathname)	通过指定的一个字符串类型的文件路径创建一个 File 对象
File(String parent,String child)	根据指定的一个字符串类型的父路径和一个字符串类型的子路径(包括文件名称)创建一个 File 对象
File(File parent,String child)	根据指定的一个 File 类的父路径和一个字符串类型的子路径(包括文件名称)创建一个 File 对象

在表 10-1 中，所有的构造方法都需要传入文件路径。通常来讲，如果程序只处理一个目录或文件，并且知道该目录或文件的路径，使用第一个构造方法较方便。如果程序处理的是一个公共目录中的若干子目录或文件，那么使用第二个或者第三个构造方法会更方便。

下面通过一个案例演示如何使用 File 类的构造方法创建 File 对象。使用 IDEA 创建名称为 chapter10 的项目，在 chapter10 的 src 文件夹下创建 Example01. java，在 Example01.java 中使用 File 类的构造方法创建 File 对象。Example01.java 的具体代码如文件 10-1 所示。

文件 10-1 Example01.java

```
1  import java.io.File;
2  public class Example01 {
3      public static void main(String[] args) {
4          File f = new File("D:\\file\\a.txt");      //使用绝对路径创建 File 对象
5          File f1 = new File("src\\Hello.java");    //使用相对路径创建 File 对象
6          System.out.println(f);
7          System.out.println(f1);
8      }
9  }
```

在文件 10-1 中，第 1 行代码导入了 java.io 包中的 File 类，第 4、5 行代码分别使用绝对路径和相对路径创建 File 对象。

需要注意的是，文件 10-1 在创建 File 对象时在传入的路径中使用了\\，这是因为 Windows 中的目录符号为反斜线(\)，但反斜线在 Java 中是特殊字符，具有转义作用，所以使用反斜线时，前面应该再添加一个反斜线，即\\。此外，目录符号还可以用斜线(/)表示，如 D:/file/a.txt。

文件 10-1 的运行结果如图 10-1 所示。

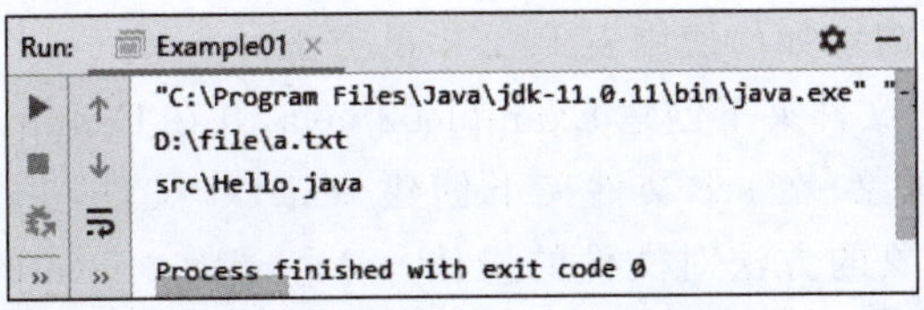

```
Run: Example01
"C:\Program Files\Java\jdk-11.0.11\bin\java.exe" "-
D:\file\a.txt
src\Hello.java

Process finished with exit code 0
```

图 10-1 文件 10-1 的运行结果

10.1.2 File 类的常用方法

File 类提供了一系列方法，用于操作 File 类对象内部封装的路径指向的文件或者目录。File 类的常用方法如表 10-2 所示。

表 10-2 File 类的常用方法

方法声明	功能描述
boolean exists()	判断 File 对象对应的文件或目录是否存在。若存在则返回 true，否则返回 false
boolean delete()	删除 File 对象对应的文件或目录。若删除成功则返回 true，否则返回 false

续表

方法声明	功能描述
boolean createNewFile()	当File对象对应的文件不存在时,该方法将新建一个文件。若创建成功则返回true,否则返回false
String getName()	返回File对象表示的文件或目录的名称
String getPath()	返回File对象对应的路径
String getAbsolutePath()	返回File对象对应的绝对路径(在UNIX/Linux等系统上,如果路径以斜线开始,则这个路径是绝对路径;在Windows等系统上,如果路径以盘符开始,则这个路径是绝对路径)
String getParentFile()	返回File对象对应目录的父目录(即返回的目录不包含最后一级子目录)
boolean canRead()	判断File对象对应的文件或目录是否可读。若可读则返回true,否则返回false
boolean canWrite()	判断File对象对应的文件或目录是否可写。若可写则返回true,否则返回false
boolean isFile()	判断File对象对应的是否是文件(而不是目录)。若是文件则返回true,否则返回false
boolean isDirectory()	判断File对象对应的是否是目录(而不是文件)。若是目录则返回true,否则返回false
boolean isAbsolute()	判断File对象对应的文件或目录是否是绝对路径
long lastModified()	返回1970年1月1日0时0分0秒到文件最后修改时间的毫秒值
long length()	返回文件内容的长度(单位是字节)
String[] list()	递归列出指定目录的全部内容(包括子目录与文件),只列出名称
File[] listFiles()	返回一个包含File对象所有子文件和子目录的File数组

下面通过一个案例演示如何使用表10-2中的方法。

在chapter10的src文件夹下创建Example02.java,并在Example02.java中调用File类的构造方法创建File对象;在src文件夹下创建test.txt文件,并在test.txt中输入内容"File"用于测试File对象的方法对文件的操作。Example02.java的具体代码如文件10-2所示。

文件10-2　Example02.java

```
1  import java.io.File;
2  public class Example02 {
3      public static void main(String[] args) {
4          File file = new File("src/test.txt");
5          System.out.println("文件是否存在:"+file.exists());
6          System.out.println("文件名:"+file.getName());
7          System.out.println("文件大小:"+file.length()+"bytes");
8          System.out.println("文件相对路径:"+file.getPath());
9          System.out.println("文件绝对路径:"+file.getAbsolutePath());
10         System.out.println("文件的父级对象是否为文件:"+file.isFile());
11         System.out.println("文件删除是否成功:"+file.delete());
```

```
12      }
13  }
```

文件 10-2 演示了 File 类一系列方法的调用，首先判断文件是否存在，然后获取文件的名称、文件的大小、文件的相对路径、文件的绝对路径以及文件的父级对象是否为文件等信息，最后将文件删除。

文件 10-2 的运行结果如图 10-2 所示。

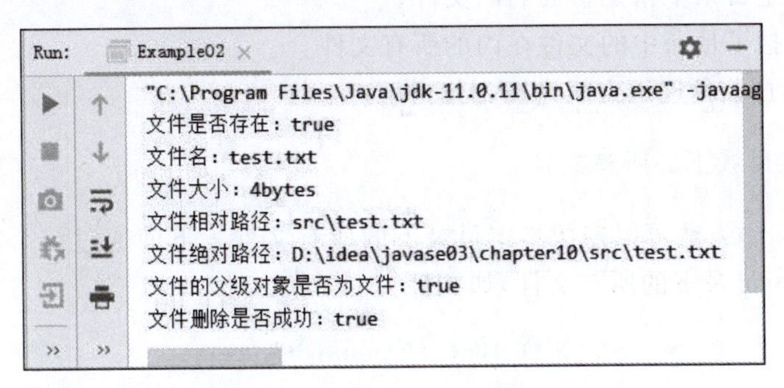

图 10-2　文件 10-2 的运行结果

多学一招：createTempFile()方法和 deleteOnExit()方法

在一些特定情况下，程序需要读写一些临时文件，为此，File 类提供了 createTempFile()方法和 deleteOnExit()方法，用于操作临时文件。createTempFile()方法用于创建一个临时文件，deleteOnExit()方法在 Java 虚拟机退出时自动删除临时文件。下面通过一个案例演示这两个方法的使用，Example03.java 的具体代码如文件 10-3 所示。

文件 10-3　Example03.java

```
1   import java.io.File;
2   import java.io.IOException;
3   public class Example03 {
4       public static void main(String[] args) throws IOException {
5           //提供临时文件的前缀和扩展名
6           File f = File.createTempFile("itcast-", ".txt");
7           f.deleteOnExit();                       //Java 虚拟机退出时自动删除文件 f
8           System.out.println("f 是否为文件:"+f.isFile());
9           System.out.println("f 的相对路径:"+f.getPath());
10      }
11  }
```

文件 10-3 的运行结果如图 10-3 所示。

```
Run:  Example03
"C:\Program Files\Java\jdk-11.0.11\bin\java.exe" "-javaagent:D:\Program Files\I
f是否为文件: true
f的相对路径: C:\Users\itcast\AppData\Local\Temp\itcast-12161884406217479979.txt

Process finished with exit code 0
```

图 10-3　文件 10-3 的运行结果

10.1.3　遍历目录下的文件

File 类中提供了 list()方法,可以获取目录下所有文件和目录的名称。获取目录下所有文件和目录名称后,可以通过这些名称遍历目录下的文件,按照调用方法的不同,对目录下的文件遍历可分为以下 3 种方式。

(1) 遍历指定目录下的所有文件。

(2) 遍历指定目录下指定扩展名的文件。

(3) 遍历包括子目录中的文件在内的所有文件。

下面分别对这 3 种遍历方式进行详细讲解。

1. 遍历指定目录下的所有文件

File 类的 list()方法可以遍历指定目录下的所有文件。下面通过一个案例演示如何使用 list()方法遍历目录下的所有文件,如文件 10-4 所示。

文件 10-4　Example04.java

```
1  import java.io.File;
2  public class Example04 {
3      public static void main(String[] args) throws Exception {
4          //创建 File 对象
5          File file = new File("D:\\javase03");
6          if (file.isDirectory()) {                  //判断 File 对象对应的目录是否存在
7              String[] names = file.list ();         //获得目录下的所有文件的文件名
8              for (String name : names) {
9                  System.out.println(name);          //输出文件名
10             }
11         }
12     }
13 }
```

在文件 10-4 中,第 5 行代码创建了一个 File 对象,并指定了一个路径作为参数。第 6～11 行代码通过调用 File 的 isDirectory()方法,判断路径是否指向一个存在的目录,如果指向的目录存在,就调用 list()方法,获得一个 String 类型的数组 names,其中存储这个目录下所有文件的文件名。接着通过 for 循环遍历数组 names,依次打印出每个文件的文件名。

文件 10-4 的运行结果如图 10-4 所示。

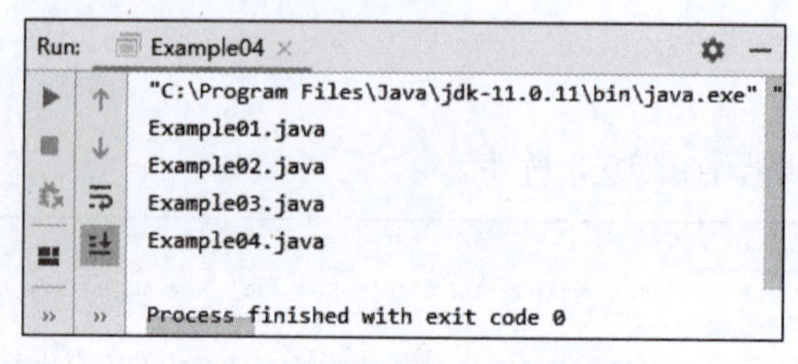

图 10-4　文件 10-4 的运行结果

2. 遍历指定目录下指定扩展名的文件

上述代码实现了遍历一个目录下所有文件的功能，然而有时程序只需要获取指定类型的文件，如获取指定目录下所有扩展名为".java"的文件。针对这种需求，File 类提供了一个重载的 list()方法，该方法接收一个 FilenameFilter 类型的参数。FilenameFilter 是一个接口，被称作文件过滤器，其中定义了抽象方法 accept()用于依次对指定 File 的所有子目录或文件进行迭代。在调用 list()方法时，需要实现 FilenameFilter，并在 accept()方法中进行筛选，从而获得指定类型的文件。

下面通过一个案例演示如何遍历指定目录下所有扩展名为".java"的文件，如文件 10-5 所示。

文件 10-5　Example05.java

```
1   import java.io.File;
2   import java.io.FilenameFilter;
3   public class Example05 {
4       public static void main(String[] args) throws Exception {
5           //创建 File 对象
6           File file = new File("D:\\javase03");
7           //创建文件过滤器对象
8           FilenameFilter filter = new FilenameFilter() {
9               //实现 accept()方法
10              public boolean accept(File dir, String name) {
11                  File currFile = new File(dir, name);
12                  //如果文件名以.java 结尾,则返回 true;否则返回 false
13                  if (currFile.isFile() && name.endsWith(".java")) {
14                      return true;
15                  } else {
16                      return false;
17                  }
18              }
19          };
20          if (file.exists()) {                        //判断 File 对象对应的目录是否存在
21              String[] lists = file.list(filter);     //获得过滤后的所有文件名数组
22              for (String name : lists) {
23                  System.out.println(name);
24              }
25          }
26      }
27  }
```

在文件 10-5 中，第 8 行代码定义了 FilenameFilter 对象 filter。第 10～18 行代码实现了 accept()方法。在 accept()方法中，对当前正在遍历的 currFile 对象进行了判断，只有当 currFile 对象代表文件并且扩展名为".java"时才返回 true。第 21 行代码在调用 File 类的 list()方法时，将 filter 对象传入，获得所有扩展名为".java"的文件名的字符串数组。

文件 10-5 的运行结果如图 10-5 所示。

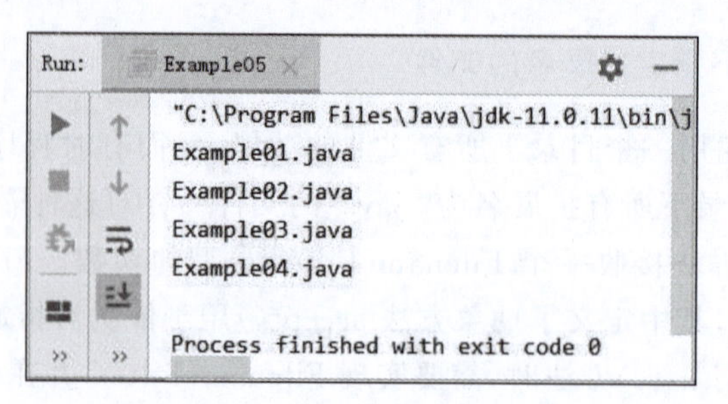

图 10-5 文件 10-5 的运行结果

3. 遍历包括子目录下的文件在内的所有文件

前面的两个例子演示的都是遍历当前目录下的文件。有时候在一个目录下,除了文件,还有子目录,如果想获取所有子目录下的文件,list()方法显然不能满足要求,这时可以使用 File 类提供的另一个方法——listFiles()。该方法返回一个 File 对象数组,当对数组中的元素进行遍历时,如果元素中还有子目录需要遍历,则可以递归遍历子目录。

下面通过一个案例演示包括子目录文件的所有文件的遍历,如文件 10-6 所示。

文件 10-6 **Example06.java**

```
1  import java.io.File;
2  public class Example06 {
3      public static void main(String[] args) {
4          //创建一个代表目录的 File 对象
5          File file = new File("D:\\javase03");
6          fileDir(file);                                  //调用 fileDir()方法
7      }
8      public static void fileDir(File dir) {
9          File[] files = dir.listFiles();                 //获得表示目录下所有文件的数组
10         for (File file : files) {                       //遍历所有子目录和文件
11             if (file.isDirectory()) {
12                 fileDir(file);                          //如果是目录,则递归调用 fileDir()
13             }
14             System.out.println(file.getAbsolutePath());  //输出文件的绝对路径
15         }
16     }
17 }
```

在文件 10-6 中,第 8~16 行代码定义了静态方法 fileDir(),该方法接收一个表示目录的 File 对象。在 fileDir()方法中,第 9 行代码通过调用 listFiles()方法把该目录下所有的子目录和文件存储到 File 类型的数组 files 中,第 10~15 行代码通过 for 循环遍历数组 files,并对当前遍历的 File 对象进行判断,如果是目录就重新调用 fileDir()方法进行递归遍历,如果是文件就直接输出文件的绝对路径,这样该目录下的所有文件就被成功遍历了。

文件 10-6 的运行结果如图 10-6 所示。

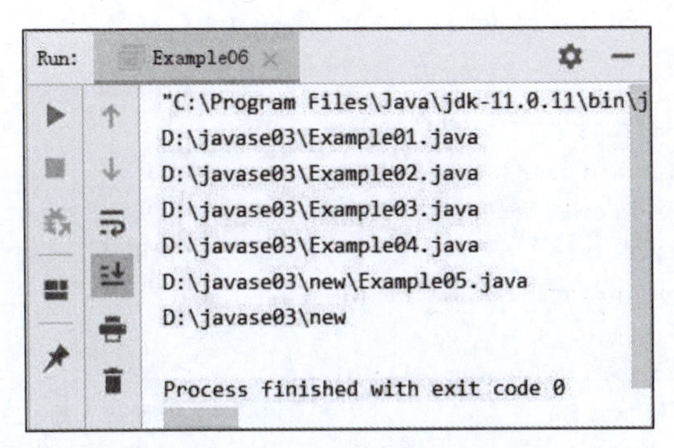
```
"C:\Program Files\Java\jdk-11.0.11\bin\j
D:\javase03\Example01.java
D:\javase03\Example02.java
D:\javase03\Example03.java
D:\javase03\Example04.java
D:\javase03\new\Example05.java
D:\javase03\new

Process finished with exit code 0
```

图 10-6　文件 10-6 的运行结果

10.1.4　删除文件及目录

在操作文件时，可能会遇到需要删除一个目录下的某个文件或者删除整个目录的情况，这时可以调用 File 类的 delete()方法。

下面通过一个案例演示如何调用 delete()方法删除文件或文件夹。首先在 D 盘中创建一个名称为 hello 的文件夹，然后在该文件夹中创建一个名称为 test 的文本文件，最后创建 Example07 类，在该类中调用 delete()方法删除 hello 文件夹。具体代码如文件 10-7 所示。

文件 10-7　Example07.java

```
1  import java.io.*;
2  public class Example07 {
3      public static void main(String[] args) {
4          File file = new File("D:\\hello");
5          if (file.exists()) {
6              System.out.println(file.delete());
7          }
8      }
9  }
```

文件 10-7 的运行结果如图 10-7 所示。

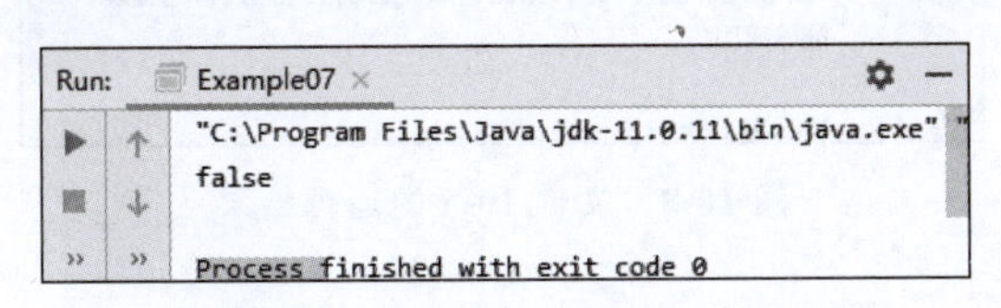
```
"C:\Program Files\Java\jdk-11.0.11\bin\java.exe"
false

Process finished with exit code 0
```

图 10-7　文件 10-7 的运行结果

图 10-7 的运行结果为 false，这说明文件删除失败了。原因是 File 类的 delete()方法只能删除一个指定的文件；假如 File 对象代表一个目录，并且这个目录下包含子目录或文件，则 File 类的 delete()方法不允许直接删除这个目录。在这种情况下，需要通过递归的方式将整个目录以及目录中的文件全部删除。

下面修改文件 10-7，递归删除子目录及其中的文件，如文件 10-8 所示。

文件 10-8 Example08.java

```
1  import java.io.*;
2  public class Example08 {
3      public static void main(String[] args) {
4          File file = new File("D:\\hello");
5          deleteDir(file);                          //调用 deleteDir()方法
6          System.out.println("删除成功!");
7      }
8      public static void deleteDir(File dir) {
9          if (dir.exists()) {                       //判断传入的 File 对象是否存在
10             File[] files = dir.listFiles();       //得到 File 数组
11             for (File file : files) {             //遍历所有子目录和文件
12                 if (file.isDirectory()) {
13                     deleteDir(file);              //如果是目录,则递归调用 deleteDir()方法
14                 } else {
15                     //如果是文件,则直接删除
16                     file.delete();
17                 }
18             }
19             //删除一个目录里的所有文件后,就删除这个目录
20             dir.delete();
21         }
22     }
23 }
```

在文件 10-8 中,第 4、5 行代码定义了 File 对象 file,把对象 file 作为参数传入 deleteDir()方法中。第 8~22 行代码定义了删除目录的静态方法 deleteDir(),它接收一个 File 对象作为参数。deleteDir()方法可以将所有子目录和文件对象放在一个 File 数组中,并且遍历这个 File 数组。如果是文件,则直接删除;如果是目录,则递归调用 deleteDir()方法删除目录中的文件,当目录中的文件全部删除之后,再删除目录。

文件 10-8 的运行结果如图 10-8 所示。

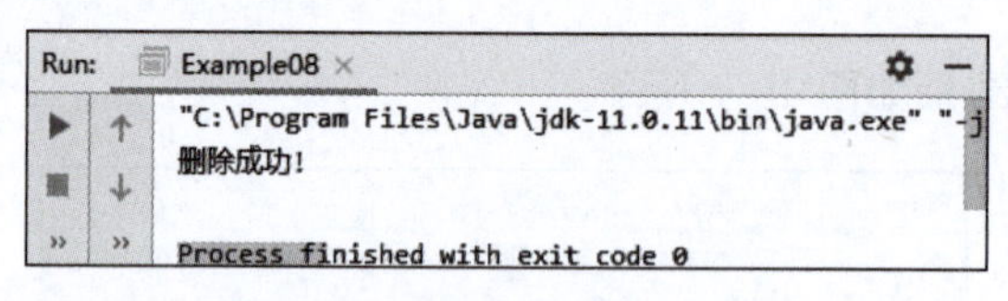

图 10-8 文件 10-8 的运行结果

需要注意的是,删除目录是从 Java 虚拟机直接删除而不放入回收站,文件一旦被删除就无法恢复,因此在进行文件删除操作的时候需要格外小心。

10.2 字节流

思政阅读

10.2.1 字节流的概念

在程序的开发中,经常需要处理设备之间的数据传输,而在计算机中,无论是文本、图

片、音频还是视频，所有文件都是以二进制（字节）形式存在的。对于字节的输入输出，I/O 系统提供了一系列流，统称为字节流。字节流是程序中最常用的流，根据数据的传输方向可将其分为字节输入流和字节输出流。

JDK 提供了两个抽象类——InputStream 和 OutputStream，它们是字节流的顶级父类，所有的字节输入流都继承 InputStream，所有的字节输出流都继承 OutputStream。为了方便理解，可以把 InputStream 和 OutputStream 比作两个管道，如图 10-9 所示。

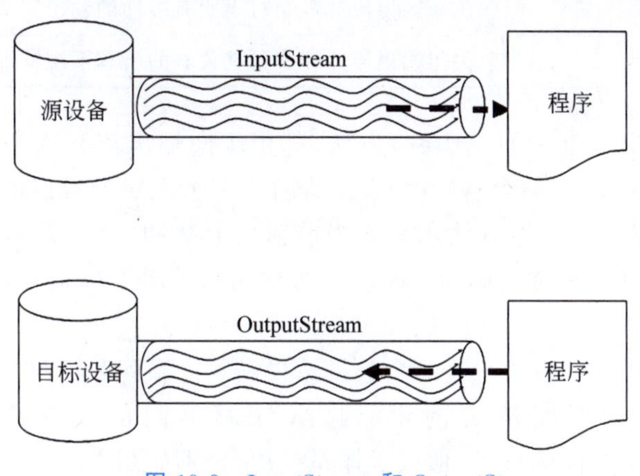

图 10-9　InputStream 和 OutputStream

在图 10-9 中，InputStream 被看成一个输入管道，OutputStream 被看成一个输出管道，数据通过 InputStream 从源设备"流"到程序，通过 OutputStream 从程序"流"到目标设备，从而实现数据的传输。由此可见，I/O 流中的输入输出是相对于程序而言的。

在 JDK 中，InputStream 类和 OutputStream 类提供了一系列与读写数据相关的方法。InputStream 类的常用方法如表 10-3 所示。

表 10-3　InputStream 类的常用方法

方法声明	功能描述
int read()	从输入流读取一字节（8 位），把它转换为 0～255 的整数，并返回这一整数
int read(byte[] b)	从输入流读取若干字节，把它们保存到参数 b 指定的字节数组中，返回的整数表示读取的字节数
int read(byte[] b, int off, int len)	从输入流读取若干字节，把它们保存到参数 b 指定的字节数组中，off 指定字节数组保存数据的起始索引，len 表示读取的字节数
void close()	关闭输入流并释放与其关联的所有系统资源

表 10-3 中的 3 个 read()方法都是用来读数据的。其中，第一个 read()方法是从输入流中逐个读入字节；而第二个和第三个 read()方法则可以将若干字节以字节数组的形式一次性读入，从而提高读数据的效率。在进行 I/O 操作时，当前 I/O 流会占用一定的内存，由于系统资源非常宝贵，因此，在 I/O 操作结束后，应该调用 close()方法关闭 I/O 流，从而释放当前 I/O 流所占的系统资源。

与 InputStream 对应的是 OutputStream。OutputStream 类是用于写数据的，因此它提供了一些与写数据有关的方法，OutputStream 类的常用方法如表 10-4 所示。

表 10-4 OutputStream 类的常用方法

方法声明	功能描述
void write(int b)	向输出流写入一字节
void write(byte[] b)	把参数 b 指定的字节数组的所有字节写到输出流
void write(byte[] b,int off,int len)	将指定 byte 数组中从起始索引 off 开始的 len 字节写入输出流
void flush()	刷新输出流并强制写出所有缓冲的输出字节
void close()	关闭输出流并释放与其关联的所有系统资源

表 10-4 中的前 3 个是重载的 write()方法,都用于向输出流写入字节。其中,第一个 write()方法逐个写入字节;后两个 write()方法将若干字节以字节数组的形式一次性写入,从而提高写数据的效率。flush()方法用来将当前输出流缓冲区(通常是字节数组)中的数据强制写入目标设备,此过程称为刷新。close()方法用来关闭 I/O 流并释放与当前 I/O 流相关的系统资源。

InputStream 和 OutputStream 这两个类虽然提供了一系列和读写数据有关的方法,但是这两个类是抽象类,不能被实例化,因此,针对不同的功能,InputStream 类和 OutputStream 类提供了不同的子类,形成了体系结构,分别如图 10-10 和图 10-11 所示。

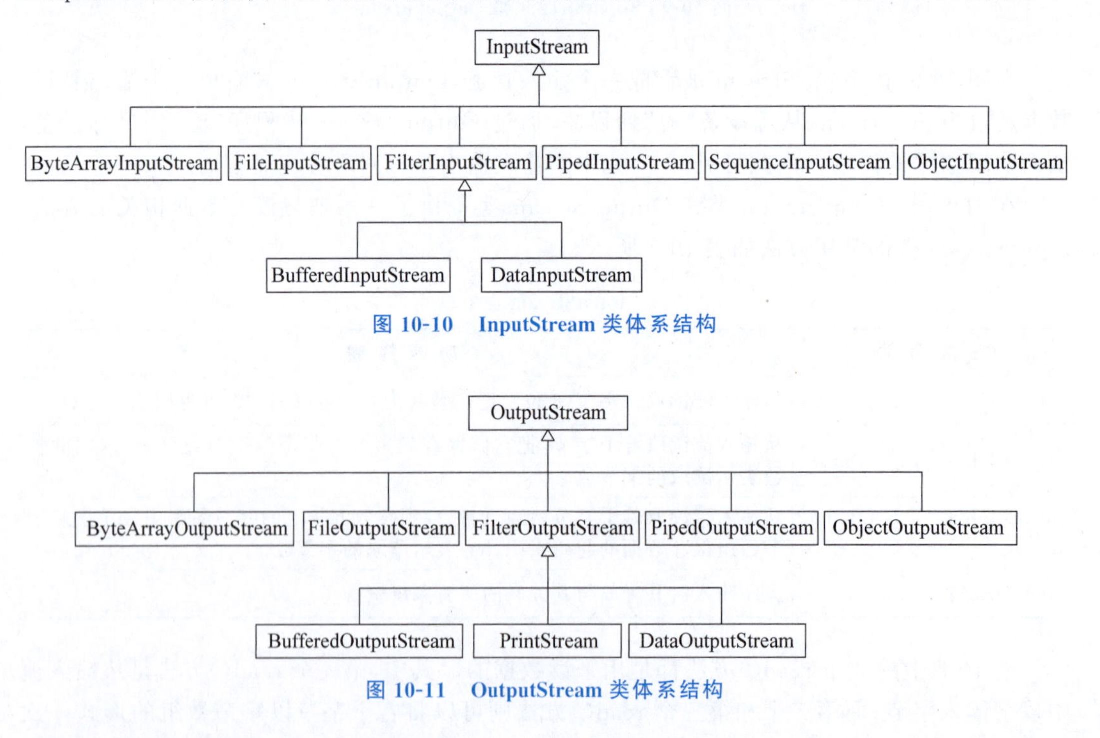

图 10-10 InputStream 类体系结构

图 10-11 OutputStream 类体系结构

从图 10-10 和图 10-11 可以看出,InputStream 类和 OutputStream 类的子类是大致对应的,例如 ByteArrayInputStream 类和 ByteArrayOutputStream 类、FileInputStream 类和 FileOutputStream 类等。图 10-10 和图 10-11 中的 I/O 流都是程序中很常用的,后面将逐步为读者讲解这些字节流的具体用法。

10.2.2 字节流读文件

InputStream 就是 JDK 提供的基本输入流，它是所有输入流的父类，FileInputStream 是 InputStream 的子类，它是操作文件的字节输入流，专门用于读取文件中的数据。

因为从文件读取数据是重复的操作，所以需要通过循环语句实现数据的持续读取。下面通过一个案例实现字节流对文件数据的读取。在实现案例之前，首先在 Java 项目的根目录下创建文本文件 test.txt，在文件中输入内容“itcast”并保存。然后使用字节输入流对象读取 test.txt 文本文件。具体代码如文件 10-9 所示。

文件 10-9　Example09.java

```
1  import java.io.*;
2  public class Example09 {
3      public static void main(String[] args) throws Exception {
4          //创建一个文件字节输入流,并指定源文件名称
5          FileInputStream in = new FileInputStream("test.txt");
6          int b = 0;                         //定义 int 类型的变量 b,用于记住每次读取的一字节
7          while (true) {
8              b = in.read();                 //变量 b 记住读取的一字节
9              if (b == -1) {                 //如果读取的字节为-1,则跳出 while 循环
10                 break;
11             }
12             System.out.println(b);         //否则将 b 输出
13         }
14         in.close();
15     }
16 }
```

在文件 10-9 中，第 5 行代码创建了 FileInputStream，第 7～13 行代码通过 read()方法读取并打印当前项目中的文件 test.txt 中的数据。

文件 10-9 的运行结果如图 10-12 所示。

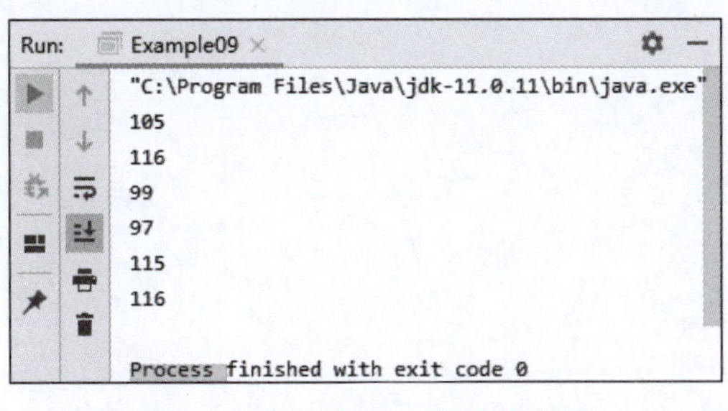

图 10-12　文件 10-9 的运行结果

由图 10-12 可知，控制台打印的结果分别为 105、116、99、97、115 和 116。在本章的开头讲过，计算机中的数据都是以字节的形式存在的。在 test.txt 文件中，字符'i'、't'、'c'、'a'、's'、't'各占一字节，所以最终结果显示的就是文件 test.txt 中的 6 字节对应的十进制数（即这 6 个字母的 ASCII 码值）。

有时，在文件读取的过程中可能会发生错误。例如，由于文件不存在而导致无法读取，

或者用户没有读取权限,等等,这些错误都由 Java 虚拟机自动封装成 IOException 异常并抛出。例如,当读取一个不存在的文件时,控制台会报告异常信息,如图 10-13 所示。

```
Run: Example09
"C:\Program Files\Java\jdk-11.0.11\bin\java.exe" "-javaagent:D:\Program Files\IntelliJ IDE
Exception in thread "main" java.io.FileNotFoundException: test.txt (系统找不到指定的文件。)
    at java.base/java.io.FileInputStream.open0(Native Method)
    at java.base/java.io.FileInputStream.open(FileInputStream.java:219)
    at java.base/java.io.FileInputStream.<init>(FileInputStream.java:157)
    at java.base/java.io.FileInputStream.<init>(FileInputStream.java:112)
    at com.itheima.Example09.main(Example09.java:11)

Process finished with exit code 1
```

图 10-13 读取不存在的文件的异常信息

当读取一个不存在的文件时,程序就会有一个潜在的问题。如果文件读取过程中发生了 I/O 错误,InputStream 就无法正常关闭,系统资源也无法及时释放,这样会造成系统资源浪费。对此,可以使用 try…finally 语句保证 InputStream 在任何情况下都能够正确关闭。修改文件 10-9,将读取文件的代码放入 try 语句块中,将关闭输入流的代码放入 finally 语句块中,具体代码如下:

```
public static void main(String[] args) throws Exception {
    InputStream input =null;
    try {
    //创建一个文件字节输入流
    FileInputStream in = new FileInputStream("test.txt");
    int b = 0;                              //定义 int 类型的变量 b,用于记住每次读取的一字节
    while (true) {
        b = in.read();                      //变量 b 记住读取的一字节
        if (b == -1) {                      //如果读取的字节为-1,则跳出 while 循环
            break;
        }
        System.out.println(b);              //否则将 b 输出
    }
    } finally {
        if (input != null) {
            input.close();
        }
    }
}
```

10.2.3 字节流写文件

OutputStream 是 JDK 提供的基本输出流,与 InputStream 类似,OutputStream 是所有输出流的父类。OutputStream 是一个抽象类,如果使用此类,则必须先通过子类实例化对象。OutputStream 类有多个子类,其中 FileOutputStream 子类是操作文件的字节输出流,专门用于把数据写入文件。下面通过一个案例演示如何使用 FileOutputStream 将数据写入文件,如文件 10-10 所示。

文件 10-10　Example10.java

```
1  import java.io.*;
2  public class Example10{
3      public static void main(String[] args) throws Exception {
4          //创建一个文件字节输出流,并指定输出文件名称
5          OutputStream out = new FileOutputStream("example.txt");
6          String str = "传智教育";
7          byte[] b = str.getBytes();
8          for (int i = 0; i < b.length; i++) {
9              out.write(b[i]);
10         }
11         out.close();
12     }
13 }
```

在文件 10-10 中，第 5 行代码创建了文件字节输出流 out，并指定输出文件名称为 example.txt。第 8～10 行代码循环调用 out 的 write()方法将 str 字符串写入 example.txt 文件中。文件 10-10 运行后，会在项目根目录下生成新的文本文件 example.txt。打开该文件，会看到如图 10-14 所示的内容。

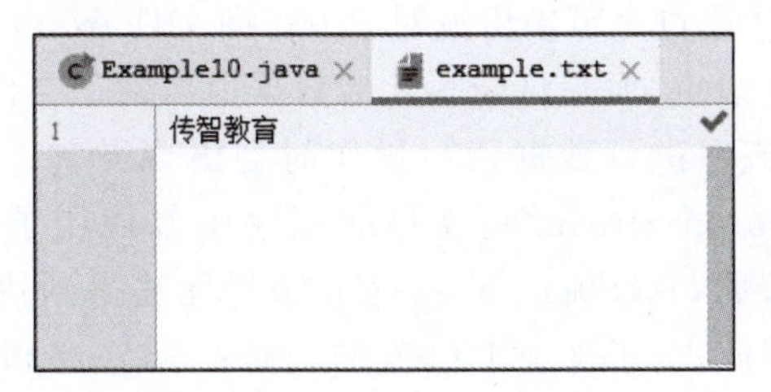

图 10-14　example.txt 的内容

由图 10-14 可知，使用 FileOutputStream 写数据时，程序自动创建了文件 example.txt，并将数据写入 example.txt 文件。需要注意的是，如果通过 FileOutputStream 向一个已经存在的文件中写入数据，那么该文件中的数据会被覆盖。

若希望在已存在的文件内容之后追加新内容，则可使用 FileOutputStream 的构造函数 FileOutputStream(String fileName, boolean append)创建文件输出流对象，并把 append 参数的值设置为 true。下面通过一个案例演示文件内容的追加，如文件 10-11 所示。

文件 10-11　Example11.java

```
1  import java.io.*;
2  public class Example11{
3      public static void main(String[] args) throws Exception {
4          //创建文件输出流对象,指定输出文件名称并开启文件内容追加功能
5          OutputStream out = new FileOutputStream("example.txt", true);
6          String str = "欢迎你!";
7          //将字符串存入 byte 类型的数组中
8          byte[] b = str.getBytes();
9          for (int i = 0; i < b.length; i++) {
10             out.write(b[i]);
```

```
11          }
12          out.close();
13      }
14  }
```

在文件 10-11 中,第 5 行代码创建了文件字节输出流 out,指定输出文件名称为 example.txt,并开启了文件内容追加功能。第 6 行代码定义了字符串 str。第 9~11 行代码在 for 循环中通过 out 对象调用 write()方法将字符串 str 的内容追加到 example.txt 文件的末尾。

文件 10-11 程序运行后,查看项目当前目录下的文件 example.txt,如图 10-15 所示。

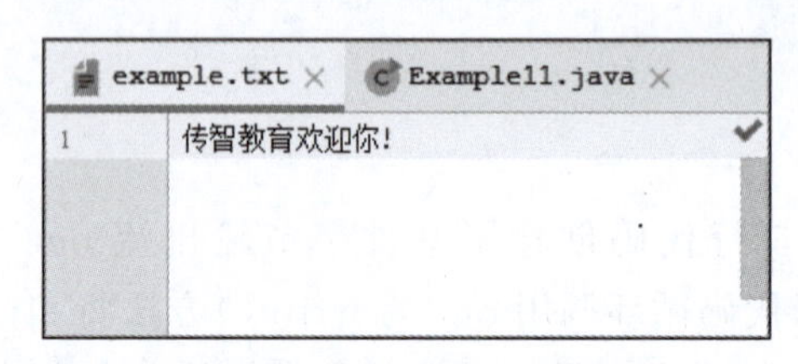

图 10-15 追加内容后的 example.txt 的内容

由图 10-15 可知,程序通过字节输出流对象 out 向文件 example.txt 写入"欢迎你!"后,并没有将文件原来的数据清空,而是将新写入的数据追加到了文件的末尾。

需要注意的是,I/O 流在进行数据读写操作时会出现异常。为了保持代码的简洁,在 InputStream 读文件和 OutputStream 写文件的程序中都使用了 throws 关键字将异常抛出。然而一旦遇到 I/O 异常,I/O 流的 close()方法将无法得到执行,I/O 流对象占用的系统资源将得不到释放。因此,为了保证 I/O 流的 close()方法必须执行,通常将关闭 I/O 流的操作写在 finally 代码块中,具体代码请参考 10.2.2 节。

10.2.4 文件的复制

在应用程序中,I/O 流通常都是成对出现的,即输入流和输出流一起使用。例如,文件的复制就需要通过输入流读取一个文件中的数据,再通过输出流将数据写入另一个文件。

下面通过一个案例演示文件内容的复制。首先在 chapter10 项目的根目录下创建 source 目录和 target 目录,然后在 source 目录中存放 a.png 文件,最后将 source 目录下的 a.png 复制到 target 目录下并重新命名为 b.png,具体的代码如文件 10-12 所示。

文件 10-12 Example12.java

```
1   import java.io.*;
2   public class Example12{
3       public static void main(String[] args) throws Exception {
4           //创建一个文件字节输入流,用于读取 source 目录中的 a.png 文件
5           InputStream in = new FileInputStream("source/a.png");
6           //创建一个文件字节输出流,用于将读取的数据写入 target 目录中的 b.png 文件中
7           OutputStream out = new FileOutputStream("target/b.png");
8           int len;                    //定义 int 类型的变量 len,用于记住每次读取的一字节
9           //获取复制文件前的系统时间
10          long begintime = System.currentTimeMillis();
```

```
11          while ((len = in.read()) != -1) { //读取一字节并判断是否读到文件末尾
12              out.write(len);               //将读到的一字节写入文件
13          }
14          //获取文件复制结束时的系统时间
15          long endtime = System.currentTimeMillis();
16          System.out.println("复制文件所消耗的时间是:" + (endtime - begintime) +
17          "ms");
18          in.close();
19          out.close();
20      }
21  }
```

文件 10-12 实现了文件的复制。第 11～13 行代码通过 while 循环将 a.png 的所有字节逐个进行复制。每循环一次，就通过调用 FileInputStream 的 read()方法读取一字节，并通过调用 FileOutputStream 的 write()方法将该字节写入指定文件，直到 len 的值为−1，表示读到了文件末尾，结束循环，完成文件的复制。程序运行结束后，会在命令行窗口打印复制文件所消耗的时间，如图 10-16 所示。

由图 10-16 可知，程序复制文件共消耗了 167ms。在复制文件时，由于计算机性能等各方面原因，会导致复制文件所消耗的时间不确定，因此每次运行程序的结果未必相同。

文件 10-12 运行结束后，打开 target 目录，发现 source 目录中的 a.png 文件被成功复制到 target 目录中，如图 10-17 所示。

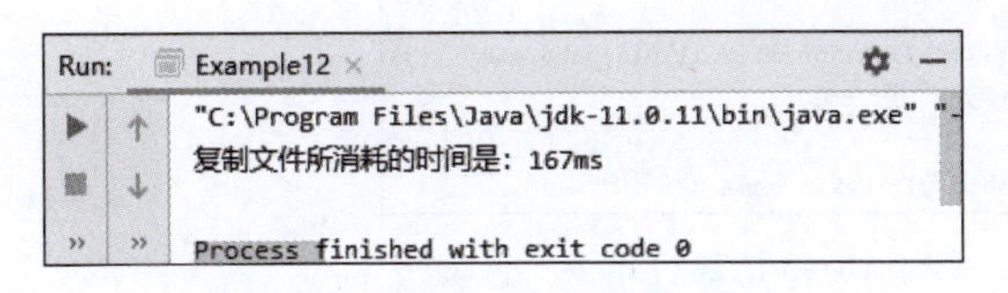

图 10-16 文件 10-12 的运行结果

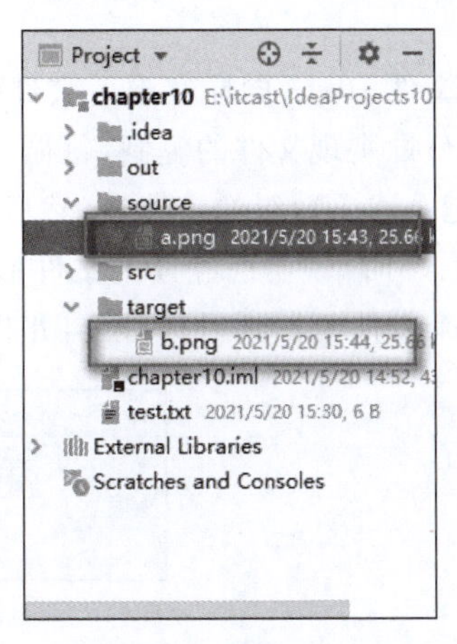

图 10-17 复制的文件

文件 10-12 实现的文件复制过程是逐字节读写，需要频繁地操作文件，效率非常低。这就好比从北京运送烤鸭到上海，如果有一万只烤鸭，每次运送一只，就必须运输一万次，这样的效率显然非常低。为了减少运输次数，可以先把一批烤鸭装在车厢中，这样就可以成批地运送烤鸭，这时的车厢就相当于一个缓冲区。在通过流的方式复制文件时，为了提高效率，也可以定义一个字节数组作为缓冲区。在复制文件时，可以一次性读取多个字节的数据，并保存在字节数组中，然后将字节数组中的数据一次性写入文件。程序中的缓冲区就是一块内存，它主要用于暂时存放输入输出的数据，由于使用缓冲区减少了对文件的操作次数，所以可以提高数据的读写效率。

下面修改文件 10-12,使用缓冲区复制文件,修改后的代码如文件 10-13 所示。

文件 10-13　Example13.java

```
1  import java.io.*;
2  public class Example13{
3      public static void main(String[] args) throws Exception {
4          //创建一个文件字节输入流,用于读取 source 目录中的 a.png 文件
5          InputStream in = new FileInputStream("source/a.png");
6          //创建一个文件字节输出流,用于将读取的数据写入 target 目录的 b.png 文件中
7          OutputStream out = new FileOutputStream("target/a.png");
8          //以下是用缓冲区读写文件
9          byte[] buff = new byte[1024];              //定义一个字节数组,作为缓冲区
10         //定义 int 类型的变量 len,用于记住读入缓冲区的字节数
11         int len;
12         long begintime = System.currentTimeMillis();
13         while ((len = in.read(buff)) != -1) {      //判断是否读到文件末尾
14             out.write(buff, 0, len);               //从第一字节开始,向文件写入 len 字节
15         }
16         long endtime = System.currentTimeMillis();
17         System.out.println("复制文件所消耗的时间是:" + (endtime - begintime) +
18         "ms");
19         in.close();
20         out.close();
21     }
22 }
```

文件 10-13 同样实现了文件的复制。在复制过程中,第 13～15 行代码使用 while 循环语句分批实现文件的复制,每循环一次,就从文件读取若干字节放入字节数组,并通过变量 len 记录读入数组的字节数,然后从数组的第一字节开始,将 len 字节依次写入文件。当 len 值为−1 时,说明已经读到文件的末尾,循环会结束,整个复制过程也就结束了,最终程序会将整个文件复制到目标目录,并将复制过程所消耗的时间打印出来,如图 10-18 所示。

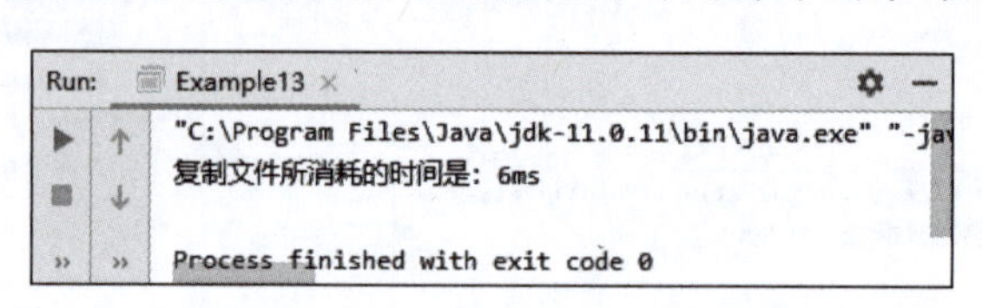

图 10-18　文件 10-13 的运行结果

通过对图 10-16 和图 10-18 的比较,可以看出文件 10-13 复制文件所消耗的时间明显减少了,这说明使用缓冲区读写文件可以有效地提高程序的读写效率。

10.3　字符流

10.3.1　字符流定义及基本用法

前面讲解的内容都是通过字节流直接对文件进行读写。如果读写的文件内容是字符,考虑到使用字节流读写字符可能存在传输效率以及数据编码问题,此时建议使用字符流。

同字节流一样，字符流也有两个抽象的顶级父类，分别是 Reader 类和 Writer 类。其中，Reader 类是字符输入流，用于从某个源设备读取字符；Writer 类是字符输出流，用于向某个目标设备写入字符。

在 JDK 中，Reader 类和 Writer 类提供了一系列与读写数据相关的方法。Reader 类的常用方法如表 10-5 所示。

表 10-5　Reader 类的常用方法

方法声明	功能描述
int read()	以字符为单位读数据
int read(char cbuf[])	将数据读入 char 类型的数组，并返回数据长度
int read(char cbuf[],int off,int len)	将数据读入 char 类型的数组的指定区间，并返回数据长度
void close()	关闭数据流
long transferTo(Writer out)	将数据直接读入字符输出流

Writer 类的常用方法如表 10-6 所示。

表 10-6　Writer 类的常用方法

方法声明	功能描述
void write(int c)	以字符为单位写数据
void write(char cbuf[])	将 char 类型的数组中的数据写出
void write(char cbuf[],int off,int len)	将 char 类型的数组中指定区间的数据写出
void write(String str)	将 String 类型的数据写出
void wirte(String str,int off,int len)	将 String 类型指定区间的数据写出
void flush()	强制将缓冲区的数据同步到输出流中
void close()	关闭数据流

Reader 类和 Writer 类作为字符流的顶级父类，也有许多子类，形成了体系结构，分别如图 10-19 和图 10-20 所示。

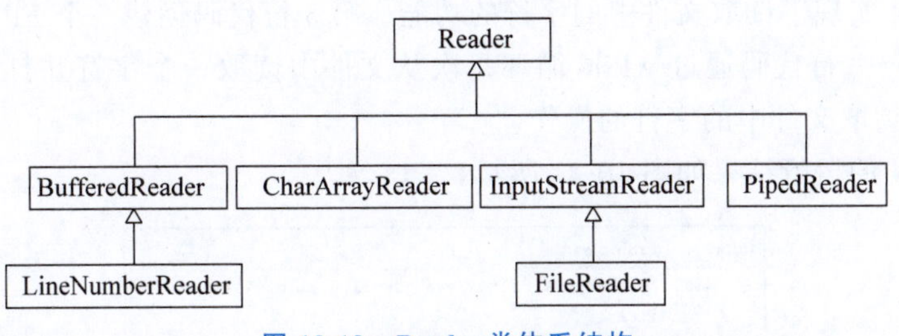

图 10-19　Reader 类体系结构

从图 10-19 和图 10-20 可以看到，字符流的继承关系与字节流的继承关系类似，Reader 类和 Writer 类的很多子类都是成对出现的。例如，FileReader 和 FileWriter 用于读写文件；

BufferedReader 和 BufferedWriter 是具有缓冲功能的字符流,使用它们可以提高读写效率。

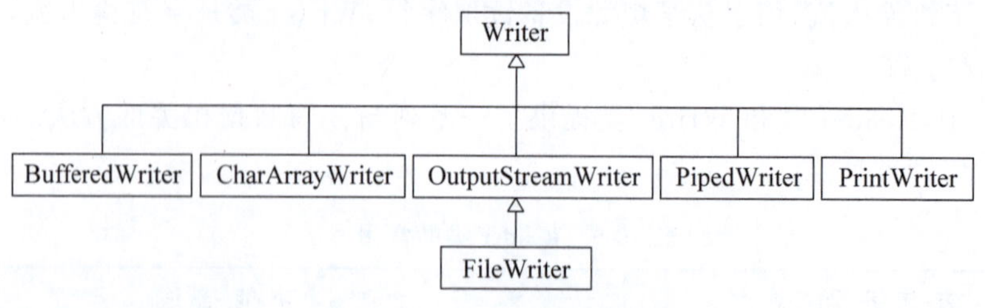

图 10-20 Writer 类体系结构

10.3.2 字符流读文件

在程序开发中,经常需要对文本文件的内容进行读取。如果想从文件中直接读取字符,便可以使用字符输入流 FileReader,通过它可以从关联的文件中读取一个或一组字符。

下面通过一个案例演示如何使用 FileReader 读取文件中的字符。首先在 chapter10 项目的根目录下新建文本文件 reader.txt 并在其中输入字符"itcast",然后在 src 目录中创建名称为 Example14 的类,在该类中创建字符输入流 FileReader 对象以读取 reader.txt 文件中的内容,如文件 10-14 所示。

文件 10-14 Example14.java

```
1  import java.io.*;
2  public class Example14 {
3      public static void main(String[] args) throws Exception {
4          //创建一个 FileReader 对象,用来读取文件中的字符
5          FileReader reader = new FileReader("reader.txt");
6          int ch;                                   //定义一个变量用于记录读取的字符
7          while ((ch = reader.read()) != -1) {      //循环判断是否读到文件末尾
8              System.out.print ((char) ch);         //不是文件末尾就打印字符
9          }
10         reader.close();                           //关闭字符输入流,释放资源
11     }
12 }
```

文件 10-14 实现了读取文件中的字符的功能。第 5 行代码创建一个 FileReader 对象与文件关联,第 7~9 行代码通过 while 循环每次从文件中读取一个字符并打印,这样便实现了 FileReader 读取文件中的字符的操作。

文件 10-14 的运行结果如图 10-21 所示。

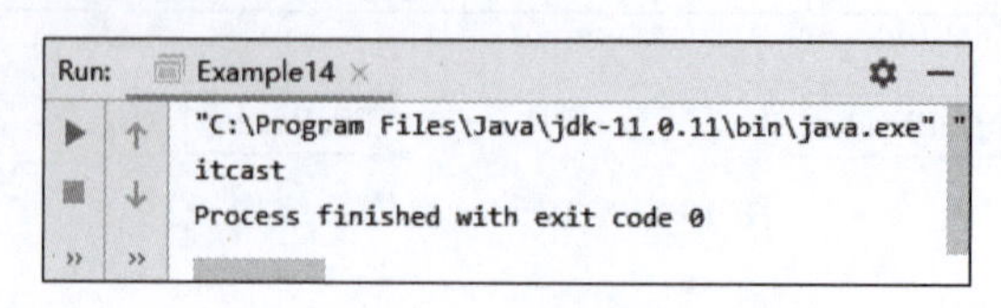

图 10-21 文件 10-14 的运行结果

FileReader 对象的 read()方法返回的是 int 类型的值。如果想获得字符,就必须进行强

制类型转换，如文件10-14中第8行代码所示。

10.3.3 字符流写文件

在10.3.2节中讲解了字符流对文本文件内容的读取。本节讲解通过字符流向文本文件中写入内容，此时需要使用FileWriter类，该类可以一次向文件中写入一个或一组字符。

下面通过一个案例演示如何使用FileWriter将字符写入文件。首先在chapter10项目的src目录下创建Example15类，在该类中使用FileWriter将字符写入writer.txt文件中，具体实现代码如文件10-15所示。

文件10-15 Example15.java

```
1  import java.io.*;
2  public class Example15 {
3      public static void main(String[] args) throws Exception {
4          //创建一个 FileWriter 对象,用于向文件中写入数据
5          FileWriter writer = new FileWriter("writer.txt");
6          String str = "你好,传智教育";
7          writer.write(str);                          //将字符数据写入文本文件中
8          writer.write("\r\n");                       //输出换行
9          writer.close();                             //关闭字符输出流,释放资源
10     }
11 }
```

文件10-15运行结束后，程序会在当前目录下生成名称为writer.txt的文件，该文件的内容如图10-22所示。

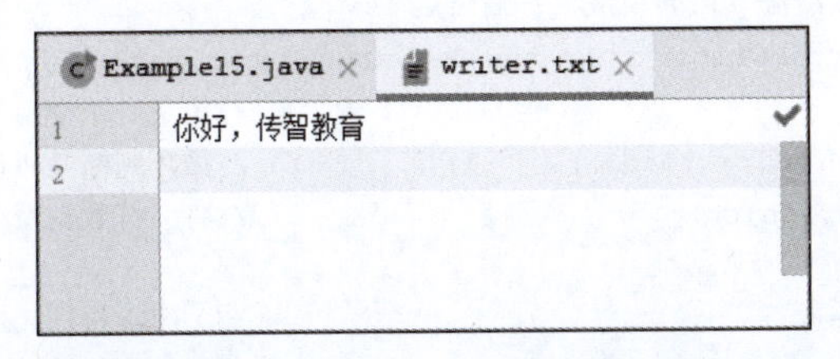

图10-22 writer.txt文件的内容

FileWriter同FileOutputStream一样，如果指定的文件不存在，就会先创建文件，再写入数据；如果文件存在，则原文件内容会被覆盖。如果想在文件末尾追加数据，同样需要调用重载的构造方法，将文件10-15中的第5行代码修改为

```
FileWriter writer = new FileWriter("writer.txt",true);
```

再次运行程序，即可实现在文件中追加内容的功能。

10.4 转换流

前面提到I/O流分为字节流和字符流，字节流和字符流之间可以进行转换。JDK提供了两个类用于将字节流转换为字符流，分别是InputStreamReader和OutputStreamWriter。

InputStreamReader 和 OutputStreamWriter 也称为转换流,其作用如下:

(1) InputStreamReader 是 Reader 的子类,它可以将一个字节输入流转换成字符输入流,方便直接读取字符。

(2) OutputStreamWriter 是 Writer 的子类,它可以将一个字节输出流转换成字符输出流,方便直接写入字符。

通过 InputStreamReader 和 OutputStreamWriter 将字节流转换为字符流,可以提高文件的读写效率。下面通过一个案例演示如何将字节流转为字符流。首先,在 chapter10 项目的根目录下新建文本文件 src.txt,并在文件中输入"hello itcast"。其次,在 src 文件夹中创建一个名称为 Example16 的类。在 Example16 类中创建字节输入流 FileInputStream 对象读取 src.txt 文件中的内容,并将字节输入流转换成字符输入流。再次,创建一个字节输出流对象,并指定目标文件为 des.txt。最后,将字节输出流转换成字符输出流将字符输出到文件中。具体代码如文件 10-16 所示。

文件 10-16 Example16.java

```
1  import java.io.*;
2  public class Example16 {
3      public static void main(String[] args) throws Exception {
4          //创建字节输入流 in,并指定源文件为 src.txt
5          FileInputStream in = new FileInputStream("src.txt");
6          //将字节输入流 in 转换成字符输入流 isr
7          InputStreamReader isr = new InputStreamReader(in);
8          //创建字节输出流 out,并指定目标文件为 des.txt
9          FileOutputStream out = new FileOutputStream("des.txt");
10         //将字节输出流 out 转换成字符输出流 osw
11         OutputStreamWriter osw = new OutputStreamWriter(out);
12         int ch;                                  //定义一个变量用于记录读取的字符
13         while ((ch = isr.read()) != -1) {        //循环判断是否读到文件末尾
14             osw.write(ch);                       //将字符数据写入 des.txt 文件中
15         }
16         isr.close();                             //关闭字符输入流,释放资源
17         osw.close();                             //关闭字符输出流,释放资源
18     }
19 }
```

在文件 10-16 中,第 5 行代码创建了字节输入流对象 in,并指定源文件为 src.txt。第 7 行代码将字节输入流对象 in 转换为字符输入流对象 isr。第 9 行代码创建了字节输出流对象 out,并指定目标文件为 des.txt。第 11 行代码将字节输出流对象 out 转换为字符输出流对象 osw。第 13～15 行代码通过 while 循环将 src.txt 文件中的字符写入 des.txt 文件中。

文件 10-16 运行结束后,src.txt 文件和 des.txt 文件内容分别如图 10-23 和图 10-24 所示。

由图 10-23 和图 10-24 可知,文件 10-16 实现了字节流和字符流之间的转换,并通过转换后的字符流完成了 src.txt 文件和 des.txt 文件的数据读写。

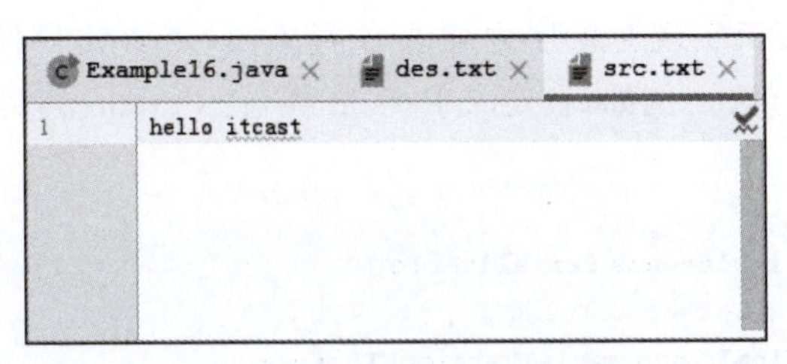

图 10-23 src.txt 文件内容

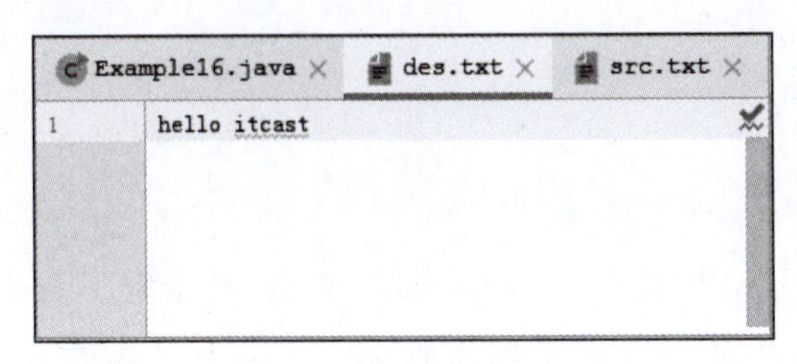

图 10-24 des.txt 文件内容

10.5 序列化和反序列化

程序在运行过程中，数据都保存在 Java 对象（内存）中，但很多情况下还需要将一些数据永久保存到磁盘上。为此，Java 提供了对象序列化机制，可以将对象中的数据保存到磁盘。

对象序列化（serialize）是指将一个 Java 对象转换成一个 I/O 流的字节序列的过程。对象序列化机制可以使内存中的 Java 对象转换成与平台无关的二进制流，通过编写程序，既可以将这种二进制流持久地保存在磁盘上，又可以通过网络将其传输到另一个网络节点。其他程序在获得了二进制流后，还可以将二进制流恢复成原来的 Java 对象，这种将 I/O 流中的字节序列恢复为 Java 对象的过程称为反序列化（deserialize）。

如果想让某个对象支持序列化机制，那么这个对象所属的类必须是可序列化的。在 Java 中，可序列化的类必须实现 Serializable 或 Externalizable 两个接口之一。Serializable 接口和 Externalizable 接口实现序列化机制的主要区别如表 10-7 所示。

表 10-7 Serializable 接口和 Externalizable 接口实现序列化机制的主要区别

Serializable 接口	Externalizable 接口
系统自动存储必要的信息	由程序员决定存储的信息
Java 内部支持，易于实现，只需实现该接口即可，不需要其他代码支持	该接口中只提供了两个抽象方法，实现该接口时必须实现这两个抽象方法
性能较差	性能较好

与实现 Serializable 接口相比，虽然实现 Externalizable 接口可以带来性能上的一定提升，但由于后者需要实现两个抽象方法，所以将导致编程的复杂度提高。在实际开发时，大部分情况下使用 Serializable 接口的方式实现对象序列化。

使用Serializable接口实现对象序列化非常简单,只需要让目标类实现Serializable接口即可,无须实现任何方法。例如,自定义Person类,让Person类实现Serializable接口,代码如下所示。

```
public class Person implements Serializable{
    //为该类指定 serialVersionUID 变量值
    private static final long serialVersionUID = 1L;
    //声明变量
    private int id;
    private String name;
    private int age;
    ...                                        //此处省略各属性的 getter 和 setter 方法
}
```

在上述代码中,Person类实现了Serializable接口,并指定了serialVersionUID变量值,该属性的值的作用是标识Java类的序列化版本。如果不显式定义serialVersionUID变量值,那么serialVersionUID属性的值将由Java虚拟机根据类的相关信息计算得出。

小提示:serialVersionUID

serialVersionUID适用于Java的对象序列化机制。简单来说,Java的对象序列化机制是通过判断类的serialVersionUID来验证版本一致性的。在进行反序列化时,Java虚拟机会把字节流中的serialVersionUID与本地相应实体类的serialVersionUID进行比较。如果相同,就认为是一致的,可以进行反序列化;否则就会抛出序列化版本不一致的异常。因此,为了在反序列化时确保序列化版本的兼容性,最好在每一个要序列化的类中加入private static final long serialVersionUID的变量值,具体数值可自定义,默认是1L。如果不显式指定serialVersionUID的值,系统可以根据类名、接口名、成员方法及属性等生成一个64位的哈希值,将这个哈希值作为serialVersionUID的值。定义了serialVersionUID的值,如果serialVersionUID所属类的某个对象被序列化,即使该对象对应的类被修改了,该对象也依然可以被正确地反序列化。

10.6 本章小结

本章主要介绍了I/O流的相关知识。本章主要内容如下:File类,包括创建File对象、File类的常用方法、遍历目录下的文件和删除文件及目录;字节流,包括字节流的概念、字节流读文件、字节流写文件和文件的复制;字符流,包括字符流的定义及基本用法、字符流读文件和字符流写文件;转换流的使用;序列化和反序列化。通过本章的学习,读者应该了解I/O流,并熟练掌握I/O流的相关知识。

10.7 本章习题

一、填空题

1. Java中的I/O流按照传输数据的不同可分为________和________。

2. java.io 包中可以用于从文件中直接读取字符的类是________。

3. I/O 系统提供了两个带缓冲的字节流，分别是________和________。

4. 在 JDK 中提供了两个可以将字节流转换为字符流的类，分别是________和________。

5. java.io.FileOutputStream 是________的子类，它是操作文件的字节输出流。

二、判断题

1. 转换流实现了字节流和字符流的互相转换。 ( )

2. 字节流只能用来读写二进制文件。 ( )

3. JDK 提供了两个抽象类——InputStream 和 OutputStream，它们是字节流的顶级父类，所有的字节输入流都继承自 OutputStream，所有的字节输出流都继承自 InputStream。 ( )

4. FileOutputStream 是操作文件的字节输出流，专门用于把数据写入文件。 ( )

5. 使用字节流缓冲区读取数据比逐字节读取数据的操作效率更低。 ( )

三、选择题

1. 下面关于字节流缓冲区的说法中错误的是( )。

A. 使用字节流缓冲区读写文件是逐字节读写

B. 使用字节流缓冲区读写文件时，可以一次读取多个字节的数据

C. 使用字节流缓冲区读写文件，可以大大提高文件的读写操作效率

D. 字节流缓冲区就是一块内存，用于暂时存放输入输出的数据

2. 阅读下列代码：

```
import java.io.*;
public class Example {
    public static void main(String[] args) throws Exception {
        FileInputStream in = new FileInputStream("itcast.txt");
        int b = 0;
        while (true) {
            b = in.________;
            if (b == -1) {
                break;
            }
            System.out.println(b);
        }
        in.close()
    }
}
```

应将下列选项中的( )填写在代码中的横线处。

A. read()　　B. close()

C. skip()　　D. available()

3. FileWriter 类中的 read()方法读取到流末尾的返回值是( )。

A. 0　　B. −1　　C. 1　　D. 无返回值

4. 在程序开发中,经常需要对文本文件的内容进行读取。如果想从文件中直接读取字符,可以使用字符输入流(　　)。

A. Reader　　B. Writer　　C. FileReader　　D. FileWriter

5. File类提供了一系列方法,用于操作其内部封装的路径指向的文件或者目录。当File对象对应的文件不存在时,使用(　　)方法将新建的File对象指向新文件。

A. String getAbsolutePath()　　B. boolean canRead()

C. boolean createNewFile()　　D. boolean exists()

四、简答题

1. 简述字符流与字节流的区别。

2. 简述InputStreamReader类与OutputStreamWriter类的作用。

五、编程题

编写一个程序,分别使用字节流和字符流复制一个文本文件。要求如下:

(1) 使用FileInputStream、FileOutputStreaem和FileReader、FileWriter分别进行复制。

(2) 使用字节流复制时,定义一个长度为1024的字节数组作为缓冲区,使用字符流复制。

第 11 章 JDBC

学习目标

- 了解什么是 JDBC，能够说出 JDBC 的概念和特点。
- 了解 JDBC 的常用 API，能够说出 JDBC 常用 API 的作用及其常用方法。
- 掌握 JDBC 入门程序的编写，能够独立编写 JDBC 程序操作数据库中的数据。

在软件开发过程中，经常要使用数据库存储和管理数据。为了在 Java 中提供对数据库访问的支持，Sun 公司于 1996 年提供了一套访问数据库的标准 Java 类库，即 JDBC。本章主要对什么是 JDBC、JDBC 的常用 API、JDBC 入门程序等知识进行详细讲解。

11.1 什么是 JDBC

11.1.1 JDBC 概述

JDBC 的全称是 Java 数据库连接（Java Database Connectivity），它是一套用于执行 SQL 语句的 Java API。应用程序可通过这套 Java API 连接到关系数据库，并使用 SQL 语句完成对数据库中数据的查询、新增、更新和删除等操作。不同的数据库（如 MySQL、Oracle 等）处理数据的方式是不同的，如果直接使用数据库厂商提供的访问接口操作数据库，应用程序的可移植性就会变得很差。例如，用户在当前程序中使用的是 MySQL 提供的接口操作数据库，如果换成 Oracle 数据库，则需要重新使用 Oracle 数据库提供的接口，这样代码的改动量会非常大。如果使用 JDBC，上述问题就不复存在了，因为 JDBC 要求各个数据库厂商按照统一的规范提供数据库驱动程序，在程序中由 JDBC 和具体的数据库驱动程序联系，用户不必直接与底层的数据库交互，使得代码的通用性更强。应用程序使用 JDBC 访问数据库的方式如图 11-1 所示。

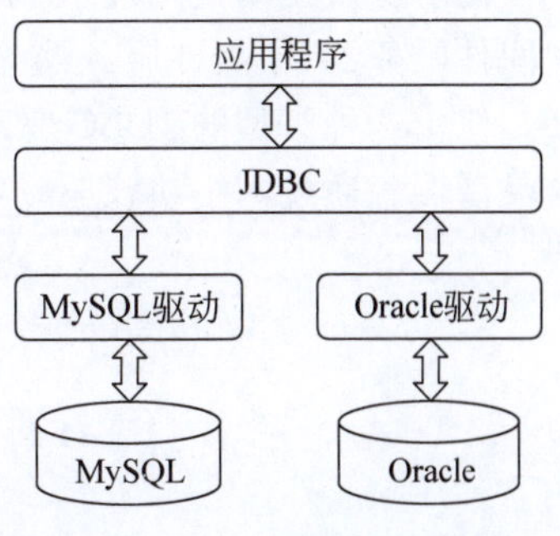

图 11-1 应用程序使用 JDBC 访问数据库的方式

由图 11-1 可知，不同的数据库需要使用不同的 JDBC 驱动程序进行连接。例如，访问 MySQL 数据库需要使用 MySQL 驱动程序，访问 Oracle 数据库需要使用 Oracle 驱动程序。而 JDBC 在应用程序与数据库之间起到了桥梁的作用。应用程序与数据库连接成功后即可对数据库进行相应的操作。

11.1.2 JDBC驱动程序

JDBC本身提供的是一套数据库操作标准,而JDBC中提供的这些标准又需要由各个数据库厂商实现,每一个数据库厂商都会为其数据库产品提供一个JDBC驱动程序。目前比较常见的JDBC驱动程序可以分为以下4类。

1. JDBC-ODBC桥驱动程序

JDBC-ODBC桥驱动程序由Sun公司开发,是JDK提供的数据库操作标准API,这种类型的驱动程序实际是把所有JDBC的调用传递给ODBC(Open Database Connectivity,开放数据库连接),再由ODBC调用本地数据库驱动程序代码,操作数据库中的数据。通过JDBC-ODBC桥驱动程序操作数据库的方式如图11-2所示。

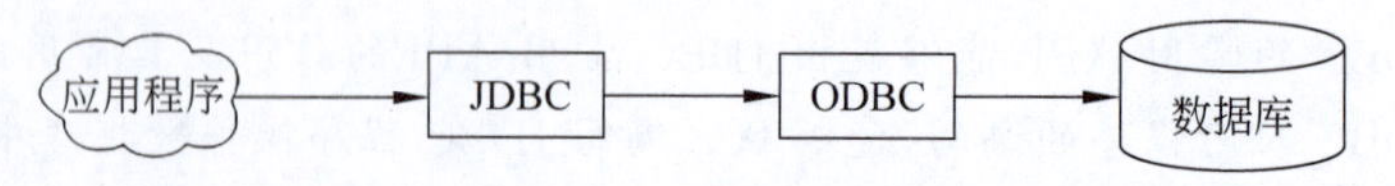

图11-2 通过JDBC-ODBC桥驱动程序操作数据库的方式

由于JDBC-ODBC桥驱动程序经过几次中间调用,所以执行效率比较低。

2. 本地API驱动程序

本地API驱动程序直接将JDBC API映射成数据库特定的客户端API。这种驱动程序包含特定数据库的本地API,通过它可以访问数据库的客户端。通过本地API驱动程序操作数据库的方式如图11-3所示。

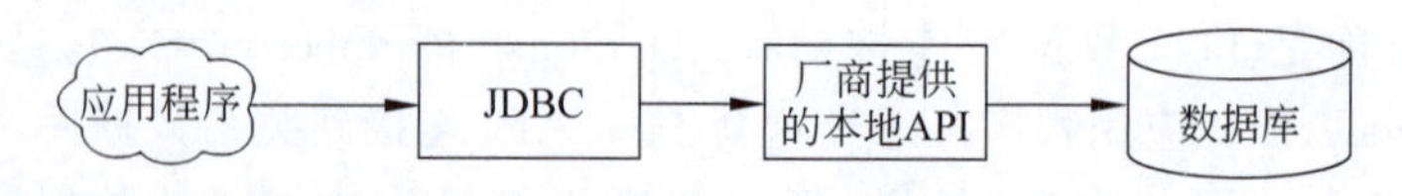

图11-3 通过本地API驱动程序操作数据库的方式

通过本地API驱动程序访问数据库减少了ODBC的调用环节,提高了数据库访问的效率。

3. 网络协议驱动程序

网络协议驱动是用纯Java语言编写的。JDBC把对数据库的访问请求传递给网络上的中间件服务器;中间件服务器先把请求转换为数据库通信协议请求,然后再与数据库进行交互。使用这种类型的JDBC驱动程序的Java应用程序可以与服务器端完全分离,具有很大的灵活性。通过网络协议驱动程序操作数据库的方式如图11-4所示。

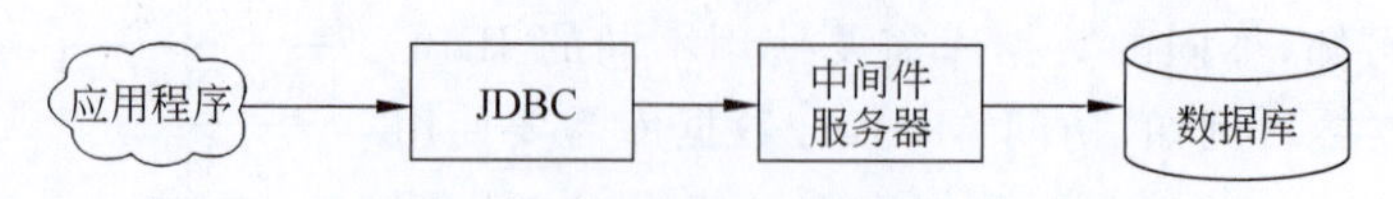

图11-4 通过网络协议驱动程序操作数据库的方式

4. 本地协议驱动程序

本地协议驱动程序是用使用纯Java语言编写的。本地协议驱动程序通常是由数据库厂商直接提供的 JAR 包。本地协议驱动程序直接将 JDBC 调用转换为数据库特定的网络通信协议,然后与数据库进行交互。通过本地协议驱动程序操作数据库的方式如图 11-5 所示。

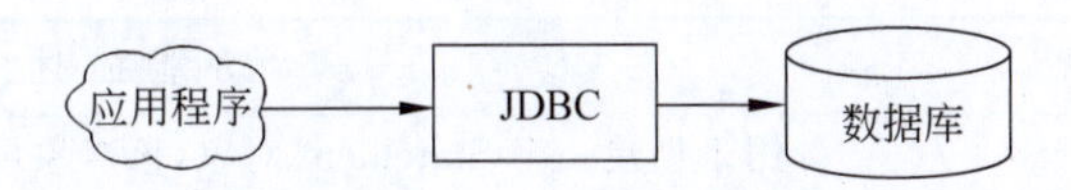

图 11-5　通过本地协议驱动程序操作数据库的方式

在上述 4 种类型中,JDBC-ODBC 桥驱动程序由于执行效率不高,更适合作为开发应用时的一种过渡方案;如果是在内联网(Intranet)中的应用,可以考虑本地 API 驱动程序;如果是基于互联网(Internet)并且需要同时连接多个不同种类的数据库、并发连接要求高的应用,可以考虑网络协议驱动程序;如果是基于互联网(Internet)但连接单一数据库的应用,可以考虑本地协议驱动程序。本章将基于驱动程序类型对 JDBC 进行讲解。

11.2　JDBC 的常用 API

思政阅读

JDBC 的核心功能就是为开发人员提供操作数据库的 Java API 类库,开发人员可以利用这些类库开发数据库应用程序,如创建数据库连接、执行 SQL 语句、检索结果集、访问数据库元数据等。JDBC 的 API 主要位于 java.sql 包中,该包定义了一系列访问数据库的接口和类。本节将针对 java.sql 包内常用的接口和类进行详细讲解。

1. Driver 接口

Driver 接口是所有 JDBC 驱动程序必须实现的接口,该接口专门提供给数据库厂商使用。需要注意的是,在编写 Java 应用程序时,必须把使用的数据库驱动程序(这里指 MySQL 驱动程序的 JAR 包)或类库加载到项目的 classpath 中。

2. DriverManager 类

使用 JDBC 连接数据库,需要用到 DriverManager 类,它用于加载 JDBC 驱动程序并且创建 Java 应用程序与数据库的连接。在 DriverManager 类中,定义了两个重要的静态方法,如表 11-1 所示。

表 11-1　DriverManager 类中两个重要的静态方法

方法名称	功能描述
registerDriver(Driver driver)	该方法用于向 DriverManager 类注册给定的 JDBC 驱动程序
getConnection(String url, String user,String password)	该方法用于建立和数据库的连接,并返回表示连接的 Connection 对象

3. Connection 接口

DriverManager 类的 getConnection()方法返回一个 Connection 对象,它是表示数据库连接的对象,只有获得该对象,才能访问并操作数据库。一个应用程序可与单个数据库建立一个或多个连接,也可以与多个数据库建立连接。Connection 接口的常用方法如表 11-2 所示。

表 11-2 Connection 接口的常用方法

方法声明	功能描述
createStatement()	用于创建一个 Statement 对象,该对象可以将 SQL 语句发送到数据库
prepareStatement(String sql)	用于创建一个 PreparedStatement 对象,该对象可以将参数化的动态 SQL 语句发送到数据库
prepareCall(String sql)	用于创建一个 CallableStatement 对象以调用数据库的存储过程
isReadOnly()	用于查看当前 Connection 对象的读写模式是否为只读模式
setReadOnly()	用于设置当前 Connection 对象的读写模式,默认为非只读模式
commit()	使所有上一次提交/回滚后进行的更改成为持久更改,并释放当前 Connection 对象持有的所有数据库锁
setAutoCommit(boolean autoCommit)	设置是否关闭自动提交模式
roolback()	用于取消在当前事务中进行的所有更改,并释放当前 Connection 对象持有的所有数据库锁
close()	用于立即释放当前 Connection 对象的数据库和 JDBC 资源,而不是等它们被自动释放
isClose()	用于判断当前 Connection 对象是否已被自动关闭

4. Statement 接口

Statement 接口用于执行静态的 SQL 语句,并返回一个结果对象。Statement 接口对象可以通过 Connection 实例的 createStatement()方法获得,该对象会把静态的 SQL 语句发送到数据库中编译执行,然后返回数据库的处理结果。Statement 接口提供了 3 个执行 SQL 语句的常用方法,如表 11-3 所示。

表 11-3 Statement 接口执行 SQL 语句的常用方法

方法声明	功能描述
execute(String sql)	用于执行各种 SQL 语句。该方法返回一个 boolean 类型的值,如果返回值为 true,表示执行的 SQL 语句有查询结果,可以通过 Statement 接口的 getResultSet()方法获得查询结果
executeUpdate(String sql)	用于执行 SQL 中的 insert、update 和 delete 语句。该方法返回一个 int 类型的值,表示数据库中受该 SQL 语句影响的记录条数
executeQuery(String sql)	用于执行 SQL 中的 select 语句。该方法返回一个表示查询结果的 ResultSet 对象

5. PreparedStatement 接口

Statement 接口封装了 JDBC 执行 SQL 语句的方法,可以完成 Java 程序执行 SQL 语句的操作。然而在实际开发过程中往往需要将程序中的变量作为 SQL 语句的查询条件,而使用 Statement 接口操作这些 SQL 语句过于烦琐,并且存在安全方面的问题。针对这一问题，JDBC API 提供了扩展的 PreparedStatement 接口。

PreparedStatement 是 Statement 的子接口，用于执行预编译的 SQL 语句。PreparedStatement 接口扩展了带参数的 SQL 语句的执行操作，该接口中的 SQL 语句可以使用占位符"?"代替参数，然后通过 setter 方法为 SQL 语句的参数赋值。

PreparedStatement 接口的常用方法如表 11-4 所示。

表 11-4　PreparedStatement 接口的常用方法

方法声明	功能描述
executeUpdate()	在 PreparedStatement 对象中执行 SQL 语句。SQL 语句必须是一个 DML 语句或者是无返回内容的 SQL 语句（如 DDL 语句）
executeQuery()	在 PreparedStatement 对象中执行 SQL 查询。该方法返回的是 ResultSet 对象
setInt(int Index, int x)	将指定位置的参数设置为指定的 int 类型的值
setFloat(int index,float f)	将指定位置的参数设置为 float 类型的值
setLong(int index,long l)	将指定位置的参数设置为 long 类型的值
setDouble(int index,double d)	将指定位置的参数设置为 double 类型的值
setBoolean(int index,boolean b)	将指定位置的参数设置为 boolean 类型的值
void setString(int Index,String x)	将指定位置的参数设置为指定的 String 类型的值

在表 11-4 中，DML（数据操纵语言）语句指的是操作数据库、表、列等的语句，使用的关键字为 CREATE、ALTER、DROP。DDL（数据定义语言）语句指的是对表中的数据进行增、删、改操作的语句，使用的关键字为 INSERT、UPDATE、DELETE。

在为 SQL 语句中的参数赋值时，可以通过输入参数与 SQL 类型相匹配的 setXxx()方法赋值。例如，字段的数据类型为 int 或 Integer，那么可以使用 setInt()方法或 setObject()方法设置输入参数，具体示例如下：

```
String sql = "INSERT INTO users(id,name,email) VALUES(?,?,?)";
PreparedStatement  preStmt = conn.prepareStatement(sql);
preStmt.setInt(1, 1);                          //使用参数与 SQL 类型相匹配的方法
preStmt.setString(2, "zhangsan");              //使用参数与 SQL 类型相匹配的方法
preStmt.setObject(3, "zs@sina.com");           //使用 setObject()方法设置参数
preStmt.executeUpdate();
```

6. ResultSet 接口

ResultSet 接口用于保存 JDBC 执行查询时返回的结果集，该结果集封装在一个逻辑表格中。在 ResultSet 接口内部有一个指向表格数据行的游标（或指针），ResultSet 对象初始化时游标在表格的第一行之前，调用 next()方法可以将游标移动到下一行。如果下一行没有数据，则 next()方法返回 false。在应用程序中经常使用 next()方法作为 while 循环的条件来迭代结果集。

ResultSet 接口的常用方法如表 11-5 所示。

表 11-5 ResultSet 接口的常用方法

方法声明	功能描述
getString(int columnIndex)	用于获取指定字段的 String 类型的值,参数 columnIndex 代表字段的索引
getString(String columnName)	用于获取指定字段的 String 类型的值,参数 columnName 代表字段的名称
getInt(int columnIndex)	用于获取指定字段的 int 类型的值
getInt(String columnName)	用于获取指定字段的 int 类型的值
absolute(int row)	将游标移动到结果集的第 row 条记录
relative(int row)	按相对行数(正或负)移动游标
previous()	将游标从结果集的当前位置移动到上一行
next()	将游标从结果集的当前位置移动到下一行
beforeFirst()	将游标移动到结果集的开头(第一行之前)
isBeforeFirst()	判断游标是否位于结果集的开头(第一行之前)
afterLast()	将游标指针移动到结果集的末尾(最后一行之后)
isAfterLast()	判断游标是否位于结果集的末尾(最后一行之后)
first()	将游标移动到结果集的第一行
isFirst()	判断游标是否位于结果集的第一行
last()	将游标移动到结果集的最后一行
getRow()	返回当前记录的行号
getStatement()	返回生成结果集的 Statement 对象
close()	释放当前结果集的数据库和 JDBC 资源

从表 11-5 可以看出,ResultSet 接口中定义了一些 getter 方法,而采用哪种 getter 方法获取数据取决于字段的数据类型。程序既可以通过字段的名称获取指定数据,也可以通过字段的索引获取指定的数据,字段的索引是从 1 开始编号的。例如,数据表的第 1 列字段名为 id,字段类型为 int,那么既可以使用 getInt(1)获取该列的值,也可以使用 getInt("id")获取该列的值。

11.3 JDBC 编程

通过前面两节的学习,读者对 JDBC 及常用 API 已经有了大致的了解。本节将讲解如何使用 JDBC 的常用 API 实现一个 JDBC 程序。

11.3.1 JDBC 编程步骤

通常情况下,使用 JDBC API 实现 JDBC 程序时,首先需要加载并注册数据库驱动程序,其次使用 DriverManager 类调用 getConnection()方法获取表示数据连接的 Connection 对象,最后通过 Connection 对象调用相应方法获取 Statement 对象,通过 Statement 对象执行 SQL 语句。执行 SQL 语句之后,如果数据库有返回结果,则将结果封装为 ResultSet 对象返回。

使用 JDBC API 实现 JDBC 程序的步骤如图 11-6 所示。

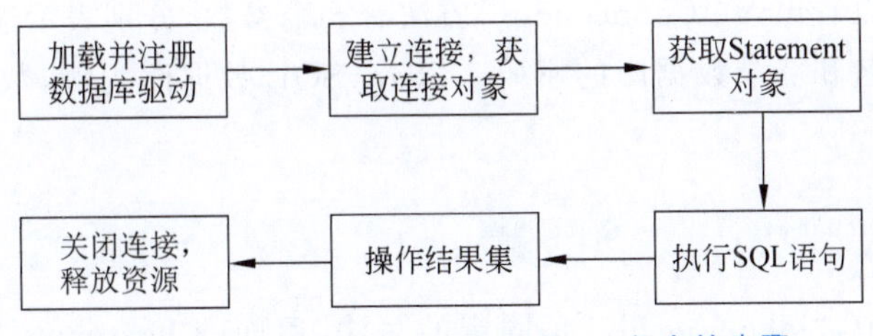

图 11-6 使用 JDBC API 实现 JDBC 程序的步骤

下面结合图 11-6，分步骤讲解 JDBC 程序的编写。

1. 加载并注册数据库驱动程序

在连接数据库之前，要加载数据库的驱动程序到 Java 虚拟机。加载数据库驱动程序操作可以通过 java.lang.Class 类的静态方法 forName(String className)或 DriverManager 类的静态方法 registerDriver(Driver driver)实现，具体示例如下：

```
DriverManager.registerDriver(Driver driver);
```

或

```
Class.forName("DriverName");
```

调用 registDriver()方法时，实际上创建了两个 Driver 对象，对于只需加载驱动程序类来讲有些浪费资源；使用 forName()方法，驱动程序类的名称是以字符串的形式填写的，使用时可以把该驱动程序类的名称放到配置文件中，如果需要切换驱动程序类会非常方便。所以在实际开发中，常调用 forName()方法注册数据库驱动程序。

forName()方法中的参数 DriverName 表示数据库的驱动程序类。以 MySQL 数据库为例，MySQL 驱动程序类在 MySQL 6.0.2 版本之前是 com.mysql.jdbc.Driver，加载示例代码如下：

```
forName("com.mysql.jdbc.Driver");
```

而在 MySQL 6.0.2 版本之后，MySQL 驱动程序类是 com.mysql.cj.jdbc.Driver，加载示例代码如下：

```
forName("com.mysql.cj.jdbc.Driver");
```

在实际加载时，用户需要根据数据库版本选择对应的驱动程序类。

2. 通过 DriverManager 类获取数据库连接

DriverManager 类的 getConnection()方法用于获取 JDBC 驱动程序到数据库的连接，通过 DriverManager 类获取数据库连接的具体方式如下：

```
Connection conn = DriverManager.getConnection(String url, String user, String pwd);
```

从上述代码可以看出,getConnection()方法有 3 个参数,分别表示连接数据库的 URL、登录数据库的用户名和登录数据库的密码。以 MySQL 数据库为例,数据库地址的书写格式如下:

```
jdbc:mysql://hostname:port/databasename
```

在上面的代码中,“jdbc:mysql:”是固定的写法,后面的 hostname 指的是主机的名称(如果数据库在本机中,hostname 可以为 localhost 或 127.0.0.1;如果要连接的数据库在其他计算机中,hostname 可以是连接计算机的 IP 地址),port 指的是连接数据库的端口号(MySQL 端口号默认为 3306),databasename 指的是 MySQL 中相应数据库的名称。

3. 通过 Connection 对象获取 Statement 对象

获取 Connection 对象之后,还必须创建 Statement 对象,将各种 SQL 语句发送到连接的数据库中执行。如果把 Connection 对象看作一条连接程序和数据库的索道,那么 Statement 对象就可以看作索道上的一辆缆车,它为数据库传输 SQL 语句,并返回执行结果。

Connection 创建 Statement 对象的方法有以下 3 个:

(1) createStatement():创建基本的 Statement 对象。

(2) prepareStatement():根据传递的 SQL 语句创建 PreparedStatement 对象。

(3) prepareCall():根据传入的 SQL 语句创建 CallableStatement 对象。

以创建基本的 Statement 对象为例,创建方式如下:

```
Statement stmt = conn.createStatement();
```

4. 使用 Statement 执行 SQL 语句

创建了 Statement 对象后,就可以通过该对象执行 SQL 语句。如果 SQL 语句运行后产生了结果集,Statement 对象会将结果集封装成 ResultSet 对象并返回。

Statement 有以下 3 个执行 SQL 语句的方法:

- execute():可以执行任何 SQL 语句。
- executeQuery():通常执行查询语句,执行后返回代表结果集的 ResultSet 对象。
- executeUpdate():主要用于执行 DML 语句和 DDL 语句。执行 DML 语句(如 INSERT、UPDATE 或 DELETE)返回受 SQL 语句影响的行数;执行 DDL 语句返回 0。

以 executeQuery()方法为例,调用形式如下:

```
//创建 SQL 语句
String sql = "SELECT name from users where id = 1;"
//执行 SQL 语句,获取结果集
ResultSet rs = stmt.executeQuery(sql);
```

需要注意的是,在调用 executeQuery()方法和 executeUpdate()方法时,如果作为参数的

SQL 语句有多行(多条 SQL 语句),将出现编译错误,因此在构造 SQL 语句时,如果 SQL 语句有多行,需要将多行 SQL 语句加上双引号并使用+号连接起来。例如下面的 SQL 语句:

```
String sql = "INSERT INTO users(NAME,PASSWORD,email,birthday)"
+"VALUES('zhangs','123456','zs@sina.com','1980-12-04');"
ResultSet rs = stmt.executeQuery(sql);
```

5. 操作结果集

如果执行的 SQL 语句是查询语句,执行结果将封装成一个 ResultSet 对象,该对象保存了 SQL 语句查询的结果。程序可以通过操作该 ResultSet 对象取出查询结果。

6. 关闭连接并释放资源

每次操作数据库结束后都要关闭数据库连接并释放资源,以防止系统资源浪费。资源的关闭顺序和声明顺序相反,关闭顺序依次为关闭 ResultSet 对象、关闭 Statement 对象、关闭 Connection 对象。为了保证在异常情况下也能关闭资源,通常在 try…catch 语句的 finally 代码块中统一关闭资源。

至此,JDBC 程序的大致实现步骤已经讲解完成。

11.3.2 实现第一个 JDBC 程序

11.3.1 节讲解了 JDBC 程序的大致实现步骤。下面编写一个 JDBC 程序,该程序要求从 users 表中读取数据,并将结果输出到控制台。

需要说明的是,Java 中的 JDBC 是用来连接数据库从而执行相关数据相关操作的,因此在使用 JDBC 时,一定要确保已经安装了数据库。常用的关系数据库有 MySQL 和 Oracle,本书就以连接 MySQL 数据库为例,使用 JDBC 执行相关操作。程序的具体实现步骤如下。

(1) 搭建数据库环境。

在 MySQL 中创建名称为 jdbc 的数据库,然后在 jdbc 数据库中创建 users 表,创建数据库和表的 SQL 语句如下:

```
CREATE DATABASE jdbc;
USE jdbc;
CREATE TABLE users(
    id INT PRIMARY KEY AUTO_INCREMENT,
    name VARCHAR(40),
    password VARCHAR(40),
    email VARCHAR(60),
    birthday DATE
);
```

jdbc 数据库和 users 表创建成功后,再向 users 表中插入 3 条数据,SQL 语句如下:

```
INSERT INTO users(NAME,PASSWORD,email,birthday)
            VALUES('zhangs','123456','zs@sina.com','1980-12-04'),
            ('lisi','123456','lisi@sina.com','1981-12-04'),
            ('wangwu','123456','wangwu@sina.com','1979-12-04');
```

为了查看数据是否添加成功,使用 SELECT 语句查询 users 表中的数据,执行结果如图 11-7 所示。

```
命令提示符 - mysql -uroot -proot
mysql> select * from users;
+----+--------+----------+-----------------+------------+
| id | name   | password | email           | birthday   |
+----+--------+----------+-----------------+------------+
|  1 | zhangs | 123456   | zs@sina.com     | 1980-12-04 |
|  2 | lisi   | 123456   | lisi@sina.com   | 1981-12-04 |
|  3 | wangwu | 123456   | wangwu@sina.com | 1979-12-04 |
+----+--------+----------+-----------------+------------+
3 rows in set (0.00 sec)

mysql>
```

图 11-7　users 表中的数据

(2) 创建项目环境,导入数据库驱动程序。

在 IDEA 中新建名称为 chapter11 的 Java 项目,右击项目名称,在弹出的快捷菜单中选择 New→Directory 命令,在弹出的对话框中将该目录命名为 lib,项目根目录中就会出现一个名称为 lib 的目录。

将下载好的 MySQL 数据库驱动程序文件 mysql-connector-java-8.0.15.jar 复制到项目的 lib 目录中,并把 JAR 包添加到项目里。在 IDEA 菜单栏中选择 File→Project Structure→Modules→Dependencies 命令,单击最右侧加号后选择第一项:"JARs or directories…",在弹出的对话框中选择下载好的 JAR 包并确认。最后可以看到 mysql-connector-java-8.0.15.jar 已添加到 IDEA 的依赖项中。成功添加 MySQL 的 JAR 包的界面如图 11-8 所示。

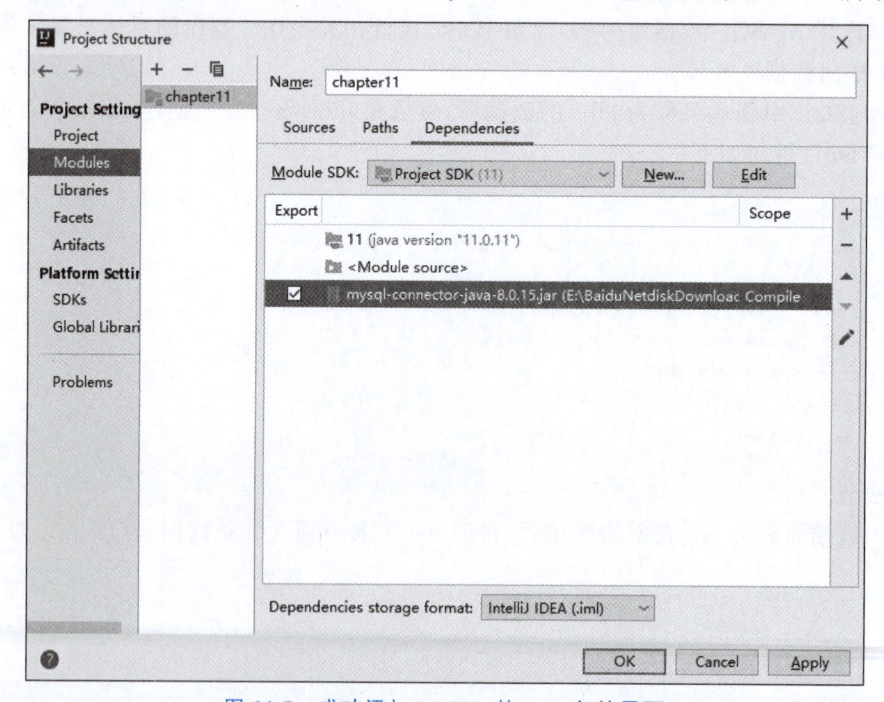

图 11-8　成功添加 MySQL 的 JAR 包的界面

将 mysql-connector-java-8.0.15.jar 添加到依赖项之后，单击 Apply 按钮，再单击 OK 按钮，可以看到在 External Libraries 下已经存在刚刚添加的 JAR 包。至此，JAR 包添加成功。加入数据库驱动程序后的项目结构如图 11-9 所示。

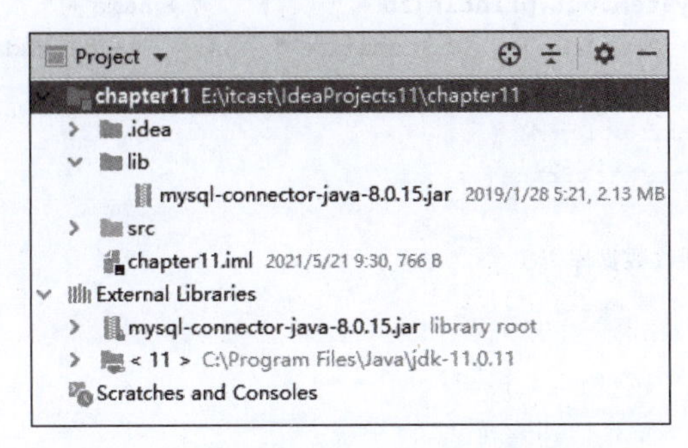

图 11-9　加入数据库驱动程序后的项目结构

（3）编写 JDBC 程序。

在项目 chapter11 的 src 目录下，新建名称为 com.itheima.jdbc.example 的包，在该包中创建 Example01 类，该类用于读取数据库中的 users 表，并将结果输出到控制台。Example01 类的实现如文件 11-1 所示。

文件 11-1　Example01.java

```
1  import java.sql.*;
2  public class Example01 {
3      public static void main(String[] args) throws Exception {
4          Statement stmt = null;
5          ResultSet rs = null;
6          Connection conn = null;
7          try {
8              //1. 注册数据库的驱动程序
9              Class.forName("com.mysql.cj.jdbc.Driver");
10             //2.通过 DriverManager 获取数据库连接
11             String url =
12             "jdbc:mysql://localhost:3306/jdbc"+
13             "? serverTimezone=GMT%2B8&useSSL=false";
14             String username = "root";          //数据库用户名
15             String password = "root";          //数据库密码
16             conn = DriverManager.getConnection(url, username, password);
17             //3.通过 Connection 对象获取 Statement 对象
18             stmt = conn.createStatement();
19             //4.使用 Statement 执行 SQL 语句
20             String sql = "select * from users";
21             rs = stmt.executeQuery(sql);
22             //5. 操作结果集
23             System.out.println("id    |    name    |    password"
24                     + "|    email        |    birthday");
25             while (rs.next()) {
26                 int id = rs.getInt("id");          //通过列名获取指定列的值
27                 String name = rs.getString("name");
```

```
28                  String psw = rs.getString("password");
29                  String email = rs.getString("email");
30                  Date birthday = rs.getDate("birthday");
31                  System.out.println(id + "    |    " + name + "    |    " + psw +
32                          "    |    " + email + "    |    " + birthday);
33              }
34          } catch (Exception e) {
35              e.printStackTrace();
36          } finally {
37              //6.回收数据库资源
38              if (rs != null) {
39                  try {
40                      rs.close();
41                  } catch (SQLException e) {
42                      e.printStackTrace();
43                  }
44                  rs = null;
45              }
46              if (stmt != null) {
47                  try {
48                      stmt.close();
49                  } catch (SQLException e) {
50                      e.printStackTrace();
51                  }
52                  stmt = null;
53              }
54              if (conn != null) {
55                  try {
56                      conn.close();
57                  } catch (SQLException e) {
58                      e.printStackTrace();
59                  }
60                  conn = null;
61              }
62          }
63      }
64  }
```

在文件11-1中,第9行代码通过Class的forName()方法注册了MySQL数据库驱动程序。第11～16行代码通过DriverManager的getConnection()方法获取数据库的连接。第18行代码通过Connection对象获取Statement对象。第20、21行代码调用Statement对象的executeQuery()方法执行SQL查询语句。第23～33行代码使用ResultSet对象操作结果集,并用while循环获取数据库的所有数据。第38～61行代码依次关闭ResultSet对象、Statement对象和Connection对象并释放资源。

文件11-1的运行结果如图11-10所示。

从图11-10可以看到,users表中的数据已输出控制台。至此,第一个JDBC程序成功实现。

在实现这个JDBC程序时,有以下3点需要注意。

```
Run:    Example01 ×
"C:\Program Files\Java\jdk-11.0.11\bin\java.exe" "-javaagent:D:
id  |   name    |  password|   email         |   birthday
1   |   zhangs  |  123456  |   zs@sina.com   |   1980-12-04
2   |   lisi    |  123456  |   lisi@sina.com    |   1981-12-04
3   |   wangwu  |  123456  |   wangwu@sina.com  |   1979-12-04

Process finished with exit code 0
```

图 11-10　文件 11-1 的运行结果

(1) 注册驱动程序。虽然使用 DriverManager.registerDriver(new com.mysql.cj.jdbc.Driver())方法也可以完成注册，但这种方式会使数据库驱动程序被注册两次。因为在 Driver 类的源码中，已经在静态代码块中完成了数据库驱动程序的注册。为了避免数据库驱动程序被重复注册，在程序中使用 Class.forName()方法加载驱动程序类即可。

(2) 释放资源。由于数据库资源非常宝贵，数据库允许的并发访问连接数量有限，因此，当数据库资源使用完毕后，一定要释放资源。为了保证资源被释放，在 Java 程序中应该将释放资源的操作放在 finally 代码块中。

(3) 获取数据库连接。在 MySQL 8.0 及以上版本中获取数据库连接时需要设置时区为北京时间(serverTimezone＝GMT%2B8)，因为安装数据库时默认为美国时间。如果不设置时区为北京时间，系统会报告 MySQL 设置时区与当前系统时区不符的错误，如图 11-11 所示。

```
Run:    Example01 ×
"C:\Program Files\Java\jdk-11.0.11\bin\java.exe" "-javaagent:D:\Program Files\IntelliJ IDEA 2019.3.3\lib\i
java.sql.SQLException: The server time zone value 'ÖÐ¹ú±ê×¼Ê±¼ä' is unrecognized or represents more than o
    at com.mysql.cj.jdbc.exceptions.SQLError.createSQLException(SQLError.java:129)
    at com.mysql.cj.jdbc.exceptions.SQLError.createSQLException(SQLError.java:97)
    at com.mysql.cj.jdbc.exceptions.SQLError.createSQLException(SQLError.java:89)
    at com.mysql.cj.jdbc.exceptions.SQLError.createSQLException(SQLError.java:63)
    at com.mysql.cj.jdbc.exceptions.SQLError.createSQLException(SQLError.java:73)
    at com.mysql.cj.jdbc.exceptions.SQLExceptionsMapping.translateException(SQLExceptionsMapping.java:76)
    at com.mysql.cj.jdbc.ConnectionImpl.createNewIO(ConnectionImpl.java:835)
    at com.mysql.cj.jdbc.ConnectionImpl.<init>(ConnectionImpl.java:455)
    at com.mysql.cj.jdbc.ConnectionImpl.getInstance(ConnectionImpl.java:240)
    at com.mysql.cj.jdbc.NonRegisteringDriver.connect(NonRegisteringDriver.java:199)
    at java.sql/java.sql.DriverManager.getConnection(DriverManager.java:677)
```

图 11-11　MySQL 设置时区与当前系统时区不符的错误

此外，MySQL 5.7 及以上版本需要指明是否进行 SSL 连接，否则会出现警告信息。警告信息具体如下所示：

```
Fri Mar 20 18:55:47 CST 2020 WARN: Establishing SSL connection without server's identity
verification is not recommended. According to MySQL 5.5.45+, 5.6.26+ and 5.7.6+
requirements SSL connection must be established by default if explicit option isn't set. For
compliance with existing applications not using SSL the verifyServerCertificate property
is set to 'false'. You need either to explicitly disable SSL by setting useSSL=false, or set
useSSL=true and provide truststore for server certificate verification.
```

遇到这种情况，只需要在 MySQL 连接字符串 url 中加入 useSSL＝true 或者 useSSL＝

false 即可,具体示例如下:

```
url=jdbc:mysql://127.0.0.1:3306/jdbc?characterEncoding=utf8&useSSL=true
```

脚下留心:MySQL 数据库编码问题

数据库和表创建成功后,如果使用命令行窗口向 tb_user 表中插入带有中文的数据,命令行窗口可能会报错,同时从 MySQL 数据库查询带有中文数据还可能会显示乱码,这是因为 MySQL 数据库默认使用的是 UTF-8 编码格式,而命令行窗口默认使用的是 GBK 编码格式,所以执行带有中文数据的插入语句时会出现解析错误。为了在命令行窗口也能正常向 MySQL 数据库插入中文数据及查询中文数据,可以在执行插入语句和查询语句前,先在命令行窗口执行以下两条命令:

```
set character_set_client=gbk;
set character_set_results=gbk;
```

执行完上述两条命令后,再次在命令行窗口执行插入和查询操作,就不会再出现乱码问题了。

11.4 本章小结

本章主要讲解了 JDBC 的基本知识,包括什么是 JDBC、JDBC 的主要类和接口、JDBC 的入门程序。通过本章的学习,读者可以了解什么是 JDBC,熟悉 JDBC 的主要类和接口,掌握如何使用 JDBC 操作数据库中的数据。

11.5 本章习题

一、填空题

1. JDBC 驱动程序管理器专门负责注册特定的 JDBC 驱动程序,主要通过________类实现。

2. 在编写 JDBC 应用程序时,必须要把指定数据库驱动程序或类库加载到________中。

3. Statement 接口的 executeUpdate(String sql)方法用于执行 SQL 中的 INSERT、________和 DELETE 语句。

4. PreparedStatement 是 Statement 的子接口,用于执行________的 SQL 语句。

5. ResultSet 接口中定义了大量的 getXxx()方法,可以使用字段的索引获取指定的数据,字段的索引是从________开始编号的。

二、判断题

1. 应用程序可以直接与不同的数据库进行连接,而不需要依赖于底层数据库驱动程序。( )

2. 在 Statement 接口中,能够执行给定的 SQL 语句并且可能返回多个结果的方法是

executeQuery()方法。 (   )

3. PreparedStatement 接口是 Statement 的子接口,用于执行预编译的 SQL 语句。 (   )

4. Connection 接口中用于创建一个 Statement 对象以调用数据库查询的方法是 createStatement()方法。 (   )

5. 能够将游标从当前位置向下移一行的方法是 last()方法。 (   )

三、选择题

1. 用于将参数化的 SQL 语句发送到数据库的方法是(   )。

A. prepareCall(String sql)　　B. prepareStatement(String sql)

C. registerDriver(Driver driver)　　D. createStatement()

2. 下面关于 ResultSet 中游标指向的描述中正确的是(   )。

A. ResultSet 对象初始化时,游标在表格的第一行

B. ResultSet 对象初始化时,游标在表格的第一行之前

C. ResultSet 对象初始化时,游标在表格的最后一行之前

D. ResultSet 对象初始化时,游标在表格的最后一行

3. 下列选项中,能够实现预编译的是(   )。

A. Statement　　B. Connection

C. PreparedStatement　　D. DriverManager

4. 创建 Statement 对象的作用是(   )。

A. 连接数据库　　B. 声明数据库

C. 执行 SQL 语句　　D. 保存查询结果

5. 下面关于 MySQL 数据库连接的 url 拼写格式中正确的是(   )。

A. jdbc:mysql://hostname:port/database

B. jdbc:mysql:@hostname:port/database

C. jdbc/mysql:@hostname:port? database

D. jdbc/mysql://hostname:port? database

6. 下列选项中有关 ResultSet 说法错误的是(   )。(多选)

A. ResultSet 是结果集对象,如果 JDBC 执行查询语句没有获得数据,那么 ResultSet 对象的值是 null

B. 判断 ResultSet 中是否存在查询结果,可以调用它的 next()方法

C. Connection 对象关闭后,ResultSet 仍然可以使用

D. ResultSet 有一个记录指针,它指向的数据行叫作当前数据行,初始状态下记录指针指向第一条记录

四、简答题

1. 简述 JDBC 编程的 6 个开发步骤。

2. 什么是预编译?

第 12 章 多 线 程

学习目标

- 了解进程与线程，能够说出进程与线程的区别。
- 掌握创建多线程的 3 种方式，能够使用 Thread 类、Runnable 接口和 Callable 接口实现多线程，并了解这 3 种创建多线程的方式的区别。
- 熟悉后台线程的使用，能够理解后台线程用于做什么。
- 了解线程的生命周期及状态转换，能够说出线程的生命周期的 6 种状态以及这 6 种状态的转换。
- 掌握操作线程的相关方法，学会正确使用线程的优先级、休眠、合并、让步和中断操作。
- 掌握多线程的同步，能够正确地使多线程同步。

多线程是提升程序性能非常重要的一种方式，也是 Java 编程中的一项重要技术。在程序设计中，多线程就是指一个应用程序中有多条并发执行的线索，每条线索都被称作一个线程，它们会交替执行，彼此可以通信。本章将针对 Java 中的多线程知识进行详细讲解。

12.1 进程与线程

12.1.1 进程

进程(process)是计算机中程序的一次运行活动，是系统进行资源分配和调度的基本单位，是操作系统结构的基础。

虽然进程在程序执行时产生，但进程并不是程序。程序是“死”的，进程是“活”的。程序是指编译好的二进制文件，它存放在磁盘上，不占用系统资源，是具体的；而进程存在于内存中，占用系统资源，是抽象的。当一次程序执行结束时，进程随之消失，进程所用的资源被系统回收。

对计算机用户而言，计算机似乎能够同时执行多个进程，如听音乐、玩游戏、语音聊天等，都能在同一台计算机上同时进行。但实际上，一个单核的 CPU 同一时刻只能处理一个进程，用户之所以认为同时会有多个进程在运行，是因为计算机系统采用了多道程序设计技术。

所谓多道程序设计，是指计算机允许多个相互独立的程序同时进入内存，在内存的管理控制之下，相互之间穿插运行。多道程序设计必须有硬件基础作为保障。

采用多道程序设计的系统，会将 CPU 的周期划分为长度相同的时间片，在每个 CPU 时间片内只处理一个进程，也就是说，在多个时间片内，系统会让多个进程分时使用 CPU。假如现在内存中只有 3 个进程——A、B、C，那么 CPU 时间片的分配情况大致如图 12-1 所示。

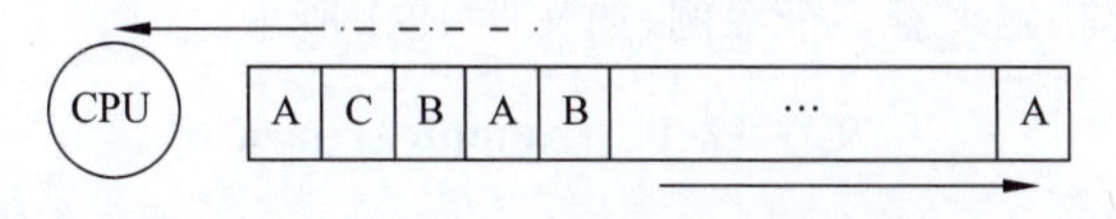

图 12-1　CPU 时间片的分配情况

虽然在同一个时间片中，CPU 只能处理一个进程，但 CPU 划分的时间片是非常微小的，且 CPU 运行速度极快(1 秒可执行约 10 亿条指令)，因此，在宏观上，可以认为计算机能并发执行多个程序、处理多个进程。

进程对 CPU 的使用权是由操作系统内核分配的，操作系统内核必须知道内存中有多少个进程，并且知道此时正在使用 CPU 的进程，这就要求内核必须能够区分进程，并可获取进程的相关属性。

12.1.2　线程

通过 12.1.1 节的介绍可以知道，每个运行的程序都是一个进程，在一个进程中还可以有多个执行单元同时运行，这些执行单元可以看作程序执行的线程(thread)。每一个进程中都至少存在一个线程。例如，当一个 Java 程序启动时，就会产生一个进程，该进程默认创建一个线程，这个线程会运行 main()方法中的代码。

在前面章节的程序中，代码都是按照调用顺序依次往下执行的，没有出现两段程序代码交替运行的效果，这样的程序称作单线程程序。如果希望程序中实现多段程序代码交替运行的效果，则需要创建多个线程，即多线程程序。所谓多线程是指一个进程在执行过程中可以产生多个线程，这些线程在运行时是相互独立的，它们可以并发执行。多线程程序的执行过程如图 12-2 所示。

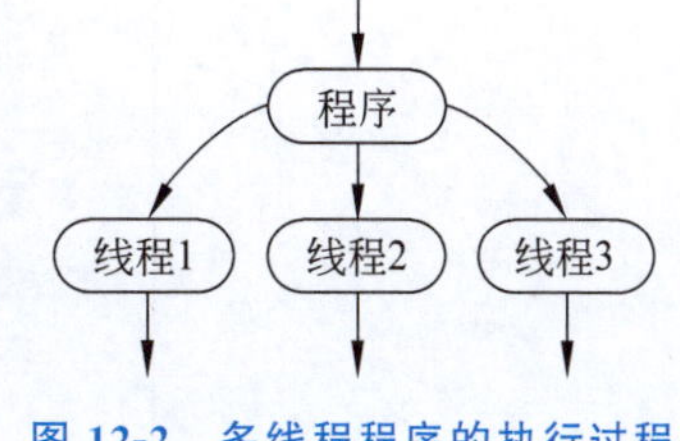

图 12-2　多线程程序的执行过程

图 12-2 中的多条线程看起来是同时执行的；其实不然，它们和进程一样，也是由 CPU 轮流执行的，只不过 CPU 运行速度很快，因此给人同时执行的感觉。

12.2　线程的创建

Java 提供了 3 种多线程的创建方式：

(1) 继承 java.lang 包中的 Thread 类，重写 Thread 类的 run()方法，在 run()方法中实现多线程代码。

(2) 实现 java.lang.Runnable 接口，在 run()方法中实现多线程代码。

(3) 实现 java.util.concurrent.Callable 接口，重写 call()方法，并使用 Future 接口获取

call()方法返回的结果。

本节将对创建多线程的 3 种方式分别进行讲解。

12.2.1　继承 Thread 类创建多线程

在学习多线程之前,先来看一个案例,如文件 12-1 所示。

文件 12-1　Example01.java

```
1  public class Example01 {
2      public static void main(String[] args) {
3          MyThread01 myThread = new MyThread01();   //创建 MyThread01 类的实例对象
4          myThread.run();                           //调用 MyThread01 类的 run()方法
5          while (true) {                            //该循环是一个死循环,输出信息
6              System.out.println("main()方法在运行");
7          }
8      }
9  }
10 class MyThread01 {
11     public void run() {
12         while (true) {                            //该循环是一个死循环,输出信息
13             System.out.println("MyThread 类的 run()方法在运行");
14         }
15     }
16 }
```

文件 12-1 的运行结果如图 12-3 所示。

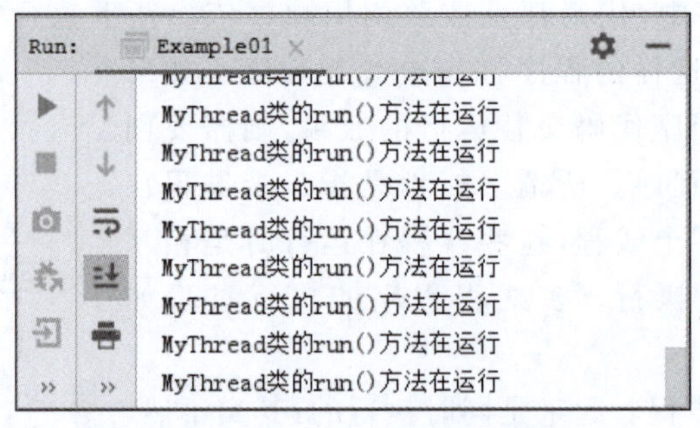

图 12-3　文件 12-1 的运行结果

从图 12-3 可以看出,程序一直打印“MyThread 类的 run()方法在运行”,这是因为该程序是一个单线程程序。在文件 12-1 的第 4 行代码调用 MyThread01 类的 run()方法时,执行第 12～14 行代码定义的死循环,因此,MyThread 类的 println 语句将一直执行,而 main()方法中的 println 语句无法得到执行。

如果希望文件 12-1 中的两个 while 循环中的 println 语句能够并发执行,就需要实现多线程。为此 Java 提供了线程类 Thread。通过继承 Thread 类,并重写 Thread 类中的 run()方法,便可实现多线程。在 Thread 类中提供了 start()方法用于启动新线程。新线程启动后,Java 虚拟机会自动调用 run()方法;如果子类重写了 run()方法,便会执行子类中的 run()方法。

下面修改文件 12-1，通过继承 Thread 类的方式实现多线程，修改后的代码如文件 12-2 所示。

文件 12-2 Example02.java

```
1  public class Example02 {
2      public static void main(String[] args) {
3          MyThread02 myThread = new MyThread02();   //创建 MyThread02 类的线程对象
4          myThread.start();                         //开启线程
5          while (true) {                            //通过死循环语句输出信息
6              System.out.println("main()方法在运行");
7          }
8      }
9  }
10 class MyThread02 extends Thread {
11     public void run() {
12         while (true) {                            //通过死循环语句输出信息
13             System.out.println("MyThread 类的 run()方法在运行");
14         }
15     }
16 }
```

文件 12-2 利用两个 while 循环模拟多线程环境。第 3、4 行代码在 main()方法中创建了 MyThread02 类的线程对象 myThread，并通过 myThread 对象调用 start()方法启动新线程。第 5～7 行代码在 main()方法中定义了一个 while 死循环，并在 while 死循环中输出"main()方法在运行"。第 10～16 行代码定义了 MyThread02 类，该类继承 Thread 类，并重写了 run()方法，在 run()方法中定义了一个 while 死循环，并在 while 死循环中输出"MyThread 类的 run()方法在运行"。

文件 12-2 的运行结果如图 12-4 所示。

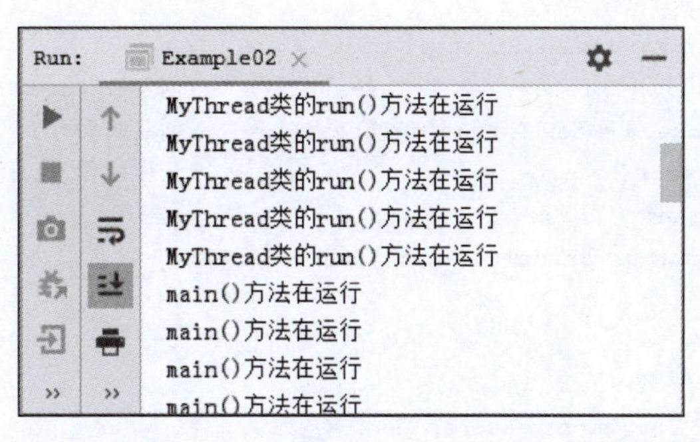

图 12-4 文件 12-2 的运行结果

由图 12-4 可知，两个循环中的语句都输出到控制台，说明文件 12-2 实现了多线程。

为了使读者更好地理解单线程程序和多线程程序的执行过程，下面通过图 12-5 分析单线程和多线程的区别。

从图 12-5 可以看出，单线程程序在运行时，会按照代码的调用顺序执行；而在多线程程序中，main()方法和 MyThread 类的 run()方法可以同时运行，互不影响。

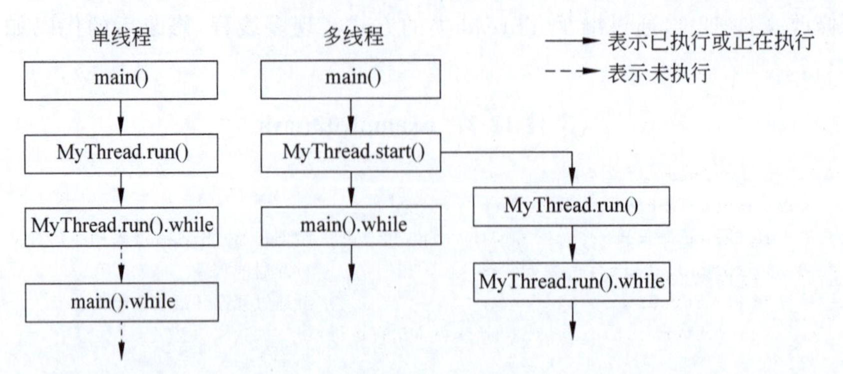

图 12-5 单线程程序和多线程程序的区别

12.2.2 实现 Runnable 接口创建多线程

文件 12-2 通过继承 Thread 类实现了多线程,但是这种方式有一定的局限性。因为 Java 只支持单继承,一个类一旦继承了某个父类,就无法再继承 Thread 类。例如,Student 类继承了 Person 类,那么 Student 类就无法再通过继承 Thread 类创建线程。

为了克服这种弊端,Thread 类提供了另一个构造方法——Thread(Runnable target),其中参数类型 Runnable 是一个接口,它只有一个 run()方法。当通过 Thread(Runnable target)构造方法创建线程对象时,只需为该方法传递一个实现了 Runnable 接口的对象,这样,创建的线程将实现 Runnable 接口中的 run()方法作为运行代码,而不需要调用 Thread 类中的 run()方法。

下面通过案例演示如何通过实现 Runnable 接口的方式创建多线程,如文件 12-3 所示。

文件 12-3 Example03.java

```
1  public class Example03 {
2      public static void main(String[] args) {
3          MyThread03 myThread = new MyThread03();   //创建 MyThread03 类的实例对象
4          Thread thread = new Thread(myThread);     //创建线程对象
5          thread.start();                           //开启线程,执行线程中的 run()方法
6          while (true) {
7              System.out.println("main()方法在运行");
8          }
9      }
10 }
11 class MyThread03 implements Runnable {
12     public void run() {              //线程的代码段,当调用 start()方法时,线程从此处开始执行
13         while (true) {
14             System.out.println("MyThread 类的 run()方法在运行");
15         }
16     }
17 }
```

在文件 12-3 中,第 11~17 行代码定义的 MyThread03 类实现了 Runnable 接口,并在第 12~16 行代码中重写了 Runnable 接口中的 run()方法。第 4 行代码通过调用 Thread

类的构造方法将 MyThread03 类的实例对象作为参数传入。第 5 行代码调用 start()方法开启新线程执行 MyThread03 类中的代码,而主线程继续执行 main()方法中的代码。

文件 12-3 的运行结果如图 12-6 所示。

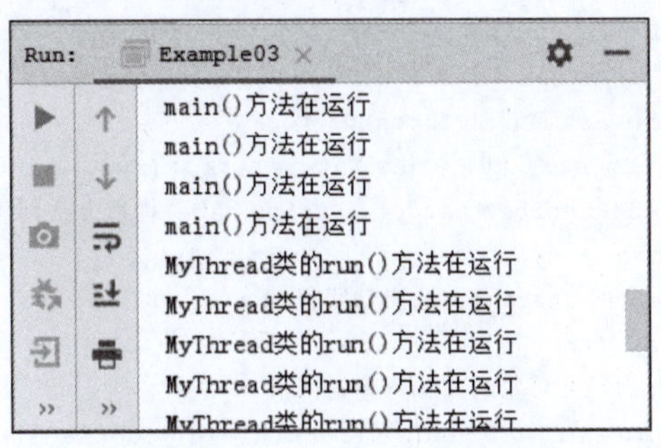

图 12-6 文件 12-3 的运行结果

从图 12-6 可以看出,main()方法和 MyThread03 类中 run()方法都被执行了,说明文件 12-3 实现了多线程。

12.2.3 实现 Callable 接口创建多线程

通过 Thread 类和 Runnable 接口实现多线程时,需要重写 run()方法,但是由于 run()方法没有返回值,无法从新线程中获取返回结果。为了解决这个问题,Java 提供了 Callable 接口来满足这种既能创建新线程又有返回值的需求。

通过实现 Callable 接口的方式创建并启动线程的主要步骤如下:

(1) 创建 Callable 接口的实现类,同时重写 Callable 接口的 call()方法。

(2) 创建 Callable 接口的实现类对象。

(3) 通过线程结果处理类 FutureTask 的有参构造方法封装 Callable 接口的实现类对象。

(4) 调用参数为 FutureTask 类对象的有参构造方法 Thread()创建 Thread 线程实例。

(5) 调用线程实例的 start()方法启动线程。

下面通过一个案例演示如何通过实现 Callable 接口的方式来实现多线程,如文件 12-4 所示。

文件 12-4 Example04.java

```
1   import java.util.concurrent.*;
2   //定义一个实现 Callable 接口的实现类
3   class MyThread04 implements Callable<Object> {
4       //重写 Callable 接口的 call()方法
5       public Object call() throws Exception {
6           int i = 0;
7           while (i++ < 5) {
8               System.out.println(Thread.currentThread().getName()
9                       + "的 call()方法在运行");
10          }
11          return i;
```

```
12      }
13  }
14  public class Example04 {
15      public static void main(String[] args) throws InterruptedException,
16              ExecutionException {
17          MyThread04 myThread = new MyThread04();   //创建 Callable 接口的实例对象
18          //使用 FutureTask 封装 MyThread04 类
19          FutureTask<Object> ft1 = new FutureTask<>(myThread);
20          //使用 Thread(Runnable target, String name)构造方法创建线程对象
21          Thread thread1 = new Thread(ft1, "thread");
22          //调用线程对象的 start()方法启动线程
23          thread1.start();
24          //通过 FutureTask 对象的方法管理返回值
25          System.out.println(Thread.currentThread().getName()
26                  + "的返回结果:"+ ft1.get());
27          int a=0;
28          while (a++<5) {
29              System.out.println("main()方法在运行");
30          }
31      }
32  }
```

在文件 12-4 中,第 5～12 行代码定义了一个实现 Callable 接口的实现类,并在 Callable 接口中重写了 call()方法。第 17～21 行代码创建了 Callable 接口的实例,并调用有参的 Thread()构造方法创建了线程对象 thread1。第 23 行代码调用线程对象 thread1 的 start()方法启动线程。

文件 12-4 的运行结果如图 12-7 所示。

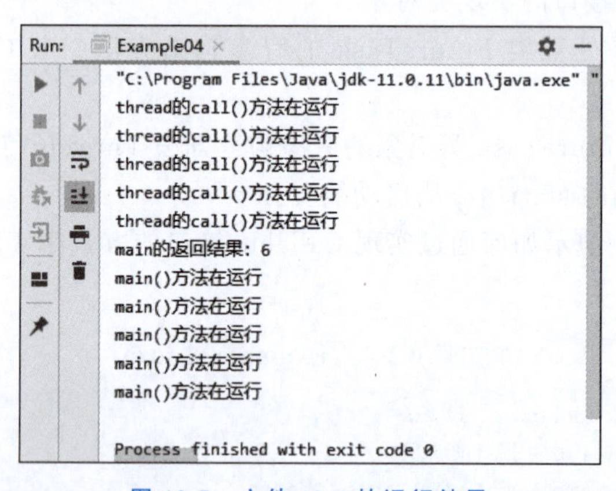

图 12-7　文件 12-4 的运行结果

从图 12-7 可以看出,文件 12-4 所示的案例通过实现 Callable 接口的方式实现了多线程并且有返回结果。

Callable 接口方式实现的多线程是通过 FutureTask 类来封装和管理返回结果的,FutureTask 类的直接父接口是 RunnableFuture,从名称上可以看出 RunnableFuture 是 Runnable 和 Future 的结合体。FutureTask 类的继承关系如图 12-8 所示。

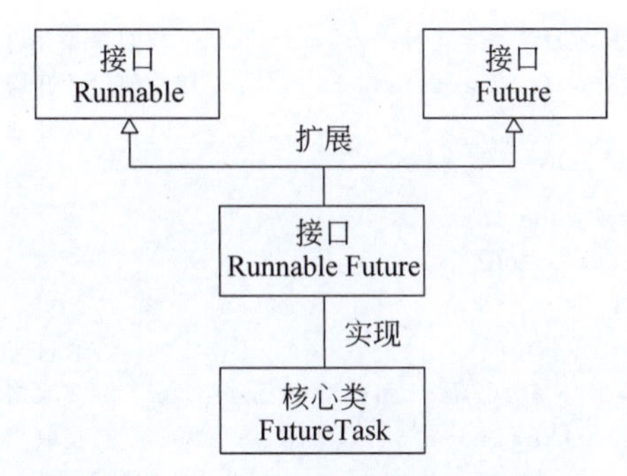

图 12-8　FutureTask 类的继承关系

从图 12-8 可以看出，FutureTask 的本质是 Runnable 接口和 Future 接口的实现类。其中，Future 接口用于管理线程返回结果，它共有 5 个方法，如表 12-1 所示。

表 12-1　Future 接口的 5 个方法

方法声明	功能描述
boolean cancel(boolean mayInterruptIfRunning)	用于取消任务。参数 mayInterruptIfRunning 表示是否允许取消正在执行却没有执行完毕的任务。如果该参数设置为 true，则表示可以取消正在执行的任务
boolean isCancelled()	判断任务是否被取消成功。如果任务在正常完成前被取消成功，则返回 true
boolean isDone()	判断任务是否已经完成。若任务完成，则返回 true
V get()	用于获取执行结果。这个方法会发生阻塞，一直等到任务执行完毕才返回执行结果
V get (long timeout, TimeUnit unit)	用于在指定时间内获取执行结果。如果在指定时间内没获取结果，就直接返回 null

12.2.4　Thread 类与 Runnable 接口实现多线程的对比

多线程的实现方式有 3 种，其中 Runnable 接口和 Callable 接口实现多线程的方式基本相同，主要区别就是 Callable 接口中的方法有返回值而 Runnable 接口中的方法没有返回值。通过继承 Thread 类和实现 Runnable 接口实现多线程方式会有一定的区别，下面通过一个应用场景来分析说明。

假设售票厅有 4 个窗口可发售某日某次列车的 100 张车票。这时，100 张车票可以看作共享资源；4 个售票窗口同时售票，可以看作 4 个线程同时运行。为了更直观地显示窗口的售票情况，可以调用 Thread 类的 currentThread()方法获取当前线程的实例对象，然后调用 getName()方以获取线程的名称。

首先通过继承 Thread 类的方式创建多线程来演示售票情景，如文件 12-5 所示。

文件 12-5　Example05.java

```
1  public class Example05 {
2      public static void main(String[] args) {
3          new TicketWindow().start();            //创建并开启第一个线程对象 TicketWindow
4          new TicketWindow().start();            //创建并开启第二个线程对象 TicketWindow
```

```
5           new TicketWindow().start();              //创建并开启第三个线程对象 TicketWindow
6           new TicketWindow().start();              //创建并开启第四个线程对象 TicketWindow
7       }
8   }
9   class TicketWindow extends Thread {
10      private int tickets = 100;
11      public void run() {
12          while (tickets > 0) {                       //通过 while 循环判断票数并打印语句
13                  Thread th = Thread.currentThread();  //获取当前线程
14                  String th_name = th.getName();       //获取当前线程的名字
15                  System.out.println(th_name + " 正在发售第 " + tickets-- + " 张票 ");
16          }
17      }
18  }
```

文件 12-5 的运行结果如图 12-9 所示。

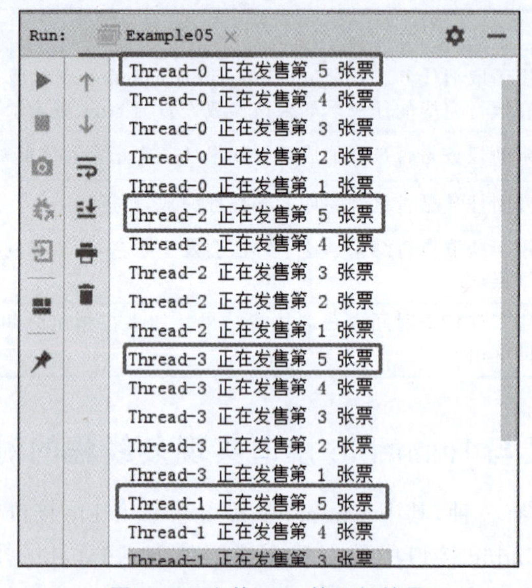

图 12-9 文件 12-5 的运行结果

从图 12-9 可以看出,每张票都被打印了 4 次。出现这个现象的原因是 4 个线程没有共享 100 张票,而是各自出售了 100 张票。在程序中创建了 4 个 TicketWindow 对象,就等于创建了 4 个售票线程,每个线程中都有 100 张票,每个线程在独立地处理各自的资源。

需要注意的是,文件 12-5 中每个线程都有自己的名字,主线程默认的名字是 main,用户创建的第一个线程的名字默认为 Thread-0,第二个线程的名字默认为 Thread-1,以此类推。

由于现实中铁路系统的车票资源是共享的,因此上面的运行结果显然不合理。为了保证资源共享,在程序中只能创建一个售票对象,然后开启多个线程运行同一个售票对象的售票方法,简单来说,就是 4 个线程运行同一个售票程序。

用 Thread 类创建多线程,无法保证多个线程对共享资源的正确操作;而 Runnable 接口可以保证多个线程对共享资源的正确访问。接下来,通过实现 Runnable 接口的方式实现多线程的创建。修改文件 12-5,使用构造方法 Thread(Runnable target, String name)在创建线程对象时指定线程的名称，如文件 12-6 所示。

文件 12-6　Example06.java

```
1  public class Example06 {
2      public static void main(String[] args) {
3          TicketWindow tw = new TicketWindow();          //创建 TicketWindow 实例对象 tw
4          new Thread(tw, "窗口 1").start();              //创建线程对象并命名为窗口 1,开启线程
5          new Thread(tw, "窗口 2").start();              //创建线程对象并命名为窗口 2,开启线程
6          new Thread(tw, "窗口 3").start();              //创建线程对象并命名为窗口 3,开启线程
7          new Thread(tw, "窗口 4").start();              //创建线程对象并命名为窗口 4,开启线程
8      }
9  }
10 class TicketWindow implements Runnable {
11     private int tickets = 100;
12     public void run() {
13         while (tickets > 0) {
14                 Thread th = Thread.currentThread(); //获取当前线程
15                 String th_name = th.getName();      //获取当前线程的名字
16                 System.out.println(th_name + " 正在发售第 " + tickets-- + " 张票 ");
17         }
18     }
19 }
```

在文件 12-6 中，第 10～19 行代码定义了 TicketWindow 类并实现了 Runnable 接口。第 3～7 行代码在 main()方法中创建了 TicketWindow 对象 tw，并创建了 4 个线程，每个线程都调用这个 tw 对象中的 run()方法，这样就可以确保 4 个线程访问的是同一个 tickets 变量，共享 100 张车票。

文件 12-6 的运行结果如图 12-10 所示。

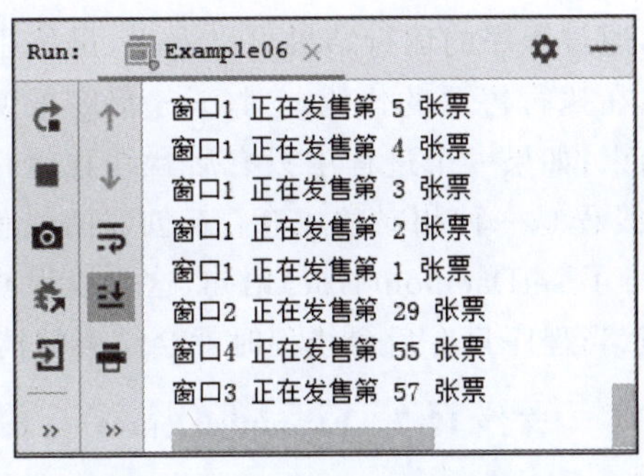

图 12-10　文件 12-6 的运行结果

小提示：使用 Lambda 表达式创建多线程

Lambda 表达式可以简化多线程的创建与调用过程，在创建线程时可以指定线程要调用的方法，格式如下：

```
Thread t = new Thread(() -> {
    }
});
```

下面通过一个案例来讲解。

```
1  public class Main {
2      public static void main(String[] args) {
3          Thread t = new Thread(() -> {
4              while (true){
5                  System.out.println("start new thread!");
6              }
7          });
8          t.start();                                  //启动新线程
9      }
10 }
11 class MyThread extends Thread {
12     public void run() {
13         while (true) {                              //通过死循环语句打印输出
14             System.out.println("MyThread类的 run()方法在运行");
15         }
16     }
17 }
```

在上面的程序中,第 3~7 行代码使用了 Lambda 表达式创建多线程,其运行结果与文件 12-3 类似。

12.2.5 后台线程

在多线程中,主线程如果不等待子线程的返回结果,那么主线程与子线程没有先后顺序,有可能主线程先结束了,子线程还没结束。在这样的情况下,虽然主线程结束了,但整个程序进程是不会结束的,因为子线程还在执行。

有人可能会认为,当 main()方法中创建并启动的 4 个新线程的代码执行完毕后,主线程也就随之结束了。然而,通过程序的运行结果可以看出,虽然主线程结束了,但整个 Java 程序却没有随之结束,仍然在执行售票的代码。对 Java 程序来说,只要还有一个前台线程在运行,这个进程就不会结束;如果一个进程中只有后台线程运行,这个进程就会结束。这里提到的前台线程和后台线程是一种相对的概念:新创建的线程默认是前台线程;如果某个线程对象在启动之前执行了 setDaemon(true)语句,这个线程就变成了后台线程。

下面通过一个案例演示当程序只有后台线程时就会结束的情况,如文件 12-7 所示。

文件 12-7 Example07.java

```
1  public class Example07 {
2      public static void main(String[] args) {
3          //判断是否为后台线程
4          System.out.println("main 线程是后台线程吗?"
5                  + Thread.currentThread().isDaemon());
6          DamonThread dt = new DamonThread();
7          Thread thread = new Thread(dt, "后台线程");
8          System.out.println("thread 线程默认是后台线程吗?"
9                  + thread.isDaemon());
10         //将线程 thread 线程对象设置为后台线程
```

```
11          thread.setDaemon(true);
12          thread.start();
13          //模拟主线程 main 的执行
14          for (int i = 0; i < 5; i++) {
15              System.out.println(i);
16          }
17      }
18  }
19  class DamonThread implements Runnable {
20      public void run() {
21          while (true) {
22              System.out.println(Thread.currentThread().getName()
23                      + "---在运行");
24          }
25      }
26  }
```

文件 12-7 演示了一个后台线程结束的过程。如果将线程 thread 设置为后台线程，当前台主线程循环输出任务执行完毕后，整个进程就会结束，此时 Java 虚拟机也会通知后台线程结束。由于后台线程从接收指令到作出响应需要一定的时间，因此，输出了几次“后台线程---在运行”语句后，后台线程也结束了。由此说明，在进程中不存在前台线程时，整个进程就会结束。

文件 12-7 的运行结果如图 12-11 所示。

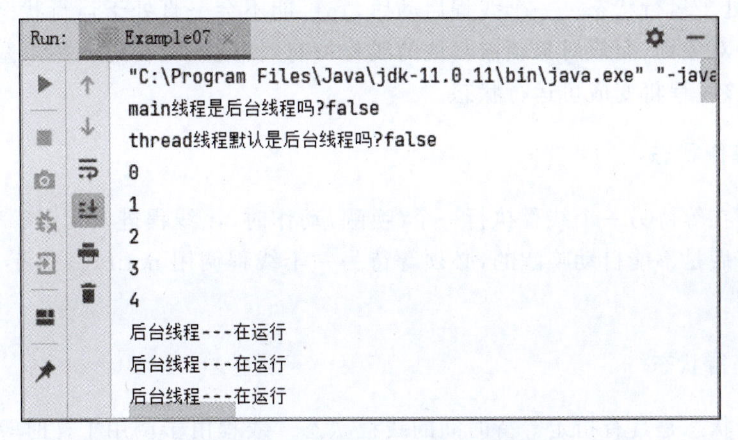

图 12-11　文件 12-7 的运行结果

注意：要将某个线程设置为后台线程，必须在该线程启动之前进行设置，也就是说，setDaemon()方法必须在 start()方法之前调用，否则后台线程设置无效。

12.3　线程的生命周期及状态转换

在 Java 中，任何对象都有生命周期，线程也不例外，它也有自己的生命周期。当 Thread 对象创建完成时，线程的生命周期便开始了。当 run()方法中的代码正常执行完毕或者线程抛出一个未捕获的异常(Exception)或者错误(Error)时,线程的生命周期便会结束。在线程的整个生命周期中,线程可能处于不同的状态,例如,线程在刚刚创建完成时处于新建状态,线程在执行任务时处于运行状态。在线程的整个生命周期中,其基本状态一共有 6 种,分别是新建(New)状态、可运行(Runnable)状态、锁阻塞(Blocked)状态、无限等待(Waiting)状态、计时等待(Timed_Waiting)状态和被终止(Teminated)状态,线程的不同状态表明了线程当前正在进行的活动。

接下来针对线程生命周期中的 6 种基本状态分别进行详细讲解。

1. 新建状态

创建一个线程对象后,该线程对象就处于新建状态。此时还没调用 start()方法启动线程,和其他 Java 对象一样,仅仅由 JVM 为其分配了内存,没有表现出任何线程的动态特征。

2. 可运行状态

可运行状态也称为就绪状态。当线程对象调用了 start()方法后就进入就绪状态。处于就绪状态的线程位于线程队列中,此时它只是具备了运行的条件,要获得 CPU 的使用权并开始运行,还需要等待系统的调度。

3. 锁阻塞状态

如果处于可运行状态的线程获得了 CPU 的使用权,并开始执行 run()方法中的线程执行体,则线程处于运行状态。一个线程启动后,它可能不会一直处于运行状态,当一个线程试图获取一个对象锁,而该对象锁被其他的线程持有时,则该线程进入锁阻塞状态;当该线程持有锁时,该线程将变成可运行状态。

4. 无限等待状态

一个线程在等待另一个线程执行一个(唤醒)动作时,该线程进入无限等待状态。线程进入这个状态后是不能自动唤醒的,必须等待另一个线程调用 notify()或者 notifyAll()方法才能够唤醒。

5. 计时等待状态

计时等待状态是具有指定等待时间的线程状态。线程由于调用了计时等待的方法(包括 Thread.sleep()、Object.wait()、Thread.join()、LockSupport.parkNanos()、LockSupport.parkUntil()),并且指定了等待时间,就处于计时等待状态。这一状态将一直保持到超时或者接收到唤醒通知。

6. 被终止状态

被终止状态是终止运行的线程的状态。线程因为 run()方法正常退出而死亡,或者因为没有捕获的异常终止了 run()方法而结束执行。

另外,在程序中,通过一些操作,可以使线程在不同状态之间转换。线程状态的转换如图 12-12 所示。

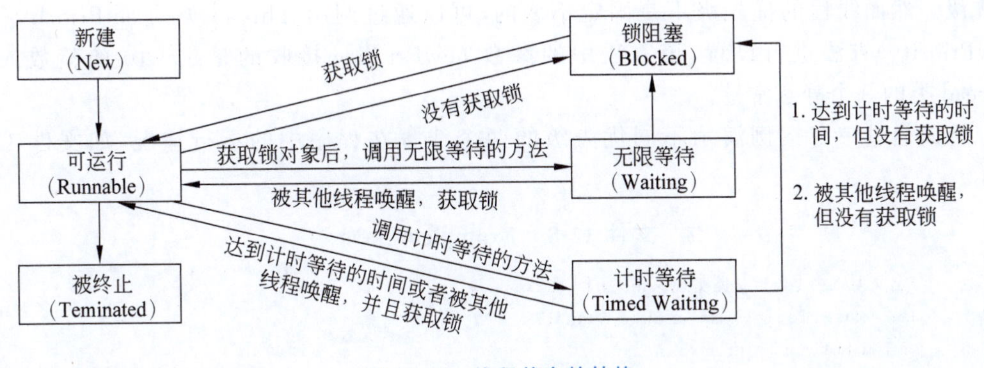

图 12-12　线程状态的转换

图 12-12 中的箭头表示线程可转换的方向。

12.4　线程操作的相关方法

程序中的多个线程是并发执行的，某个线程若想执行，就必须获得 CPU 的使用权。Java 虚拟机会按照特定的机制为程序中的每个线程分配 CPU 的使用权，这种机制被称作线程的调度。

在计算机中，线程调度有两种模型，分别是分时调度模型和抢占式调度模型。分时调度模型是指让所有的线程轮流获得 CPU 的使用权，并且平均分配每个线程占用 CPU 的时间片。抢占式调度模型是指让线程池中优先级高的线程优先占用 CPU；而对于优先级相同的线程，随机选择一个线程使其占用 CPU，当它失去了 CPU 的使用权后，再随机选择其他线程获取 CPU 的使用权。Java 虚拟机默认采用抢占式调度模型。通常情况下程序员不需要关心计算机使用的是哪种调度模型，但在某些特定的需求下需要改变这种模式，由程序自身控制 CPU 的调度。本节将围绕线程调度的相关知识进行详细讲解。

12.4.1　线程的优先级

在应用程序中，如果要对线程进行调度，最直接的方式就是设置线程的优先级。优先级越高的线程获得 CPU 使用权的机会越大，而优先级越低的线程获得 CPU 使用权的机会越小。线程的优先级用 1～10 的整数表示，数字越大，优先级越高。除了可以直接使用数字表示线程的优先级，还可以使用 Thread 类中提供的 3 个静态常量表示线程的优先级，如表 12-2 所示。

表 12-2　Thread 类的优先级常量

优先级常量	功能描述
static int MAX_PRIORITY	表示线程的最高优先级，值为 10
static int MIN_PRIORITY	表示线程的最低优先级，值为 1
static int NORM_PRIORITY	表示线程的默认优先级，值为 5

程序在运行期间，处于就绪状态的每个线程都有自己的优先级，例如，主线程具有普通

优先级。然而线程的优先级不是固定不变的,可以通过调用 Thread 类的 setPriority(int newPriority)方法进行设置,该方法中的参数 newPriority 接收的是 1～10 的整数或者 Thread 类的 3 个静态常量。

下面通过一个案例演示不同优先级的两个线程在程序中的运行情况,如文件 12-8 所示。

文件 12-8 Example08.java

```
1  //定义 MaxPriority 类实现 Runnable 接口
2  class MaxPriority implements Runnable {
3      public void run() {
4          for (int i = 0; i < 5; i++) {
5              System.out.println(Thread.currentThread().getName() + "正在输出:" + i);
6          }
7      }
8  }
9  //定义 MinPriority 类实现 Runnable 接口
10 class MinPriority implements Runnable {
11     public void run() {
12         for (int i = 0; i < 5; i++) {
13             System.out.println(Thread.currentThread().getName() + "正在输出:" + i);
14         }
15     }
16 }
17 public class Example08 {
18     public static void main(String[] args) {
19         //创建两个线程
20         Thread minPriority = new Thread(new MinPriority(), "优先级较低的线程");
21         Thread maxPriority = new Thread(new MaxPriority(), "优先级较高的线程");
22         minPriority.setPriority(Thread.MIN_PRIORITY);          //设置线程的优先级为 1
23         maxPriority.setPriority(Thread.MAX_PRIORITY);          //设置线程的优先级为 10
24         //开启两个线程
25         maxPriority.start();
26         minPriority.start();
27     }
28 }
29
```

在文件 12-8 中,第 2～8 行代码定义了 MaxPriority 类并实现了 Runnable 接口。第 10～16 行代码定义了 MinPriority 类并实现了 Runnable 接口。在 MaxPriority 类与 MinPriority 类中,均使用 for 循环输出线程信息。第 22 行代码使用 MIN_PRIORITY 常量设置 minPriority 线程的优先级为 1。第 23 行代码使用 MAX_PRIORITY 常量设置 maxPriority 线程优先级为 10。

文件 12-8 的运行结果如图 12-13 所示。

从图 12-13 可以看出,优先级较高的 maxPriority 线程先运行,它运行完毕后,优先级较低的 minPriority 线程才开始运行。所以优先级越高的线程获取 CPU 时间片的机会越大。

需要注意的是,虽然 Java 提供了 10 个线程优先级,但是这些优先级需要操作系统的支

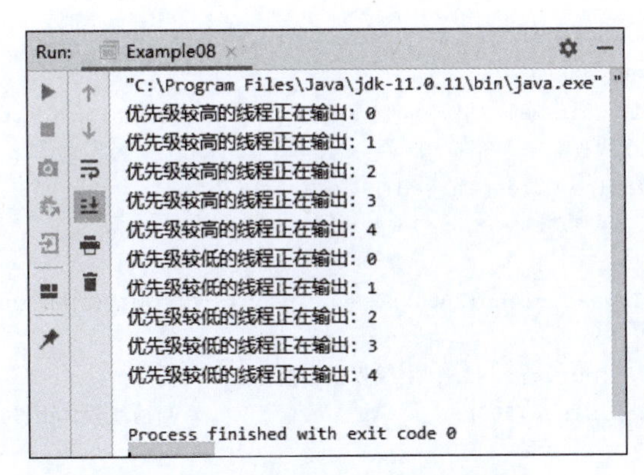

图 12-13　文件 12-8 的运行结果

持。不同的操作系统对优先级的支持是不一样的,操作系统中的线程优先级不会和 Java 中线程优先级一一对应。因此,在设计多线程应用程序时,其功能的实现一定不能依赖于线程的优先级,而只能把线程优先级作为一种提高程序效率的手段。

12.4.2　线程休眠

线程休眠指让当前线程暂停执行,从运行状态进入阻塞状态,将 CPU 资源让给其他线程的一种调度方式,可以调用线程的操作方法 sleep()实现线程休眠,sleep()方法是 java.lang.Thread 类中定义的静态方法。

使用 sleep()方法时需要指定当前线程休眠的时间,传入一个 long 类型的数据作为休眠时间,单位为毫秒,并且任意一个线程的实例化对象都可以调用该方法。

下面通过一个案例演示 sleep()方法在程序中的使用,如文件 12-9 所示。

文件 12-9　Example09.java

```
1   //定义 SleepThread 类实现 Runnable 接口
2   class SleepThread implements Runnable {
3       public void run() {
4           for (int i = 1; i <= 8; i++) {
5               if (i == 3) {
6                   try {
7                       Thread.sleep(2000);           //当前线程休眠 2000ms
8                   } catch (InterruptedException e) {
9                       e.printStackTrace();
10                  }
11              }
12              System.out.println("SleepThread 线程正在输出:" + i);
13              try {
14                  Thread.sleep(500);                //当前线程休眠 500ms
15              } catch (Exception e) {
16                  e.printStackTrace();
17              }
18          }
19      }
```

```
20  }
21  public class Example09 {
22      public static void main(String[] args) throws Exception {
23          //创建一个线程
24          new Thread(new SleepThread()).start();
25          for (int i = 1; i <= 8; i++) {
26              if (i == 5) {
27                  Thread.sleep(2000);                    //当前线程休眠 2000ms
28              }
29              System.out.println("主线程正在输出:" + i);
30              Thread.sleep(500);                         //当前线程休眠 500ms
31          }
32      }
33  }
34
```

在文件 12-9 中，第 2～20 行代码定义了 SleepThread 类并实现了 Runnable 接口。SleepThread 类重写了 run()方法，在 run()方法中使用 for 循环打印线程输出语句。第 14 行代码调用 sleep()方法设置线程休眠 500ms。第 5～11 行代码使用 if 语句控制当变量 i=3 时线程休眠 2000ms。第 24 行代码使用 new 关键字创建了一个 SleepThread 线程并启动。第 25～31 行代码使用 for 循环打印主线程的输出语句，并在第 27 行代码使用 sleep()方法设置线程休眠 500ms，在第 26～28 行代码使用 if 语句控制当变量 i=5 时线程休眠 2000ms。

主线程与 SleepThread 类线程分别调用了 Thread 的 sleep(500)方法让其线程休眠，目的是让一个线程在打印一次后休眠 500ms，从而使另一个线程获得执行的机会，这样就可以实现两个线程的交替执行。

文件 12-9 的运行结果如图 12-14 所示。

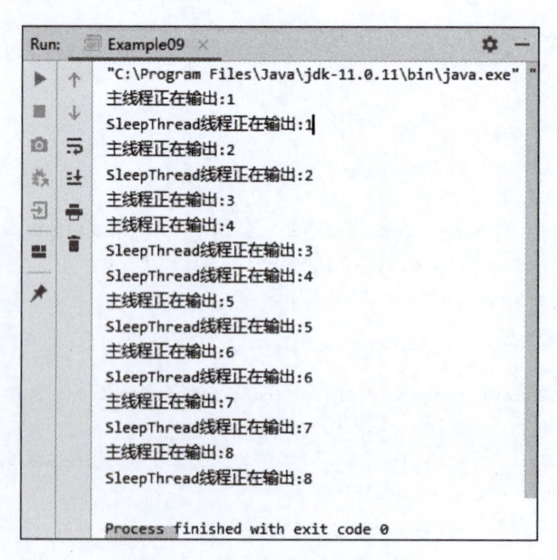

图 12-14　文件 12-9 的运行结果

从图 12-14 可以看出，主线程输出 2 后，SleepThread 类线程没有交替输出 3，而是主线程接着输出了 3 和 4,这说明当 i=3 时,SleepThread 类线程进入了休眠状态。对于主线程也一样,当 i=5 时,主线程会休眠 2000ms。

需要注意的是,sleep()是静态方法,只能控制当前正在运行的线程休眠,而不能控制其他线程休眠。当休眠时间结束后,线程就会返回就绪状态,而不是立即开始运行。

12.4.3 线程插队

线程插队指将某个线程插入当前线程中,由两个线程交替执行变成两个线程顺序执行,即一个线程执行完毕之后再执行第二个线程,可以通过调用线程对象的 join()方法实现线程插队。

假设有两个线程——线程甲和线程乙。线程甲在执行到某个时间点的时候调用线程乙的 join()方法,则表示从当前时间点开始 CPU 资源被线程乙独占,线程甲进入阻塞状态;直到线程乙执行完毕,线程甲才进入就绪状态,等待获取 CPU 资源后进入运行状态继续执行。

下面通过一个案例演示 join()方法在程序中的使用,如文件 12-10 所示。

文件 12-10 Example10.java

```
1  public class Example10 {
2      public static void main(String[] args) throws InterruptedException {
3          //创建线程
4          Thread thread = new Thread(new JoinRunnable(),"thread");
5          thread.start();                          //开启 thread 线程
6          for (int i = 1; i <= 5; i++) {
7              System.out.println(Thread.currentThread().getName()+"输出:"+i);
8              if (i == 2) {
9                  thread.join();                   //调用 join()方法
10             }
11         }
12     }
13 }
14 class JoinRunnable implements Runnable {
15     public void run() {
16         for (int i = 1; i <= 3; i++) {
17             System.out.println(Thread.currentThread().getName()+"输出:"+i);
18         }
19     }
20 }
```

在文件 12-10 中,第 4、5 行代码开启了 thread 线程,main()方法的 main 线程会和 thread 线程相互争夺 CPU 使用权以输出语句。在第 8~10 行代码中,当 main 线程中的循环变量为 2 时,调用 thread 线程的 join()方法,这时,thread 线程就会“插队”优先执行,并且 thread 线程执行完毕后才会执行其他线程。

文件 12-10 的运行结果如图 12-15 所示。

从图 12-15 可以看出,当 main 线程输出 2 以后,thread 线程就开始执行;直到 thread 执行完毕,main 线程才继续执行。

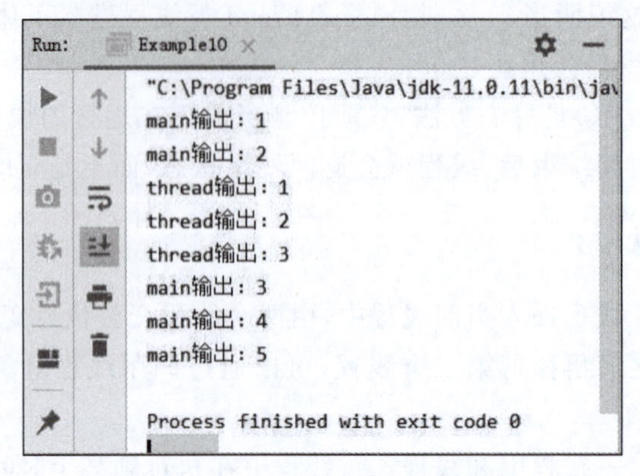

图12-15 文件12-10的运行结果

Thread类不仅提供了无参数的线程插队方法join()，还提供了带有时间参数的线程插队方法join(long millis)。当执行带有时间参数的join(long millis)方法进行线程插队时，必须等待插入的线程指定时间过后才会继续执行其他线程。

同样是完成线程合并的操作，join()和join(long millis)还是有区别的。join()表示在被调用线程执行完成之后才能执行其他线程。join(long millis)则表示被调用线程执行millis毫秒之后，无论是否执行完毕，其他线程都可以和它争夺CPU资源。下面通过一个案例演示join(long millis)方法在程序中的使用，如文件12-11所示。

文件12-11 Example11.java

```
1  public class Example11 {
2      public static void main(String[] args) throws InterruptedException {
3          //创建线程
4          Thread thread = new Thread(new JoinRunnable(),"thread");
5          thread.start();                          //开启线程
6          for (int i = 1; i <= 5; i++) {
7              System.out.println(Thread.currentThread().getName()+"输出:"+i);
8              if (i == 2) {
9                  thread.join(3000);               //调用join()方法并将参数设置为3000
10             }
11         }
12     }
13 }
14 class JoinRunnable implements Runnable {
15     public void run() {
16         for (int i = 1; i <= 3; i++) {
17             try {
18                 Thread.currentThread().sleep(1000);
19             } catch (InterruptedException e) {
20                 e.printStackTrace();
21             }
22             System.out.println(Thread.currentThread().getName()+"输出:"+i);
23         }
24     }
25 }
```

在文件 12-11 中，第 14～25 行代码定义了 JoinRunnable 类，在该类中重写了 run()方法，执行 for 循环 3 次来打印语句。第 4 行代码创建 thread 线程。第 6～11 行代码执行 for 循环 5 次，打印 main()方法的循环次数，并在第 8 行使用 if 语句控制当 i=2 时调用 thread 线程的 join()方法并设置参数为 3000。

文件 12-11 的运行结果如图 12-16 所示。

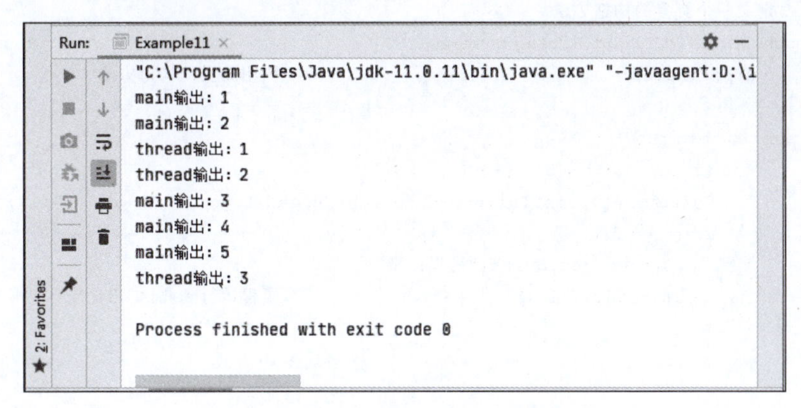

图 12-16　文件 12-11 的运行结果

在图 12-16 可以看到，当 main 线程执行到 i=2 时，thread 线程插队，优先于 main 线程执行。thread 线程插队是通过调用 join(3000)方法实现的。从插队开始 thread 线程独占 CPU 资源，执行 3000ms 之后，main 线程继续与 thread 线程抢占资源。因为 thread 线程每次执行会休眠 1000ms，所以看到的结果是在执行了两次 thread 线程之后，main 线程再次进入就绪状态，抢占 CPU 资源。

12.4.4　线程让步

线程让步是指在某个特定的时间点，让线程暂停抢占 CPU 资源的行为，即从运行状态或就绪状态转到阻塞状态，从而将 CPU 资源让给其他线程使用。这相当于现实生活中地铁排队进站，轮到你进站时，你让其他人先进了，把这次进站的机会让给其他人。但是这并不意味着你放弃排队，你只是在某个时间点做了一次让步，过了这个时间点，你依然要进行排队。线程的让步也是如此：假如线程甲和线程乙在交替执行，在某个时间点线程甲做出让步，让线程乙占用了 CPU 资源，执行其业务逻辑；线程乙执行完毕之后，线程甲会再次进入就绪状态，争夺 CPU 资源。

线程让步可以使用 yield()方法来实现。下面通过一个案例演示 yield()方法在程序中的使用，如文件 12-12 所示。

文件 12-12　Example12.java

```
1  public class Example12 {
2      public static void main(String[] args) {
3          //创建两个线程
4          Thread thread1 = new YieldThread("thread1");
5          Thread thread2 = new YieldThread("thread2");
6          //开启两个线程
```

```
7            thread1.start();
8            thread2.start();
9        }
10   }
11   //定义 YieldThread 类继承 Thread 类
12   class YieldThread extends Thread {
13       //定义一个有参的构造方法
14       public YieldThread(String name) {
15           super(name);                                   //调用父类的构造方法
16       }
17       public void run() {
18           for (int i = 0; i < 5; i++) {
19               System.out.println(Thread.currentThread().getName()+"---"+i);
20               if (i == 2) {
21                   System.out.print("线程让步:");
22                   Thread.yield();                        //线程运行到此,作出让步
23               }
24           }
25       }
26   }
```

在文件 12-12 中,第 4、5 行代码创建了两个线程——thread1 和 thread2,它们的优先级相同。这两个线程在循环变量 i=2 时,都会调用 Thread 类的 yield()方法,使当前线程暂停,向另一个线程做出让步。

文件 12-12 的运行结果如图 12-17 所示。

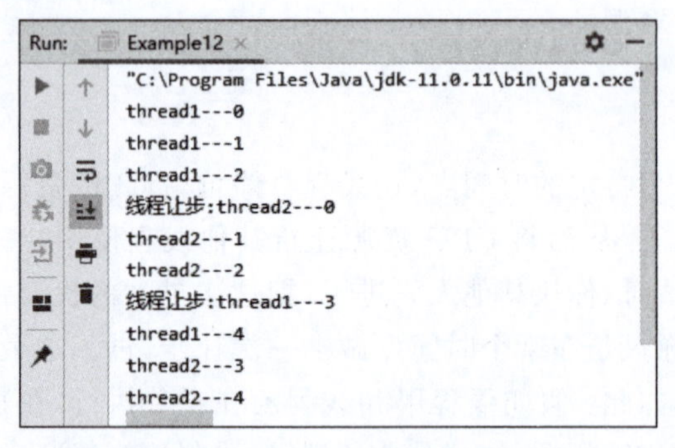

图 12-17 文件 12-12 的运行结果

从图 12-17 可以看出,当线程 thread1 输出 2 以后,会做出让步,线程 thread2 获得执行权;同样,线程 thread2 输出 2 以后,也会做出让步,线程 thread1 获得执行权。

小提示:yield()方法的弊端

通过 yield()方法可以实现线程让步,让当前正在运行的线程失去 CPU 使用权,让系统的调度器重新调度一次,由于 Java 虚拟机默认采用抢占式调度模型,所有线程都会再次抢占 CPU 资源使用权,所以在执行线程让步后并不能保证立即执行其他线程,CPU 可能会有一段空闲时间。

12.4.5　线程中断

这里介绍的线程中断是指在线程执行过程中通过手动操作停止该线程。例如，当用户在执行一次操作时，因为网络问题导致延迟，则对应的线程对象就一直处于运行状态。如果用户希望结束这个操作，即终止该线程，就要使用线程中断机制了。

在 Java 中执行线程中断有如下两个常用方法：

- public void interrupt()。
- public boolean isInterrupted()。

当一个线程对象调用 interrupt()方法时，表示中断当前线程对象。每个线程对象都通过一个标志位来判断当前是否为中断状态。

isInterrupted()方法就是用来获取当前线程对象的标志位的。该方法有 true 和 false 两个返回值。true 表示清除了标志位，当前线程对象已经中断；false 表示没有清除标志位，当前对象没有中断。当一个线程对象处于不同的状态时，中断机制也是不同的。

下面通过案例来演示不同生命周期状态下的线程中断。首先演示线程新建状态（实例化线程对象，但并未启动线程）的线程中断，如文件 12-13 所示。

文件 12-13　Example13.java

```
1  public class Example13 {
2      public static void main(String[] args) {
3          Thread thread=new Thread();
4          thread.interrupt();
5          //向控制台输出当前线程是否中断的信息
6          System.out.println(thread.isInterrupted());
7      }
8  }
```

文件 12-13 的运行结果如图 12-18 所示。

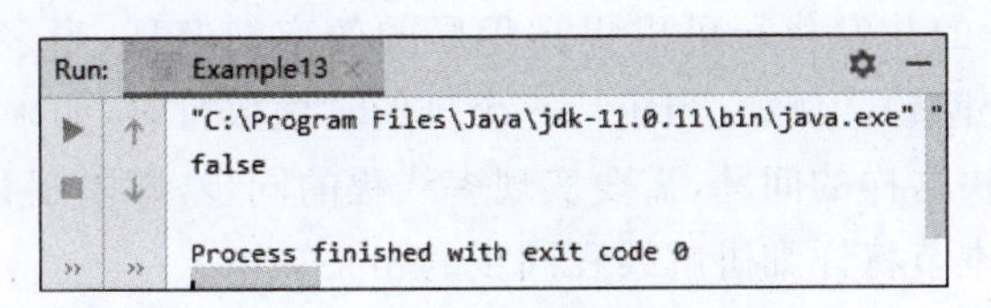

图 12-18　文件 12-13 的运行结果

在图 12-18 中，可以看到控制台输出了 false，表示当前线程并未中断。因为当前线程状态是未启动状态，不可能中断，不需要清除标志位，所以 isInterrupted()的返回值为 false。

下面通过案例演示线程运行状态（实例化线程对象，并启动该线程）下的线程中断，在循环输出语句中，当 i=5 时中断线程，如文件 12-14 所示。

文件 12-14　Example14.java

```
1  public class Example14 {
2      public static void main(String[] args) {
3          Thread thread = new Thread(new Runnable() {
```

```
4              public void run() {
5                  for (int i=0;i<10;i++){
6                      if (i==5){
7                          Thread.currentThread().interrupt();
8                                                  //向控制台输出线程是否中断的信息
9                          System.out.println("thread线程是否已中断----"
10                                 +Thread.currentThread().isInterrupted());
11                     }
12                 }
13             }
14         });                                     //创建 MyThread 的实例对象
15         thread.start();                         //启动 thread 对象
16     }
17 }
```

在文件 12-14 中，第 4～13 行代码重写了 run()方法，在 run()方法中执行 for 循环 10 次，并在 i=5 时在控制台输出线程是否中断的信息。

文件 12-14 的运行结果如图 12-19 所示。

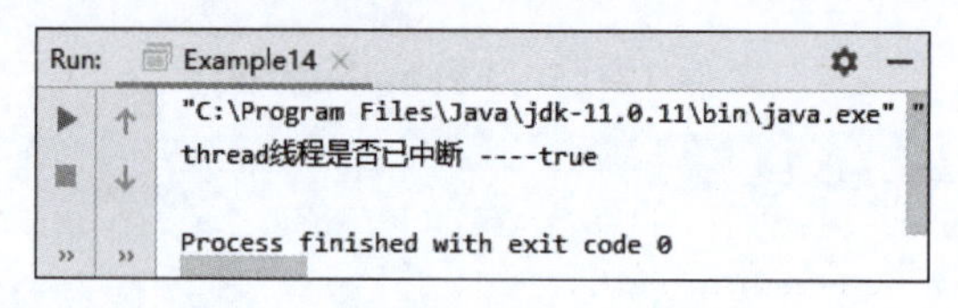

图 12-19　文件 12-14 的运行结果

在图 12-19 中，可以看到控制台输出了 true，表示 thread 线程已中断。

12.5　线程同步

前面讲过，多线程的并发执行可以提高程序的效率。但是，当多个线程访问共享资源时，也会引发一些安全问题。例如，当统计一个班的学生数目时，如果有学生进进出出，则很难统计正确。为了解决这样的问题，需要实现多线程的同步，即限制共享资源在同一时刻只能被一个线程访问。本节将详细讲解线程同步的相关知识。

12.5.1　线程安全

在文件 12-6 的售票案例中，极有可能碰到意外情况，例如一张票被打印多次，或者输出的车的票编号为 0 甚至负数。这些意外都是由多线程操作共享资源 ticket 导致的线程安全问题。

接下来针对文件 12-6 进行修改，模拟上述意外情况。假设有 4 个窗口同时出售 10 张票，并在售票的代码中使用 sleep()方法，令每次售票时线程休眠 300ms，如文件 12-15 所示。

文件 12-15　Example15.java

```
1  public class Example15 {
2      public static void main(String[] args) {
```

```
3           SaleThread saleThread = new SaleThread();          //创建 SaleThread 对象
4           //创建并开启 4 个线程
5           new Thread(saleThread, "线程一").start();
6           new Thread(saleThread, "线程二").start();
7           new Thread(saleThread, "线程三").start();
8           new Thread(saleThread, "线程四").start();
9       }
10  }
11  //定义 SaleThread 类实现 Runnable 接口
12  class SaleThread implements Runnable {
13      private int tickets = 10;                               //tickets 表示车票总数
14      public void run() {
15          while (tickets > 0) {
16              try {
17                  Thread.sleep(300);                          //线程休眠 300ms
18              } catch (InterruptedException e) {
19                  e.printStackTrace();
20              }
21              System.out.println(Thread.currentThread().getName() + "---卖出的票"
22                      + tickets--);
23          }
24      }
25  }
```

在文件 12-15 中，第 12～25 行代码定义了 SaleThread 类并实现了 Runnable 接口。第 13 行代码定义了私有的 int 类型变量 tickets，表示车票总数，初始值为 10。第 14～24 行代码重写了 run()方法，在 run()方法中使用 while 循环售票。第 17 行代码调用 sleep()方法使线程休眠 300ms，用于模拟售票过程中线程的延迟。第 3～8 行代码创建并开启了 4 个线程，用于模拟 4 个售票窗口。

文件 12-15 的运行结果如图 12-20 所示。

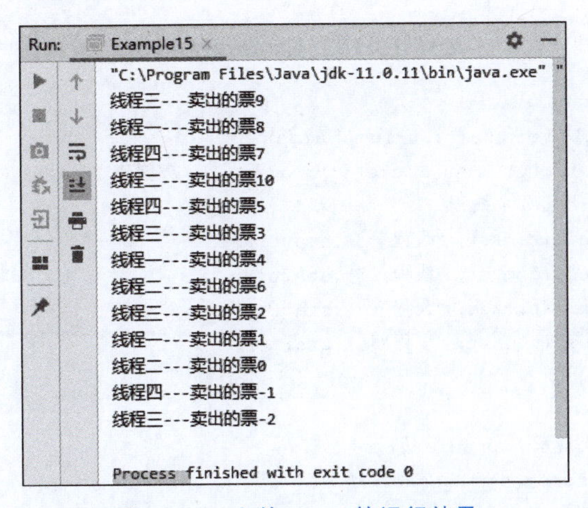

图 12-20　文件 12-15 的运行结果

在图 12-20 中，最后输出的车票编号出现了 0 和负数，这种现象是不应该出现的，因为售票程序中只有当车票编号大于 0 时才会进行售票。运行结果中之所以出现了 0 和负数的车票编号,原因是在售票程序的 while 循环中调用了 sleep()方法,出现了线程延迟。假设当车票编号减为 1 时,线程 1 获取了 CPU 执行权,出售 1 号票,对车票编号进行判断后,进入 while 循环,在售票之前调用 sleep()方法进入休眠;线程 1 休眠之后,线程 2 获取了 CPU 执行权,会进行售票,由于此时票号仍为 1,所以线程 2 也会进入循环;同理,线程 3 和线程 4 也会进入 while 循环。休眠结束后,4 个线程都会继续售票,这样就相当于将车票编号减了 4 次,因此结果会出现 0 和负数这样的车票编号。

12.5.2　同步代码块

通过 12.5.1 节的介绍,可以了解到线程安全问题其实就是由多个线程同时处理共享资源所导致的。要想解决文件 12-15 中的线程安全问题,必须保证在任何时刻都只能有一个线程访问共享资源。为了实现多个线程处理同一个资源,在 Java 中提供了同步机制。当多个线程使用同一个共享资源时,可以将处理共享资源的代码放在一个使用 synchronized 关键字修饰的代码块中,这个代码块被称作同步代码块。使用 synchronized 关键字创建同步代码块的语法格式如下:

```
synchronized(lock){
    处理共享资源的代码块
}
```

在上面的代码中,lock 是一个锁对象,它是同步代码块的关键,相当于为同步代码加锁。当某个线程执行同步代码块时,其他线程将无法执行同步代码块,进入阻塞状态。当前线程执行完同步代码块后,再与其他线程重新抢夺 CPU 的执行权,抢到 CPU 执行权的线程将进入同步代码块,执行其中的代码。以此循环往复,直到共享资源被处理完为止。这个过程就像一个公用电话亭,只有前一个人打完电话出来后,后面的人才可以进去打电话。

下面修改文件 12-15 的代码,将用于售票的代码放在同步代码块中,如文件 12-16 所示。

文件 12-16　Example16.java

```
1  public class Example16 {
2      public static void main(String[] args) {
3          Ticket1 ticket = new Ticket1();          //创建 Ticket1 对象
4          //创建并开启 4 个线程
5          new Thread(ticket, "线程一").start();
6          new Thread(ticket, "线程二").start();
7          new Thread(ticket, "线程三").start();
8          new Thread(ticket, "线程四").start();
9      }
10 }
11 //定义 Ticket1 类继承 Runnable 接口
12 class Ticket1 implements Runnable {
13     private int tickets = 10;                   //定义变量 tickets 并赋值
14     Object lock = new Object();                 //定义任意一个对象,用作同步代码块的锁
15     public void run() {
16         while (true) {
```

```
17          synchronized (lock) {                   //定义同步代码块
18              try {
19                  Thread.sleep(300);              //经过的线程休眠 300ms
20              } catch (InterruptedException e) {
21                  e.printStackTrace();
22              }
23              if (tickets > 0) {
24                  System.out.println(Thread.currentThread().getName()
25                          + "---卖出的票" + tickets--);
26              } else {                            //如果 tickets 小于或等于 0,则跳出循环
27                  break;
28              }
29          }
30      }
31  }
32 }
```

在文件 12-16 中,将有关 tickets 变量的操作全部放到同步代码块中。为了保证线程持续执行,将同步代码块放在循环语句中,直到 ticket≤0 时跳出循环。

文件 12-16 的运行结果如图 12-21 所示。

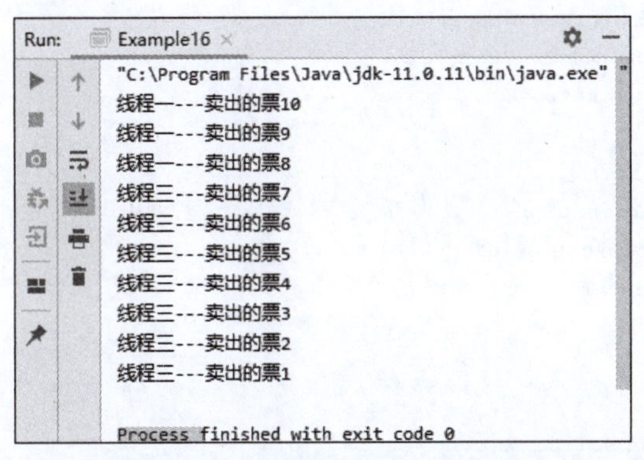

图 12-21　文件 12-16 的运行结果

从图 12-21 可以看出,车票编号不再出现 0 和负数的情况,这是因为售票的代码实现了同步,之前出现的线程安全问题得以解决。

运行结果中并没有出现线程二和线程四的售票信息,出现这样的现象是很正常的,因为线程在获得锁对象时有一定的随机性,在整个程序的运行期间,线程二和线程四始终未获得锁对象,所以未能显示它们的输出结果。

注意:同步代码块中的锁对象可以是任意类型的对象,但多个线程共享的锁对象必须是同一个。"任意"说的是共享锁对象的类型。锁对象的创建代码不能放到 run()方法中,否则每个线程运行到 run()方法时都会创建一个新对象,这样,每个线程都会有一个不同的锁,每个锁都有自己的标志位,线程之间便不能产生同步的效果。

12.5.3　同步方法

同步代码块可以有效解决线程安全问题,当把共享资源的操作放在同步代码块中时,便

为这些操作加了同步锁。synchronized 关键字除了修饰代码块,同样可以修饰方法,被 synchronized 关键字修饰的方法称为同步方法。同步方法和同步代码块一样,在同一时刻只允许一个线程调用同步方法。synchronized 关键字修饰方法的语法格式如下:

```
synchronized 返回值类型 方法名([参数列表]){}
```

下面修改文件 12-16,在 Ticket1 类中定义同步方法 saleTicket(),用于实现售票功能。修改后的代码如文件 12-17 所示。

文件 12-17 Example17.java

```
1  public class Example17 {
2      public static void main(String[] args) {
3          Ticket1 ticket = new Ticket1();                //创建 Ticket1 对象
4          //创建并开启 4 个线程
5          new Thread(ticket,"线程一").start();
6          new Thread(ticket,"线程二").start();
7          new Thread(ticket,"线程三").start();
8          new Thread(ticket,"线程四").start();
9      }
10 }
11 //定义 Ticket1 类实现 Runnable 接口
12 class Ticket1 implements Runnable {
13     private int tickets = 10;
14     public void run() {
15         while (true) {
16             saleTicket();                              //调用售票方法
17             if (tickets <= 0) {
18                 break;
19             }
20         }
21     }
22     //定义同步方法 saleTicket()
23     private synchronized void saleTicket() {
24         if (tickets > 0) {
25             try {
26                 Thread.sleep(300);                     //经过的线程休眠 300ms
27             } catch (InterruptedException e) {
28                 e.printStackTrace();
29             }
30             System.out.println(Thread.currentThread().getName() + "---卖出的票"
31                     + tickets--);
32         }
33     }
34 }
```

在文件 12-17 中,第 23~33 行代码将售票代码抽取为售票方法 saleTicket(),并用 synchronized 关键字修饰 saleTicket()方法,最后在第 16 行代码调用 saleTicket()方法。

文件 12-17 的运行结果如图 12-22 所示。

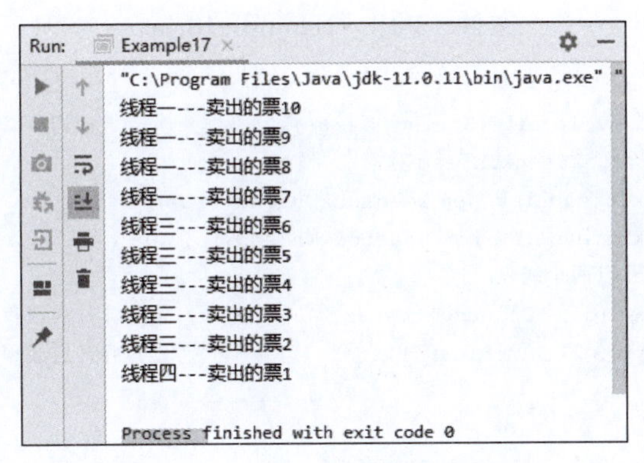

图 12-22　文件 12-17 的运行结果

从图 12-22 可以看出,同样没有出现编号为 0 和负数的车票,说明同步方法实现了和同步代码块一样的效果。

多学一招:同步方法的锁

读者可能会有这样的疑问:同步代码块的锁是自己定义的任意类型的对象,那么同步方法是否也存在锁?如果有,它的锁是什么呢?答案是肯定的,同步方法也有锁,它的锁就是调用该方法的当前对象,也就是 this 指向的对象。这样做的好处是,同步方法被所有线程所共享,方法所属的对象相对于所有线程来说是唯一的,从而保证了锁的唯一性。当一个线程执行同步方法时,其他线程就不能进入该方法中,直到当前线程执行完同步方法为止,从而达到线程同步的效果。

有时候需要同步的方法是静态方法,静态方法不需要创建对象就可以直接用"类名.方法名()"的方式调用。这时候读者就会有一个疑问:如果不创建对象,静态同步方法的锁就不会是 this,那么静态同步方法的锁是什么?Java 中静态方法的锁是该方法所在类的 class 对象,class 对象在装载该类时自动创建,该对象可以直接用"类名.class"的方式获取。

同步代码块和同步方法解决多线程问题有好处也有弊端。同步解决了多个线程同时访问共享数据时的线程安全问题,只要加上同一个锁,在同一时间内只能有一个线程执行。但是线程在执行同步代码时每次都会判断锁的状态,非常消耗系统资源,效率较低。

12.5.4　死锁问题

有这样一个场景:一个中国人和一个美国人在一起吃饭,美国人拿了中国人的筷子,中国人拿了美国人的刀叉,两个人开始争执不休:

中国人:"你先给我筷子,我再给你刀叉!"

美国人:"你先给我刀叉,我再给你筷子!"

……

结果可想而知,两个人都吃不成饭。这个例子中的中国人和美国人相当于不同的线程,筷子和刀叉就相当于锁。两个线程在运行时都在等待对方的锁,这样便造成了程序的停滞,这种现象称为死锁。下面通过中国人和美国人吃饭的案例模拟死锁问题,如文件 12-18 所示。

文件 12-18 Example18.java

```
1  public class Example18 {
2      public static void main(String[] args) {
3          //创建两个 DeadLockThread 对象
4          DeadLockThread d1 = new DeadLockThread(true);
5          DeadLockThread d2 = new DeadLockThread(false);
6          //创建并开启两个线程
7          new Thread(d1, "Chinese").start();        //创建并开启线程 Chinese
8          new Thread(d2, "American").start();       //创建并开启线程 American
9      }
10 }
11 class DeadLockThread implements Runnable {
12     static Object chopsticks = new Object();      //定义 Object 类型的 chopsticks 锁对象
13     static Object knifeAndFork = new Object();    //定义 Object 类型的 knifeAndFork 锁对象
14     private boolean flag;                         //定义 boolean 类型的变量 flag
15     DeadLockThread(boolean flag) {                //定义有参构造方法
16         this.flag = flag;
17     }
18     public void run() {
19         if (flag) {
20             while (true) {
21                 synchronized (chopsticks) {       //chopsticks 锁对象上的同步代码块
22                     System.out.println(Thread.currentThread().getName()
23                             + "---if---chopsticks");
24                     synchronized (knifeAndFork) { //knifeAndFork 锁对象上的同步代码块
25                         System.out.println(Thread.currentThread().getName()
26                                 + "---if---knifeAndFork");
27                     }
28                 }
29             }
30         } else {
31             while (true) {
32                 synchronized (knifeAndFork) {     //knifeAndFork 锁对象上的同步代码块
33                     System.out.println(Thread.currentThread().getName()
34                             + "---else---knifeAndFork");
35                     synchronized (chopsticks) {   //chopsticks 锁对象上的同步代码块
36                         System.out.println(Thread.currentThread().getName()
37                                 + "---else---chopsticks");
38                     }
39                 }
40             }
41         }
42     }
43 }
```

文件 12-18 的运行结果如图 12-23 所示。

在文件 12-18 中，第 1～10 行代码的 DeadLockThread 类中创建了 Chinese 和 American 两个线程，分别执行 run()方法中 if 和 else 代码块中的同步代码块。第 11～17 行代码中设置 Chinese 线程拥有 chopsticks 锁，只有当 Chinese 线程获得 knifeAndFork 锁后才能执行完毕。

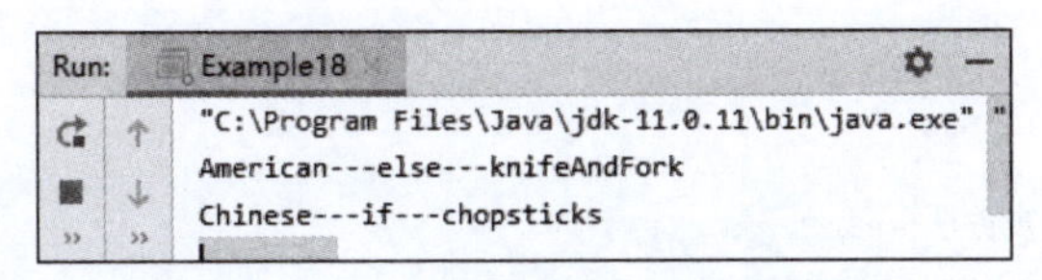

图 12-23　文件 12-18 的运行结果

第 21～30 行代码中设置 American 线程拥有 knifeAndFork 锁，只有在 American 线程获得 chopsticks 锁后才能执行完毕。两个线程都需要对方占用的锁，但是都无法释放自己拥有的锁，于是这两个线程都处于挂起状态，从而造成了图 12-23 所示的死锁。

12.5.5　重入锁

重入锁(ReentrantLock)的作用类似于 synchronized 关键字，synchronized 是通过 Java 虚拟机实现的，而重入锁通过 JDK 实现。重入锁是指可以给同一个资源添加多个锁，并且释放锁的方式与 synchronized 也不同。synchronized 的锁在线程执行完毕之后自动释放，而 ReentrantLock 的锁必须手动释放。

重入锁的使用格式如下：

```
private ReentrantLock reentrantLock = new ReentrantLock();
reentrantLock.lock();                              //加锁
//需要锁的数据
reentrantLock.unlock();                            //释放锁
```

下面修改文件 12-17，使用重入锁模拟多个窗口售票，修改后的代码如文件 12-19 所示。

文件 12-19　Example19.java

```
1  import java.util.concurrent.locks.ReentrantLock;
2  public class Example19 {
3      public static void main(String[] args) {
4          //创建 ReentrantLockTest 对象
5          ReentrantLockTest reentrantLockTest = new ReentrantLockTest();
6          //创建并开启 4 个线程
7          new Thread(reentrantLockTest,"线程一").start();
8          new Thread(reentrantLockTest,"线程二").start();
9          new Thread(reentrantLockTest,"线程三").start();
10         new Thread(reentrantLockTest,"线程四").start();
11     }
12 }
13 //定义 ReentrantLockTest 类实现 Runnable 接口
14 class ReentrantLockTest implements Runnable {
15     private int tickets = 10;
16     private ReentrantLock reentrantLock = new ReentrantLock();
17     public void run() {
18         while (true) {
19             saleTicket();                        //调用售票方法
20             if (tickets <= 0) {
21                 break;
```

```
22                }
23            }
24        }
25        //定义一个同步方法 saleTicket()
26        private  void saleTicket() {
27            //调用 lock()方法为车票数加锁
28            reentrantLock.lock();
29            if (tickets > 0) {
30                try {
31                    Thread.sleep(300);                    //经过的线程休眠 300ms
32                } catch (InterruptedException e) {
33                    e.printStackTrace();
34                }
35                System.out.println(Thread.currentThread().getName() + "---卖出的票"
36                        + tickets--);
37            }
38            //调用 unlock()方法为车票数释放锁
39            reentrantLock.unlock();
40        }
41 }
```

在文件 12-19 中,第 16 行代码创建了 ReentrantLock 类的对象 reentrantLock。在 saleTicket()方法中,第 28 行代码调用 lock()方法为车票数加锁,第 39 行代码调用 lock()方法为车票数释放锁。

文件 12-19 运行结果如图 12-24 所示。

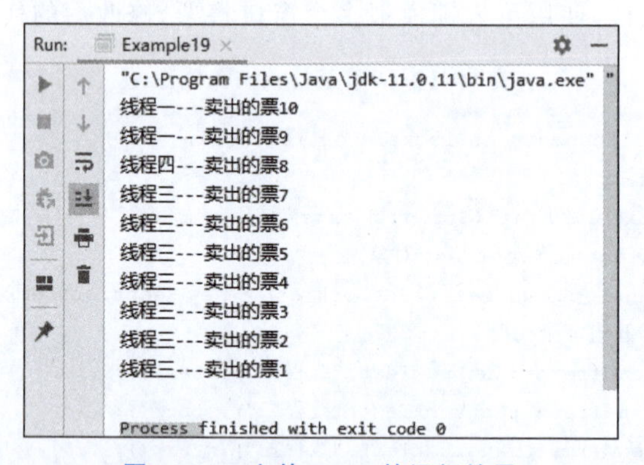

图 12-24 文件 12-19 的运行结果

从图 12-24 可以看出,运行结果与使用 synchronized 的结果是一致的。如果需要在此基础上添加多把锁,只需要调用 lock()方法即可。需要注意的是,使用重入锁是加了几把锁就必须释放几把锁,否则会导致线程处于阻塞状态。

12.6 本章小结

本章详细介绍了多线程的基础知识。本章主要内容如下:进程与线程的概念;创建线程的 3 种方式及各自的优缺点,后台线程;线程的生命周期与状态转换;从线程的优先级、休眠、插队、让步和中断的相关方法；多线程的同步，包括线程安全、同步代码块、同步方法和如何解决死锁问题。通过本章的学习，读者应该对Java多线程有初步的认识。熟练掌握这些知识，对以后的编程开发大有裨益。

12.7 本章习题

一、填空题

1. 实现多线程的两种方式是继承________类和实现________接口。

2. 线程的整个生命周期分为5个阶段，分别是________、________、________、阻塞状态和死亡状态。

3. 在Thread类中，提供了________方法用于启动新线程。

4. 执行________方法，可以让线程在规定的时间内休眠。

5. 同步代码块使用________关键字修饰。

二、判断题

1. 对Java程序来说，只要还有一个前台线程在运行，这个进程就不会结束。 ( )

2. 使用synchronized关键字修饰的代码块被称作同步代码块。 ( )

3. 操作系统中的每个进程中都至少存在一个线程。 ( )

4. 线程结束等待或者阻塞状态后，会进入运行状态。 ( )

5. 当调用一个正在运行的线程的stop()方法时，该线程便会进入休眠状态。 ( )

三、选择题

1. 下列有关线程的创建方式的说法中错误的是( )。

   A. 通过继承Thread类与实现Runnable接口都可以创建多线程程序

   B. 实现Runnable接口相对于继承Thread类来说，可以避免由于Java的单继承带来的局限性

   C. 通过继承Thread类与实现Runnable接口这两种方式创建多线程没有区别

   D. 大部分多线程应用采用实现Runnable接口方式创建

2. ( )不会导致线程暂停运行。

   A. 等待　　B. 阻塞

   C. 休眠　　D. 挂起及由于I/O操作而阻塞

3. 以下关于计算机中线程调度模型的说法中错误的是( )。

   A. 在计算机中，线程调度有两种模型，分别是分时调度模型和抢占式调度模型

   B. Java虚拟机默认采用分时调度模型

   C. 分时调度模型是指让所有的线程轮流获得CPU的使用权

   D. 抢占式调度模型是指让可运行池中优先级高的线程优先占用CPU

4. 以下关于解决Java多线程死锁的方法说法中错误的是( )。

A. 避免存在一个进程等待序列{P_1,P_2,…,P_n},其中P_1等待P_2占有的某一资源,P_2等待P_3占有的某一源……P_n等待P_1占有的某一资源,可以避免死锁

B. 打破互斥条件,即允许进程同时访问某些资源,可以预防死锁。但是,有的资源是不允许被同时访问的,所以这种办法并无实用价值

C. 打破不可抢占条件,即允许进程强行从占有者那里夺取某些资源。具体地说,当一个进程已占有某些资源,它又申请新的资源,但不能立即被满足时,它必须释放其占有的全部资源,以后再重新申请。它释放的资源可以分配给其他进程。这样可以避免死锁

D. 使用打破循环等待条件(避免一个线程等待其他线程,后者又在等待前者)的方法不能避免线程死锁

5. 对于线程的生命周期,下面4种说法中正确的是(　　)。

A. 调用了线程的start()方法,该线程就进入运行状态

B. 线程的run()方法运行结束或被未捕获的InterruptedException等异常终结,则该线程进入死亡状态

C. 线程进入死亡状态,但是该线程对象仍然是一个Thread对象,在没有被垃圾回收器回收之前仍可以像引用其他对象一样引用它

D. 线程进入死亡状态后,调用它的start()方法仍然可以重新启动它

四、简答题

1. 简述创建多线程的两种方式。
2. 简述同步代码块的作用。

五、编程题

编写一个多线程程序,模拟火车售票窗口的售票功能。创建线程1和线程2,通过这两个线程共同售出100张票。

第13章 网络编程

学习目标

- 了解TCP/IP的特点,能够说出TCP/IP网络参考模型的4个层次。
- 了解UDP与TCP,能够说出UDP与TCP的特点。
- 熟悉IP地址和端口号,能够说出IP地址和端口号的作用。
- 熟悉InetAddress类,能够正确使用InetAddress类的常用方法。
- 掌握TCP程序设计,能够使用ServerSocket类和Socket类编写多线程的TCP通信程序。
- 掌握UDP程序设计,能够使用DatagramPacket类和DatagramSocket类编写多线程的UDP通信程序。

如今,计算机网络已经成为人们日常生活的必需品,无论是工作时发送邮件,还是在休闲时和朋友网上聊天,都离不开计算机网络。计算机网络是指将地理位置不同、具有独立功能的多台计算机及其外部设备通过通信线路连接起来,在网络操作系统、网络管理软件及网络通信协议的管理和协调下,实现资源共享和信息传递的计算机系统。位于同一个网络中的计算机若想彼此通信,可以通过编写网络程序来实现,即在不同的计算机上编写一些实现了网络连接的程序,通过这些程序可以实现不同计算机之间的数据交互。本章将重点介绍网络通信的相关知识以及网络程序的编写。

13.1 网络基础

在进行网络编程之前,读者应先掌握与网络相关的基础知识。本节将对网络基础知识进行详细讲解。

13.1.1 网络通信协议

通过计算机网络可以实现多台计算机的连接,但是不同计算机的操作系统和硬件体系结构不同,为了提供通信支持,位于同一个网络中的计算机在进行连接和通信时必须遵守一定的规则,这就好比在道路中行驶的汽车一定要遵守交通规则一样。在计算机网络中,这些连接和通信的规则被称为网络通信协议,它对数据的传输格式、传输速率、传输步骤等做了统一规定,通信双方必须同时遵守才能完成数据交互。

网络通信协议有很多种,例如,网络层的IP(Internet Protocol,网际互联协议),传输层的 TCP(Transmission Control Protocol,传输控制协议)和 UDP(User Datagram Protocol,用户数据报协议),应用层的 FTP、HTTP、SMTP 等。其中,TCP 和 IP 是网络通信的主要协议,它们定义了计算机与外部设备进行通信时使用的规则。本章所学的网络编程知识主要基于 TCP/IP 中的内容。

TCP/IP(又称 TCP/IP 协议簇)是一组用于实现网络互连的通信协议,其名称来源于该协议簇中两个重要的协议(TCP 和 IP)。基于 TCP/IP 的网络参考模型将网络分成 4 个层次,如图 13-1 所示。

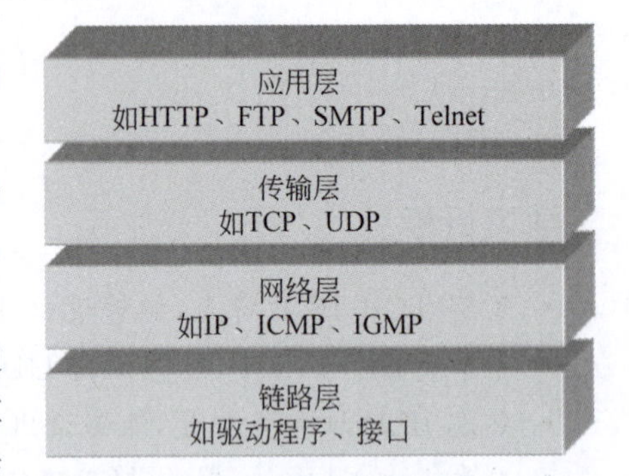

图 13-1 基于 TCP/IP 的网络参考模型

在图 13-1 中,TCP/IP 中的 4 个层次从最下层到最上层依次是链路层、网络层、传输层和应用层,各层分别负责不同的通信功能。

- 链路层。也称数据链路层或网络接口层,通常包括操作系统中的设备驱动程序和计算机中对应的网络接口卡。它们一起处理与电缆或其他传输媒介有关的物理接口细节。
- 网络层。也称网络互联层,是 TCP/IP 的核心,它主要用于将传输的数据分组,将分组数据发送到目标计算机或者网络。网络层对 TCP/IP 网络中的硬件资源进行标识。
- 传输层。在 TCP/IP 网络中,不同的计算机之间进行通信时,数据的传输是由传输层控制的,包括数据要发往的目的主机及应用程序、数据的质量控制等。TCP/IP 网络中最常用的传输协议——TCP 和 UDP 就应用于这一层。传输层通常以 TCP 或 UDP 来控制端点到端点的通信。用于通信的端点由 Socket 定义,而 Socket 由 IP 地址和端口号组成。
- 应用层。主要负责应用程序的通信功能。大多数基于 Internet 的协议都被看作 TCP/IP 的应用层协议,如 HTTP、FTP、SMTP、Telnet 等。

思政阅读

13.1.2 TCP 与 UDP

协议是定义的通信规则。在图 13-1 所示的基于 TCP/IP 的网络参考模型中,传输层的两个重要的高级协议分别是 TCP 和 UDP。下面分别对这两个协议进行详细讲解。

1. TCP

TCP 是面向连接的通信协议,即在传输数据前先在发送端和接收端建立逻辑连接,然后再传输数据,它提供了两台计算机之间可靠、无差错的数据传输。在 TCP 连接中必须明确客户端与服务器端,由客户端向服务器端发出连接请求。每次连接的创建都需要经过三次握手:第一次握手,客户端向服务器端发出连接请求,等待服务器端确认;第二次握手,服务器端向客户端回送一个响应,通知客户端收到了连接请求;第三次握手,客户端向服务器端发送确认信息,确认连接。TCP 连接的整个交互过程如图 13-2 所示。

因为 TCP 拥有面向连接的特性,所以它可以保证传输数据的安全性,是一个被广泛采

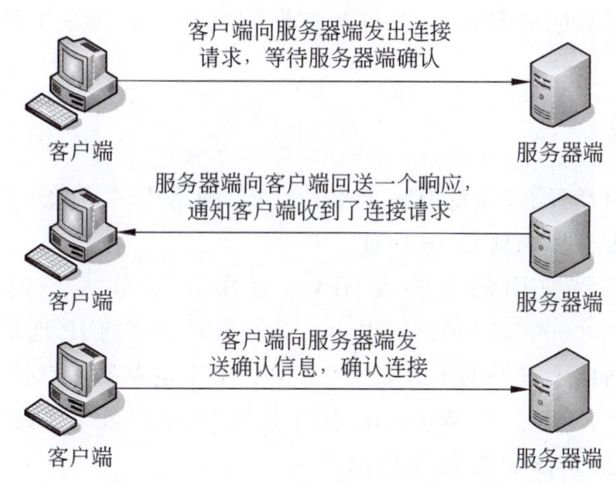

图 13-2　TCP 连接的整个交互过程

用的协议。例如，在下载文件时，如果数据接收不完整，将会导致文件数据丢失而不能被打开，因此，下载文件时必须采用 TCP。

2. UDP

UDP 是无连接通信协议，即在数据传输时，数据的发送端和接收端不建立逻辑连接。简单来说，当一台计算机向另一台计算机发送数据时，发送端不会确认接收端是否存在就会发出数据；同样，接收端在收到数据时，也不会向发送端反馈是否收到数据。UDP 的交互过程如图 13-3 所示。

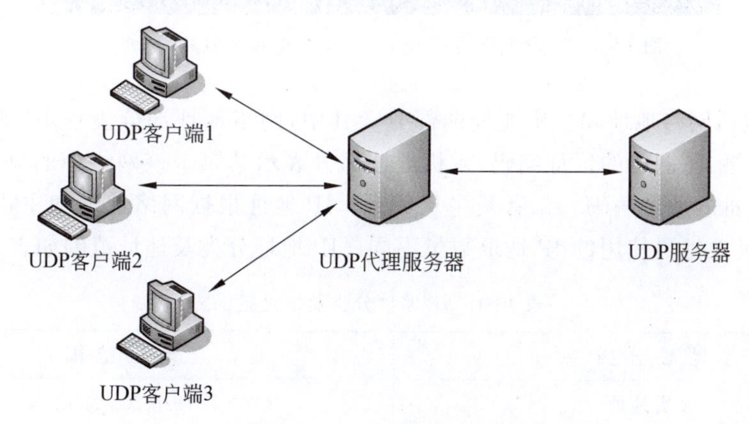

图 13-3　UDP 的交互过程

由于 UDP 协议消耗资源小，通信效率高，所以 UDP 协议通常都会用于音频、视频和普通数据的传输，例如视频会议使用 UDP 协议，因为这种情况即使偶尔丢失一两个数据报，也不会对接收结果产生太大影响。但是在使用 UDP 协议传送数据时，因为 UDP 具有面向无连接性，不能保证数据的完整性，所以在传输重要数据时不建议使用 UDP 协议。

13.1.3　IP 地址和端口号

在网络编程中，如果一台计算机要和另一台计算机进行通信，需要通过 IP 地址建立连接,并通过端口号找到对应的服务,以此进行数据的交互。本节将分别对 IP 地址和端口号进行讲解。

1. IP 地址

互联网上的每一台终端设备都有一个唯一标识,网络中的请求可以根据这个标识找到具体的计算机,这个唯一标识就是 IP 地址。

目前,IP 地址广泛使用的版本是 IPv4,它用 4 字节大小的二进制数表示,如 00001010000000000000000000000001。因为二进制形式表示的 IP 地址非常不便于记忆,所以通常会将 IP 地址写成十进制的形式,一字节用一个十进制数字(0~255)表示,数字间用点符号(.)分开,如 127.0.0.1。在 Windows 操作系统中,用户可以在命令行通过 ipconfig 命令查看本机的 IP 地址,具体如图 13-4 所示。

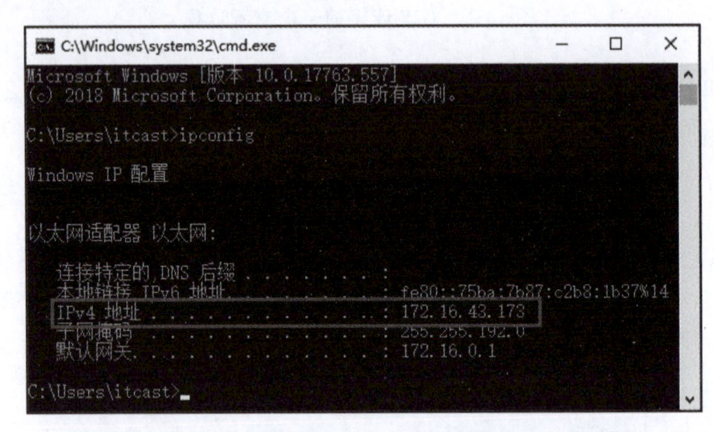

图 13-4 在命令行通过 ipconfig 命令查看本机的 IP 地址

IP 地址包括网络地址和主机地址两部分。其中,网络地址部分表示 IP 地址属于互联网的哪一个网络,是网络的地址编码;主机地址部分表示其属于该网络中的哪一台主机,是网络中一个主机的地址编码。二者是主从关系。IP 地址根据网络地址和主机地址的范围分为 5 类,各类地址可使用的 IP 地址数量不同。IP 地址分类及地址范围如表 13-1 所示。

表 13-1 IP 地址分类及地址范围

地址分类	地址范围
A 类地址	1.0.0.1~126.255.255.254
B 类地址	128.0.0.1~191.255.255.254
C 类地址	192.0.0.1~223.255.255.254
D 类地址	224.0.0.0~239.255.255.255
E 类地址	240.0.0.0~255.255.255.255

在表 13-1 中,可以发现没有 127.X.X.X 的地址,因为它是保留地址,用作循环测试。在开发中经常使用 127.0.0.1 表示本机的 IP 地址,例如,使用 ping 127.0.0.1 命令测试本机 TCP/IP 是否正常。

2. 端口号

在计算机中,端口号就是一个服务所占用的端口(port)的唯一标识。如果把计算机看作一座大楼,IP 地址就相当于大楼的地址,端口号就是房间号。IP 地址需要和端口号结合起来使用,这类似于快递小哥必须通过大楼地址和房间号才能准确找到收件人。网络中的请求需要通过 IP 地址找到计算机。同时,一台计算机上会同时运行很多个服务,不同的服务会占用不同的端口,计算机根据端口号把不同的请求分配给不同的服务。例如,计算机同时打开了微信和 QQ,朋友通过微信发送了一条消息,请求到达计算机时,接收请求的是微信服务而不是 QQ 服务,就是因为不同的服务有不同的端口号,接收请求根据 IP 地址和端口号就可以准确地找到接收它的服务了。

端口号是用 16 位的二进制数表示的,将其转换为十进制数后,取值范围是 0～65 535,其中,0～1023 的端口号由操作系统的网络服务使用。例如,HTTP 服务的端口号为 80,Telnet 服务的端口号为 21,FTP 服务的端口号为 23。因此,当用户编写通信程序时,应选择一个大于 1023 的数作为端口号,从而避免服务端口号被操作系统占用的情况发生。

IP 地址和端口号的作用如图 13-5 所示。

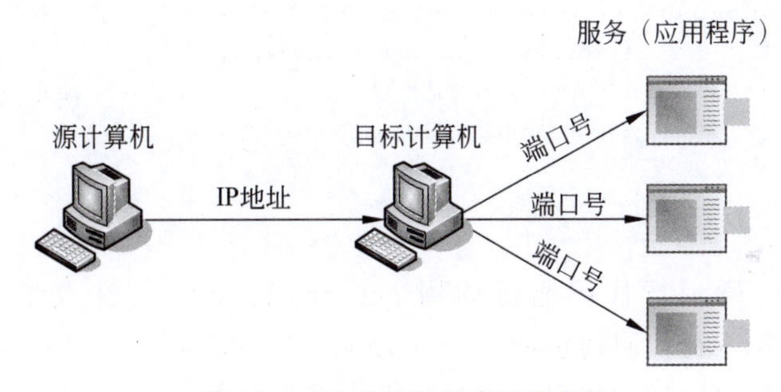

图 13-5　IP 地址和端口号的作用

从图 13-5 中可以清楚地看到,位于网络中的一台计算机可以通过 IP 地址访问另一台计算机,并通过端口号访问目标计算机中的某个应用程序。

13.1.4　InetAddress 类

Java 提供了与 IP 地址相关的 InetAddress 类,该类用于封装一个 IP 地址。它还提供了一系列与 IP 地址相关的方法,表 13-2 列举了 InetAddress 类的常用方法。

表 13-2　InetAddress 类的常用方法

方法声明	功能描述
InetAddress getByName(String host)	通过给定的主机名获取 InetAddress 对象的 IP 地址
InetAddress getByAddress(byte[] addr)	通过存放在字节数组中的 IP 地址返回一个 InetAddress 对象
InetAddress getLocalHost()	获取本地主机的 IP 地址
byte[] getAddress()	获取本对象的 IP 地址,并存放在字节数组中
String getHostAddress()	获取字符串格式的原始 IP 地址

续表

方 法 声 明	功 能 描 述
String getHostName()	获取 IP 地址的主机名。如果是本机，则是计算机名；如果不是本机，则是主机名；如果没有域名，则是 IP 地址
Boolean isReachable(int timeout)	判断地址是否可以到达，同时指定超时时间

表 13-2 中的第一个方法用于获取表示指定主机的 InetAddress 对象，第二个方法用于获取表示指定 IP 地址的 InetAddress 对象。通过 InetAddress 对象便可获取指定主机名、IP 地址等。下面通过一个案例演示 InetAddress 类常用方法的使用，如文件 13-1 所示。

文件 13-1 Example01.java

```
1  import java.net.InetAddress;
2  public class Example01 {
3      public static void main(String[] args) throws Exception {
4          InetAddress localAddress = InetAddress.getLocalHost();
5          InetAddress remoteAddress = InetAddress.getByName("www.itcast.cn");
6          System.out.println("本机的 IP 地址:" + localAddress.getHostAddress());
7          System.out.println("www.itcast.cn 的 IP 地址:" +
8                  remoteAddress.getHostAddress());
9          System.out.println("3s 是否可达主机名为 www.itcast.cn 的 IP 地址:" +
10                 remoteAddress.isReachable(3000));
11     }
12 }
```

在文件 13-1 中，第 4 行代码通过调用 getLocalHost()方法获取表示本地主机的 InetAddress 对象。第 5 行代码通过调用 getByName()方法取得远程 InetAddress。第 6 行代码获取本地主机的 IP 地址并输出。第 7、8 行代码获取主机名为 www.itcast.cn 的主机的 IP 地址。第 9、10 行代码判断 3s 内是否可到达主机名为 www.itcast.cn 的主机的 IP 地址。

文件 13-1 的运行结果如图 13-6 所示。

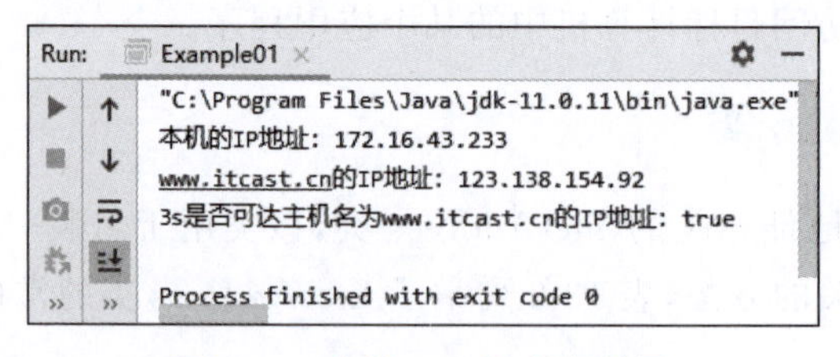

图 13-6 文件 13-1 的运行结果

13.1.5 URL 编程

URL(Uniform Resource Locator)是统一资源定位器，它表示互联网上某一资源的地址。互联网上的资源包括 HTML 文件、图像文件、音频文件、视频文件等，只要按照 URL 规则定义某个资源，互联网上的程序就可以通过 URL 访问它。也就是说，通过 URL 访问互联网时，浏览器或其他程序通过解析给定的 URL 就可以在互联网上查找到相应的文件或资源。实际上，用户上网时在浏览器地址栏中输入的网址就是一个 URL。

URL 的基本结构分为 5 部分，具体格式如下：

```
传输协议://主机名:端口号/文件名#引用
```

URL 基本格式中每个部分的含义如下：

（1）传输协议：指访问资源使用的协议名，如 HTTP、FTP 等。

（2）主机名：指资源所在的计算机名称。主机名可以是 IP 地址，也可以是计算机的名称或域名。

（3）端口号：指服务使用的端口号。

（4）文件名：指访问的文件名称，包括该文件的完整路径。在 HTTP 中，有一个默认的文件名 index.html，因此下列两个地址是等价的：

```
http://java.sun.com
http://java.sun.com/index.html
```

（5）引用：指资源内部的某个参考点，如 http://java.sun.com/index.html#page1。

以上就是 URL 的基本结构的 5 部分。需要注意的是，对于一个 URL，并不要求必须包含所有的 5 部分。

Java 中定义了 URL 类，用于访问网络上的资源，URL 类是 java.lang.Object 类的直接子类。URL 类中定义了一些常用方法，利用这些方法可以得到 URL 位置本身的数据，或者将 URL 对象转换成表示 URL 位置的字符串。URL 类的常用方法如表 13-3 所示。

表 13-3 URL 类的常用方法

方法声明	功能描述
public URL(String spec) throws MalformedURLException	根据指定的地址实例化 URL 对象
public URL(String protocol, String host, int port, String file) throws MalformedURLException	实例化 URL 对象，并指定协议、主机名、端口号和文件名
public URLConnection openConnection() throws IOException	创建 URLConnection 对象
public final InputStream openStream() throws IOException	创建输入流

下面通过一个案例演示 URL 类中常用方法的使用。在本案例中，通过 URL 类的常用方法访问指定 URL 的资源。案例具体实现如文件 13-2 所示。

文件 13-2 Example02.java

```
1  import java.io.InputStream;
2  import java.net.URL;
3  import java.util.Scanner;
4  public class Example02 {
5      public static void main(String[] args) throws Exception {
6          URL url = new
7              URL("https://www.itcast.cn");
8          InputStream input = url.openStream();
9          Scanner scan = new Scanner(input);
```

```
10          scan.useDelimiter("\n");
11          while(scan.hasNext()){
12              System.out.println(scan.next());
13          }
14      }
15  }
```

在文件 13-2 中,第 6、7 行代码指定要访问的 URL。第 8 行代码创建输入流,用于读取 URL 的内容。第 9 行代码实例化 Scanner 对象。第 10 行代码读取分隔符。第 11～13 行代码使用 while 循环不断读取 URL 的内容并输出。

文件 13-2 的运行结果如图 13-7 所示。

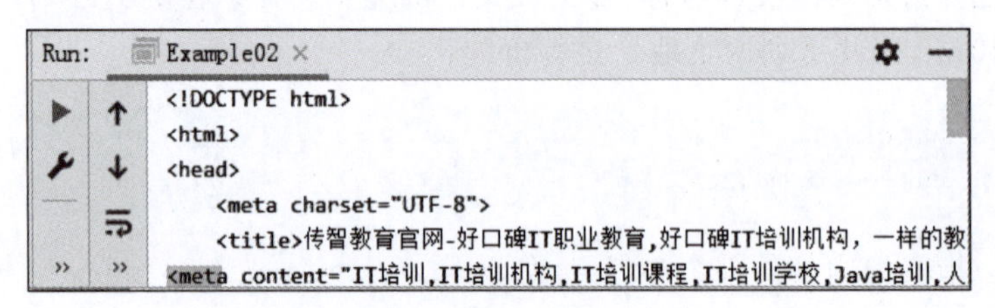

图 13-7　文件 13-2 的运行结果

13.2　TCP 通信

13.1.2 节介绍了 TCP 和 TCP 连接的交互过程。本节介绍在程序中如何实现 TCP 通信。

在 JDK 中提供了两个用于实现 TCP 程序的类：一个是 ServerSocket 类,用于表示服务器端;另一个是 Socket 类,用于表示客户端。通信时,首先要创建代表服务器端的 ServerSocket 对象,创建该对象相当于开启一个服务,此服务会等待客户端的连接;然后创建代表客户端的 Socket 对象,使用该对象向服务器端发出连接请求,服务器端响应请求后,两者才建立连接,开始通信。ServerSocket 类和 Socket 类通信的过程如图 13-8 所示。

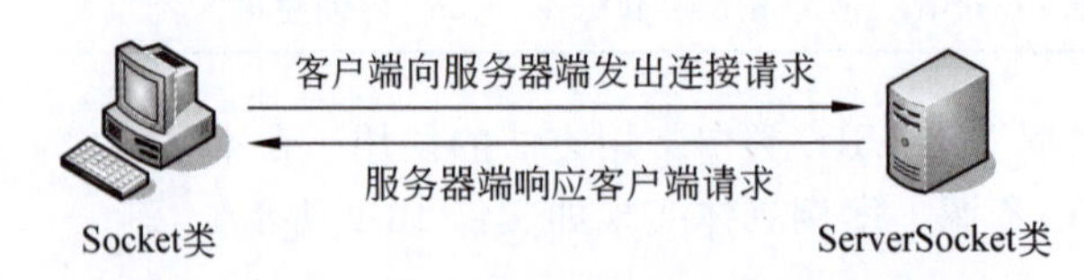

图 13-8　ServerSocket 类和 Socket 类通信的过程

下面将针对 ServerSocket 类和 Socket 类进行详细讲解。

13.2.1　ServerSocket 类

编写服务器端程序需要使用 ServerSocket 类。ServerSocket 类在 java.net 包中,java.net.ServerSocket 继承 java.lang.Object 类。ServerSocket 类的主要作用是接收客户端的连接请求。通过查阅 API 文档可知,ServerSocket 类提供了多种构造方法,具体如表 13-4 所示。

表 13-4　ServerSocket 类的构造方法

构 造 方 法	功 能 描 述
ServerSocket()	通过该构造方法创建的 ServerSocket 对象不与任何端口绑定，这样的 ServerSocket 对象创建的服务器端没有监听任何端口，不能直接使用，还需要继续调用 bind(SocketAddress endpoint)方法将其绑定到指定的端口上，才可以正常使用
ServerSocket(int port)	该构造方法的作用是以端口 port 创建 ServerSocket 对象，并等待客户端的连接请求
ServerSocket(int port, int backlog)	该构造方法在第二个构造方法的基础上增加了 backlog 参数，该参数用于指定最大连接数，即可以同时连接的客户端数量
ServerSocket(int port, int backlog, InetAddress bindAddr)	该构造方法在第三个构造方法的基础上增加了 bindAddr 参数，该参数用于指定相关的 IP 地址

在表 13-4 介绍的构造方法中，第二个构造方法是最常用的。

ServerSocket 类的常用方法如表 13-5 所示。

表 13-5　ServerSocket 类的常用方法

方 法 声 明	功 能 描 述
Socket accept()	该方法用于等待客户端的连接。在客户端连接之前会一直处于阻塞状态；如果有客户端连接，就会返回一个与之对应的 Socket 对象
InetAddress getInetAddress()	该方法用于返回一个 InetAddress 对象，该对象中封装了 ServerSocket 对象绑定的 IP 地址
boolean isClosed()	该方法用于判断 ServerSocket 对象是否为关闭状态。如果是关闭状态，则返回 true；反之则返回 false
void bind(SocketAddress endpoint)	该方法用于将 ServerSocket 对象绑定到指定的 IP 地址和端口号，其中 endpoint 参数封装了 IP 地址和端口号

13.2.2　Socket 类

Socket 类在 java.net 包中定义，java.net.Socket 继承 java.lang.Object 类。Socket 类用于编写客户端程序，用户通过创建一个 Socket 对象建立与服务器的连接。Socket 类的构造方法如表 13-6 所示。

表 13-6　Socket 类的构造方法

方 法 声 明	功 能 描 述
Socket()	使用该构造方法，在创建 Socket 对象时，并没有指定 IP 地址和端口号，也就意味着只创建了客户端对象，并没有连接任何服务器
Socket(String host, int port)	该构造方法用于在客户端以指定的主机名和端口号创建一个 Socket 对象，并向服务器端发出连接请求
Socket(InetAddress address, int port)	创建一个流套接字，并将其连接到指定 IP 地址的指定端口
Socket(InetAddress address, int port, boolean stream)	该构造方法在使用上与第二个构造方法类似，但 IP 地址由 address 指定

在表 13-6 列举的构造方法中,最常用的是第一个构造方法。

Socket 类的常用方法如表 13-7 所示。

表 13-7　Socket 类的常用方法

方法声明	功能描述
int getPort()	该方法用于获取 Socket 对象与服务器端连接的端口号
InetAddress getLocalAddress()	该方法用于获取 Socket 对象绑定的本地 IP 地址,并将 IP 地址封装成 InetAddress 类型的对象返回
InetAddress getInetAddress()	该方法用于获取创建 Socket 对象时指定的服务器的 IP 地址
void close()	该方法用于关闭 Socket 连接,结束本次通信。在关闭 Socket 连接之前,应将与 Socket 连接相关的所有的输入输出流全部关闭,这是因为一个良好的程序应该在执行完毕时释放所有的资源
InputStream getInputStream()	该方法返回一个 InputStream 类型的输入流对象。如果该输入流对象是由服务器端的 Server Socket 返回的,就用于读取客户端发送的数据;反之,用于读取服务器端发送的数据
OutputStream getOutputStream()	该方法返回一个 OutputStream 类型的输出流对象,如果该输出流对象是由服务器端的 Server Socket 返回的,就用于向客户端发送数据;反之,用于向服务器端发送数据

表 13-7 中的 getInputStream()方法和 getOutputStream()方法分别用于获取输入流和输出流。当服务器端和客户端建立连接后,数据以 I/O 流的形式进行交互,从而实现通信。服务器端和客户端的数据传输如图 13-9 所示。

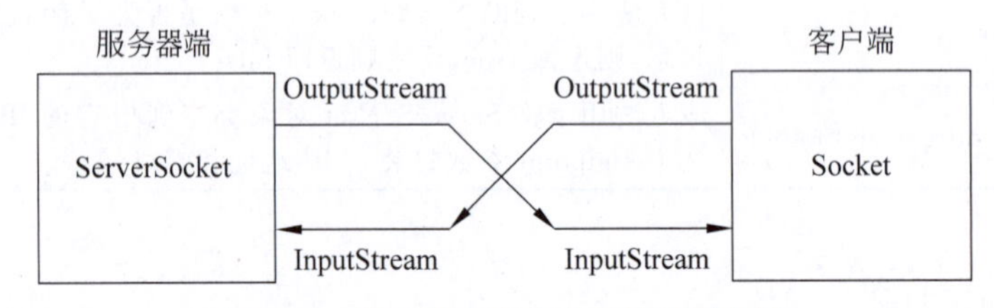

图 13-9　服务器端和客户端的数据传输

13.2.3　简单的 TCP 通信

通过前面的讲解,读者已经了解了 ServerSocket 类和 Socket 类的基本用法。为了让初学者更好地掌握这两个类的使用,下面通过一个 TCP 通信的案例进一步介绍这两个类的用法。要实现 TCP 通信,需要创建一个服务器端程序和一个客户端程序。下面首先实现服务器端程序,如文件 13-3 所示。

文件 13-3　TCPServer.java

```
1   import java.io.OutputStream;
2   import java.net.ServerSocket;
3   import java.net.Socket;
4   public class TCPServer {
5       public static void main(String[] args) throws Exception {
```

```
6           Socket client = null;                                    //声明 Socket 对象
7           OutputStream os = null;                                  //声明 OutputStream 对象
8           //创建 ServerSocket 对象并指定端口号(7788)
9           ServerSocket serverSocket = new ServerSocket(7788);
10          System.out.println("服务器正在运行,等待与客户端连接");
11          client = serverSocket.accept();                          //程序阻塞,等待客户端连接
12          os = client.getOutputStream();                           //获取客户端的输出流
13          System.out.println("开始与客户端交互数据");
14          //当客户端连接到服务器端时,向客户端输出数据
15          os.write(("北京欢迎你!").getBytes());
16          Thread.sleep(5000);                                      //模拟执行其他功能占用的时间
17          System.out.println("结束与客户端交互数据");
18          os.close();
19          client.close();
20      }
21  }
```

在文件 13-3 中,第 6、7 行代码分别声明了一个 Socket 对象和一个 OutputStream 对象,一个 Socket 对象表示一个客户端。第 9 行代码创建了一个 ServerSocket 对象代表服务器端,并指定端口号为 7788。第 11 行代码使用 ServerSocket 类的对象 client 调用 accept()方法等待客户端连接。第 12 行代码使用 ServerSocket 类的对象 client 调用 ServerSocket 类的 getOutputStream()方法获取客户端的输出流。第 15 行代码当客户端连接到服务器端时使用输出流向客户端输出数据。第 16 行代码调用 Thread 类的 sleep()方法使线程休眠 5000ms,用于模拟执行其他功能占用的时间。最后,在第 18、19 行代码中分别调用 OutputStream 类与 Socket 类的 close()方法关闭 OutputStream 对象与 Socket 对象。

文件 13-3 的运行结果如图 13-10 所示。

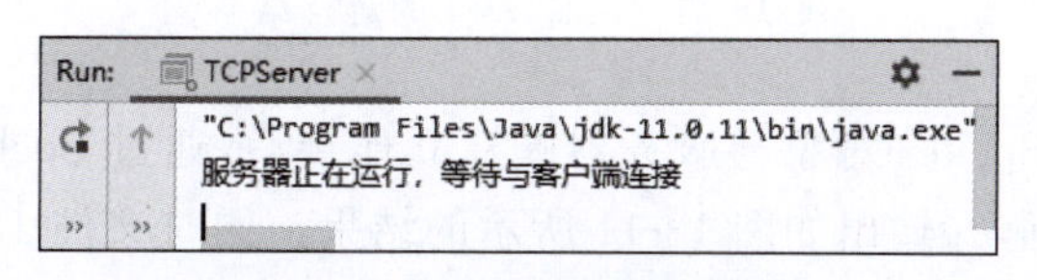

图 13-10　文件 13-3 的运行结果

从图 13-10 可以看出,控制台输出了"服务器正在运行,等待与客户端连接",并且控制台中的光标一直在闪动,这是因为 accept()方法在执行时发生阻塞,直到客户端连接成功后才会结束这种阻塞状态。

接下来编写客户端程序,并介绍如何通过客户端访问服务器端。客户端程序的具体实现如文件 13-4 所示。

文件 13-4　TCPClient.java

```
1  import java.io.BufferedReader;
2  import java.io.InputStreamReader;
3  import java.net.Socket;
4  public class TCPClient {
5      public static void main(String[] args) throws Exception {
```

```
6         Socket client = null;                          //声明 Socket 对象
7         client = new Socket("localhost",7788);         //指定连接的主机端口号
8         BufferedReader buf = null;                     //声明 BufferedReader 对象,用于接收信息
9         buf = new BufferedReader(
10                new InputStreamReader(
11                        client.getInputStream()        //获取客户端的输入流
12                )
13        );
14        String str = buf.readLine();                   //读取信息
15        System.out.println("服务器端输出内容:"+str);
16        client.close();                                //关闭 Socket 对象
17        buf.close();                                   //关闭输入流
18    }
19 }
```

在文件 13-4 中,第 6 行代码声明了 Socket 对象 client。第 7 行代码指定了连接的主机和端口号;第 8 行代码声明了一个 BufferedReader 对象 buf,用于接收服务器端发来的信息;第 9~13 行代码获取客户端的输入流;第 14 行代码读取客户端的输入流信息;第 16~17 行代码分别调用 Socket 类与 BufferedReader 类的 close()方法关闭 Socket 与 BufferedReader 对象。

文件 13-4 的运行结果如图 13-11 所示。

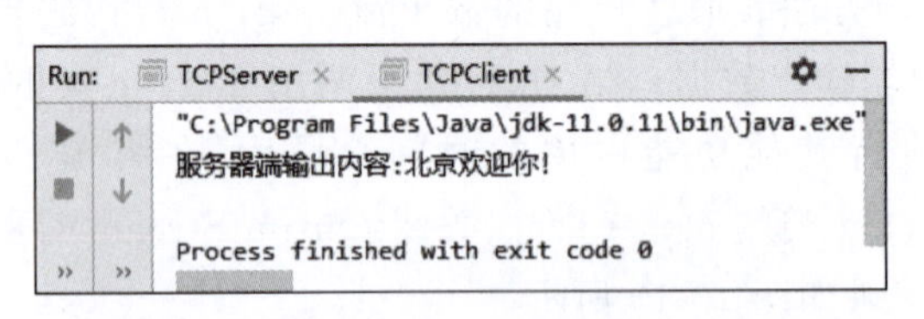

图 13-11　文件 13-4 的运行结果

在客户端创建的 Socket 对象与服务器端建立连接后,通过 Socket 对象获得输入流读取服务器端发来的数据,并输出如图 13-11 所示的结果。同时文件 13-3 中的服务器端程序会结束阻塞状态,并在控制台输出"开始与客户端交互数据",然后向客户端发送数据"北京欢迎你!",在服务器端休眠 5s 后会在控制台输出"结束与客户端交互数据",本次通信才结束。服务器端控制台输出结果如图 13-12 所示。

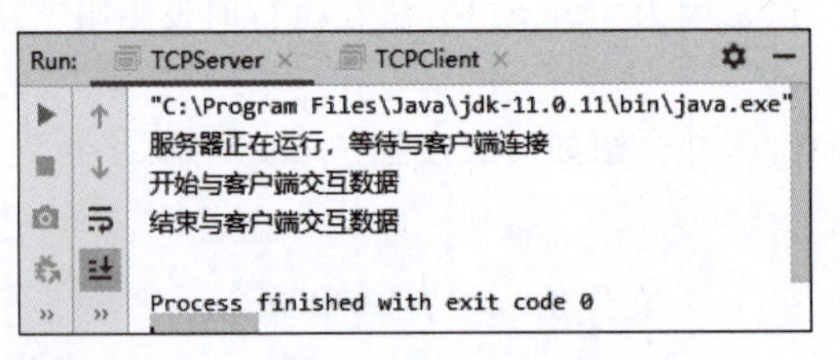

图 13-12　服务器端控制台输出结果

13.2.4　多线程的 TCP 网络程序

在文件 13-3 和文件 13-4 中,分别实现了 TCP 通信服务器端程序和客户端程序,当客户

端程序向服务器端程序发送请求时，服务器端程序会结束阻塞状态，完成程序的运行。实际上，很多服务器端程序支持多线程，允许多个客户端同时访问，例如，门户网站可以被多个客户端同时访问。多个客户端访问同一个服务器端的过程如图 13-13 所示。

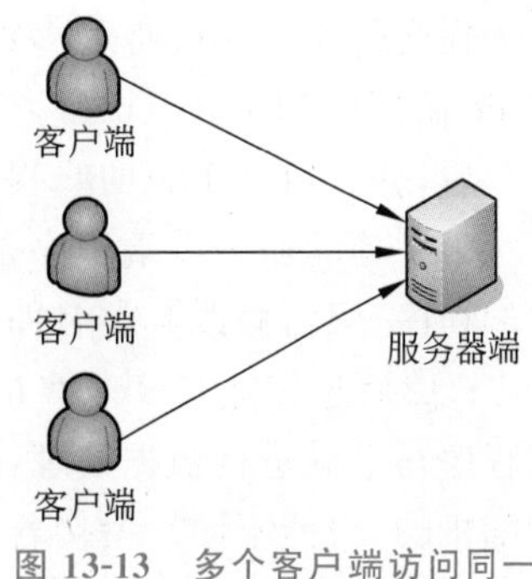

图 13-13　多个客户端访问同一个服务器端的过程

在图 13-13 中，服务器端为每个客户端创建一个对应的 Socket，并且开启一个新的线程使两个 Socket 建立专线进行通信。下面根据图 13-13 所示的通信方式对文件 13-3 的服务器端程序进行修改，修改后的服务器端程序如文件 13-5 所示。

文件 13-5　TCPServer.java

```
1   import java.net.ServerSocket;
2   import java.net.Socket;
3   import java.io.*;
4   public class TCPServer {
5       public static void main(String[] args) throws Exception {
6           //创建 ServerSocket 对象，监听指定的端口
7           ServerSocket serverSocket = new ServerSocket(7788);
8           //使用 while 循环不停地接收客户端发送的请求
9           while (true) {
10              //调用 ServerSocket 的 accept()方法等待客户端的连接
11              final Socket client = serverSocket.accept();
12              int port = client.getPort();
13              System.out.println("与端口号为"+port+"的客户端连接成功！");
14
15              //下面的代码用来开启一个新的线程
16              new Thread() {
17                  public void run() {
18                      OutputStream os= null;                  //定义一个输出流对象
19                      try {
20                          os = client.getOutputStream();      //获取客户端的输出流
21                          System.out.println("开始与客户端交互数据");
22                          os.write(("北京欢迎你！").getBytes());
23                          Thread.sleep(5000);                 //使线程休眠 5000ms
24                          System.out.println("结束与客户端交互数据");
25                          os.close();                         //关闭输出流
26                          client.close();                     //关闭 Socket 对象
27                      } catch (Exception e) {
28                          e.printStackTrace();
29                      }
30                  };
31              }.start();
32          }
33      }
34  }
```

在文件 13-5 中,使用多线程的方式编写了一个服务器端程序。第 9～32 行代码在 while 循环中调用 accept()方法,不停地接收客户端发送的请求。当服务器端与客户端建立连接后,会开启一个新的线程处理客户端发送的数据,而主线程仍处于等待状态。

为了检验服务器端程序是否实现了多线程,这里需要再创建两个与文件 13-4 相同的客户端程序,只需修改其类名即可。客户端程序创建完成之后,首先运行服务器端程序(文件 13-5),然后连续运行 3 个客户端程序。在测试过程中,当运行第一个客户端程序时,服务器端程序马上就进行数据处理,输出“与端口号为 53209 的客户端连接成功!”的信息(端口号是随机的,可能不同),紧接着再运行第 2 个和第 3 个客户端程序,会发现服务器端程序也立刻做出回应,同时启动的这 3 个客户端程序都能够接收到服务器端程序响应的信息,如图 13-14 所示。

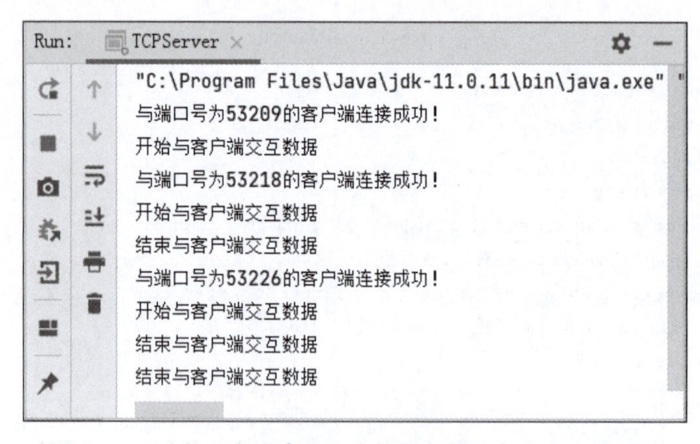

图 13-14 连接 3 个客户端程序的服务器端程序响应的信息

由图 13-14 可知,通过多线程的方式,可以实现多个客户端程序对同一个服务器端程序的访问。

13.3 UDP 通信

数据传输时,如果相较于数据传输的性能更看重数据传输的完整性、可控制性和可靠性时,TCP 无疑是最合适的选择;反之,在语音通话和视频通话这种更看重数据传输的性能的应用场景时,UDP 是更合适的选择。

UDP 是一种面向无连接的协议,因此在通信时发送端和接收端不用建立连接。UDP 通信的过程就像是货运公司在两个码头间发送货物一样。在码头发送和接收货物时都需要使用集装箱来装载货物,UDP 通信也是一样,发送和接收的数据也需要使用“集装箱”进行打包,为此 JDK 中提供了一个 DatagramPacket 类,该类的实例对象就相当于一个集装箱,用于封装 UDP 通信中发送或者接收的数据。

DatagramPacket 的作用就如同是“集装箱”,可以将发送端或者接收端的数据封装起来。然而运输货物只有“集装箱”是不够的,还需要有码头。在程序中需要实现通信只有 DatagramPacket 数据包也同样不行,为此 JDK 中提供的一个 DatagramSocket 类。DatagramSocket 类的作用就类似于码头,使用这个类的实例对象就可以发送和接收

DatagramPacket 数据包。

通过 DatagramPacket 类和 DatagramSocket 类传输数据的过程如图 13-15 所示。

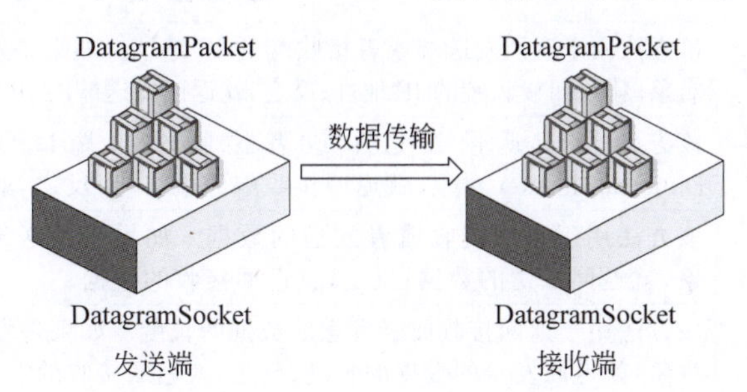

图 13-15　通过 DatagramPacket 类和 DatagramSocket 类传输数据的过程

本节将分别对 DatagramPacket 类和 DatagramSocket 类进行详细讲解。

13.3.1　DatagramPacket 类

DatagramPacket 类用于封装 UDP 通信中发送或者接收的数据，DatagramPacket 类的对象也称为数据报对象。利用 UDP 通信时，发送端使用 DatagramPacket 类将数据打包，即用 DatagramPacket 类创建一个数据报对象，这个数据报对象包含需要传输的数据、数据报的长度、IP 地址和端口号等信息。要创建一个 DatagramPacket 对象，首先需要了解它的构造方法。在创建发送端和接收端的 DatagramPacket 对象时，使用的构造方法有所不同，接收端的构造方法只需要接收一个字节数组作为参数，用于存放接收到的数据；而发送端的构造方法不但要接收存放发送数据的字节数组，还需要指定发送端的 IP 地址和端口号。DatagramPacket 类的构造方法如表 13-8 所示。

表 13-8　DatagramPacket 类的构造方法

方法声明	功能描述
DatagramPacket(byte[] buf, int length)	用于创建一个接收端的数据报对象，buf 数组用于接收发送端发送的数据报中的数据，接收长度为 length。该构造方法没有指定 IP 地址和端口号。这样的对象只能用于接收端，不能用于发送端。因为发送端一定要明确指出数据的目的地(IP 地址和端口号)；而接收端不需要明确知道数据的来源，只需要接收到数据即可
DatagramPacket(byte[] buf, int length, InetAddress addr, int port)	创建一个用于发送给远程系统的数据报对象，并将数组 buf 中长度为 length 的数据发送到地址为 address、端口号为 port 的主机上。创建的数据报对象通常用于发送端
DatagramPacket(byte[] buf, int offset, int length)	该构造方法与第一个构造方法类似，同样用于接收端，只不过在第一个构造方法的基础上增加了 offset 参数，该参数用于指定接收到的数据在放入 buf 缓冲数组时是从 offset 索引处开始的
DatagramPacket(byte[] buf, int offset, int length, InetAddress addr, int port)	该构造方法与第二个构造方法类似，同样用于发送端，只不过在第二个构造方法的基础上增加了 offset 参数，该参数用于指定从数组的 offset 索引处开始发送数据

DatagramPacket 类的常用方法如表 13-9 所示。

表 13-9　DatagramPacket 类的常用方法

方法声明	功能描述
InetAddress getAddress()	该方法用于返回发送端或者接收端的 IP 地址。如果是发送端的 DatagramPacket 对象,就返回接收端的 IP 地址;反之,就返回发送端的 IP 地址
int getPort()	该方法用于返回发送端或者接收端的端口号。如果是发送端的 DatagramPacket 对象,就返回接收端的端口号;反之,就返回发送端的端口号
byte[] getData()	该方法用于返回接收或者发送的数据。如果是发送端的 DatagramPacket 对象,就返回发送的数据;反之,就返回接收的数据
int getLength()	该方法用于返回接收或者发送的数据的长度。如果是发送端的 DatagramPacket 对象,就返回发送的数据的长度;反之,就返回接收的数据的长度

利用 DatagramPacket 类的 4 个常用方法可以获取发送或者接收的 DatagramPacket 数据报中的信息。

13.3.2　DatagramSocket 类

DatagramSocket 类用于在发送主机中建立数据报通信方式,提出发送请求,实现数据报的发送与接收。在创建发送端和接收端的 DatagramSocket 对象时,使用的构造方法也有所不同。DatagramSocket 类的构造方法如表 13-10 所示。

表 13-10　DatagramSocket 类的构造方法

方法声明	功能描述
DatagramSocket()	该构造方法用于创建发送端的 DatagramSocket 对象。该构造方法在创建 DatagramSocket 对象时并没有指定端口号,系统会分配一个没有被其他网络程序使用的端口号
DatagramSocket(int port)	该构造方法既可以创建接收端的 DatagramSocket 对象,又可以创建发送端的 DatagramSocket 对象。在创建接收端的 DatagramSocket 对象时,必须指定一个端口号,这样就可以监听指定的端口
DatagramSocket(int port, InetAddress addr)	该构造方法用于在有多个 IP 地址的当前主机上创建一个以 addr 为指定 IP 地址、以 port 为指定端口号的数据报连接

除了构造方法,DatagramSocket 类还提供了其他方法,用于实现 UDP 通信。DatagramSocket 类的常用方法如表 13-11 所示。

表 13-11　DatagramSocket 类的常用方法

方法声明	功能描述
void receive(DatagramPacket p)	该方法用于接收数据,并将接收到的数据保存到 DatagramPacket 数据报中。在接收到数据之前,receive()方法会一直处于阻塞状态;只有当接收到数据报时,该方法才会返回
void send(DatagramPacket p)	该方法用于发送 DatagramPacket 数据报,将数据报中包含的报文发送到 p 指定的 IP 地址的主机
void setSoTimeout(int timeout)	设置传输数据时超时时间为 timeout
void close()	关闭数据报连接

需要注意的是，由于 UDP 连接是不可靠的通信方式，所以调用 receive()方法时不一定能接收到数据。为了防止线程死循环，应该调用 setSoTimeout()方法设置超时参数 timeout。另外，receive()方法和 send()方法都可能产生输入输出异常，因此都可能抛出 IOException。

13.3.3　简单的 UDP 通信

前面讲解了 DatagramPacket 类和 DatagramSocket 类的相关知识。下面对 UDP 通信中数据报的发送与接收过程进行详细讲解。

UDP 通信中数据报的发送过程如下：

(1) 创建一个用于发送数据报的 DatagramPacket 对象，使其包含如下信息：

- 要发送的数据。
- 数据报分组的长度。
- 发送目的地的主机 IP 地址和端口号。

(2) 在指定的或可用的本机端口创建 DatagramSocket 对象。

(3) 调用 DatagramSocket 对象的 send()方法，以 DatagramPacket 对象为参数发送数据报。

UDP 通信中数据报的接收过程如下：

(1) 创建一个用于接收数据报的 DatagramSocket 对象，其中包含空白数据缓冲区和指定数据报分组的长度。

(2) 在指定的或可用的本机端口创建 DatagramSocket 对象。

(3) 调用 DatagramSocket 对象的 receive()方法，以 DatagramPacket 对象为参数接收数据报，接收到的信息如下：

- 收到的数据报分组。
- 发送端主机的 IP 地址。
- 发送端主机的端口号。

接下来通过一个案例学习 UDP 通信。

要实现 UDP 通信，需要创建一个发送端程序和一个接收端程序。在通信时，只有接收端程序先运行，才能避免发送端发送数据时找不到接收端而造成数据丢失的问题。因此，首先需要完成接收端程序的编写。接收端程序如文件 13-6 所示。

文件 13-6　Receiver.java

```
1   import java.net.*;
2   //接收端程序
3   public class Receiver {
4       public static void main(String[] args) throws Exception {
5           byte[] buf = new byte[1024];                    //创建一个字节数组,用于接收数据
6           //定义一个 DatagramSocket 对象,端口号为 8954
7           DatagramSocket ds = new DatagramSocket(8954);
8           //定义一个 DatagramPacket 对象,用于接收数据
9           DatagramPacket dp = new DatagramPacket(buf, buf.length);
10          System.out.println("等待接收数据");
11          ds.receive(dp);                                 //接收数据
12          /*
```

```
13          调用 DatagramPacket 的方法获得接收的信息
14          包括数据的内容、长度、发送的 IP 地址和端口号
15        */
16        String str = new String(dp.getData(), 0, dp.getLength()) +
17        " from "+ dp.getAddress().getHostAddress() + ":" + dp.getPort();
18        System.out.println(str);                              //打印接收的信息
19        ds.close();                                           //关闭数据报连接
20    }
21 }
```

文件 13-6 创建了一个接收端程序,用于接收发送端发送的数据。程序运行之后,接收端程序已经打开了监听端口,等待服务器端向客户端发送信息。其中,第 5 行代码定义了一个用于接收数据的字节数组,长度为 1024。第 7 行代码定义了一个 DatagramSocket 对象,并指定此接收端的端口号为 8954。第 9 行代码定义了一个 DatagramPacket 对象,在对象初始化时传入了 buf 数组,用于接收数据。第 11 行代码通过 DatagramPacket 对象 ds 调用 receive()方法,用于接收数据。如果没有接收到数据,程序会处于阻塞状态,等待数据的接收;如果接收到数据,DatagramSocket 对象会将数据填充到 DatagramPacket 对象中。第 16、17 行代码通过调用 DatagramPacket 的相关方法获取接收到的数据的内容、长度、发送端的 IP 地址和端口号等信息。第 19 行代码关闭数据报连接。

文件 13-6 的运行结果如图 13-16 所示。

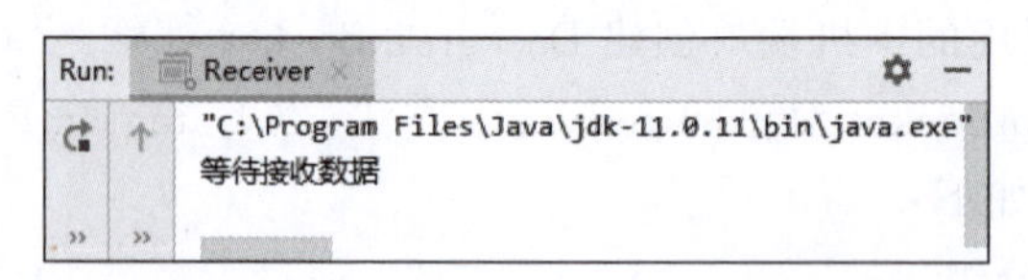

图 13-16　文件 13-6 的运行结果

从图 13-16 可以看出,文件 13-6 运行后,程序一直处于阻塞状态,这是因为 DatagramSocket 的 receive()方法在等待接收发送端发送过来的数据,只有接收到发送端发送的数据,该方法才会结束阻塞状态,程序才能继续向下执行。

实现了接收端程序之后,接下来编写发送端程序,用于给接收端发送数据,如文件 13-7 所示。

文件 13-7　Sender.java

```
1  import java.net.*;
2  //发送端程序
3  public class Sender {
4      public static void main(String[] args) throws Exception {
5          //创建一个 DatagramSocket 对象
6          DatagramSocket ds = new DatagramSocket(3000);
7          String str = "hello world";                  //要发送的数据
8          byte[] arr = str.getBytes();                 //将定义的字符串转为字节数组
9          /*
10           创建一个要发送的数据报,包括发送的数据、
11           数据的长度、接收端的 IP 地址以及端口号
12         */
```

```
13          DatagramPacket dp = new DatagramPacket(arr, arr.length,
14                      InetAddress.getByName("localhost"), 8954);
15          System.out.println("发送信息");
16          ds.send(dp);                                //发送数据
17          ds.close();                                 //关闭数据报连接
18      }
19  }
```

文件 13-7 创建了发送端程序，用来发送数据。其中，第 6 行代码创建了 DatagramSocket 对象 ds，并指定了监听的端口号为 3000。第 7～14 行代码定义了要发送的字符串数据并创建了要发送的数据报对象 DatagramPacket，数据报包含数据的内容、数据的长度、接收端的 IP 地址以及端口号。第 16 行代码调用 DatagramSocket 的 send()方法发送数据。第 17 行代码关闭数据报连接，释放资源。

文件 13-7 的运行结果如图 13-17 所示。

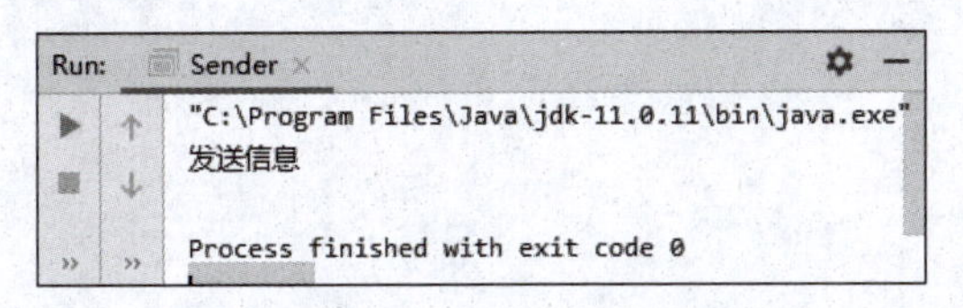

图 13-17　文件 13-7 的运行结果

运行发送端程序，接收端程序就会收到发送端程序发送的数据而结束阻塞状态，并输出接收的数据，如图 13-18 所示。

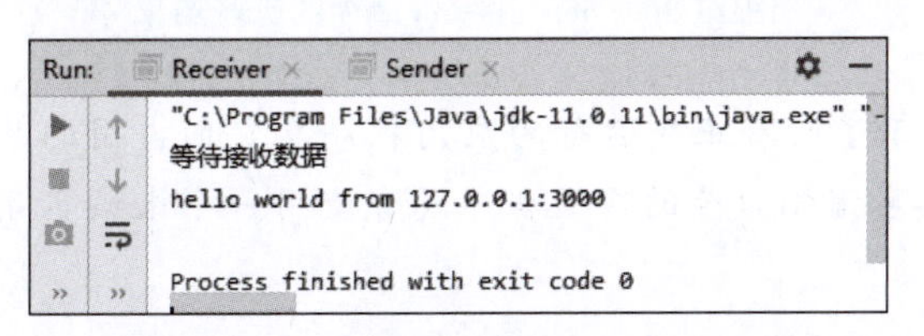

图 13-18　接收端程序输出接收到的数据

脚下留心：UDP 程序使用的端口号被占用时发生运行异常

需要注意的是，当 UDP 程序使用的端口号被占用时，程序会抛出异常，如图 13-19 所示。

```
Run:  Receiver
"C:\Program Files\Java\jdk-11.0.11\bin\java.exe" "-javaagent:D:\Program Files\IntelliJ IDEA 2019.3.3\lib\id
Exception in thread "main" java.net.BindException: Address already in use: Cannot bind
    at java.base/java.net.DualStackPlainDatagramSocketImpl.socketBind(Native Method)
    at java.base/java.net.DualStackPlainDatagramSocketImpl.bind0(DualStackPlainDatagramSocketImpl.java:84)
    at java.base/java.net.AbstractPlainDatagramSocketImpl.bind(AbstractPlainDatagramSocketImpl.java:131)
    at java.base/java.net.DatagramSocket.bind(DatagramSocket.java:394)
    at java.base/java.net.DatagramSocket.<init>(DatagramSocket.java:244)
    at java.base/java.net.DatagramSocket.<init>(DatagramSocket.java:301)
    at java.base/java.net.DatagramSocket.<init>(DatagramSocket.java:273)
    at com.itheima.Receiver.main(Receiver.java:7)

Process finished with exit code 1
```

图 13-19　UDP 程序使用的端口号被占用时抛出的异常

出现图 13-19 所示的情况,是因为在一台计算机中,一个端口号只能被一个应用程序占用。当用户编写的 UDP 程序使用的端口号已经被其他应用程序占用时,就会出现这种情况。遇到这种情况时,可以在命令行窗口输入 netstat -ano 命令查看当前计算机端口的占用情况,netstat -ano 命令的运行结果如图 13-20 所示。

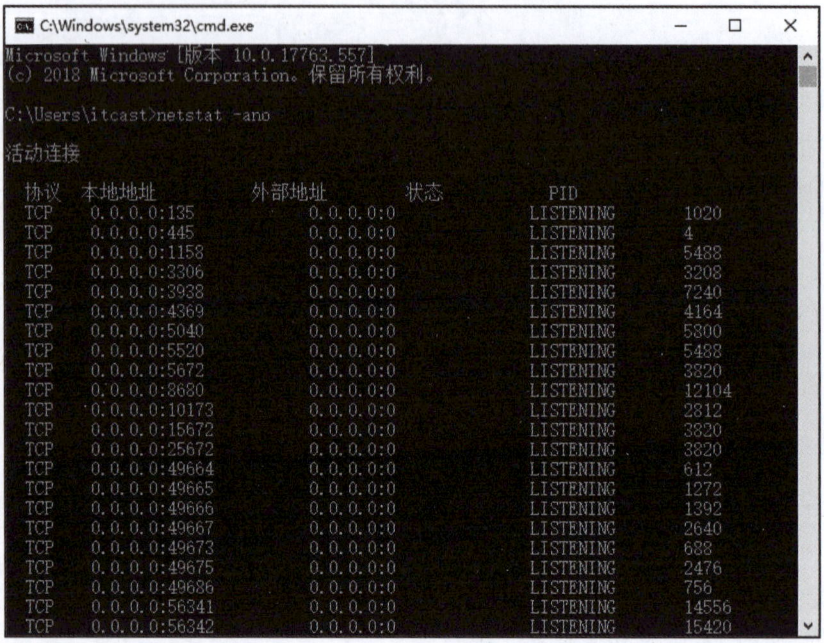

```
C:\Windows\system32\cmd.exe
Microsoft Windows [版本 10.0.17763.557]
(c) 2018 Microsoft Corporation。保留所有权利。

C:\Users\itcast>netstat -ano

活动连接

  协议  本地地址          外部地址        状态           PID
  TCP    0.0.0.0:135            0.0.0.0:0              LISTENING       1020
  TCP    0.0.0.0:445            0.0.0.0:0              LISTENING       4
  TCP    0.0.0.0:1158           0.0.0.0:0              LISTENING       5488
  TCP    0.0.0.0:3306           0.0.0.0:0              LISTENING       3208
  TCP    0.0.0.0:3938           0.0.0.0:0              LISTENING       7240
  TCP    0.0.0.0:4369           0.0.0.0:0              LISTENING       4164
  TCP    0.0.0.0:5040           0.0.0.0:0              LISTENING       5800
  TCP    0.0.0.0:5520           0.0.0.0:0              LISTENING       5488
  TCP    0.0.0.0:5672           0.0.0.0:0              LISTENING       3820
  TCP    0.0.0.0:8680           0.0.0.0:0              LISTENING       12104
  TCP    0.0.0.0:10173          0.0.0.0:0              LISTENING       2812
  TCP    0.0.0.0:15672          0.0.0.0:0              LISTENING       3820
  TCP    0.0.0.0:25672          0.0.0.0:0              LISTENING       3820
  TCP    0.0.0.0:49664          0.0.0.0:0              LISTENING       612
  TCP    0.0.0.0:49665          0.0.0.0:0              LISTENING       1272
  TCP    0.0.0.0:49666          0.0.0.0:0              LISTENING       1392
  TCP    0.0.0.0:49667          0.0.0.0:0              LISTENING       2640
  TCP    0.0.0.0:49673          0.0.0.0:0              LISTENING       688
  TCP    0.0.0.0:49675          0.0.0.0:0              LISTENING       2476
  TCP    0.0.0.0:49686          0.0.0.0:0              LISTENING       756
  TCP    0.0.0.0:56341          0.0.0.0:0              LISTENING       14556
  TCP    0.0.0.0:56342          0.0.0.0:0              LISTENING       15420
```

图 13-20 netstat -ano 命令的运行结果

在图 13-20 中,显示了所有正在运行的应用程序及它们占用的端口号。要解决端口号占用的问题,只需关掉占用端口号的应用程序或者使用一个未被占用的端口号重新运行程序即可。

13.3.4 多线程的 UDP 网络程序

文件 13-6 和文件 13-7 分别实现了发送端程序和接收端程序。当接收端程序处在阻塞状态下,运行发送端程序时,接收端程序会因为收到发送端发送的数据而结束阻塞状态,完成程序运行。实际上,发送端可以无限发送数据,接收端也可以一直接收数据。例如,聊天程序发送端可以一直发送消息,接收端也可以一直接收消息,因此发送端和接收端都是多线程的。接下来通过一个案例演示如何使用 UDP 通信方式实现多线程的 UDP 网络程序,代码如文件 13-8 所示。

文件 13-8 Example08.java

```
1  import java.io.IOException;
2  import java.net.*;
3  import java.util.Scanner;
4  public class Example08 {
5      public static void main(String[] args) {
```

```
6          new Receive().start();
7          new Send().start();
8      }
9  }
10 class Receive extends Thread {
11     public void run() {
12         try {
13             //创建 socket 相当于创建码头
14             DatagramSocket socket = new DatagramSocket(6666);
15             //创建 packet 相当于创建集装箱
16             DatagramPacket packet = new DatagramPacket(new byte[1024], 1024);
17             while(true) {
18                 socket.receive(packet);//接收货物
19                 byte[] arr = packet.getData();
20                 int len = packet.getLength();
21                 String ip = packet.getAddress().getHostAddress();
22                 System.out.println(ip + ":" + new String(arr,0,len));
23             }
24         } catch (IOException e) {
25             e.printStackTrace();
26         }
27     }
28 }
29 class Send extends Thread {
30     public void run() {
31         try {
32             //创建 socket 相当于创建码头
33             DatagramSocket socket = new DatagramSocket();
34             Scanner sc = new Scanner(System.in);
35             while(true) {
36                 String str = sc.nextLine();
37                 if("quit".equals(str))
38                     break;
39                 DatagramPacket packet = new DatagramPacket(str.getBytes(),
40                         str.getBytes().length, InetAddress.getByName
41                         ("127.0.0.1"), 6666);
42                 socket.send(packet);                //发送货物
43             }
44             socket.close();
45         }  catch (IOException e) {
46             e.printStackTrace();
47         }
48     }
49 }
```

在文件 13-8 中，第 10～28 行代码使用多线程的方法创建了一个接收端程序。其中，第 17～23 行代码通过在接收端程序的 while 循环中调用 receive()方法不停地接收发送端发送的请求，当与发送端建立连接后，就会开启一个新的线程，该线程会处理发送端发送的数据，而主线程仍处于继续等待状态。第 29～49 行代码使用多线程的方法创建了一个发送端程序。其中,第 35～43 行代码通过在发送端程序的 while 循环中调用 send()方法不停地发送数据。

运行文件 13-8,在控制台依次输入“第一次发送”“第二次发送”和“第三次发送”并按回车键,运行结果如图 13-21 所示。

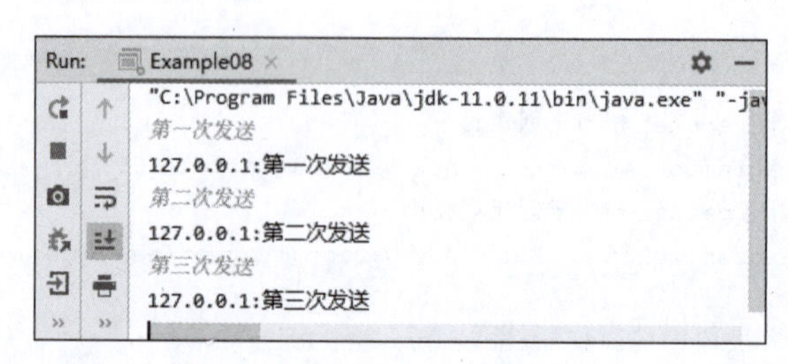

图 13-21　文件 13-8 的运行结果

13.4　本章小结

本章讲解了 Java 网络编程的相关知识。首先简要介绍了网络的基础知识,包括基于 TCP/IP 的网络参考模型的 4 个层次、UDP 与 TCP、IP 地址和端口号、InetAddress 类和 URL 编程;然后讲解了 TCP 程序设计中的 ServerSocket 类和 Socket 类,并通过两个案例实现了简单的 TCP 通信和多线程的 TCP 通信;最后着重介绍了 UDP 程序设计中的 DatagramPacket 类和 DatagramSocket 类,并通过两个案例实现了简单的 UDP 通信和多线程的 UDP 通信。通过对本章的学习,读者应该对网络编程的底层原理有基本了解,为以后的网络编程开发打下基础。

13.5　本章习题

一、填空题

1. 基于 TCP/IP 的网络参考模型被分为 4 层,分别是________、________、________和________。

2. 在进行网络通信时,传输层可以采用 TCP,也可以采用________。

3. 在下载文件时必须采用________。

4. JDK 提供了________类,该类可以发送和接收数据包。

5. 在 JDK 中提供了两个用于实现 TCP 程序的类:一个是________类,用于表示服务器端;另一个是 Socket 类,用于表示客户端。

二、判断题

1. DatagramSocket 类中提供了 accept()方法,用于接收数据报包。　(　　)

2. 端口号是由 4 字节的二进制数来表示的。　(　　)

3. TCP 协议是面向连接的通信协议,每次连接的创建都需要经过三次握手。　(　　)

4. 在创建发送端 DatagramPacket 对象时,需要指定发送端的目的 IP 地址和端口号。
( )

5. java.net 包中的 DatagramPacket 类用于封装 UDP 通信中发送或者接收的数据。
( )

三、选择题

1. 下列关于 Socket 类的描述中错误的是( )。
   A. Socket 类中定义的 getInputStream()方法用于返回 Socket 的输入流对象
   B. Socket 类中定义的 getOutputStream()方法用于返回 Socket 的输出流对象
   C. Socket 类中定义的 getLocalAddress()方法用于获取 Socket 对象绑定的本地 IP 地址
   D. Socket 类中定义的 close()方法用于关闭输入输出流对象
2. 下列 ServerSocket 类的方法中用于接收来自客户端的请求的方法是( )。
   A. accept()　　B. getOutputStream()
   C. receive()　　D. get()
3. 下列关于 UDP 的特点的描述中错误的是( )。
   A. 在 UDP 中,数据的发送端和接收端不建立逻辑连接
   B. UDP 消耗资源小,通信效率高,通常用于音频、视频和普通数据的传输
   C. UDP 在传输数据时不能保证数据的完整性,因此在传输重要数据时不建议使用 UDP
   D. 在 UDP 连接中,必须要明确客户端与服务器端
4. 使用 UDP 通信时,需要使用( )类把要发送的数据打包。
   A. Socket　　B. DatagramSocket
   C. DatagramPacket　　D. ServerSocket
5. 下面关于 IP 地址的描述中错误的是( )。
   A. IP 地址可以唯一标识一台计算机
   B. IP 地址目前的两个常用版本分别是 IPv4 和 IPv6
   C. IP 地址中的一字节用一个十进制数(0～255)表示
   D. 192.168.1.360 是一个合法的 IP 地址

四、简答题

1. 简述 TCP 通信与 UDP 通信的主要区别。
2. 简述 TCP 中服务器端与客户端的连接过程。

五、编程题

使用基于 UDP 的 Java Socket 编程,完成在线咨询功能。程序具体功能如下:
(1) 客户向咨询人员咨询。
(2) 咨询人员给出回答。
(3) 客户和咨询人员可以一直沟通,直到客户发送 bye 给咨询人员,通话结束。

图书资源支持

感谢您一直以来对清华版图书的支持和爱护。为了配合本书的使用，本书提供配套的资源，有需求的读者请扫描下方的"书圈"微信公众号二维码，在图书专区下载，也可以拨打电话或发送电子邮件咨询。

如果您在使用本书的过程中遇到了什么问题，或者有相关图书出版计划，也请您发邮件告诉我们，以便我们更好地为您服务。

我们的联系方式：

清华大学出版社计算机与信息分社网站：https://www.shuimushuhui.com/

地　　址：北京市海淀区双清路学研大厦 A 座 714

邮　　编：100084

电　　话：010-83470236　010-83470237

客服邮箱：2301891038@qq.com

QQ：2301891038（请写明您的单位和姓名）

资源下载：关注公众号"书圈"下载配套资源。

资源下载、样书申请

书圈

图书案例

清华计算机学堂

观看课程直播